国家卫生健康委员会"十三五"规划教材

全国高等职业教育教材

供医学检验技术专业用

正常人体结构与机能

第2版

U0292392

主　编　苏莉芬　刘伏祥

副主编　李旭升　张　量　马永臻　花　先

编　者（以姓氏笔画为序）

马永臻（山东医学高等专科学校）

王　琳（大庆医学高等专科学校）

王中星（伊春职业学院）

刘伏祥（益阳医学高等专科学校）

刘梅梅（安徽医学高等专科学校）

花　先（河南护理职业学院）

苏莉芬（大庆医学高等专科学校）

杜　娟（北京卫生职业学院）

李旭升（金华职业技术学院）

李海涛（首都医科大学燕京医学院）

张　量（沈阳医学院）

张天宝（皖北卫生职业学院）

张宏亮（洛阳职业技术学院）

孟　娟（运城护理职业学院）

赵艳芝（首都医科大学燕京医学院）

姚齐颖（大连医科大学）

夏传余（合肥职业技术学院）

人民卫生出版社

图书在版编目（CIP）数据

正常人体结构与机能/苏莉芬，刘伏祥主编. —2
版. —北京：人民卫生出版社，2019
　ISBN 978-7-117-28626-8

Ⅰ.①正…　Ⅱ.①苏…②刘…　Ⅲ.①人体结构-高
等职业教育-教材　Ⅳ.①Q983

中国版本图书馆 CIP 数据核字（2019）第 130602 号

人卫智网	www.ipmph.com	医学教育、学术、考试、健康，购书智慧智能综合服务平台
人卫官网	www.pmph.com	人卫官方资讯发布平台

正常人体结构与机能
第 2 版

主　　编：苏莉芬　刘伏祥
出版发行：人民卫生出版社（中继线 010-59780011）
地　　址：北京市朝阳区潘家园南里 19 号
邮　　编：100021
E - mail：pmph @ pmph.com
购书热线：010-59787592　010-59787584　010-65264830
印　　刷：人卫印务（北京）有限公司
经　　销：新华书店
开　　本：850×1168　1/16　印张：23
字　　数：728 千字
版　　次：2015 年 7 月第 1 版　　2019 年 9 月第 2 版
　　　　　2025 年 1 月第 2 版第 10 次印刷（总第 14 次印刷）
标准书号：ISBN 978-7-117-28626-8
定　　价：85.00 元
打击盗版举报电话：010-59787491　E-mail：WQ @ pmph.com
（凡属印装质量问题请与本社市场营销中心联系退换）

修订说明

为了深入贯彻落实党的二十大精神,落实全国教育大会和《国家职业教育改革实施方案》新要求,更好地服务医学检验人才培养,人民卫生出版社在教育部、国家卫生健康委员会的领导和全国卫生职业教育教学指导委员会的支持下,成立了第二届全国高等职业教育医学检验技术专业教育教材建设评审委员会,启动了第五轮全国高等职业教育医学检验技术专业规划教材的修订工作。

全国高等职业教育医学检验技术专业规划教材自 1997 年第一轮出版以来,已历经多次修订,在使用中不断提升和完善,已经发展成为职业教育医学检验技术专业影响最大、使用最广、广为认可的经典教材。本次修订是在 2015 年出版的第四轮 25 种教材(含配套教材 6 种)基础上,经过认真细致的调研与论证,坚持传承与创新,全面贯彻专业教学标准,加强立体化建设,以求突出职业教育教材实用性,体现医学检验专业特色:

1. **坚持编写精品教材** 本轮修订得到了全国上百所学校、医院的响应和支持,300 多位教学和临床专家参与了编写工作,保证了教材编写的权威性和代表性,坚持"三基、五性、三特定"编写原则,内容紧贴临床检验岗位实际、精益求精,力争打造职业教育精品教材。

2. **紧密对接教学标准** 修订工作紧密对接高等职业教育医学检验技术专业教学标准,明确培养需求,以岗位为导向,以就业为目标,以技能为核心,以服务为宗旨,注重整体优化,增加了《医学检验技术导论》,着力打造完善的医学检验教材体系。

3. **全面反映知识更新** 新版教材增加了医学检验技术专业新知识、新技术,强化检验操作技能的培养,体现医学检验发展和临床检验工作岗位需求,适应职业教育需求,推进教材的升级和创新。

4. **积极推进融合创新** 版式设计体现教材内容与线上数字教学内容融合对接,为学习理解、巩固知识提供了全新的途径与独特的体验,让学习方式多样化、学习内容形象化、学习过程人性化、学习体验真实化。

本轮规划教材共 25 种(含配套教材 5 种),均为国家卫生健康委员会"十三五"规划教材。

教材目录

序号	教材名称	版次	主编		配套教材
1	临床检验基础	第5版	张纪云	龚道元	√
2	微生物学检验	第5版	李剑平	吴正吉	√
3	免疫学检验	第5版	林逢春	孙中文	√
4	寄生虫学检验	第5版	汪晓静		
5	生物化学检验	第5版	刘观昌	侯振江	√
6	血液学检验	第5版	黄斌伦	杨晓斌	√
7	输血检验技术	第2版	张家忠	陶 玲	
8	临床检验仪器	第3版	吴佳学	彭裕红	
9	临床实验室管理	第2版	李 艳	廖 璞	
10	医学检验技术导论	第1版	李敏霞	胡 野	
11	正常人体结构与机能	第2版	苏莉芬	刘伏祥	
12	临床医学概论	第3版	薛宏伟	高健群	
13	病理学与检验技术	第2版	徐云生	张 忠	
14	分子生物学检验技术	第2版	王志刚		
15	无机化学	第2版	王美玲	赵桂欣	
16	分析化学	第2版	闫冬良	周建庆	
17	有机化学	第2版	曹晓群	张 威	
18	生物化学	第2版	范 明	徐 敏	
19	医学统计学	第2版	李新林		
20	医学检验技术英语	第2版	张 刚		

第二届全国高等职业教育医学检验技术专业教育教材建设评审委员会名单

主任委员

胡　野　张纪云　杨　晋

秘 书 长

金月玲　黄斌伦　窦天舒

委　　员（按姓氏笔画排序）

王海河　王翠玲　刘观昌　刘家秀　孙中文　李　晖

李妤蓉　李剑平　李敏霞　杨　拓　杨大干　吴　茅

张家忠　陈　菁　陈芳梅　林逢春　郑文芝　赵红霞

胡雪琴　侯振江　夏金华　高　义　曹德明　龚道元

秘　　书

许贵强

数字内容编者名单

主　编　王　琳　庄　园

副主编　苏莉芬　孟娟　姚齐颖

编　者（以姓氏笔画为序）

马永臻（山东医学高等专科学校）

王　琳（大庆医学高等专科学校）

王中星（伊春职业学院）

王文倩（金华职业技术学院）

庄　园（山东医学高等专科学校）

刘伏祥（益阳医学高等专科学校）

刘梅梅（安徽医学高等专科学校）

花　先（河南护理职业学院）

苏莉芬（大庆医学高等专科学校）

杜　娟（北京卫生职业学院）

李海涛（首都医科大学燕京医学院）

张　量（沈阳医学院）

张天宝（皖北卫生职业学院）

张宏亮（洛阳职业技术学院）

孟　娟（运城护理职业学院）

赵艳芝（首都医科大学燕京医学院）

姚齐颖（大连医科大学）

夏传余（合肥职业技术学院）

主编简介与寄语

苏莉芬,教授,大庆医学高等专科学校药学检验系主任,黑龙江省生理学学科带头人,黑龙江省级精品课生理学项目负责人,全国医学检验技术专业学会常务理事,主编多部国家规划教材和统编教材,如《生理学》《人体解剖与生理》《生理学实验指导》等;主持的科教研课题多次获省级以上奖励。曾获省市级教学名师、育人楷模、优秀党务工作者、先进个人等荣誉称号。

寄语:

医学检验技术工作平凡而伟大,它是辅助临床医生做好诊断、治疗、用药的技术保障,是为生命健康服务的重要部分。检以求真、验以求实,怀着对生命的敬畏之心,夯实医学基础,努力学习和工作,以实现自己的生命价值和理想。

主编简介与寄语

刘伏祥,教授,益阳医学高等专科学校基础医学部(检验系)主任。从事解剖学和组织胚胎学教学、研究工作三十多年,不断改进教学方法,创立解剖学教学网,建立了富有护理专业特色的教学大纲和教学内容。主持参与省级课题3项,校级科研项目2项。主编国家级规划教材3部,参与编写多部教材。曾获全国护理解剖学会教学课件竞赛二等奖,省电大教学竞赛优秀奖、学校教学竞赛一等奖,学校十佳教师等荣誉称号。

寄语:

人体解剖学是阐述正常人体形态结构的一门科学,是一门重要的医学基础课程。伟大导师恩格斯说:"没有解剖学,就没有医学。"精辟地论述了解剖学在医学中的地位。因此掌握好人体形态结构的理论知识,对学习其他基础和临床医学课程,有着重要的意义。

　　高等职业教育以职业岗位核心能力为理念构建课程体系,突出培养学生的综合职业素养。教材建设是课程改革的重要环节,正常人体结构与机能是医学检验技术专业重要的专业基础课程之一,对后续的专业课程起着重要的铺垫和支撑作用。本书的编写是在第1版《人体解剖与生理》的基础上,认真落实党的二十大精神,保持了原书的特色和优点,坚持突出"基本知识、基本理论、基本技能",注重教材的"思想性、科学性、先进性、启发性、实用性"。根据医学检验技术专业教学委员会最新制定的课程标准,结合临床检验技术专业的岗位要求,更名为《正常人体结构与机能》。

　　本书供医学检验技术专业学生使用,涉及人体解剖学、组织胚胎学和生理学学科内容,在编写过程中按照学科发展及整体化的原则,注重教材内容与临床实践对接、与工作需求对接、与职业资格考试对接;体现思维与技能并重,专业知识与人文精神融通,学习能力与临床检验服务能力共同提高的特点,力求实现内容和形式的继承与创新。在课时计划上遵循"课时减少、负担减轻"原则,结合我国目前医学检验技术的实践性特点,内容形式上符合职业院校学生的特点,力求内容简洁实用、条目清楚、语言精练、图表清晰、形式活泼,严格控制了教材的篇幅,减少交叉重复,教学内容既体现单学科特点,又有序衔接、有机联系,整体精选和优化,与临床检验士考试紧密接轨,将重点内容放在必需的形态结构和生理功能上,为检验专业课的后续学习奠定基础。

　　本教材采取"先结构,后机能,统一编排章节"的编写方法。全书共二十三章,其中绪论部分一章,重点介绍本书的基本任务及生命活动的基本特征,人体结构部分十一章,包括细胞、基本组织、系统解剖和胚胎概要等,机能部分十一章,主要内容为生命活动的基本规律。在每章的内容编排上,开始有学习目标,章节中间穿插与本章内容相关的知识拓展,每章的最后有本章小结和思考题。另外,为使学生自学方便,本教材还附有二维码数字内容,包括PPT课件、习题、图片、视频等内容,学生可以通过学习获得更多知识。

　　本教材编写过程中,各位编者齐心协力、集思广益、取长补短,工作认真负责,特别是在交叉互审的过程中,一丝不苟,定稿会上字斟句酌,体现了教育工作者的敬业精神和严谨治学的优良作风,也保证了本教材编写工作能高质量完成,在此对各位编者的辛勤付出表示诚挚的感谢。

　　由于时间较紧、编者水平有限,疏漏之处,敬请广大师生和读者不吝批评指正。

苏莉芬　刘伏祥

2023 年 10 月

教学大纲(参考)

目　录

第一章　绪论 …………………………………………………………………………………… 1

第一节　概述 ………………………………………………………………………………… 1

一、正常人体结构与机能的研究对象和任务 …………………………………………… 1

二、正常人体结构与机能基本观点与研究方法 ………………………………………… 1

三、人体的组成与分部 …………………………………………………………………… 2

四、常用的解剖学方位术语 ……………………………………………………………… 2

第二节　生命的基本特征 …………………………………………………………………… 3

一、新陈代谢 ……………………………………………………………………………… 3

二、兴奋性 ………………………………………………………………………………… 3

三、生殖 …………………………………………………………………………………… 3

四、适应性 ………………………………………………………………………………… 3

第三节　人体与环境 ………………………………………………………………………… 4

一、人体与外环境 ………………………………………………………………………… 4

二、内环境及其稳态 ……………………………………………………………………… 4

第四节　人体生理功能的调节 ……………………………………………………………… 5

一、人体生理功能的调节方式 …………………………………………………………… 5

二、人体功能调节的控制系统 …………………………………………………………… 6

第二章　细胞与基本组织 ……………………………………………………………………… 8

第一节　细胞 ………………………………………………………………………………… 8

一、细胞的结构 …………………………………………………………………………… 8

二、细胞增殖 ……………………………………………………………………………… 10

第二节　基本组织 …………………………………………………………………………… 11

一、上皮组织 ……………………………………………………………………………… 11

二、结缔组织 ……………………………………………………………………………… 14

三、肌组织 ………………………………………………………………………………… 21

四、神经组织 ……………………………………………………………………………… 26

第三章　运动系统 ……………………………………………………………………………… 31

第一节　骨和骨连结 ………………………………………………………………………… 32

一、概述 …………………………………………………………………………………… 32

二、躯干骨及其连结 ……………………………………………………………………… 34

三、颅骨及其连结 ………………………………………………………………………… 37

　　四、四肢骨及其连结 ·· 38
　第二节　肌 ·· 46
　　一、概述 ·· 46
　　二、头颈肌 ·· 46
　　三、躯干肌 ·· 47
　　四、四肢肌 ·· 49

第四章　消化系统 ·· 52
　第一节　概述 ·· 52
　　一、消化系统的组成 ·· 52
　　二、消化管的一般结构 ·· 52
　　三、胸部标志线与腹部分区 ·· 53
　第二节　消化管 ·· 54
　　一、口腔 ·· 54
　　二、咽 ·· 55
　　三、食管 ·· 57
　　四、胃 ·· 57
　　五、小肠 ·· 59
　　六、大肠 ·· 61
　第三节　消化腺 ·· 63
　　一、口腔腺 ·· 63
　　二、肝 ·· 63
　　三、胰 ·· 66
　第四节　腹膜 ·· 67
　　一、概述 ·· 67
　　二、腹膜与脏器的关系 ·· 67
　　三、腹膜形成的结构 ·· 68

第五章　呼吸系统 ·· 70
　第一节　呼吸道 ·· 71
　　一、鼻 ·· 71
　　二、咽 ·· 72
　　三、喉 ·· 72
　　四、气管与主支气管 ·· 74
　第二节　肺 ·· 75
　　一、肺的位置和形态 ·· 75
　　二、肺内支气管和支气管肺段 ·· 76
　　三、肺的微细结构 ·· 77
　　四、肺的血管 ·· 79
　第三节　胸膜 ·· 80
　　一、胸膜与胸膜腔的概念 ·· 80
　　二、胸膜及肺的体表投影 ·· 81
　第四节　纵隔 ·· 82
　　一、纵隔的概念和位置 ·· 82
　　二、纵隔的分部和主要内容 ·· 82

第六章　泌尿系统 ··· 84

第一节　肾 ·· 85

一、肾的形态、位置和毗邻 ·· 85

二、肾的被膜 ·· 85

三、肾的剖面结构 ·· 87

四、肾的组织结构 ·· 87

第二节　输尿管 ·· 89

一、输尿管的行程与分部 ·· 89

二、输尿管的狭窄 ·· 89

第三节　膀胱 ·· 90

一、膀胱的形态 ·· 90

二、膀胱的位置与毗邻 ·· 90

三、膀胱的构造 ·· 91

第四节　尿道 ·· 91

第七章　生殖系统 ··· 93

第一节　男性生殖系统 ·· 93

一、内生殖器 ·· 93

二、外生殖器 ·· 96

三、男性尿道 ·· 97

第二节　女性生殖系统 ·· 98

一、内生殖器 ·· 98

二、外生殖器 ··· 103

三、乳房和会阴 ··· 104

第八章　脉管系统 ·· 106

第一节　心血管系统 ··· 107

一、概述 ··· 107

二、心 ··· 110

三、肺循环的血管 ··· 115

四、体循环的动脉 ··· 115

五、体循环的静脉 ··· 123

第二节　淋巴系统 ··· 127

一、淋巴管道 ··· 127

二、淋巴器官 ··· 128

三、单核吞噬细胞系统 ··· 134

第九章　感觉器 ·· 135

第一节　视器 ··· 135

一、眼球 ··· 135

二、眼副器 ··· 138

三、眼的血管 ··· 140

第二节　前庭蜗器 ··· 140

一、外耳 ··· 141

二、中耳 ··· 141

　　　三、内耳 ·· 142
　　第三节　皮肤 ··· 143
　　　一、皮肤的结构 ··· 144
　　　二、皮肤的附属器 ··· 145
　　　三、皮下组织 ··· 145

第十章　神经系统 ·· 147
　　第一节　概述 ··· 147
　　　一、神经系统的分部 ··· 147
　　　二、神经系统的常用术语 ··· 147
　　第二节　中枢神经系统 ··· 148
　　　一、脊髓 ··· 148
　　　二、脑 ·· 150
　　　三、脑和脊髓的被膜、血管及脑脊液循环 ··· 155
　　第三节　周围神经系统 ··· 158
　　　一、脊神经 ··· 158
　　　二、脑神经 ··· 160
　　　三、内脏神经 ··· 163
　　第四节　脑和脊髓的传导通路 ··· 163
　　　一、感觉传导通路 ··· 163
　　　二、运动传导通路 ··· 166

第十一章　内分泌系统 ·· 169
　　第一节　垂体 ··· 170
　　　一、垂体的位置和形态 ··· 170
　　　二、垂体的组织结构 ··· 170
　　第二节　甲状腺 ·· 170
　　　一、甲状腺的位置和形态 ··· 170
　　　二、甲状腺的组织结构 ··· 171
　　第三节　甲状旁腺 ··· 172
　　　一、甲状旁腺的位置和形态 ·· 172
　　　二、甲状旁腺的组织结构 ··· 172
　　第四节　肾上腺 ·· 173
　　　一、肾上腺的位置和形态 ··· 173
　　　二、肾上腺的组织结构 ··· 173
　　第五节　松果体 ·· 174

第十二章　胚胎学概要 ·· 176
　　第一节　人体胚胎的发生和早期发育 ·· 176
　　　一、生殖细胞的成熟 ··· 176
　　　二、受精与卵裂 ··· 176
　　　三、胚泡、植入与蜕膜形成 ·· 177
　　　四、三胚层的形成与分化 ··· 178
　　　五、胎膜与胎盘 ··· 180
　　第二节　双胎、多胎与连体双胎 ·· 181

一、双胎 ……………………………………………………………… 181
二、多胎 ……………………………………………………………… 182
三、联胎 ……………………………………………………………… 182
第三节 先天畸形 ………………………………………………………… 182

第十三章 细胞的基本功能 ……………………………………………… 184
第一节 细胞膜的跨膜物质转运功能 …………………………………… 184
一、被动转运 ………………………………………………………… 184
二、主动转运 ………………………………………………………… 186
三、出胞与入胞 ……………………………………………………… 187
第二节 细胞的生物电现象 ……………………………………………… 188
一、静息电位 ………………………………………………………… 188
二、动作电位 ………………………………………………………… 190
第三节 细胞的跨膜信息传递 …………………………………………… 192
一、受体的概念 ……………………………………………………… 192
二、受体的功能 ……………………………………………………… 193
第四节 骨骼肌细胞的收缩功能 ………………………………………… 194
一、骨骼肌的收缩原理 ……………………………………………… 194
二、骨骼肌的收缩形式 ……………………………………………… 196

第十四章 血液 …………………………………………………………… 198
第一节 血液的组成及理化性质 ………………………………………… 198
一、血液的组成 ……………………………………………………… 198
二、血量 ……………………………………………………………… 199
三、血液的理化特性 ………………………………………………… 200
第二节 血细胞 …………………………………………………………… 201
一、红细胞 …………………………………………………………… 201
二、白细胞 …………………………………………………………… 204
三、血小板 …………………………………………………………… 205
第三节 血液凝固和纤维蛋白溶解 ……………………………………… 206
一、血液凝固 ………………………………………………………… 206
二、纤维蛋白溶解 …………………………………………………… 209
第四节 血型与输血 ……………………………………………………… 210
一、血型 ……………………………………………………………… 210
二、输血 ……………………………………………………………… 211

第十五章 血液循环 ……………………………………………………… 213
第一节 心脏的功能 ……………………………………………………… 213
一、心脏的泵血功能 ………………………………………………… 213
二、心肌细胞的生物电现象 ………………………………………… 218
三、心肌的生理特性 ………………………………………………… 221
第二节 血管生理 ………………………………………………………… 223
一、各类血管的功能特点 …………………………………………… 223
二、血流动力学 ……………………………………………………… 224
三、动脉血压 ………………………………………………………… 224

　　四、静脉血压和静脉血流 ·· 226
　　五、微循环 ··· 227
　　六、组织液与淋巴液的生成和回流 ··· 228
　第三节　心血管活动的调节 ·· 230
　　一、神经调节 ··· 230
　　二、体液调节 ··· 231
　第四节　器官循环 ·· 232
　　一、冠脉循环 ··· 232
　　二、肺循环 ··· 234
　　三、脑循环 ··· 234

第十六章　呼吸 ·· 236
　第一节　呼吸的生理过程 ··· 237
　　一、肺通气 ··· 237
　　二、气体交换和运输 ··· 243
　第二节　呼吸运动的调节 ··· 246
　　一、呼吸中枢与呼吸节律的形成 ·· 246
　　二、呼吸运动的反射性调节 ·· 247

第十七章　消化和吸收 ··· 251
　第一节　消化 ··· 251
　　一、口腔内消化 ·· 251
　　二、胃内消化 ··· 253
　　三、小肠内消化 ·· 255
　　四、大肠内消化 ·· 256
　第二节　吸收 ··· 258
　　一、吸收的部位及途径 ·· 258
　　二、小肠内主要营养物质的吸收 ·· 258
　第三节　消化器官活动的调节 ··· 260
　　一、神经调节 ··· 260
　　二、体液调节 ··· 261

第十八章　能量代谢与体温 ··· 263
　第一节　能量代谢 ·· 263
　　一、能量的来源与去路 ·· 263
　　二、能量代谢测定 ·· 264
　　三、影响能量代谢的因素 ··· 266
　　四、基础代谢 ··· 266
　第二节　体温及其调节 ·· 267
　　一、正常体温及其生理变动 ·· 267
　　二、人体的产热和散热 ·· 267
　　三、体温调节 ··· 269

第十九章　肾的排泄 ·· 271
　第一节　概述 ··· 271

一、排泄的概念与途径 ……………………………………………………………………… 271
二、肾的功能 ………………………………………………………………………………… 271
三、尿液 ……………………………………………………………………………………… 272
第二节　尿的生成过程 ……………………………………………………………………… 272
一、肾小球的滤过功能 ……………………………………………………………………… 272
二、肾小管和集合管的重吸收 ……………………………………………………………… 275
三、肾小管和集合管的分泌 ………………………………………………………………… 279
第三节　尿的传输、储存和排放 …………………………………………………………… 281
一、膀胱与尿道的神经支配 ………………………………………………………………… 282
二、排尿反射 ………………………………………………………………………………… 282

第二十章　感觉器官的功能 …………………………………………………………… 284
第一节　感受器的一般生理特性 …………………………………………………………… 284
一、感受器的适宜刺激 ……………………………………………………………………… 284
二、感受器的换能作用 ……………………………………………………………………… 284
三、感受器的编码作用 ……………………………………………………………………… 284
四、感受器的适应现象 ……………………………………………………………………… 285
第二节　眼的视觉功能 ……………………………………………………………………… 285
一、眼的屈光系统及其调节 ………………………………………………………………… 285
二、眼的感光换能功能 ……………………………………………………………………… 287
三、与视觉有关的几种生理现象 …………………………………………………………… 288
第三节　耳的听觉功能 ……………………………………………………………………… 289
一、听阈和听域 ……………………………………………………………………………… 289
二、外耳和中耳的传音功能 ………………………………………………………………… 290
三、内耳的感音功能 ………………………………………………………………………… 291
第四节　平衡感觉 …………………………………………………………………………… 292
一、前庭器官的感受装置和适宜刺激 ……………………………………………………… 292
二、前庭反应 ………………………………………………………………………………… 293
第五节　其他感觉器官 ……………………………………………………………………… 294
一、嗅觉器官 ………………………………………………………………………………… 294
二、味觉器官 ………………………………………………………………………………… 294
三、皮肤感觉功能 …………………………………………………………………………… 294

第二十一章　神经系统的功能 ………………………………………………………… 296
第一节　神经系统活动的一般规律 ………………………………………………………… 296
一、神经元和神经胶质细胞 ………………………………………………………………… 296
二、神经元的信息传递 ……………………………………………………………………… 298
三、神经递质 ………………………………………………………………………………… 301
四、中枢神经元的联系方式 ………………………………………………………………… 302
五、中枢内兴奋传播的特征 ………………………………………………………………… 302
六、中枢抑制 ………………………………………………………………………………… 303
第二节　神经系统的感觉分析功能 ………………………………………………………… 304
一、脊髓与低位脑干的感觉传导功能 ……………………………………………………… 304
二、丘脑及其感觉投射系统 ………………………………………………………………… 305
三、大脑皮层的感觉分析功能 ……………………………………………………………… 305

　　四、痛觉 ……………………………………………………………………………………… 306

　第三节　神经系统对躯体运动的调节 …………………………………………………………… 307

　　一、脊髓对躯体运动的调节 ……………………………………………………………………… 307

　　二、脑干对肌紧张的调节 ………………………………………………………………………… 309

　　三、小脑对躯体运动的调节 ……………………………………………………………………… 309

　　四、基底神经节对躯体运动的调节 ……………………………………………………………… 310

　　五、大脑皮层对躯体运动的调节 ………………………………………………………………… 310

　第四节　神经系统对内脏活动的调节 …………………………………………………………… 311

　　一、自主神经系统的功能特征 …………………………………………………………………… 311

　　二、自主神经的递质及其受体 …………………………………………………………………… 312

　　三、中枢对内脏活动的调节 ……………………………………………………………………… 314

　第五节　脑的电活动与高级功能 ………………………………………………………………… 315

　　一、条件反射 ……………………………………………………………………………………… 315

　　二、大脑皮层的电活动 …………………………………………………………………………… 316

　　三、觉醒与睡眠 …………………………………………………………………………………… 317

　　四、大脑皮层的语言功能 ………………………………………………………………………… 318

第二十二章　内分泌 ………………………………………………………………………………… 320

　第一节　概述 ……………………………………………………………………………………… 320

　　一、激素作用的一般特性 ………………………………………………………………………… 320

　　二、激素的分类与作用机制 ……………………………………………………………………… 321

　　三、激素分泌的调节 ……………………………………………………………………………… 323

　第二节　下丘脑与垂体 …………………………………………………………………………… 324

　　一、下丘脑与垂体的结构和功能联系 …………………………………………………………… 324

　　二、下丘脑-腺垂体系统 ………………………………………………………………………… 324

　　三、下丘脑-神经垂体系统 ……………………………………………………………………… 326

　第三节　甲状腺 …………………………………………………………………………………… 327

　　一、甲状腺激素的生理作用 ……………………………………………………………………… 327

　　二、甲状腺功能的调节 …………………………………………………………………………… 328

　第四节　肾上腺 …………………………………………………………………………………… 329

　　一、肾上腺皮质 …………………………………………………………………………………… 329

　　二、肾上腺髓质 …………………………………………………………………………………… 331

　第五节　胰岛 ……………………………………………………………………………………… 332

　　一、胰岛素 ………………………………………………………………………………………… 332

　　二、胰高血糖素 …………………………………………………………………………………… 333

第二十三章　生殖 …………………………………………………………………………………… 335

　第一节　男性生殖 ………………………………………………………………………………… 335

　　一、睾丸的功能 …………………………………………………………………………………… 335

　　二、睾丸功能的调节 ……………………………………………………………………………… 336

　第二节　女性生殖 ………………………………………………………………………………… 336

　　一、卵巢的功能 …………………………………………………………………………………… 337

　　二、卵巢功能的调节 ……………………………………………………………………………… 337

　　三、月经周期 ……………………………………………………………………………………… 338

　第三节　妊娠与分娩 ……………………………………………………………………………… 339

一、妊娠 ………………………………………………………………………………… 339

二、分娩 ………………………………………………………………………………… 340

参考文献 …………………………………………………………………………………… 342

中英文名词对照索引 ……………………………………………………………………… 343

第一章	绪论

学习目标

1. 掌握:正常人体结构与机能的研究对象和任务;人体的分部;解剖学方位术语;内环境、稳态的概念;神经调节、体液调节和自身调节的概念及特点。

2. 熟悉:正常人体结构与机能的基本观点;生命活动的基本特征;负反馈和正反馈的概念及意义。

3. 了解:正常人体结构与机能的研究方法;行为调节和免疫调节;前馈控制系统。

4. 学会坐骨神经-腓肠肌标本的制备。

5. 具有对反射弧完整性与反射活动关系进行分析的能力。

第一节 概　述

一、正常人体结构与机能的研究对象和任务

正常人体结构与机能是研究正常人体形态结构、发生发育和生命活动规律的综合性科学。它是由人体解剖学、组织学、胚胎学和生理学有机结合而形成的一门重要的医学基础课程。**解剖学**(anatomy)是研究正常人体形态结构的科学,包括系统解剖学和局部解剖学;**组织学**(histology)是研究人体的细胞、组织和器官微细结构的科学;**胚胎学**(embryology)是研究人体胚胎在发生、发育过程中形态结构的形成和变化规律的科学。**生理学**(physiology)是研究正常人体生命活动规律的科学。

正常人体结构与机能,是以医学检验技术专业培养目标为主线,通过正常人体形态结构及其生命活动规律的学习,使学生对人体的结构和机能有一个比较清晰、完整的认识,为正确认识疾病的发生、发展和演变规律,诊断、预防和治疗疾病,保持和增进人们的健康水平,提高生命质量提供理论基础,为从事医学检验技术工作提供科学的理论指导。因此,学好正常人体结构与机能这门学科十分重要。

二、正常人体结构与机能基本观点与研究方法

(一)结构与功能相联系的观点

一定的形态结构决定细胞、组织和器官的功能,如红细胞内有血红蛋白的结构,决定了红细胞具有运输 O_2 和 CO_2 的功能,功能的改变也可影响形态结构的发展和变化。结构是功能的物质基础,功能是结构的表现形式。

(二)局部与整体统一的观点

人体是一个有机的统一整体,任何一个器官或局部都是整体不可分割的一部分,都不能脱离整体

笔记

而独立生存。在学习局部时一定要联想到整体,用整体的概念理解局部,始终做到局部与整体的有机统一。

(三)进化发展的观点

现代人虽然与动物有本质区别,但人类是由动物经过长期进化发展而来的,因此,仍然保留着一些与脊椎类动物相同的基本特征。因此,以进化发展的观点研究学习人体的形态结构,可以更好地认识人体。

(四)理论联系实际的方法

学习正常人体结构与机能的目的是为了实际应用。因此,在学习正常人体结构与机能时要树立理论和实践紧密结合的观点,既要重视理论课,又要重视实验课。例如:解剖学是使用解剖刀、剪和镊等工具对人体进行剖析,用肉眼观察标本和模型的方法进行研究。组织学主要通过普通光学显微镜技术和特殊光学显微镜技术观察细胞、组织微细结构。生理学是利用动物实验(急性动物实验和慢性动物实验)和人体试验(人群资料调查和人体测试),研究人体的生命活动规律。所以,在学习中,既要用理论知识指导实践,又要通过实践来验证和巩固理论知识,加深对人体结构与机能的认识。

三、人体的组成与分部

(一)人体的组成

构成人体最基本的形态结构和功能单位是**细胞**(cell)。人体的细胞大小不一、形态多样,功能各异,但都具有最基本的结构,即细胞膜、细胞质和细胞核三个部分。许多形态结构相似、生理功能相近的细胞借细胞间质结合在一起构成**组织**(tissue),人体的组织有上皮组织、结缔组织、肌肉组织和神经组织四类。几种不同的组织有机地结合,构成**器官**(organ)。如:骨、胃、肺、肾、心等都是器官。共同完成某一生理功能的器官组成**系统**(system)。人体有运动系统、消化系统、呼吸系统、泌尿系统、生殖系统、脉管系统、神经系统、内分泌系统以及感觉器官。消化系统、呼吸系统、泌尿系统和生殖系统的大多数器官都位于体腔内,并借一定的孔道与外界相通,总称内脏。

(二)人体的分部

人体按形态和部位可分为头、颈、躯干和四肢四部分。头部前面称面部;颈又分固有颈部和项部;躯干的前面分为胸部、腹部、盆会阴部,后面上方称背部,下方称腰部。四肢分上肢和下肢,上肢又可分为肩部、臂部、前臂部和手部,下肢分为臀部、大腿部、小腿部和足部。

四、常用的解剖学方位术语

(一)解剖学姿势

身体直立,两眼向正前方平视,上肢下垂于躯干两侧,两足并拢,掌心和足尖向前。在描述人体任何结构时,不管研究对象处于何种位置,都要按此标准姿势进行描述。

(二)常用的方位术语

按照标准解剖学姿势,解剖学规定了用来描述人体各部的方位术语。

1. **上和下** 近颅者为上,近足者为下。

2. **前和后** 近腹者为前,又称腹侧,近背者为后,又称背侧。

3. **内侧和外侧** 近人体正中矢状面者为内侧,远人体正中矢状面者为外侧。前臂内侧又称尺侧(ulnar),外侧又称桡侧(radial)。小腿内侧又称胫侧(tibial),外侧又称腓侧(fibular)。

4. **浅和深** 距体表近者为浅,远者为深。

5. **近侧和远侧** 在四肢,距肢体根部近者为近侧,远者为远侧。

6. **内和外** 描述器官结构时,距腔面近者为内,离腔面远者为外。

(三)轴和面

1. **轴** 轴是为了描述、分析关节的运动,而在人体上假设的三条互相垂直的直线,即:①垂直轴(vertical axis):为上下方向,与人体长轴平行,并垂直于水平切面的轴。②矢状轴(sagittal axis):为前后方向,并与垂直轴相垂直的轴。③冠状轴(coronal axis):为左右方向,并与垂直轴和矢状轴相垂直的轴。

2. **面** 人体的面有三种,各面之间相互垂直。①矢状面(sagittal plane):呈前后方向,将人体分成左、右两部分的切面。如果矢状面过人体正中线,且左、右两部分对称称正中矢状面。②冠状面(coronal plane):呈左右方向,将人体分成前、后两部分的切面。③水平面(horizontal plane):与上述两面垂直,将人体分为上、下两部分的切面。对器官而言,沿其长轴所做的切面称纵切面,垂直于器官长轴所做的切面称横切面。

第二节 生命的基本特征

一、新陈代谢

新陈代谢(metabolism)是指生物体和周围环境之间不断地进行着物质和能量的交换,实现自我更新的生物过程。新陈代谢包括两个方面:①机体从环境中摄取营养物质,合成为自身物质的过程称为**合成代谢**(anabolism);②机体分解其自身成分并将其分解产物排出体外的过程称为**分解代谢**(catabolism)。物质合成需要摄取和利用能量,而物质分解又需要将蕴藏在物质化学键内的能量释放出来。新陈代谢是维持体温和机体各种生理活动的能量来源。新陈代谢是一切生物体最基本的生命特征,新陈代谢一旦停止,就意味着生命的结束。

二、兴奋性

兴奋性(excitability)是指机体感受刺激并产生反应的能力。它是机体生命活动的基本特征之一。生理学中将能够引起机体发生一定反应的内、外环境的变化称为**刺激**(stimulus)。而将刺激引起机体的变化称为**反应**(reaction)。按照刺激性质的不同可以将刺激划分为:物理性刺激、化学性刺激、生物性刺激和社会心理性刺激等。而机体的反应有两种表现形式,即**兴奋**(excitation)和**抑制**(inhibition)。组织和细胞由相对静止状态转化为活动状态或活动状态加强称为兴奋。组织和细胞由活动状态转化为相对静止状态或活动状态减弱称为抑制。

刺激引起机体反应需要具备三个基本条件,分别是刺激强度、刺激作用的时间和刺激强度-时间变化率。刺激必须达到一定的强度才能引起组织或细胞的兴奋。但是如果刺激作用的时间太短,即使刺激强度再大也不能引起组织的兴奋。因此,刺激作用于可兴奋组织的时间是引起兴奋的必要条件。除了刺激强度和刺激时间以外,强度-时间变化率也是引起组织兴奋必不可少的基本条件之一。把刺激的三个要素作不同的组合,可以得到各种各样的刺激。因此,在实际测量中,常把刺激作用的时间和刺激强度-时间变化率固定,把刚刚引起组织细胞产生反应的最小刺激强度称为阈强度,简称**阈值**(threshold)。相当于阈强度的刺激称为阈刺激,大于阈强度的刺激称为阈上刺激,小于阈强度的刺激称为阈下刺激。要引起组织兴奋,刺激的强度必须大于或等于该组织的阈值。

阈值的大小和组织兴奋性的高低呈反变关系,即兴奋性 ∝ 1/阈值。说明引起组织兴奋的阈值愈大其兴奋性愈低;相反,阈值愈小,说明该组织的兴奋性愈高。神经组织、肌肉组织和腺体组织的兴奋性较高,对刺激产生的反应迅速而明显,生理学中习惯上将这些组织称为可兴奋组织。

三、生殖

生殖(reproduction)是指生物体生长发育到一定阶段后,男性和女性的生殖细胞相互结合,产生子代个体的正常功能活动。人类通过生殖方式使新个体得以产生,遗传信息得以代代相传。每一个生命的个体终究都会死亡,但是生命永存。生殖是机体繁殖后代、延续种系的一种特征性活动。

四、适应性

机体根据内、外环境变化不断调整机体各部分的功能活动和相互关系的功能特征称为**适应性**(adaptability)。正常生理功能条件下,机体的适应分为行为性适应和生理性适应两种情况。行为性适应是生物界普遍存在的本能反应。生理性适应是指身体内部的协调性反应,以体内各器官、系统的协

3

调活动和功能变化为主。人类的行为性适应更具有主动性。

威廉·哈维与近代生理学的诞生

1578 年 4 月 1 日哈维出生于英国的肯特郡。早年就读于剑桥大学,1597 年到意大利帕多瓦(Padua)大学医学院留学。1615 年 8 月哈维被选为英国皇家医学院伦姆雷讲座主讲人。1616 年 4 月哈维在一次讲座中第一次提出了关于血液循环的理论,讲座手稿至今收藏在大英博物馆。1628 年哈维出版《心与血的运动》,系统总结血液循环的运动规律,成为近代历史上第一部基于实验研究的生理学著作。

哈维是和伽利略同时代的科学巨匠,恩格斯对哈维的历史性研究给予高度评价:"哈维由于发现了血液循环,而把生理学确立为科学。"

第三节 人体与环境

一、人体与外环境

人体所处的不断变化着的外界环境称为**外环境**(external environment),包括自然环境和社会环境。自然环境中各种变化(如温度、气压、光照、湿度等)不断作用于人体,机体能够对这种外环境的变化作出适应性反应以维持正常生理活动。剧烈的外环境变化,超过人体适应能力时,将会对机体造成不良影响。

社会环境变化(如社会制度、文化教育、经济状况、生活习惯和人际关系等)也是影响人体生理功能的重要因素之一,都可能对人体的身心健康产生影响。优越的社会制度、适宜的居住条件、良好的文化教育、安全的生活氛围、和谐的人际关系等可促进人类健康。

二、内环境及其稳态

(一)内环境

人体内的液体称为体液,约占成年人体重的 60%(表 1-1),其中分布在细胞内的称为细胞内液,分布于细胞外的称为细胞外液。细胞外液主要包括组织液、血浆、淋巴液和脑脊液等。人体内绝大多数细胞是不与外环境直接接触的,而是浸浴于机体内部的细胞外液中。生理学中将细胞直接接触和赖以生存的环境,即细胞外液,称为机体的**内环境**(internal environment)。

表 1-1 人体内体液分布

	占成人体重(%)	占新生儿体重(%)
体液	60	75
细胞内液	40	40
细胞外液	20	35
血浆	4	5
组织液	16	30

内环境是细胞进行新陈代谢的场所,细胞代谢所需要的 O_2 和各种营养物质只能从内环境中摄取,细胞代谢产生的 CO_2 和代谢产物也直接排到内环境中。此外,内环境还必须为细胞生存和活动提供适宜的理化条件。因此,内环境对于细胞的生存以及维持细胞的正常功能具有十分重要的作用。

(二)稳态

正常功能条件下,机体内环境的各项理化因素(如温度、酸碱度、渗透压、各种离子和营养成分等)

保持相对的恒定状态。我们把内环境理化性质相对稳定的状态称为**稳态**(homeostasis)。内环境稳态一方面是指细胞外液的理化特性在一定范围内保持相对稳定。另一方面由于细胞不断地进行新陈代谢并且和内环境进行物质交换,也就不断地扰乱或破坏内环境的相对稳定状态。外界环境的变化也会干扰内环境稳态。机体通过不同的功能变化或调节活动,恢复和维持内环境的稳态。

人体生命活动是在内环境稳态不断被破坏和不断恢复过程中进行的,并保持其动态平衡。保持内环境稳态是一个复杂的生理过程,如果内环境稳态被破坏,细胞外液的理化特性发生较大变化,超出人体最大调节能力时,就会损害机体的正常生理功能,进而发生疾病。广义上讲,稳态不仅指内环境理化特性的动态平衡,也泛指从细胞到整个人体各个层次功能状态的相对稳定。

第四节　人体生理功能的调节

机体各个器官、系统的功能活动随着内、外环境的变化及时调整,以维持内环境的相对稳定状态。

一、人体生理功能的调节方式

(一)神经调节

神经调节(nervous regulation)是体内最重要、最普遍的一种调节方式,它是通过神经系统各种活动实现的。神经调节最基本的方式是反射。在中枢神经系统参与下,机体对刺激产生的规律性应答称为**反射**(reflex)。反射活动的结构基础是**反射弧**(reflex arc)。反射弧由感受器、传入神经、神经中枢、传出神经和效应器5个部分组成。感受器感受内、外环境变化的刺激,将各种刺激的能量转化为神经冲动,沿传入神经纤维传向中枢。中枢是反射弧的整合部分,对传入神经信息进行分析、整合处理,并发出传出信号,沿传出神经纤维到达效应器,改变效应器的功能状态(图1-1)。例如:当肢体皮肤受到外界伤害性刺激时,皮肤感受器兴奋,将信息通过传入神经传递到中枢。中枢经过分析和整合作用后,发出神经冲动沿传出神经纤维到达肢体有关肌肉,使屈肌收缩产生逃避反应。

只有保证反射弧各部分结构和功能的完整性,反射活动才能完成。反射弧任何一个部分的结构或功能受到破坏,反射活动都会减弱或消失。

反射分为条件反射和非条件反射两种。非条件反射出生后便存在,其反射弧和反应方式是机体固有的,如吸吮反射、逃避反射、减压反射等。条件反射是在非条件反射基础上,人和高等动物在生活过程中,在一定条件下通过后天学习产生的。巴甫洛夫在这一领域研究中做出了杰出贡献。

神经调节的特点是反应快、精细而准确、作用时间短暂。

(二)体液调节

通过体液中某些化学物质的作用对细胞、组织器官的功能活动进行调节的过程称为**体液调节**(humoral regulation)。体液调节的化学物质主要指内分泌细胞分泌的激素,如生长素、肾上腺皮质激素、性激素等;另外还包括人体某些组织细胞产生的特殊化学物质或代谢产物,如组胺、细胞因子、

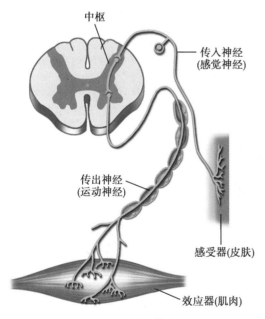

图1-1　反射弧模式图

标注:中枢、传入神经(感觉神经)、传出神经(运动神经)、感受器(皮肤)、效应器(肌肉)

CO_2等。随着现代生物技术的发展,发现能够调节机体活动的化学物质种类越来越多(如心房钠尿肽、一氧化氮等),方式也越来越复杂。体液调节的特点是作用缓慢、广泛、持续时间长。

有时我们很难将机体内的神经调节和体液调节两种调节方式截然分开。人体的内分泌腺体或内分泌细胞大多受神经系统的支配和调节。生理学家将这种复合的调节方式称为**神经-体液调节**(neuro-humoral regulation),见图1-2。

文档:望梅止渴

笔记

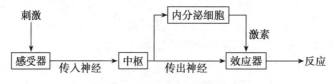

图 1-2　神经-体液调节示意图

（三）自身调节

自身调节（autoregulation）是指细胞和组织器官不依赖于神经和体液因素的一种调节方式。它是由于细胞和组织器官自身特性而对刺激产生适应性反应的过程。这种调节方式目前只在部分组织和器官内发现。例如心肌的自身调节和肾血流量的自身调节等。这些调节的具体内容将在血液循环和肾的排泄功能等章节中详细介绍。自身调节在维持某些器官和组织的功能稳定中具有一定的生物学意义。

自身调节的特点是调节幅度小、灵敏度低、影响范围比较局限。

（四）行为调节

行为调节（behavioral regulation）是指人们通过行为活动或行为方式的变化，调节机体的生理活动和活动规律，从而对个体健康或疾病产生重要影响的调节方式。

1. 本能行为调节　机体的本能行为调节是正常生理功能调控的重要方式之一。例如人体在不同温度环境中采取不同的姿势和活动方式来调节体热平衡。

2. 社会行为调节　社会行为调节对于人类健康的影响和个体疾病的发生、发展和转归具有举足轻重的影响。一方面个体的不良行为习惯或生活方式是导致疾病发生发展的重要因素，如吸烟、酗酒等；另一方面健康科学的生活方式和行为习惯可以预防或减少疾病的发生，提高健康水平。

行为调节的特点是灵敏度低、时间长、需要反复训练。行为调节在人体生理功能调控中的作用和作用机制，应当引起医学科学界的高度重视。

（五）免疫调节

人体的免疫系统由免疫器官和免疫细胞共同组成。免疫系统是体内重要的功能调节系统。**免疫调节**（immunoregulation）包括免疫自身调节、整体调节和群体调节。免疫调节的特点是调控范围宽泛、发挥作用相对缓慢，既有急性免疫调控，也有影响时间持久的慢性反应。

二、人体功能调节的控制系统

运用控制论理论来研究、分析人体功能的调节，发现人体内从分子、细胞水平到系统、整体功能调节都存在各种各样的"控制系统"。控制系统由控制部分和受控部分组成，可以把中枢神经系统和内分泌腺看作控制部分，效应器或靶细胞看作受控部分。多数情况下，控制部分和受控部分之间并不是单向信息联系。按照它们的作用方式和作用机制可以将控制系统分为以下几种不同情况。

（一）非自动控制系统

控制部分发出的信息影响受控部分，而受控部分不能返回信息，控制方式是单向的"开环"系统，即非自动控制系统。非自动控制系统没有自动控制的特征，在人体功能调节中一般比较少见。

（二）自动控制系统

自动控制系统又称为反馈控制系统，是指在控制部分发出指令管理受控部分的同时，受控部分又反过来影响控制部分的活动（图 1-3）。在控制系统中，由受控部分发出并能够影响控制部分的信息称

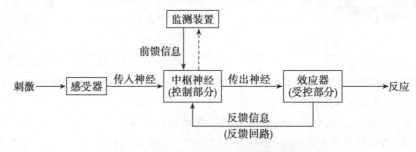

图 1-3　自动控制系统和前馈控制系统模式图

为反馈信息。受控部分的活动反过来影响控制部分活动的过程称为反馈(feedback)。

受控部分发出的反馈信息调整控制部分的活动,最终使受制部分的活动朝着与它原先活动相反的方向改变,称为**负反馈**(negative feedback)。例如,血压突然升高时,对于压力感受器的刺激信息通过反馈回路传回心血管中枢(控制部分),后者发出指令到达心脏和血管(受控部分),使心输出量减少,外周阻力降低,血压降低恢复到正常水平。正常人体内大多数功能活动的调节是通过负反馈调节实现的。负反馈调节是维持机体稳态的一种重要调节方式。

正反馈(positive feedback)是指受控部分发出的反馈信息促进与加强控制部分的活动,最终使受制部分的活动朝着与它原先活动相同的方向改变。例如排尿过程中,尿液通过尿道时,对尿道感受器的刺激信息返回排尿中枢,后者发出信息使膀胱平滑肌进一步收缩,直到将尿液全部排出体外。

(三)前馈控制系统

前馈(feedforward)是在控制部分向受控部分发出信息的同时,通过监测装置对控制部分直接调控,进而向受控部分发出前馈信号,及时调节受控部分的活动,使其更加准确、适时和适度。

前馈控制系统可以使机体的反应具有一定的超前性和预见性。一般说来,反馈控制需要的时间要长些,而前馈控制更为精确、迅速和稳定。例如,大脑通过传出神经向骨骼肌(屈肌)发出收缩信号的同时,又通过前馈控制系统制约(抑制)相关肌肉(伸肌)的收缩,使它们的活动适时、适度,从而使肢体活动更加准确、更加协调。某些条件反射也是一种人体调节的前馈控制,如进食前胃液的分泌,胃液分泌的时间比食物进入胃中直接刺激胃黏膜腺体分泌的时间要早得多。

文档:前馈控制系统

本章小结

正常人体结构与机能是研究正常人体形态结构、发生发育和生命活动规律的科学。人体的构成包括细胞、组织、器官和系统。常用的解剖方位术语有上和下、前和后、内侧和外侧、浅和深、近侧和远侧、内和外、轴和面等。新陈代谢、兴奋性、生殖和适应性是生命活动的基本特征。细胞外液是细胞直接生存的环境,被称为内环境;内环境理化性质相对稳定的状态称为稳态,其通过神经调节、体液调节、自身调节、行为调节和免疫调节等方式,保持相对恒定,维持生命活动的正常进行。负反馈调节是维持机体稳态的一种重要调节机制。

(苏莉芬)

扫一扫,测一测

思考题

1. 请描述解剖学姿势。
2. 什么是内环境的稳态?它有何生理意义?
3. 机体对功能活动的调节方式主要有哪些?各有何特点?
4. 什么是反馈与前馈?试比较二者有何不同?

第二章 　细胞与基本组织

02章 PPT

学习目标

1. 掌握：细胞的概念；细胞的基本结构；上皮组织的结构特点；疏松结缔组织的组成；骨组织的细胞组成；血细胞分类、结构和正常值；三种肌组织的微细结构特点与功能；神经元的基本形态与分类；神经纤维的概念、结构及分类。

2. 熟悉：细胞膜的结构特点；各种细胞器的结构和主要功能；被覆上皮的分类、结构特点和分布部位；结缔组织的分类及分布；骨骼肌和心肌的超微结构；神经胶质细胞的结构及分类。

3. 了解：细胞周期和有丝分裂的分期；上皮组织的特殊结构，腺上皮和腺的概念；软骨的分类；造血干细胞的概念；神经末梢的分类及分布部位。

4. 学会使用显微镜观察细胞和组织的结构。

5. 具有从细胞的角度解释日常生理现象的意识和辨识不同细胞和组织的能力。

第一节　细　　胞

细胞是人体形态结构、生理功能和生长发育的基本单位。人体细胞大小不一，形态多样，但都与其执行的功能和所处的环境相适应。细胞的多样性是逐渐发育分化而形成的，最初均来自单一的受精卵，随着胚胎的发育，细胞数量逐渐增多，为适应不同生理功能的需要而表现出不同的形态和功能，这种现象称为细胞分化。

一、细胞的结构

在光学显微镜下，细胞可分为细胞膜、细胞质和细胞核三个部分；在电子显微镜下，可将细胞结构进一步分为膜性结构和非膜性结构。膜性结构包括细胞膜和细胞质内以膜的分化为基础形成的细胞器，非膜性结构指颗粒状或纤维状结构、细胞骨架、基质等（图 2-1）。

（一）细胞膜

细胞膜是细胞外表面的薄膜，又称质膜（或胞膜），有保持细胞形态和保护细胞的作用，在物质交换、接受刺激、传递信息等方面也有重要作用。

1. **细胞膜的形态结构**　细胞膜在光镜下不易辨认，电镜下可分为内外两层和中间层，总厚度约 7.5nm，这三层结构构成单位膜。细胞质内某些细胞器的膜性结构，也是单位膜，故又统称为生物膜。细胞膜向表面突出可形成纤毛或微绒毛，向细胞内凹陷可形成质膜内褶。

2. **细胞膜的分子结构**　细胞膜主要由类脂、蛋白质和糖类组成，其中类脂和蛋白质为主要成分。目前比较公认的生物膜分子结构是液态镶嵌模型：以液态的类脂双分子层为基架，其中镶嵌着不同生

0201

图片：细胞的形态和结构

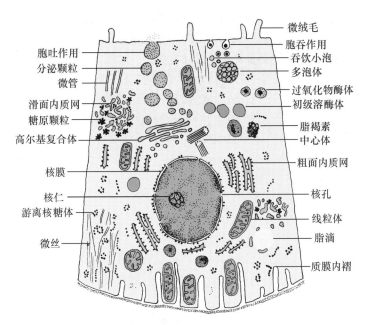

图 2-1 细胞超微结构模式图

理功能的蛋白质。类脂分子以磷脂为主,头端为亲水基团,尾端为疏水基团。亲水基团朝向膜的内、外表面,而疏水基团朝向膜的中部,形成特有的类脂双分子层结构(图 2-2)。在正常生理条件下,此结构处于液态,有一定的流动性。在类脂双分子层上镶嵌或附着球状蛋白质,称为膜蛋白,具有多种重要功能。

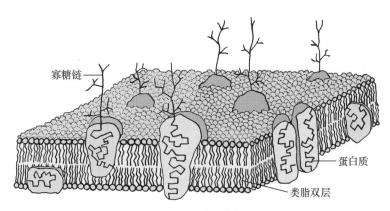

图 2-2 细胞膜液态镶嵌模型图

（二）细胞质

细胞膜与细胞核之间的部分为细胞质,又称胞质或胞浆,包括基质、细胞器和包含物。基质在活体细胞中为透明胶状物,细胞器和包含物散在其中。

1. **基质** 又称细胞液,是无定形的胶状物,构成细胞的内环境。内含水、无机盐离子、糖类、蛋白质等,为细胞进行功能活动提供必需的条件。

2. **细胞器** 指细胞质内具有特定形态结构和功能的有形成分(见图 2-1)。

（1）线粒体:光镜下呈粗线状或颗粒状,电镜下由内、外两层单位膜构成封闭的囊状结构。外膜平滑,内膜向内部突出并折叠形成许多板状或管状结构,称线粒体嵴。线粒体内有很多酶,参与营养物质的氧化供能,因此线粒体常被称为细胞的"能量工厂"。

（2）核糖体:又称核蛋白体,主要成分是核糖核酸(RNA)和蛋白质,是细胞内合成蛋白质的场所,属非膜性结构。

（3）内质网:呈管泡状或扁囊状的膜性结构,膜上结合有多种酶,与细胞的各种代谢活动有关。根据其表面是否附着核糖体而分为粗面内质网和滑面内质网两种。粗面内质网表面附有大量核糖体,在核糖体上合成的蛋白质进入内质网内腔进一步修饰,并以出芽的方式形成运输小泡,将其内容物运送到高尔基复合体,进行加工浓缩形成分泌颗粒而排到细胞外或形成酶原颗粒。滑面内质网表面无核糖体附着,内含多种酶,与细胞多种代谢活动有关。

（4）高尔基复合体:为单位膜组成的网状结构,位于细胞核附近。它是细胞内的运输和加工系统,可将细胞合成的产物进一步加工、浓缩,形成分泌颗粒,与细胞的分泌活动有关。

（5）中心体:位于细胞核附近,呈颗粒状,由两个互相垂直的短筒状中心粒构成。有复制能力,参与细胞的分裂活动,是细胞分裂的推动器,属非膜性结构。

（6）溶酶体:由一层单位膜围成的囊状小体或小泡,内含多种酸性水解酶,能将蛋白质、多糖、脂类和核酸等水解为小分子物质。溶酶体对外源性的有害物质及内源性衰老受损的细胞器等具有极强的消化分解能力,故称为"细胞内消化器"。

（7）微体:又称过氧化物酶体,由一层单位膜围成的圆形或椭圆形小体。内含多种酶,主要为过氧化物酶和过氧化氢酶,与生成和分解过氧化氢有关,可清除体内过多的过氧化物,对细胞有保护作用。

（8）细胞骨架:是细胞质内丝状物的总称,包括微丝、微管等,是支撑细胞的骨架,同时参与细胞的运动,属非膜性结构。

3. 包含物 由某些物质在细胞质内聚集而成,如脂肪细胞内的脂滴、肝细胞内的糖原等,不属于细胞器。

（三）细胞核

细胞核是细胞遗传和代谢活动的控制中心,在细胞生命活动中起着决定性的作用。一个细胞一般具有一个核(成熟红细胞除外),也可有两个(如肝细胞)或多个核(如骨骼肌细胞)。细胞核的形态一般为圆形、卵圆形,也有其他形态,如白细胞的分叶核、马蹄形核等。间期细胞核由核膜、核仁、染色质及核基质组成。

1. 核膜 是围绕在核表面的膜,由两层单位膜构成,分别称为外膜和内膜。两层膜间的腔隙,称为核周隙。外膜表面常附着核糖体,在形态上与粗面内质网相似。核的内、外膜在若干地方融合形成核孔,是核与细胞质之间进行物质交换的孔道。核膜对核内容物起保护作用,在细胞分裂时,核膜逐渐消失,分裂结束前又逐渐形成。

2. 核仁 一般有1~2个核仁,圆球形,无膜包裹。电镜下,其中心为纤维状结构,周围为颗粒状结构。在细胞进行有丝分裂时,核仁同核膜一样,先消失后重建。核仁的主要化学成分是DNA、RNA和蛋白质,主要功能是合成rRNA和组装核糖体。

3. 染色质与染色体 在光镜下见到的核内被碱性染料着色的块状或颗粒状物质,称染色质。染色质和染色体是同一物质在细胞不同时期的两种表现。细胞进行有丝分裂时,染色质细丝螺旋化盘绕成具有特定形态结构的染色体,此时在光镜下清晰可见。分裂结束后,染色体解除螺旋化,分散于核内又重新形成染色质。染色质的主要化学成分是DNA和组蛋白,这两种成分组成的颗粒状结构,称为核小体,是构成染色质的基本结构单位。

染色体的数目是恒定的。人类体细胞有46条(23对)染色体,称为双倍体,其中常染色体44条(22对),性染色体2条(1对)。而成熟的生殖细胞只有23条染色体,不成对,称单倍体,其中常染色体22条,性染色体1条。体细胞性染色体则因性别不同而不同,女性两条都为X染色体,即46,XX;男性则一条为X染色体,另一条为Y染色体,即46,XY,这就是男女性别不同的本质。

每条染色体由两条染色单体组成,借着丝粒彼此连接。根据着丝粒的位置不同,染色体的两条单体可区分出长臂和短臂。如果染色体的数目或结构有变异,可导致遗传性疾病。

二、细胞增殖

细胞增殖是机体生长发育的基础,细胞通过分裂增加数量,进行补充和更新。细胞增殖呈周期性。

细胞在生活过程中不断进行周期性的生长和分裂。从细胞上一次分裂结束产生新的细胞开始,到下一次分裂结束为止的过程,称为细胞增殖周期,简称细胞周期。细胞周期可分为两个阶段:分裂间期和分裂期。分裂间期以细胞内部 DNA 合成为依据,又可分为 DNA 合成前期(G₁ 期)、DNA 合成期(S 期)、DNA 合成后期(G₂ 期),此阶段最关键的活动是 DNA 合成。分裂期(M 期)则以染色体的形成和变化为依据,可再分为前、中、后、末四个时期。细胞周期中各期所需的时间各不相同。正常细胞周期的平均时间以 M 期最短,G₁ 期历时较长。细胞周期是通过延长 G₁ 期的时间调控其增殖速度的(图 2-3)。

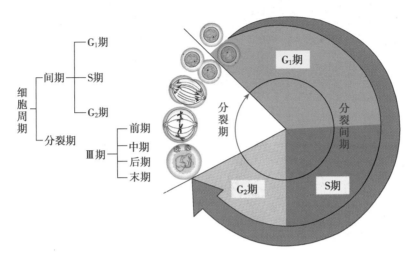

图 2-3 细胞周期示意图

0203
图片:细胞有丝分裂示意图

在细胞周期中,分裂间期的主要生理意义是合成 DNA,复制两套遗传信息;而分裂期的主要意义是通过染色体的形成、分裂和移动,把两套遗传信息准确地分到两个子细胞,使子细胞具有与母细胞完全相同的染色体,使遗传特性代代相传,保持了遗传的稳定性和特异性。

第二节　基　本　组　织

组织由细胞和细胞间质组成,是构成器官的基本成分。人体组织可分为四种基本类型:上皮组织、结缔组织、肌组织和神经组织。

一、上皮组织

上皮组织(epithelial tissue)简称上皮,由大量密集排列的上皮细胞和少量细胞间质组成,具有保护、吸收、分泌和排泄等功能。按其分布与功能不同,主要分为被覆上皮和腺上皮两大类。上皮组织具有以下特点:①细胞多,排列紧密,细胞间质少;②上皮细胞有极性,朝向体表或管腔的一面为游离面,与其相对的一面为基底面,基底面附着于基膜并借此与深层的结缔组织相连;③上皮组织内无血管,其营养由深层的结缔组织透过基膜来提供;④有丰富的神经末梢。

(一)被覆上皮

被覆上皮覆盖于体表,或衬贴在体腔以及管、腔、囊的腔面,根据细胞形态及层数分为下列类型。

1. 单层扁平上皮 又称单层鳞状上皮,由一层扁平细胞组成。从上皮表面观察,细胞呈多边形或不规则,边缘呈锯齿状或波浪状,互相嵌合;核椭圆形,位于细胞中央;从垂直切面观察,细胞扁薄,胞质少,含核的部分略厚(图 2-4)。分布于心、血管和淋巴管腔面的称内皮,薄而光滑,有利于血液和淋巴的流动;分布于腹膜、胸膜和心包膜表面的称间皮,能分泌浆液,减少器官间的摩擦,有利于器官的运动。

2. 单层立方上皮 由一层近似立方形的细胞组成。从上皮表面观察,细胞呈六角形或多角形;在垂直切面上,细胞呈立方形,核圆,居中(图 2-5)。单层立方上皮分布于肾小管、甲状腺滤泡等处,具有分泌和吸收功能。

3. 单层柱状上皮 由一层棱柱状细胞组成。从上皮表面观察,细胞呈六角形或多角形;在垂直切面上,细胞为柱状,核呈长椭圆形,靠近细胞基底部(图 2-6)。单层柱状上皮分布于胃肠、胆囊和子宫

笔记

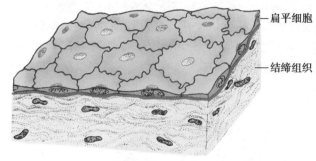

A. 模式图　　　　　　　　　　　B. 血管内皮光镜像

扁平细胞
结缔组织

图 2-4　单层扁平上皮

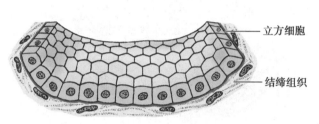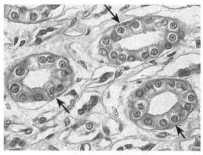

A. 模式图　　　　　　　　　　　B. 肾小管上皮光镜像

立方细胞
结缔组织

图 2-5　单层立方上皮

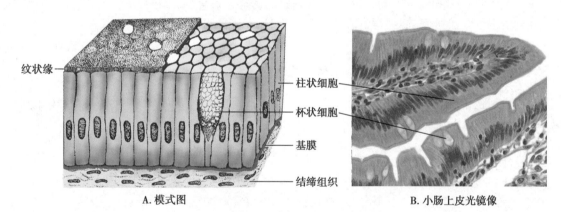

A. 模式图　　　　　　　　　　　B. 小肠上皮光镜像

纹状缘
柱状细胞
杯状细胞
基膜
结缔组织

图 2-6　单层柱状上皮

等器官,有保护、吸收和分泌等功能。肠腔面的单层柱状上皮中,柱状细胞间还散在分布着杯状细胞,形似高脚酒杯,能分泌黏液,可润滑和保护上皮。

4. **假复层纤毛柱状上皮**　由柱状细胞、梭形细胞、锥形细胞和杯状细胞组成。柱状细胞数量最多,且游离面有大量纤毛。这些细胞高矮不一,核的位置不在同一水平上,但基底部均附着于基膜,因此在垂直切面上观察貌似复层,而实为单层(图 2-7)。这种上皮分布于呼吸道腔面,杯状细胞能分泌黏液,可以黏附细菌、尘粒,对呼吸道有清洁保护作用。

5. **复层扁平上皮**　由多层细胞紧密排列而成,因表层细胞为扁平鳞片状,又称复层鳞状上皮。在垂直切面上,细胞形状不一,紧靠基膜的一层基底细胞为矮柱状或立方形,具有较强的分裂增殖能力,新生的细胞不断向浅层移动,以取代表层衰老或损伤脱落的细胞(图 2-8)。位于皮肤表层的复层扁平上皮,浅层细胞的核消失,胞质充满角蛋白,细胞干硬,并不断脱落,称为角化的复层扁平上皮;分布于口腔、食管、阴道等腔面的复层扁平上皮,浅层细胞有核,含角蛋白少,称为未角化的复层扁平上皮。复层扁平上皮具有耐摩擦、保护和修复等功能。

6. **变移上皮**　分布于排尿管道,由多层细胞组成,细胞的形态和层数可随器官的收缩与扩张状态

笔记

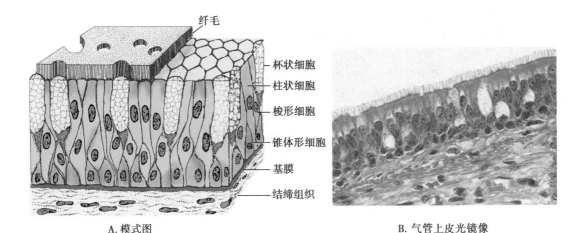

纤毛
杯状细胞
柱状细胞
梭形细胞
锥体形细胞
基膜
结缔组织

A.模式图

B.气管上皮光镜像

图 2-7　假复层纤毛柱状上皮

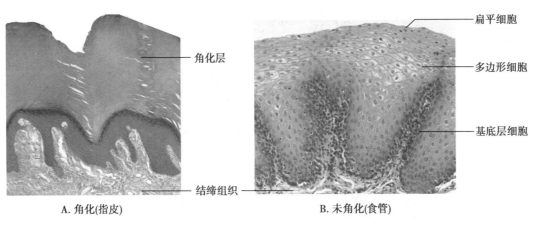

角化层

扁平细胞
多边形细胞
基底层细胞

结缔组织

A.角化(指皮)

B.未角化(食管)

图 2-8　复层扁平上皮

而改变。如膀胱空虚时,上皮变厚,细胞层数增多,体积增大,表层细胞呈大立方形;膀胱充盈时,上皮变薄,细胞层数减少,细胞呈扁梭形(图 2-9)。

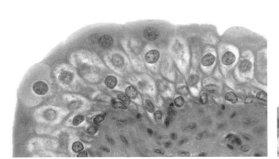
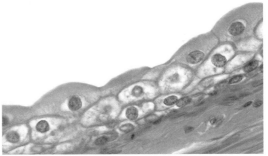

A.膀胱空虚态

B.膀胱扩张态

图 2-9　变移上皮

（二）腺上皮和腺

　　腺上皮是由腺细胞组成的以分泌功能为主的上皮。以腺上皮为主要结构所构成的器官称为腺。腺细胞的分泌物有酶、黏液和激素等。有的腺分泌物经导管排至体表或器官腔内,称外分泌腺,其结构包括分泌部和导管两部分,如汗腺、唾液腺等;有的腺没有导管,分泌物(主要是激素)释放入血液或淋巴,称内分泌腺,如甲状腺、肾上腺等(见第十一章)。

（三）上皮细胞的特化结构

　　上皮细胞具有极性,在细胞各面形成了与功能相适应的特化结构。

0204

文档:被覆上皮的类型和主要分布

0205

图片:各种腺泡及导管模式图

笔记

1. 游离面的特化结构

（1）微绒毛：是上皮细胞质膜与胞质向表面伸出的微细指状突起。存在于小肠和肾小管上皮游离面的微绒毛,在光镜下被称为纹状缘或刷状缘。微绒毛可显著扩大细胞表面积,增加吸收能力。

（2）纤毛：是质膜与胞质向表面伸出的粗而长的突起,具有节律性定向摆动的能力。纤毛摆动可帮助清除和运送细胞表面的物质,如呼吸道的假复层纤毛柱状上皮即以此方式把吸入的灰尘和细菌等推送至咽部,以痰的形式咳出(见图2-7)。

2. 基底面的特化结构

基底面连有基膜,是上皮细胞基底面与结缔组织之间共同形成的薄膜,是一种半透膜,可进行物质交换,还有支持和连接作用。

3. 侧面的特化结构

上皮细胞的侧面即细胞相邻面,其间隙很窄,形成紧密连接、中间连接、桥粒和缝隙连接四种细胞连接,起到加固细胞之间联系或者传递信息的作用(图2-10)。上述细胞连接不但存在于上皮细胞间,也可存在于其他细胞间。

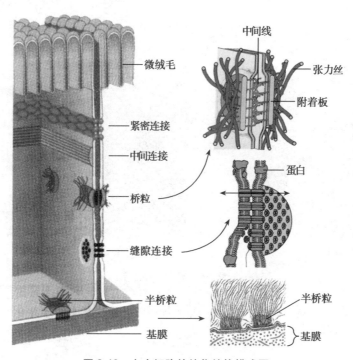

图 2-10　上皮细胞的特化结构模式图

二、结缔组织

结缔组织(connective tissue)由细胞和大量细胞间质组成,细胞间质包括纤维和基质。结缔组织分布广泛、形式多样,具有支持、连接、营养、运输和保护等多种功能。广义的结缔组织包括固有结缔组织、软骨、骨、血液和淋巴等。但一般所说的(即狭义的)结缔组织主要指固有结缔组织,包括疏松结缔组织、致密结缔组织、脂肪组织和网状组织。

（一）固有结缔组织

1. 疏松结缔组织　疏松结缔组织(loose connective tissue)又称蜂窝组织,细胞种类多,散在分布,纤维排列松散,基质丰富(图2-11)。疏松结缔组织在体内广泛分布,常位于器官之间、组织之间乃至细胞之间,具有连接、支持、营养、保护、防御和修复等功能。

（1）细胞：包括成纤维细胞、巨噬细胞、浆细胞、肥大细胞、脂肪细胞、未分化的间充质细胞等。血液中的白细胞也可游走到结缔组织内。

1）成纤维细胞：是疏松结缔组织中最主要的细胞,细胞较大,扁平多突起,胞核较大,卵圆形,着色浅,核仁明显,胞质弱嗜碱性。成纤维细胞合成蛋白质,形成疏松结缔组织的各种纤维和基质,可促进组织的再生和修复。成纤维细胞功能处于静止状态时,称纤维细胞。在创伤等机体需要时,纤维细胞可转变为成纤维细胞,参与创伤组织修复。

2）巨噬细胞：是体内广泛存在的一种免疫细胞,由血液内单核细胞穿出血管后分化而成,细胞形

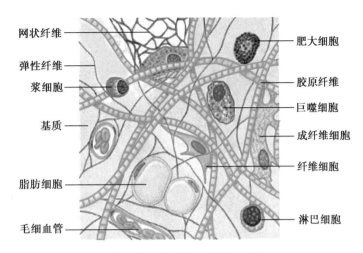

网状纤维
弹性纤维
浆细胞
基质
脂肪细胞
毛细血管

肥大细胞
胶原纤维
巨噬细胞
成纤维细胞
纤维细胞
淋巴细胞

图 2-11 疏松结缔组织模式图

视频：巨噬细胞的结构与功能

态随功能状态而改变,功能活跃者常伸出伪足。胞核小,圆形或卵圆形,着色深;胞质丰富,多呈嗜酸性,含大量溶酶体、吞噬体、吞饮泡和残余体。巨噬细胞具有强大的吞噬功能,能吞噬细菌、异物、衰老变性的细胞以及肿瘤细胞;能捕捉、加工、处理并呈递抗原,参与免疫应答;合成和分泌溶菌酶和干扰素等生物活性物质。

3) 浆细胞:数量较少,常见于呼吸道和消化道黏膜。呈圆形或卵圆形,核圆,偏位,染色质呈辐射状排列,胞质丰富,嗜碱性。浆细胞来源于 B 淋巴细胞,能合成和分泌免疫球蛋白,即抗体,参与体液免疫应答。

4) 肥大细胞:多分布于毛细血管和小血管周围。细胞体积大,呈圆形或卵圆形,核小而圆,居中。胞质丰富,内充满粗大的嗜碱性颗粒,内含有肝素、组胺、嗜酸性粒细胞趋化因子等,胞质内含白三烯,与过敏反应有关。

5) 脂肪细胞:细胞体积大,多呈圆形或椭圆形,胞质中充满脂滴,脂滴将胞核和胞质挤到细胞的一侧。在 HE 染色标本中,脂滴已被溶解,细胞呈空泡状。脂肪细胞可合成和贮存脂肪,参与脂类代谢。

6) 未分化的间充质细胞:数量较少,属成体干细胞,可增殖分化为多种细胞。

7) 白细胞:血液中的白细胞常在适当部位以变形运动穿出毛细血管,游走到疏松结缔组织中起防御作用。

(2) 纤维:纤维起到加强连接的作用,包括以下三种。①胶原纤维,数量最多,新鲜时呈白色,又称白纤维。HE 染色呈粉红色,纤维粗细不等,呈波浪状,互相交织。胶原纤维的韧性大,抗拉力强。②弹性纤维,新鲜时呈黄色,也称黄纤维,较细,常有分支,弹性纤维富于弹性,而韧性较差。③网状纤维,较少,细而短、分支多,常交织成网。HE 染色不易着色,可被银盐染成黑色,故又称嗜银纤维,网状纤维主要分布于网状组织、造血器官和淋巴组织等处。

(3) 基质:基质呈无定形胶状,有一定的黏稠性,其化学成分为蛋白多糖和水。蛋白多糖的分子排列成许多微孔状结构,称为分子筛,能阻止细菌、异物的通过,起防御屏障的作用。此外,基质中含有大量的组织液,是从毛细血管渗出的液体。组织液是细胞赖以生存的内环境,细胞与组织液进行物质交换。组织液不断更新,当组织液的产生和回流失去平衡时,基质中的组织液含量可增多或减少,导致组织水肿或脱水。

2. 致密结缔组织 致密结缔组织(dense connective tissue)是以纤维为主要成分的固有结缔组织,纤维粗大,排列致密,细胞和基质少。细胞主要是成纤维细胞,纤维是大量的胶原纤维和弹性纤维。主要分布于肌腱、韧带、皮肤的真皮和器官的被膜中(图 2-12)。

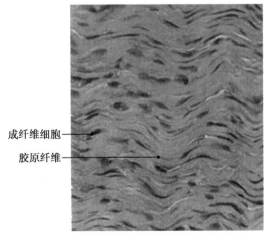

成纤维细胞
胶原纤维

图 2-12 致密结缔组织

图片:分子筛结构模式图

笔记

3. **脂肪组织** 由大量脂肪细胞聚集构成,被疏松结缔组织分隔成许多脂肪小叶。主要分布于皮下浅筋膜、网膜和系膜等处。具有贮存脂肪、维持体温、缓冲机械性外力、填充和保护等作用(图2-13)。

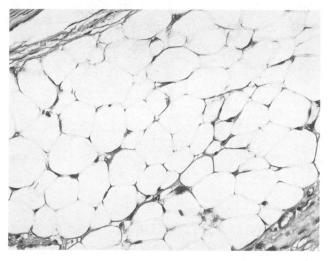

图2-13 脂肪组织

4. **网状组织** 由网状纤维、网状细胞和基质构成。网状纤维由网状细胞产生,网状细胞位于网状纤维交织的网眼内,呈星形,多突起,相邻细胞的突起连接成网。网状组织主要分布于造血器官和淋巴器官等处,构成支架,为血细胞的发生和淋巴细胞发育提供适宜的微环境(图2-14)。

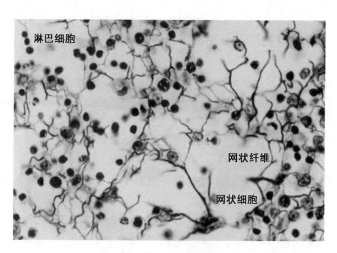

图2-14 网状组织

(二)软骨和骨

1. **软骨** 软骨(cartilage)是由软骨组织及其周围的软骨膜构成的器官,较坚硬,有弹性。软骨组织是固态的结缔组织,由软骨细胞和软骨基质构成。软骨细胞位于软骨基质的软骨陷窝内。软骨基质由纤维和基质组成,基质为凝胶状,主要成分是蛋白多糖和水。纤维包埋于基质中,主要有胶原纤维和弹性纤维。

根据软骨基质中纤维成分和数量不同,软骨分三种:透明软骨、纤维软骨和弹性软骨(图2-15)。

(1)透明软骨:分布于关节软骨、肋软骨和呼吸道等处。基质中含有大量水分和少量胶原纤维,新鲜时呈浅蓝色、半透明状,有一定的弹性和韧性,易折断。

(2)纤维软骨:分布于椎间盘、关节盘及耻骨联合等处。基质中含有大量交错或平行排列的胶原纤维束,韧性强大,具有伸展性,呈不透明的乳白色。软骨细胞较小而少,常成行分布于纤维束之间。

(3)弹性软骨:分布于耳郭、会厌等处。基质中含有大量交织成网的弹性纤维,具有较强的弹性。

2. **骨** 骨(bone)是由骨组织、骨膜和骨髓等构成的坚硬器官。

(1)骨组织的结构:骨组织由细胞和骨基质组成。骨基质中有大量的骨盐沉积,使骨组织成为人

笔记

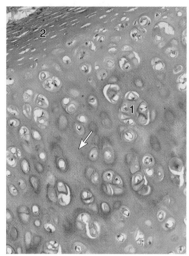
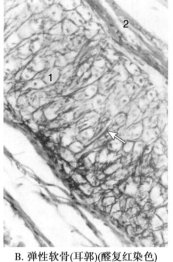
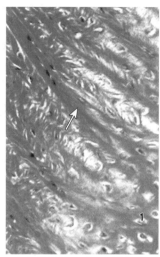

| A. 透明软骨(气管) | B. 弹性软骨(耳郭)(醛复红染色)
1. 软骨细胞；2. 软骨膜 | C. 纤维软骨(Mallory三色染色) |

图 2-15 软骨

体最坚硬的组织之一。

　　骨基质,简称骨质,由有机成分和无机成分构成,含水极少。有机成分为大量的胶原纤维和少量无定形基质,使骨具有韧性和弹性。无机成分又称骨盐,以钙、磷离子为主,使骨具有一定硬度和脆性。骨盐密集而规则地沉积在胶原纤维间,形成坚硬的板状结构,称骨板。骨板成层排列,同一层骨板内的纤维相互平行,相邻骨板的纤维则相互垂直,有效地增强了骨的强度。

　　骨组织的细胞,包括骨祖细胞、成骨细胞、骨细胞和破骨细胞。骨祖细胞是骨组织的干细胞,位于骨膜内,可分化为成骨细胞和成软骨细胞。成骨细胞位于骨组织表面,能合成分泌胶原纤维和基质,形成类骨质,类骨质钙化为骨基质,成骨细胞被包埋于其中,转变为骨细胞。骨细胞位于骨组织内部,单个分散于骨板内或骨板间,胞体小,扁椭圆形,有多个细长突起。胞体在骨基质中所占的腔隙称骨陷窝。骨细胞参与骨基质的代谢与更新,调节钙、磷平衡。破骨细胞由多个单核细胞融合而成,数目较少,体积大,多核,具有很强的溶骨、吞噬和消化能力。破骨细胞与成骨细胞相辅相成,共同参与骨的生长和改建,并维持血钙的平衡(图 2-16)。

　　(2)长骨的结构:长骨由骨质、骨膜、关节软骨、骨髓及血管、神经等构成(图 2-17)。

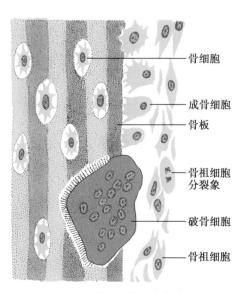

图 2-16　骨组织的细胞模式图

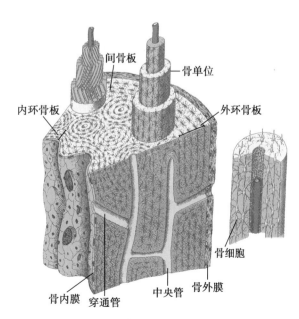

图 2-17　长骨骨干结构模式图

17

图片:骨单位高倍镜像

骨质,分为骨密质和骨松质两种。骨密质分布于长骨骨干,由不同排列方式的骨板构成,包括分布于骨密质外层和内层的环骨板、环骨板之间的骨单位和穿插其间的间骨板。骨单位又称哈弗斯系统,呈筒状,是起支持作用的主要结构,其中轴有纵行的中央管,周围是10~20层同心圆状排列的骨板。骨松质分布于长骨的骨骺部,为片状或针状的骨小梁相互交错连接构成的多孔隙结构,网眼内充满红骨髓。

骨膜,除关节面以外,骨的内、外表面均覆有一层结缔组织膜,含丰富的血管、淋巴管和神经。骨膜的主要功能是营养骨组织,并为骨的生长和修复提供骨祖细胞。骨膜中的骨祖细胞具有成骨和成软骨的双重潜能,临床上利用骨膜移植治疗骨折、骨和软骨的缺损。

骨髓,充填在长骨的髓腔及所有骨松质的孔隙内。按结构和功能不同,可分为红骨髓和黄骨髓两种。红骨髓具有造血功能,能产生红细胞和大部分白细胞。

骨的生长和改建

骨是体内新陈代谢最活跃的器官之一,在人体发生和发育过程中,骨不断生长和改建。骨的生长既有新的骨组织形成,又有旧骨组织被吸收,使骨在生长过程中保持一定的形状,同时,在生长过程中还进行一系列的改建活动,骨内部结构不断地变化,使骨与整个机体的发育和生理功能相适应。在骨生长停止和构型完善后,仍在不断改建。骨的改建是局部旧骨质的吸收和新骨质的形成,这是一个复杂而有序的渐变性过程,两者在时间和空间上相互耦联,保持动态平衡。参与骨改建的有成骨细胞、破骨细胞、骨细胞和单核-巨噬细胞等。

(三)血液

血液(blood)是一种液态的结缔组织,由血浆和血细胞组成,循环流动于心血管内。

在正常生理状态下,血细胞的形态、数量相对稳定,临床上则把血细胞的形态、数量、百分比和血红蛋白含量变化的基本形态学检查方法称为血液细胞学检查,即血象。患病时,血象常有显著变化,成为诊断疾病的重要指标。

图片:血浆与细胞比积

1. **血浆**　相当于细胞间质,约占血液容积的55%,其主要成分是水,占90%,其余为血浆蛋白(白蛋白、球蛋白、纤维蛋白原等)及其他可溶性物质。血浆不仅可以运输血细胞、营养物质和代谢产物,而且参与机体免疫反应、体液和体温调节、酸碱平衡和渗透压的维持,具有稳定机体内环境的功能。

2. **血细胞**　约占血液容积的45%,包括红细胞、白细胞和血小板(图2-18)。

(1)红细胞:是血液中数量最多的一种血细胞,在正常成人血液中红细胞的正常值,男性为$(4.0~5.5)×10^{12}/L$;女性为$(3.5~5.0)×10^{12}/L$。红细胞呈双凹圆盘状,中央较薄,周缘较厚,直径7~8μm(图2-19)。成熟红细胞无细胞核和细胞器,胞质内充满血红蛋白(hemoglobin,Hb),它使红细胞呈红色。血红蛋白有可逆性结合、运输O_2与CO_2的功能。正常成人血液中血红蛋白的含量,男性120~150g/L,女性110~140g/L。

红细胞的平均寿命约120天。衰老的红细胞循环经脾、骨髓和肝等处被巨噬细胞吞噬,同时由红骨髓生产和释放一定数量未完全成熟的红细胞进入外周血液。这些细胞内尚残留部分核糖体,用煌焦油蓝染色后呈细网状,称网织红细胞。它们在血流中经过1~3天后完全成熟,核糖体消失。在成人血液中,网织红细胞占红细胞总数的0.5%~1.5%,新生儿因造血功能旺盛可多达3%~6%。网织红细胞计数常作为判断红骨髓生成红细胞能力的指标之一,对贫血等某些血液病的诊断、疗效判断和预后有重要意义。

视频:红细胞的结构与功能

(2)白细胞:为有核的球形细胞,体积比红细胞大,能做变形运动穿过毛细血管壁进入疏松结缔组织,具有防御和免疫功能。白细胞的正常值为$(4~10)×10^9/L$。在疾病状态下,白细胞总数及各种白细胞的百分比可发生改变。根据胞质内有无特殊颗粒,可分为有粒白细胞和无粒白细胞。前者常简称为粒细胞,根据其特殊颗粒的嗜色性,又可分为中性粒细胞、嗜酸性粒细胞和嗜碱性粒细胞三种。无粒白细胞则包括单核细胞和淋巴细胞两种,但均含细小的嗜天青颗粒(图2-20)。

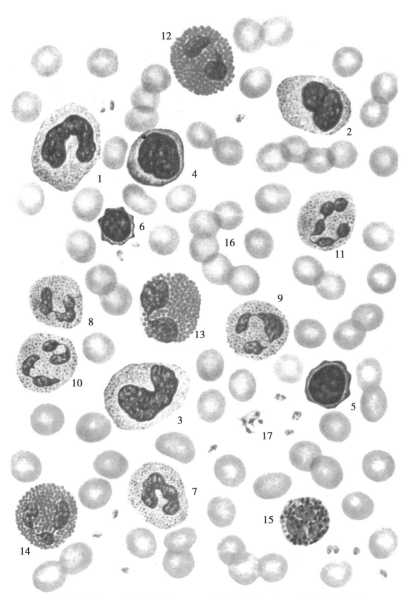

1~3. 单核细胞；4~6. 淋巴细胞；7~11. 中性粒细胞；12~14. 嗜酸性粒细胞；
15. 嗜碱性粒细胞；16. 红细胞；17. 血小板

图 2-18　各种血细胞模式图

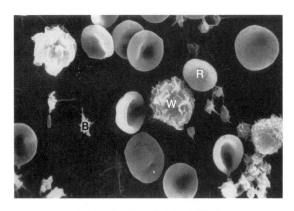

图 2-19　红细胞扫描电镜图

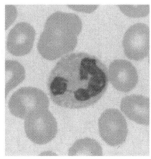
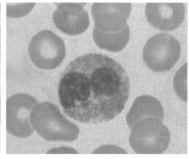
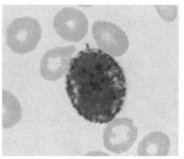

中性粒细胞　　　　　　　　嗜酸性粒细胞　　　　　　　　嗜碱性粒细胞

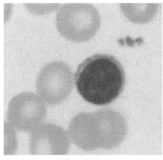
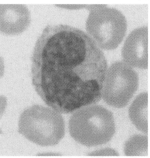

淋巴细胞　　　　　　　　单核细胞

图 2-20　白细胞

1）中性粒细胞：数量最多，占白细胞总数的 50%~70%，直径 10~12μm，核呈深染的弯曲杆状或分叶状，分叶核一般为 2~5 叶，叶间有细丝相连，正常人以 2~3 叶者居多。核分叶越多，表明细胞越接近衰老。当机体受细菌严重感染时，大量新生中性粒细胞从骨髓进入血液，杆状核和 2 叶核的细胞增多，称为核左移；若 4~5 叶核的细胞增多，则称为核右移，表明骨髓的造血功能发生障碍。中性粒细胞具有很强的趋化作用和吞噬功能，其吞噬对象以细菌为主，也吞噬异物。当它吞噬处理了大量细菌后，自身死亡变为脓细胞。中性粒细胞在血液中停留 6~8h，在组织中存活 2~3 天。

2）嗜酸性粒细胞：占白细胞总数的 0.5%~3%。细胞直径 10~15μm，核多为 2 叶，胞质内充满粗大的嗜酸性颗粒，颗粒内含组胺酶、酸性磷酸酶、芳基硫酸酯酶等。嗜酸性粒细胞能做变形运动，并具有趋化性，释放的组胺酶能灭活组胺，芳基硫酸酯酶能灭活白三烯，从而抑制过敏反应；嗜酸性粒细胞还能释放阳离子蛋白以杀灭寄生虫。因此，在过敏性疾病或寄生虫病时，血液中嗜酸性粒细胞增多。嗜酸性粒细胞在血液中停留 6~8h，在组织中存活 8~12 天。

3）嗜碱性粒细胞：数量最少，占白细胞总数的 0~1%。细胞直径 10~12μm，核分叶，呈 S 形或不规则形，着色较浅。胞质内含有嗜碱性颗粒，大小不等，分布不均，染成蓝紫色，可将核掩盖。颗粒内含有肝素、组胺、嗜酸性粒细胞趋化因子等，胞质内含有白三烯。嗜碱性粒细胞与肥大细胞的分泌物相同，也参与过敏反应。嗜碱性粒细胞在组织中存活 10~15 天。

4）单核细胞：占白细胞总数的 3%~8%。是体积最大的白细胞，直径为 14~20μm，核呈肾形、马蹄铁形或不规则形。胞质丰富，弱嗜碱性，内含许多细小的淡蓝色嗜天青颗粒，即溶酶体。单核细胞在血流中停留 12~48h，然后进入结缔组织或其他组织，并分化成不同类型的巨噬细胞。

5）淋巴细胞：占白细胞总数的 20%~40%。血液中的淋巴细胞大部分为直径 6~8μm 的小淋巴细胞，小部分为直径 9~12μm 的中淋巴细胞，在淋巴组织中还有直径 13~20μm 的大淋巴细胞，但不存在于血液中。细胞核为圆形或椭圆形，占据细胞大部，一侧常有小凹陷，胞质为嗜碱性。

（3）血小板：是从骨髓中巨核细胞脱落下来的胞质小块，无细胞核，并非严格意义上的细胞。在健康成人血液中，血小板的正常值为（100~300）×10⁹/L。血小板呈双凸圆盘状，直径 2~4μm，中央部分有蓝紫色的血小板颗粒，称颗粒区；周边部分呈均质浅蓝色，称透明区。当受到机械或化学刺激时，血小板伸出突起，呈不规则形，常聚集成群。血小板参与止血和凝血过程。当血管受损或破裂时，血小板迅速黏附、聚集于破损处，凝固形成血栓，堵塞破裂口，甚至小血管管腔。血小板数量显著减少或

笔记

功能障碍时,可导致皮肤或黏膜出血。

3. **血细胞的发生**　体内各种血细胞都有一定的寿命,新生的血细胞不断补充衰老和死亡的血细胞,使外周血液循环中血细胞数量和质量保持动态平衡。原始血细胞起源于胚胎卵黄囊壁等处的血岛;胚胎第6周,迁入肝的造血干细胞开始造血;第4~5个月,脾内造血干细胞增殖分化产生各种血细胞;此后,造血干细胞逐渐迁入骨髓,骨髓成为主要的造血器官。

（1）造血组织:主要由网状组织、造血细胞和基质细胞组成。网状细胞和网状纤维构成造血组织的网架,网孔中充满不同发育阶段的各种血细胞,以及少量巨噬细胞、脂肪细胞、造血干细胞等。造血细胞赖以生长发育的环境称为造血诱导微环境,包括基质细胞、巨噬细胞、成纤维细胞、网状细胞等。

（2）血细胞的发生:是指造血干细胞在一定的微环境和某些因素的调节下,先增殖分化为各类祖细胞,然后祖细胞定向增殖、分化成各种成熟血细胞的过程(图2-21)。①红细胞系的发生:自原红细胞起,历经早幼红细胞、中幼红细胞、晚幼红细胞,晚幼红细胞核脱落形成网织红细胞,最后成熟为红细胞。整个过程需要3~4天。脱落到细胞外的胞核被巨噬细胞吞噬。②粒细胞系的发生:三种粒细胞的造血祖细胞各不相同,但它们的发育过程基本相同,都历经原粒细胞、早幼粒细胞、中幼粒细胞、晚幼粒细胞,进而分化为成熟的杆状核和分叶核粒细胞。整个过程需要4~6天。在急性细菌感染等病理情况下,骨髓加速释放,导致外周血中成熟粒细胞数量骤然增多,可作为临床检测指标。③单核细胞系的发生:单核细胞的造血祖细胞与中性粒细胞相同,经过原单核细胞、幼单核细胞,逐渐分化成熟为单核细胞。在骨髓内约38%的幼单核细胞处于增殖状态,当机体出现炎症或免疫功能活跃时,幼单核细胞加速分裂增殖,以保证足量的单核细胞提供免疫防御功能。④淋巴细胞系的发生:骨髓内一部分淋巴性造血干细胞经血流进入胸腺皮质,分化为T淋巴细胞;一部分在骨髓内分化为B淋巴细胞和NK细胞。淋巴细胞的发育主要表现在细胞膜蛋白和功能状态的变化,而形态结构的演变不很明显,故不易从形态上划分淋巴细胞的发生和分化阶段。⑤巨核细胞-血小板系的发生:原巨核细胞经幼巨核细胞,发育为巨核细胞,巨核细胞的胞质脱落成为血小板。巨核细胞不规则,直径$50~100\mu m$,核巨大呈分叶状。巨核细胞伸出长的胞质突起沿着骨髓血窦内皮细胞间隙伸入血窦腔内,其末端胞质脱落成为血小板。每个巨核细胞可生成2000~8000个血小板。

知识拓展

骨髓移植的干细胞新来源:脐带血干细胞

多年来,骨髓干细胞移植一直是治疗白血病和再生障碍性贫血的方案之一,而脐带血干细胞移植是一种全新的治疗方法。脐带血指新生婴儿脐带在被结扎后存留在脐带和胎盘中血液,这些血液中含有大量具有增殖活力的干细胞,能根据需要分化为不同的血细胞。脐带血干细胞移植具有独特的优势:资源丰富、对供者无任何不良影响、病毒感染风险低、移植后发生排斥反应的危险性较低等。

三、肌组织

肌组织(muscle tissue)主要由肌细胞组成,其间有少量的结缔组织、血管、淋巴管和神经。肌细胞呈细长纤维状,故又称肌纤维。细胞膜称肌膜,细胞质称肌质或肌浆;细胞内的滑面内质网称肌质网,又称肌浆网。根据肌纤维的形态结构、存在部位和功能特点,肌组织可分为骨骼肌、心肌和平滑肌三类。骨骼肌纤维和心肌纤维均有明暗相间的横纹,称横纹肌;平滑肌纤维无横纹。

（一）骨骼肌

骨骼肌(skeletal muscle)一般借肌腱附着于骨骼。包裹一块骨骼肌的结缔组织,形成肌外膜,内含血管和神经。肌外膜的结缔组织以及血管和神经的分支深入肌内,分隔包裹多条肌纤维,形成肌束,包绕肌束的结缔组织称肌束膜;包绕每条肌纤维的薄层疏松结缔组织称肌内膜,结缔组织内有血管和神经,有营养和支配作用(图2-22)。

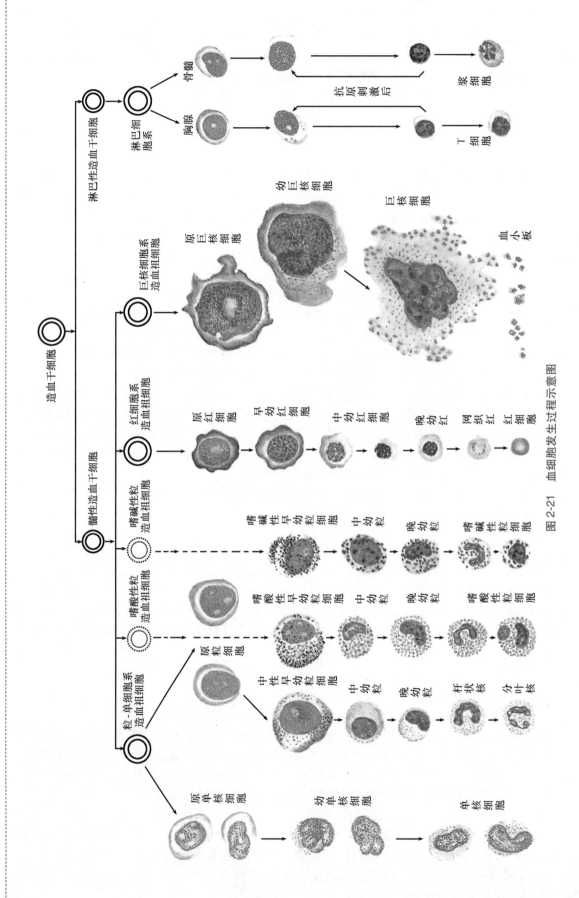

图 2-21　血细胞发生过程示意图

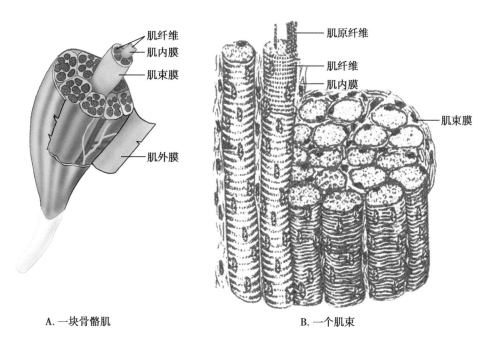

A. 一块骨骼肌　　　　　　　　　　　B. 一个肌束

图 2-22　骨骼肌与周围结缔组织模式图

1. 骨骼肌纤维的光镜结构　骨骼肌纤维呈细长圆柱状，直径 10~100μm，长 1~40mm。核扁椭圆形，靠近肌膜，有十几个至几百个不等。肌质中有与肌纤维长轴平行的细丝状的肌原纤维。每条肌原纤维上都有明暗相间的带，明带和暗带都整齐地排列在同一平面上，呈现出明暗交替的横纹（图 2-23）。明带又称 I 带，中央有一条深染的细线，称 Z 线。暗带又称 A 带，其中央有一淡染的窄带为 H 带，H 带的中央还有一条染色较深的线，称 M 线。相邻的两条 Z 线间的一段肌原纤维称肌节，是骨骼肌纤维的基本结构和功能单位。肌节长 2~2.5μm，由 1/2 明带、1 个暗带、1/2 明带组成（图 2-24）。

2. 骨骼肌纤维的超微结构

（1）肌原纤维：电镜下可见肌原纤维由许多粗肌丝和细肌丝有规律地平行排列组成，A 带由粗、细肌丝共同组成，其中的 H 带内只有粗肌丝；I 带只有细肌丝，其中的 Z 线是细肌丝附着的位点（图 2-24）。肌原纤维间有大量的线粒体、糖原及少量脂滴。

粗肌丝中央固定于 M 线，两端游离，构成 A 带的主体。粗肌丝由许多肌球蛋白分子构成，肌球蛋白形如豆芽，分为头部和杆部，位于 M 线两侧，对称排列，杆部均朝向粗肌丝的中段，头部则朝向粗肌丝的两端，并突出于表面，形成横桥。横桥是一种 ATP 酶，当与肌动蛋白接触时，ATP 酶被激活，分解 ATP

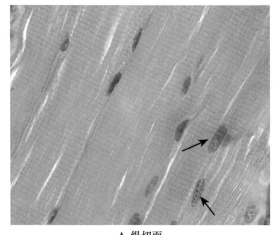

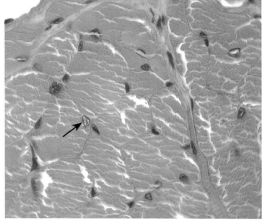

A. 纵切面　　　　　　　　　　　　　　B. 横切面

↑肌细胞核

图 2-23　骨骼肌光镜结构

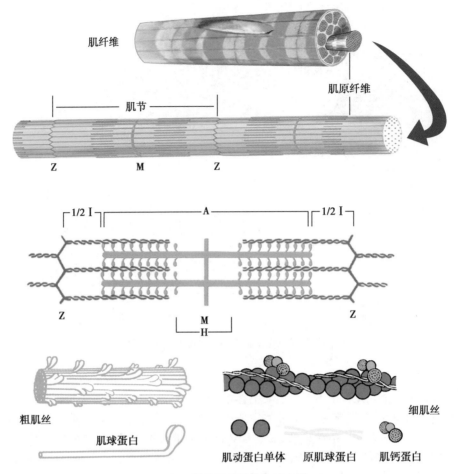

图 2-24　骨骼肌连续放大示意图

产生能量,使横桥发生屈伸运动。细肌丝位于肌节两侧,一端固定于 Z 线,另一端伸至粗肌丝之间,末端游离,止于 H 带外侧。细肌丝由肌动蛋白、原肌球蛋白和肌钙蛋白三种蛋白质分子组成(图 2-24)。

(2)横小管:是肌膜在明带与暗带交界水平向细胞内凹陷形成的管状结构,分支环绕每条肌原纤维,其走行方向与肌纤维长轴相垂直,故称横小管(图 2-25)。横小管的功能是将肌膜的兴奋迅速传到每个肌节。

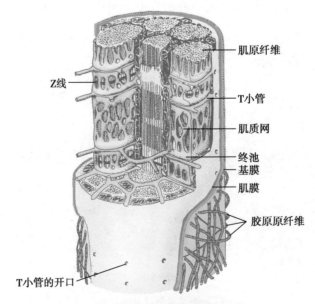

图 2-25　骨骼肌纤维超微结构模式图

（3）肌质网：是特化的滑面内质网，位于两条相邻的横小管间，中央呈管状纵行包绕在每条肌原纤维的周围，称纵小管；两端在横小管两侧膨大形成环形扁囊，称终池。终池内有大量的 Ca^{2+}，故又称钙池（图2-25）。每条横小管及其两侧的终池共同构成三联体。

3. **骨骼肌纤维的收缩**　目前认为，骨骼肌的收缩机制为肌丝滑动学说。当肌纤维收缩时，细肌丝沿粗肌丝向A带内滑入，I带变窄，H带变窄或消失，A带长度不变，肌节缩短。舒张时细肌丝反向运动，肌节变长。

知识拓展

横纹肌溶解症

横纹肌溶解症是指各种原因引起的横纹肌细胞受损、溶解，从而使细胞膜完整性改变，肌细胞内容物（如肌红蛋白、肌酸激酶、小分子物质等）漏出至细胞外液及血液的一组临床综合征，常表现为肌痛、肌紧张及肌肉"注水感"，尿色加深，漏出物阻塞肾小管时多伴有急性肾衰竭及代谢紊乱。发病原因有创伤，肌肉疲劳，长时间受挤压或缺血、缺氧，感染，药物及遗传性疾病等。

（二）心肌

心肌（cardiac muscle）分布在心和近心大血管根部，主要由心肌纤维构成，其间有结缔组织、血管和神经。心肌收缩有自动节律性，缓慢而持久，不受意识支配。

1. **心肌纤维的光镜结构**　心肌纤维呈不规则短柱状，有分支，相邻肌纤维端端相连吻合成网，心肌纤维有横纹，但不如骨骼肌明显；核呈椭圆形，一般有1~2个，居中，染色较浅；核两端肌质丰富。心肌纤维连接处细胞膜互相嵌合，特化成闰盘（intercalated disk），光镜下呈着色较深的横行或阶梯状的粗线（图2-26）。肌质内含丰富的线粒体和糖原，亦含脂滴和脂褐素。

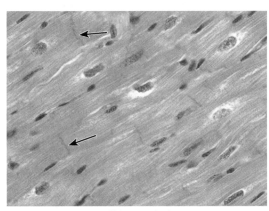
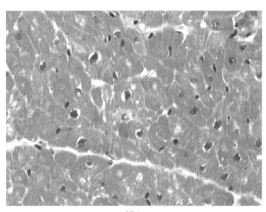

A. 纵切面(↑闰盘)　　　　　　　　　　　　B. 横切面

图 2-26　心肌纤维的光镜结构

2. **心肌纤维的超微结构**　心肌纤维超微结构与骨骼肌相似，但也有不同点：①肌原纤维粗细不等，被少量肌质和许多纵行排列的线粒体分隔成粗细不等、不完整的肌丝束；②横小管较粗，位于Z线水平；③肌质网稀疏，纵小管不发达，终池小而少，多形成二联体；④闰盘在Z线水平，呈阶梯状。在闰盘的横位部分有中间连接和桥粒，起牢固的连接作用；在纵位部分有缝隙连接，便于心肌纤维间化学信息的交流和电冲动的传导，以保证心肌纤维收缩的同步性和协调性，使心肌成为一个功能整体。

（三）平滑肌

1. **平滑肌的光镜结构**　平滑肌（smooth muscle）广泛分布于内脏器官、血管、淋巴管等器官的壁内。平滑肌纤维呈长梭形，大小不一，长 $15\sim200\mu m$（妊娠子宫的平滑肌纤维可长达 $500\mu m$），无横纹，细胞中央有一个杆状或椭圆形的核，常呈扭曲状。平滑肌纤维间彼此平行，相嵌排列，即一个细胞粗的中间部与另一细胞细的末端毗邻，使细胞间连接紧密，有利于细胞间收缩力的传导。平滑肌纤维可

0216

图片：心肌纤维超微结构立体模式图

笔记

以单独存在,但绝大多数是成束或成层分布。在横断面上,平滑肌纤维呈圆形,断面大小不等,核仅见于大的断面中央(图 2-27)。

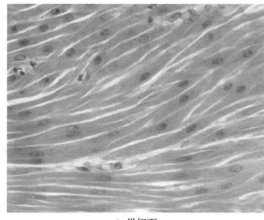

A. 纵切面　　　　　　　　　　　　　　　B. 横切面

图 2-27　平滑肌纤维的光镜结构

2. 平滑肌的超微结构　平滑肌的肌膜仅凹陷成浅凹,不形成横小管;肌浆网少,呈管状或泡状;粗、细肌丝的数量比约为 1:12,粗、细肌丝交织成复杂的立体网架,不形成肌原纤维;当肌丝滑动时,肌纤维不是简单的长度缩短,而是螺旋状缩短;肌纤维之间有较发达的缝隙连接,便于化学信息交流和电冲动传导,使相邻的肌纤维实现同步收缩。

四、神经组织

神经组织(nervous tissue)是神经系统主要的组织成分,主要由神经细胞(nerve cell)和神经胶质细胞组成,神经细胞又称神经元,是神经系统结构和功能的基本单位。人体内约有 10^{12} 个神经元,有接受刺激、整合信息和传导冲动的功能,有些神经元还有分泌激素的功能。神经胶质细胞无传导神经冲动的功能,对神经元起支持、营养、保护和绝缘等作用。

(一)神经元

1. 神经元的结构　神经元形态不一、大小不等,但都由胞体和突起两部分组成(图 2-28)。

(1)胞体:神经元的胞体主要集中在中枢神经系统的灰质以及神经节内。胞体是神经元的营养代谢中心,其形态多样,大小不等,直径为 $4 \sim 120 \mu m$。由细胞膜、细胞质和细胞核三部分组成(图 2-29)。

细胞膜为单位膜,包裹于轴突与树突,有产生兴奋、接受刺激和传导神经冲动的功能。核大而圆,核膜清晰,以常染色质为主,异染色质少,故着色浅,核仁大而明显。胞质与轴突和树突内的细胞质相通连,内有特征性的尼氏体和神经原纤维,此外还有线粒体、高尔基复合体、微丝、微管和神经丝等。尼氏体为发达的粗面内质网和游离核糖体,光镜下呈嗜碱性颗粒状或块状,分布均匀并延续到树突内。尼氏体的主要功能是合成蛋白质(主要合成细胞器更新所需的结构蛋白质、合成神经递质所需的酶类以及肽类的神经调质)。神经原纤维由微管、微丝和神经丝组成,交错排列成细丝网,分布到轴突与树突内,构成神经元的细胞骨架,并参与神经元内的物质运输。

(2)突起:神经元的突起分为树突和轴突两种(见图 2-28)。①树突,每个神经元有 1 个或多个树突,短而粗,反复分支呈树枝状,表面有许多短小的树突棘,是神经元接受信息的主要部位;树突的结

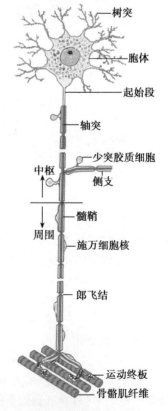

图 2-28　神经元形态模式图

图片:尼氏体及神经原纤维结构模式图

笔记

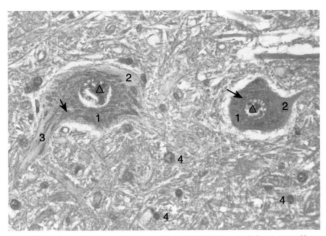

1. 神经元；2. 轴丘；3. 树突；4. 神经胶质细胞；△核仁 ↑尼氏体

图2-29　脊髓前角神经元

构与胞质基本相同。树突的功能主要是接受刺激，并将刺激传向胞体。②轴突，每个神经元只有一个轴突，长短不一，神经元的胞体越大，其轴突越长。轴突末端分支较多，形成轴突终末。轴突内含有大量纵行排列的神经丝、微丝、微管，还有线粒体、滑面内质网和一些小泡。胞体发出轴突的部位常呈圆锥形，称轴丘，该区及轴突内均无尼氏体，染色淡。轴突的主要功能是将神经冲动传向神经元或肌纤维、腺细胞等效应细胞。

2. 神经元的分类　根据不同的分类方法，把神经元分成不同的类型。

（1）按神经元突起的多少分类：①假单极神经元是从胞体发出一个突起，在不远处呈"T"形分为两支，一支分布到其他组织或器官中，称周围突；另一支进入中枢神经系统，称中枢突；②双极神经元有两个突起，含一个树突和一个轴突；③多极神经元有多个突起，含一个轴突和多个树突。多极神经元的数量最多（见图2-28）。

（2）按神经元功能分类：①感觉神经元或传入神经元，多为假单极神经元，胞体主要位于脊神经节或脑神经节内，其周围突接受刺激，并将刺激经中枢突传向中枢。②运动神经元或传出神经元，属多极神经元。胞体主要位于脑、脊髓及内脏神经节内，树突接受中枢的指令，轴突支配肌纤维或腺细胞产生收缩或分泌效应。③中间神经元或联络神经元，分布在感觉神经元和运动神经元之间，起联络作用。多数属多极神经元，约占神经元总数的99%。

（3）按神经元释放的神经递质和神经调质的化学性质分类：可分为胆碱能神经元、去甲肾上腺素能神经元、胺能神经元、氨基酸能神经元和肽能神经元。神经元根据机体功能状况的不同可以释放一种或几种神经递质，同时还可以释放神经调质。

图片：不同类型的神经元模式图

神经干细胞

神经干细胞是有增殖和分化潜能的细胞，胚胎与成年脑和脊髓中都有，主要分布于大脑海马、中脑、脊髓的室管膜下区，其形态和星形胶质细胞相似。神经干细胞在体外经生长因子诱导可增殖、分化成神经元和神经胶质细胞，一定程度上可参与神经组织损伤后的修复。神经干细胞的发现和应用，为研究治疗神经系统疾病开辟了新的途径。目前有报道将神经干细胞移植入帕金森综合征患者脑内，其症状得到缓解。

（二）神经胶质细胞

神经胶质细胞广泛分布于中枢神经系统和周围神经系统内，其数量是神经元的10～50倍。细胞有突起，无轴突和树突之分，根据其存在的部位，分为中枢神经系统的神经胶质细胞和周围神经系统的神经胶质细胞。

1. 中枢神经系统的神经胶质细胞 脑和脊髓内的神经胶质细胞有四种,但在 HE 染色切片中难以分辨(见图 2-29)。

(1)星形胶质细胞:为神经胶质细胞中体积最大、数量最多的细胞。细胞呈星形,胞核大,呈圆形或卵圆形,突起的末端膨大,附着在毛细血管壁上,参与血-脑屏障的构成。星形胶质细胞能合成和分泌神经营养因子和多种生长因子,对神经元的发育、分化、功能的维持以及神经元的可塑性有重要的影响。在中枢神经系统损伤时,星形胶质细胞可以增生,形成瘢痕。

(2)少突胶质细胞:细胞体积小,呈梨形或卵圆形,胞核卵圆形、染色质致密。突起短、分支少。每个突起末端膨大扩展成扁平叶片状,呈同心圆包绕神经元轴突形成髓鞘。

(3)小胶质细胞:体积最小,胞体细长或椭圆,核小,染色深。数量少。当中枢神经系统损伤时,小胶质细胞可转变为巨噬细胞,吞噬死亡的细胞、退变的髓鞘等。

(4)室管膜细胞:被覆于脑室和脊髓中央管腔面,呈单层立方或柱状,形成室管膜,可分泌脑脊液。

2. 周围神经系统的胶质细胞

(1)施万细胞:呈薄片状,外表面有基膜;胞质较少,包卷神经元轴突形成周围神经纤维的髓鞘。施万细胞能分泌神经营养因子,促进受损伤的神经元存活及轴突的再生。

(2)卫星细胞:又称被囊细胞,是神经节内包裹在神经元胞体周围的一层扁平或立方形细胞。细胞外表面有基膜。

（三）神经纤维和神经

1. 神经纤维 神经纤维由神经元的长突起和包绕其外的神经胶质细胞构成。根据包裹轴突的神经胶质细胞是否形成完整的髓鞘,分为有髓神经纤维和无髓神经纤维两种(见图 2-28)。

(1)有髓神经纤维:周围神经系统的有髓神经纤维由施万细胞包卷轴突形成,施万细胞的质膜包绕轴突形成的鞘状结构,称髓鞘。施万细胞形成髓鞘后,被挤压在髓鞘外的质膜及其基膜,称神经膜。一条有髓神经纤维有多个施万细胞,一个施万细胞包卷一段轴突,构成 1 个结间体。每两个结间体交界处狭窄无髓鞘,称郎飞结。中枢神经系统的有髓神经纤维的髓鞘由少突胶质细胞形成,少突胶质细胞的多个突起末端可分别包卷多个轴突,形成多个结间体。

(2)无髓神经纤维:周围神经系统的无髓神经纤维是指施万细胞表面形成多个纵行沟槽,沟内有轴突,施万细胞的膜不形成髓鞘包裹它们。中枢神经系统的无髓神经纤维的轴突外面没有特异性的神经胶质细胞包裹,轴突裸露地走行在有髓神经纤维或神经胶质细胞之间。无髓神经纤维的传导速度较慢。

2. 神经 周围神经系统的若干条神经纤维集合在一起,被结缔组织、血管和淋巴管所包裹,共同构成神经。每条神经纤维的表面有一薄层的结缔组织包裹,称神经内膜;多条神经纤维集合成神经束,包裹每个神经束的致密的结缔组织,称神经束膜。包裹在一条神经外面的疏松结缔组织,称神经外膜(图 2-30)。

图片:周围神经纤维髓鞘形成示意图

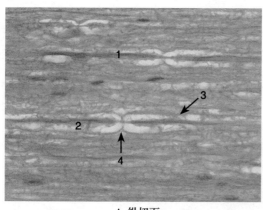

A.纵切面　　　　　　　　　　　　B.横切面
1.轴突；2.髓鞘；3.神经膜；4.郎飞结；5.神经束膜

图 2-30 有髓神经纤维束

（四）神经末梢

神经末梢是周围神经纤维的终末部分,按功能分为感觉神经末梢和运动神经末梢。

1. **感觉神经末梢** 感觉神经末梢是感觉神经元周围突的终末部分,与周围组织共同组成感受器,可以接受内、外环境中的各种刺激,将刺激转化为冲动,传至中枢,产生感觉。依据其外周是否有结缔组织包裹形成的被囊,可将其分为游离神经末梢和有被囊神经末梢(图2-31)。

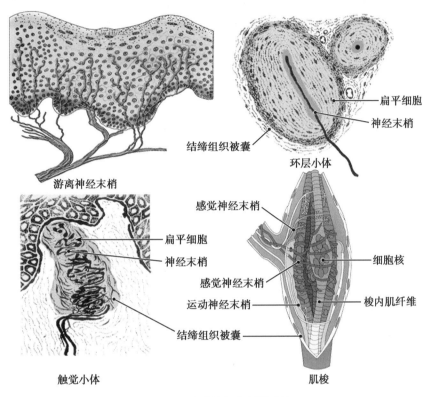

图 2-31 感觉神经末梢模式图

（1）游离神经末梢:感觉神经元轴突终末部分失去髓鞘,裸露的末梢反复分支,外无被囊,主要分布在表皮、角膜、黏膜上皮、浆膜及结缔组织等。能够感受冷热、疼痛和轻触等刺激。

（2）有被囊神经末梢:此类神经末梢外面均有结缔组织被囊包裹。神经纤维入被囊前失去髓鞘,裸露的轴突分布于囊内感觉细胞周围。按功能与结构可分三种类型。①触觉小体,呈卵圆形,分布在手指、足趾掌面的真皮乳头内,以手指掌侧皮肤内最多,可以感受触觉;②环层小体,呈圆形,广泛分布于皮下组织、腹膜、肠系膜、韧带、关节囊等,参与产生压觉和振动觉;③肌梭分布于骨骼肌,呈梭形。被囊内有数条较细的骨骼肌纤维,裸露的轴突缠绕在肌纤维中段,感知骨骼肌纤维的伸缩、牵拉变化,进而调节骨骼肌纤维的张力。

2. **运动神经末梢** 运动神经末梢是运动神经元的轴突终末部分,与肌纤维和腺细胞共同组成效应器,支配肌纤维的收缩和腺细胞的分泌。运动神经末梢可分为躯体运动神经末梢和内脏运动神经末梢两大类。

（1）躯体运动神经末梢:分布于骨骼肌纤维,运动神经纤维反复分支,每一分支终末与一条骨骼肌纤维建立突触连接,在连接处形成卵圆形的板状隆起,称运动终板(见图2-28)。运动终板实际上是一种化学性突触。

（2）内脏运动神经末梢:内脏神经节发出的无髓神经纤维末梢,反复分支,终末呈串珠状,附于内脏、血管平滑肌纤维、心肌纤维表面或穿行腺体细胞之间等,并与其构成突触,支配其活动。

图片:运动终板结构模式图

本章小结

　　细胞是构成人体的基本单位,由细胞膜、细胞质和细胞核组成。细胞及细胞外基质共同构成组织,人体的基本组织有上皮组织、结缔组织、肌组织和神经组织四种,上皮组织分布广泛,有保护、分泌、排泄等功能;结缔组织包括固有结缔组织、骨组织及软骨组织、血液和淋巴,结缔组织的细胞数量少,种类多,结构复杂,具有支持、保护、营养、免疫等多种功能;肌组织包括骨骼肌、心肌和平滑肌三种,分别分布于骨骼、心脏及内脏器官,能够收缩舒张,引起运动;神经组织由神经元和神经胶质细胞构成,具有整合和传导神经冲动的功能。

(马永臻)

扫一扫,测一测

思考题

1. 简述细胞增殖周期及其意义。
2. 试述上皮组织的结构特点、分类和功能。
3. 简述复层扁平上皮的结构特点和功能。
4. 简述成纤维细胞的结构与功能。
5. 简述软骨的分类及分布部位。
6. 试述有粒白细胞的分类及其结构特点。
7. 简述骨骼肌的光镜结构特点。

第三章　运动系统

学习目标

1. 掌握:运动系统的组成;骨的形态、构造;全身各骨的名称和位置;关节的基本结构。
2. 熟悉:躯干骨的形态、结构,脊柱、胸廓的组成;颅骨的形态、结构,颅的前面观;上、下肢骨的形态及主要结构;骨盆的组成;肩关节、肘关节、髋关节、腕关节、膝关节、踝关节的结构特点及功能;肌的形态结构;主要的骨性标志和肌性标志。
3. 了解:关节的辅助装置和运动形式;躯干肌、四肢肌的位置及作用。
4. 学会在标本上辨认骨、关节、肌的结构。
5. 具有学以致用的意识和运用解剖学知识解决实际问题的能力。

运动系统由骨、骨连结和肌三部分组成。骨和骨连结形成骨骼(图 3-1),具有支持体重、保护内脏

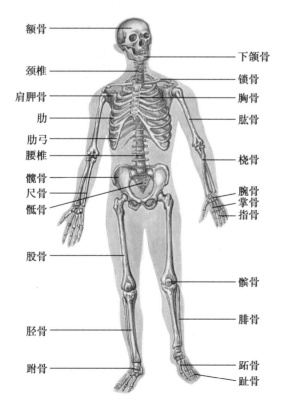

图 3-1　全身骨骼

额骨
颈椎
肩胛骨
肋
肋弓
腰椎
髋骨
尺骨
骶骨
股骨
胫骨
跗骨

下颌骨
锁骨
胸骨
肱骨
桡骨
腕骨
掌骨
指骨
髌骨
腓骨
跖骨
趾骨

的作用。肌附于骨的表面,在神经系统的支配下,通过收缩和舒张,牵引骨而产生运动。在运动过程中,骨是运动的杠杆,骨连结是运动的枢纽,肌是运动的动力。

在人体的某些部位,骨或肌常在人体表面形成比较明显的隆起,称为骨性或肌性标志。

第一节 骨和骨连结

一、概述

(一) 骨

骨(bone)是一种器官,成人共有206块(含3对听小骨),约占体重的20%。按部位可分为躯干骨51块,颅骨29块,上肢骨64块和下肢骨62块。

每块骨都具有一定的形态和特有的血管、神经,它不但能生长发育,并且有修复、再生和重塑的能力。

视频:骨的分类

1. 骨的形态 骨的形态各异,根据外形,可分为长骨、短骨、扁骨和不规则骨四种。长骨呈长管状,多分布于四肢,如肱骨和股骨。长骨分为一体两端,体又称骨干,内有骨髓腔,容纳骨髓。长骨的两端膨大称骨骺,其表面有光滑的关节面,面上附有一层关节软骨。短骨近似立方形,短小,如腕骨和跗骨等。扁骨扁薄,如颅盖诸骨、胸骨和肋骨等。不规则骨形状不规则,如椎骨和上颌骨等。

2. 骨的构造 骨主要由骨膜、骨质和骨髓三部分构成(图3-2)。

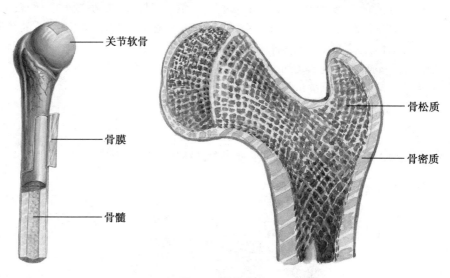

图3-2 骨的构造

（1）骨膜:覆盖在骨除关节面以外的表面,由致密结缔组织构成,对骨有营养、保护和修复作用。

（2）骨质:可分为骨密质和骨松质。骨密质致密坚实,分布于骨的表面;骨松质结构疏松,分布于骨的内部。

（3）骨髓:成人骨髓分红骨髓和黄骨髓两种,总量约1500ml,占体重的4.6%。5岁前小儿仅有红骨髓。红骨髓具有造血功能,黄骨髓具有造血潜能。

知识拓展

骨 髓 移 植

骨髓移植即造血干细胞移植,是通过静脉输注造血干细胞,重建患者正常造血与免疫系统的治疗方法,用以治疗造血功能异常、免疫功能缺陷、血液系统恶性肿瘤等疾病。造血干细胞不仅来源于骨髓,亦来源于可被造血因子动员的外周血中,还可以来源于脐带血,这些造血干细胞均可用于重建造血与免疫系统。

笔记

造血干细胞移植根据供受者关系可分为：①自体造血干细胞移植，即将自体正常或疾病缓解期的造血干细胞保存起来，在患者接受大剂量化疗后回输造血干细胞；②同基因造血干细胞移植，即同卵孪生之间的移植；③异基因造血干细胞移植，即同胞人类白细胞抗原（HLA）相合、亲缘 HLA 不全相合或半相合、非亲缘 HLA 相合、非亲缘 HLA 不全相合等的同胞人类之间造血干细胞移植。

3. **骨的化学成分和物理特性**　骨的化学成分是由 65% 的无机质和 35% 的有机质组成。无机质主要有磷酸钙和碳酸钙，它使骨坚硬；有机质主要为胶原纤维，它使骨具有一定的弹性和韧性。一生中骨的化学成分可因年龄、营养状况等因素的影响而变化。幼年时期骨的有机质较多，骨的弹性和韧性较大，骨易变形；老年时期骨的无机质变多，骨的脆性较大，在外力的作用下易发生骨折。

（二）骨的连结

骨与骨之间的连结装置称骨连结。依据的形式不同，骨连结可分为直接连结和间接连结两类。

1. **直接连结**　骨与骨之间借致密结缔组织、软骨或骨直接相连，其间只有很小或没有腔隙（图 3-3）。这类连结的运动性很小或完全不能运动。

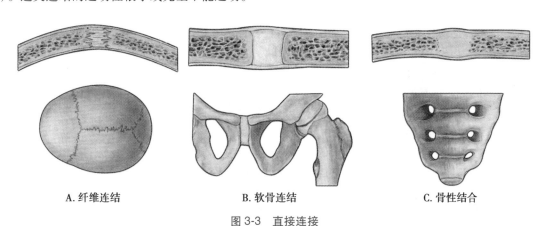

A. 纤维连结　　　　　B. 软骨连结　　　　　C. 骨性结合

图 3-3　直接连接

2. **间接连结**　又称关节（articular），是骨与骨之间借膜性的结缔组织囊相连，在相对应的骨面之间具有腔隙。这类连结一般具有不同程度的运动性。

（1）关节的基本结构：人体各部关节的构造虽不尽相同，但每个关节都具有关节面、关节囊和关节腔等基本结构（图 3-4）。①关节面，是构成关节各骨的相对面，其表面覆盖有一层具有弹性的透明软骨，称关节软骨。其表面光滑，可减少关节运动时的摩擦，能缓冲外力的冲击。②关节囊，为结缔组织膜构成的囊，附着于关节面的周缘或其附近的骨面上，分内、外两层，外层为纤维膜，厚而坚韧；内层为滑膜，薄而柔软。滑膜能分泌滑液，滑液有润滑关节的作用。③关节腔，是关节软骨与滑膜围成的密闭腔隙，内含少量滑液，腔内为负压，有助于关节的稳定性。

关节除上述基本结构之外，还可有韧带、关节盘或关节半月板等辅助性结构，有助于增强关节的稳固性和灵活性。

（2）关节的运动：关节的运动一般都是围绕一定的运动轴而转动，根据运动轴的不同，关节的运动形式可分为

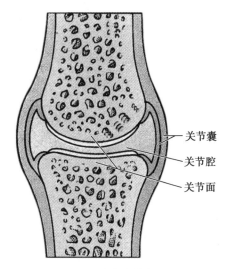

关节囊
关节腔
关节面

图 3-4　关节的基本结构

以下四组。①屈和伸，是围绕冠状轴的运动，构成关节的两骨之间夹角变小的运动为屈，反之为伸。②内收和外展，是围绕矢状轴的运动，运动时骨向正中矢状面靠拢为内收，反之为外展。③旋转，是围绕垂直轴的运动，骨的前面转向内侧为旋内，反之为旋外。④环转，是屈、外展、伸和内收四种动作的连续运动。运动时，骨的近端在原位转动，远端做圆周运动。

关节的退行性病变

关节退行性病变又称骨质增生。关节软骨正常老化始于成人早期,并缓慢递进,好发于骨的末端,以髋关节、膝关节以及脊柱和手的关节尤为常见。这些关节不可逆的退行性变使得关节软骨的减震和润滑功能下降,会使某些人产生严重的疼痛。长期、过度、剧烈的运动是诱发本病的基本原因之一。尤其对于持重关节(如膝关节、髋关节),过度运动使关节面受力加大,磨损加剧。避免长期剧烈的运动,并不是不活动,适当的体育锻炼可有效预防本病。因为关节软骨的营养来自于关节液,而关节液只有靠"挤压"才能够进入软骨。适当的运动,可增加关节腔内的压力,有利于关节液向软骨的渗透,减轻关节软骨的退行性改变。体重过重是诱发脊柱和关节退行性病变的重要原因之一。过重的体重会加速关节软骨的磨损。

二、躯干骨及其连结

躯干骨共有51块,包括26块椎骨、1块胸骨和12对肋,它们借骨连结构成脊柱和胸廓,参与骨盆构成。

(一)脊柱

脊柱(vertebral column)位于躯干后壁的正中,未成年前由32~34块椎骨构成。脊柱参与构成胸廓、腹后壁和骨盆,具有支持体重、运动和保护内部脏器等功能。

1. **椎骨** 包括颈椎7块,胸椎12块,腰椎5块,骶椎5块,尾椎3~5块,成年后5块骶椎融合成1块骶骨,在30~40岁时尾椎逐渐融合成1块尾骨。

椎骨为不规则骨,一般由前部的椎体和后部的椎弓两部分构成(图3-5)。椎体呈矮圆柱状,是椎骨负重的主要部分。椎弓呈半环形,其前部称椎弓根;后部称椎弓板。相邻两椎骨的椎弓根之间围成的孔叫椎间孔,孔内有脊神经和血管通过。从椎弓板上伸出7个突起:向两侧伸出1对横突;向上和向下分别伸出1对上关节突和1对下关节突;向后方伸出1个棘突。椎体与椎弓共同围成椎孔。全部椎骨的椎孔连成椎管,椎管内容纳脊髓及其被膜等结构。

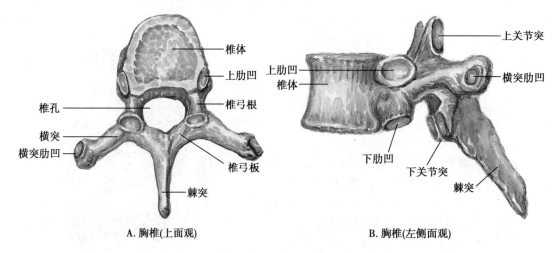

A.胸椎(上面观)　　　　　　　　　　　B.胸椎(左侧面观)

图3-5 椎骨一般结构

骶骨由5块骶椎融合而成。骶骨呈底朝上、尖朝下的三角形。骶骨底与第5腰椎体相接,骶骨尖接尾骨。骶骨内的纵行管道称骶管,下端向后裂开,称骶管裂孔(图3-6)。

2. **椎骨的连结** 椎骨之间借椎间盘、韧带和关节等相连结。

(1)椎间盘:椎间盘为连结两个相邻椎体之间的纤维软骨盘。由外周的纤维环和中央的髓核两部分组成(图3-7)。髓核为柔软而富有弹性的胶状物质。纤维环由多层呈环行排列的纤维软骨环构成,质坚韧,纤维环的后部较薄弱,可受外伤等因素的影响而发生破裂,髓核突入椎管或椎间孔产生压

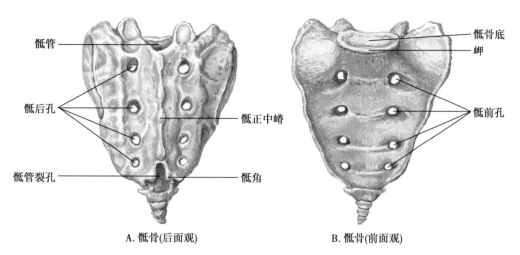

A. 骶骨(后面观)　　　　　　　B. 骶骨(前面观)

图 3-6　骶骨与尾骨

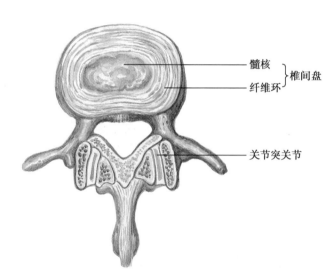

图 3-7　椎间盘

迫神经的症状,称椎间盘脱出症。椎间盘既坚韧又富有弹性,除连接椎体外,还有缓冲震荡的作用,同时还有利于脊柱向各个方向运动。

（2）韧带:连结椎骨的韧带分为长、短两类。

长韧带有前纵韧带、后纵韧带和棘上韧带,前二者分别位于椎体和椎间盘的前、后面,有限制脊柱过度后伸或前屈和椎间盘脱出的作用。

短韧带有黄韧带（弓间韧带）、棘间韧带等,有协助围成椎管和限制脊柱过度前屈等作用。

（3）关节:关节主要有关节突关节、寰枕关节和寰枢关节。

3. 脊柱的整体观

（1）前面观:可见脊柱的椎体自上而下逐渐增大,从骶骨耳状面以下又渐次缩小。椎体大小的这种变化,与脊柱承受的重力有关（图 3-8）。

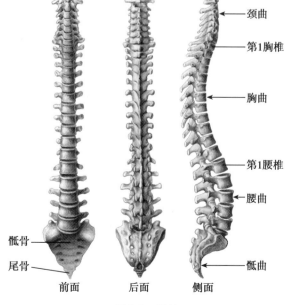

前面　　后面　　侧面

图 3-8　脊柱

35

（2）侧面观：可见脊柱有四个生理性弯曲，即颈曲和腰曲凸向前，胸曲和骶曲凸向后。颈曲和腰曲随着婴儿的抬头、坐立的姿势形成而出现。脊椎的生理性弯曲增强了脊柱的弹性，在行走和跳跃时，可减轻对脑和内脏器官的冲击与震荡作用。

（3）后面观：可见脊柱的棘突纵行排列于后正中线上。颈椎棘突均较短，第 7 颈椎棘突水平后伸，明显高于其他颈椎的棘突；胸椎棘突斜向后下方，呈叠瓦状；腰椎棘突水平后伸，棘突之间间隙较大，临床常选此处做腰椎穿刺术。

4. 脊柱的运动　相邻两椎骨间的运动幅度很小，但由于脊柱运动时是许多关节突关节同时运动，故运动幅度大。脊柱可作前屈、后伸、侧屈、旋转和环转运动。

（二）胸廓

胸廓（thoracic cage）由 12 块胸椎、12 对肋和 1 块胸骨连结而成（图 3-9），具有支持和保护胸、腹腔内的脏器及参与呼吸运动等功能。

1. 胸骨（sternum）　位于胸前壁正中，上宽下窄，为典型的扁骨，自上而下分为胸骨柄、胸骨体和剑突三部分（图 3-9）。胸骨柄和胸骨体连接处微向前凸形成的骨性隆起称胸骨角，两侧连接第 2 肋软骨，是计数肋的重要标志。剑突薄而狭长，末端分叉或有孔。

2. 肋（ribs）　呈弓形，分前、后两部，后部是肋骨，前部是肋软骨，左右共 12 对。肋骨后端膨大称肋头，肋前方为肋体，肋体内面近下缘处有一浅沟称肋沟，肋间神经与肋间后动脉行于其中。

肋后端与椎体连结，肋前端的连结形式不完全相同：第 1 肋与胸骨柄直接相连；第 2~7 肋分别与胸骨的外侧缘形成胸肋关节；第 8~10 肋的前端不到达胸骨，而是各以肋软骨依次连于上位肋软骨下缘，因而形成一条连续的软骨缘，即肋弓（图 3-9）；第 11、12 肋的前端游离于腹肌内。

3. 胸廓的形态　成人胸廓呈前后略扁的圆锥形（图 3-9）。胸廓上口较小，自后上方向前下方倾斜，由第 1 胸椎体、第 1 肋和胸骨柄上缘围成，是颈部与胸腔之间的通道。胸廓下口较大，由第 12 胸椎体、第 12 肋前端、肋弓和剑突围成。两侧肋弓之间的夹角称胸骨下角。相邻两肋之间的间隙称肋间隙，共有 11 对。

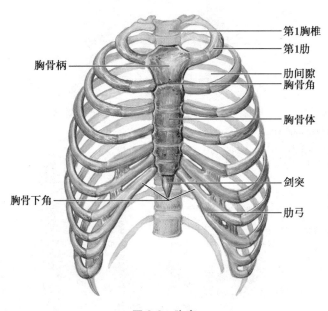

图 3-9　胸廓

4. 胸廓的运动　主要参与呼吸运动。在呼吸肌的作用下，肋的前外侧部可上升或下降。上升时，胸廓向前方和两侧扩大，胸腔容积相对增大，助吸气；下降时胸廓恢复原状，胸腔容积也随之缩小，助呼气。

（三）躯干骨的主要骨性标志

第 7 颈椎棘突、骶角、胸骨角、肋弓、剑突等。

三、颅骨及其连结

（一）颅的组成

颅由 23 块颅骨连结而成,分脑颅和面颅两部分(图 3-10)。

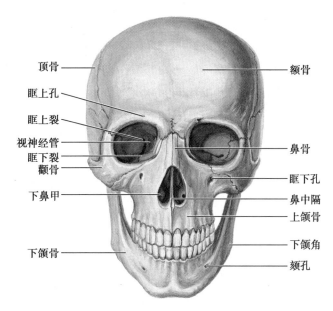

左侧标注(从上到下):顶骨、眶上孔、眶上裂、视神经管、眶下裂、颧骨、下鼻甲、下颌骨

右侧标注(从上到下):额骨、鼻骨、眶下孔、鼻中隔、上颌骨、下颌角、颏孔

图 3-10　颅前面观

脑颅位于颅的后上部,由 8 块颅骨构成,包括成对的顶骨、颞骨和不成对的额骨、枕骨、筛骨和蝶骨,它们共同围成颅腔,容纳并保护脑。

面颅位于颅的前下方,由 15 块颅骨构成,包括成对的上颌骨、腭骨、鼻骨、颧骨、泪骨和下鼻甲和不成对的舌骨、下颌骨及犁骨。

（二）颅的整体观

1. **颅顶面观**　颅盖各骨之间借缝紧密相连。额骨与两顶骨之间的缝称冠状缝,左、右顶骨之间的缝称矢状缝,两顶骨与枕骨之间的缝是"人"字缝。

2. **颅底内面观**　凹凸不平,与脑下面的形态相适应,分为前高后低的前、中、后三个窝,各窝内均有孔、裂,供血管、神经通过。

（1）颅前窝:位置最高,由额骨、筛骨、蝶骨构成。窝的前部中央有筛板,筛板上有筛孔通鼻腔。

（2）颅中窝:中部是蝶骨体,上面凹陷,称垂体窝。

（3）颅后窝:最深,容纳小脑及脑干。在窝底中央有枕骨大孔。枕骨内面隆起称枕内隆凸,由此向两侧横行的沟,称横窦沟,该沟向外侧折向前下,延续为乙状窦沟,其末端终于颈静脉孔。

3. **颅底外面观**　分前、后两部。

（1）前部:为上颌骨和腭骨构成的硬腭,它构成口腔的顶和鼻腔的底。硬腭前方及两侧为牙槽弓。

（2）后部:中央有枕骨大孔,其前外侧有一对隆起,称枕髁,与寰椎相关节。

4. **颅的侧面观**　颅的侧面可见弓形的颧弓,颧弓可在体表摸到。颧弓上方的浅窝,称颞窝,颞窝内侧壁,由额、顶、蝶、颞四骨组成,四骨相接处称翼点(图 3-11),针灸的"太阳穴"即位于翼点处。该处骨质较薄,受外力打击易发生骨折,并可伤及其深面的脑膜中动脉,引起颅内出血。

5. **颅的前面观**　颅前面上方四棱锥形的深窝称为眶,两侧上颌骨之间是骨性鼻腔,下部由上、下颌骨构成骨性口腔(见图 3-10)。

（1）眶:容纳视器,略呈四棱锥形,有一尖、四缘和四壁。眶内侧壁的前部有泪囊窝,此窝向下经鼻泪管通向鼻腔。此外,眶内还有视神经管和眶上裂等。

（2）骨性鼻腔:正中有鼻中隔,将腔分为左、右两部分。

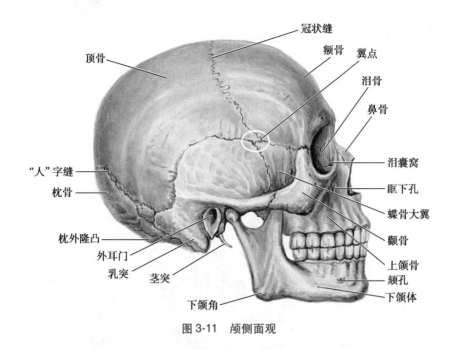

图 3-11　颅侧面观

（3）鼻旁窦：在鼻腔周围的颅骨内，共有四对，包括上颌窦、额窦、筛窦和蝶窦。

（三）颅骨的连结

颅骨之间多数以致密结缔组织或软骨直接相连，只有下颌骨与颞骨之间以颞下颌关节相连。

（四）新生儿颅的特征

由于在胎儿时期脑和感觉器官比咀嚼和呼吸器官的发育早而快，故新生儿的脑颅远大于面颅。

新生儿颅骨尚未完全骨化，颅盖骨之间留有间隙，由结缔组织膜所封闭，称颅囟。其中在矢状缝与冠状缝相交处有前囟（额囟），呈菱形；在矢状缝与"人"字缝相交处为后囟（枕囟），呈三角形。前囟一般于出生后 1 岁半左右逐渐骨化闭合，后囟于生后不久即闭合。

（五）颅骨主要的骨性标志

颧弓、枕外隆凸、乳突、下颌角等。

四、四肢骨及其连结

（一）上肢骨及其连结

1. 上肢骨　每侧 32 块，包括锁骨、肩胛骨、肱骨、尺骨、桡骨和手骨。

（1）锁骨（clavicle）：位于颈部和胸部之间，呈"～"形，分为一体和两端，内侧端粗大称胸骨端，与胸骨柄相连形成胸锁关节，外侧端扁平称肩峰端，与肩峰相关节（图 3-12）。

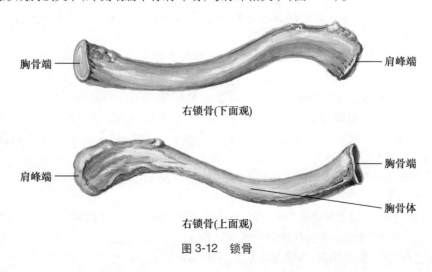

右锁骨(下面观)

右锁骨(上面观)

图 3-12　锁骨

（2）肩胛骨（scapula）：位于胸廓后面外上方，是三角形的扁骨，有两面、三缘及三角。肩胛骨的前面微凹称肩胛下窝，后面有横行隆起的骨嵴称肩胛冈，冈的外侧端扁平称肩峰，肩胛骨外侧角膨大，有一浅凹的关节面称关节盂，与肱骨头相关节。肩胛骨上角与第 2 肋相对应；下角对应第 7 肋，易于摸到，它是确定肋骨序数的体表标志（图 3-13）。

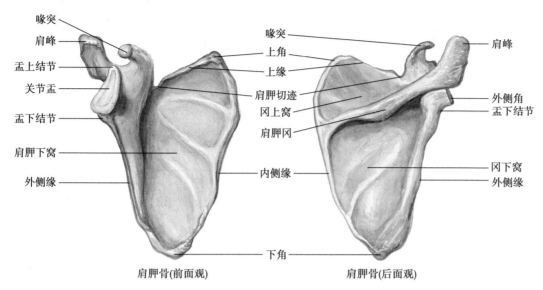

肩胛骨(前面观)　　　　肩胛骨(后面观)

图 3-13　肩胛骨

（3）肱骨（humerus）：位于臂，是典型的长骨，包括一体和两端（图 3-14）。

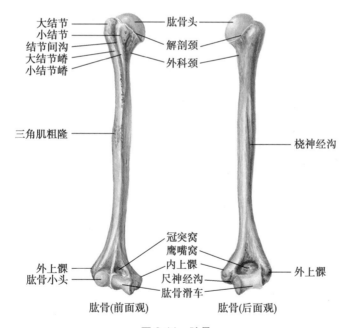

肱骨(前面观)　　　　肱骨(后面观)

图 3-14　肱骨

上端有朝向后上内侧的半球形肱骨头，与肩胛骨的关节盂形成肩关节，其外侧的突起称大结节，大结节前方的突起称小结节。上端与肱骨体交界处稍细称外科颈，是较易发生骨折的部位。

肱骨体中部外侧面有一"V"形隆起的粗糙骨面称三角肌粗隆，粗隆的后下方有一条由内上斜向外下的浅沟，称桡神经沟，桡神经紧贴沟中经过，因而此段骨折易损伤桡神经。

下端略向前弯曲，前后略扁，左右较宽，末端有两个关节面，外侧较小，呈球形，称肱骨小头，与桡骨相关节；内侧的称肱骨滑车，与尺骨相关节，在滑车的后上方，有一深窝称鹰嘴窝。下端的两侧各有一突起分别称内上髁和外上髁，两者均可在体表摸到。

（4）桡骨（radius）：位于前臂外侧，上端小，下端大，中部为桡骨体（图3-15）。上端有圆柱形的桡骨头，其上面有关节凹与肱骨小头相关节，头的周围有环状关节面，与尺骨上端相关节，桡骨头下方变细的部分为桡骨颈。下端粗大，内侧有尺切迹与尺骨头相关节。下端外侧向下突出的部分称桡骨茎突，是重要的体表标志。桡骨下端有关节面，与腕骨形成桡腕关节。

（5）尺骨（ulna）：位于前臂内侧，上端大，下端小（图3-15）。上端前方有半月形的凹陷，称滑车切迹，与肱骨滑车构成关节。滑车切迹后上方的突起称鹰嘴，前下方的骨突称冠突，在滑车切迹的下外侧有微凹的关节面，称桡切迹，与桡骨小头相关节。体呈三棱柱形。下端细小，有球形膨大的尺骨头，与桡骨的尺切迹相关节，头后方内侧有向下的突起，称尺骨茎突。

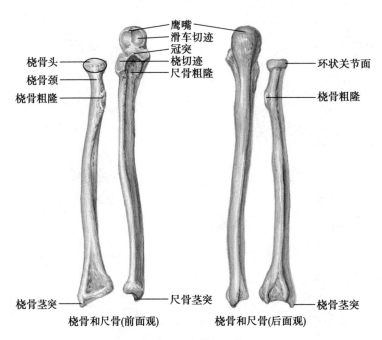

图3-15　桡骨与尺骨

（6）手骨（bones of hand）：包括腕骨、掌骨和指骨（图3-16）。

腕骨8块，排成两列，近侧列由外侧向内侧依次为手舟骨、月骨、三角骨、豌豆骨，远侧列由外侧到内侧依次为大多角骨、小多角骨、头状骨、钩骨。掌骨5块，由外侧向内侧依次为第1~5掌骨。指骨14

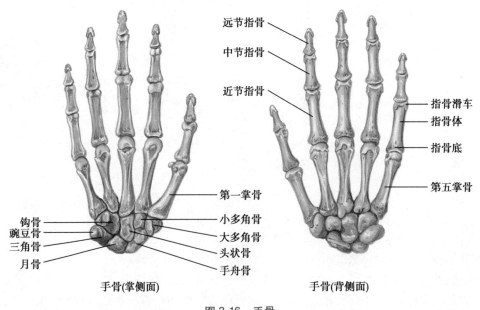

图3-16　手骨

块,除拇指有 2 节外,其余各指为 3 节。

2. 上肢骨的连结

(1) 肩关节:由肱骨头与肩胛骨的关节盂构成(图 3-17)。肩关节的形态结构特点是:肱骨头大,关节盂浅而小,关节囊薄而松弛,因而肩关节不仅运动灵活,而且运动幅度也较大,关节囊的前部、上部和后部有肌腱和肌加强,而下壁薄弱,是肩关节最常见的脱臼部位。肩关节是人体运动幅度最大的关节,可做屈、伸、内收、外展、旋转和环转运动。

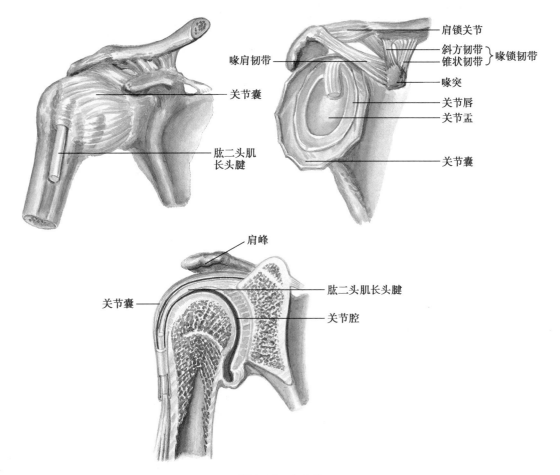

图 3-17　肩关节

视频:肩关节的运动

(2) 肘关节:由肱骨下端与桡骨、尺骨上端共同组成,包括三个关节即:①肱尺关节,由肱骨滑车与尺骨的滑车切迹构成;②肱桡关节,由肱骨小头与桡骨头凹构成;③桡尺近侧关节,由桡骨头环状关节面与尺骨的桡切迹构成。

以上三个关节包于同一个关节囊内,关节囊的前、后部薄而松弛,后部尤为薄弱,关节囊的两侧分别有尺侧副韧带和桡侧副韧带加强。肘关节可做屈、伸运动。

伸肘时,肱骨内、外上髁和尺骨鹰嘴三点都在一条直线上;屈肘至 90°时,以上三点呈一等腰三角形。肘关节脱位时这种位置关系就会发生改变。

视频:肘关节的运动

(3) 桡腕关节:通常称腕关节,由桡骨下端的关节面和尺骨下端的关节盘与手舟骨、月骨和三角骨共同构成。关节囊松弛,可做屈、伸、内收、外展和环转运动。

(二) 下肢骨及其连结

1. 下肢骨　每侧 31 块,包括髋骨、股骨、髌骨、胫骨、腓骨和足骨。

(1) 髋骨(hip bone):由髂骨、耻骨和坐骨融合而成,在融合处外侧面有一深窝,称髋臼(图 3-18)。髂骨位于髋骨的后上部,其上缘称髂嵴,髂嵴的前、中 1/3 交界处向外侧突出,称髂结节。临床上常在此处进行骨髓穿刺,抽取红骨髓检查其造血功能。两侧髂嵴最高点的连线约平对第 4 腰椎棘突。髂嵴的前、后突起分别称为髂前上棘和髂后上棘。髂骨内面为髂窝,窝的下界为突出的弓状线。坐骨位于髋骨的后下部,下端肥厚粗糙,称坐骨结节。耻骨位于髋骨前下部,左右耻骨相连接的面称耻骨联合面,耻骨联合面外上方的突起称耻骨结节,耻骨结节向后连一锐嵴,称耻骨梳,为髂骨弓状线的延续。

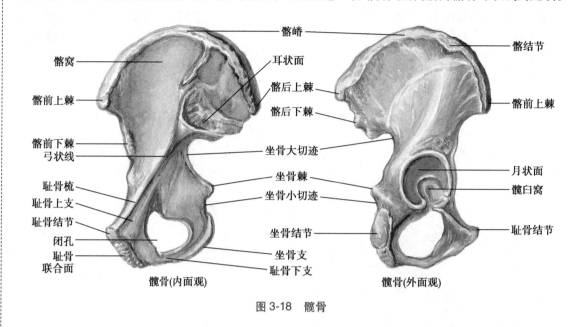

图 3-18 髋骨

(2) 股骨(femur):位于股部,是人体最粗大的长骨,可分为上、下两端和一体(图 3-19)。上端弯向内上方的球形膨大为股骨头,头下方变细部分为股骨颈,颈与体交界处的上外侧和后内侧各有一突起,分别称为大转子和小转子。下端向两侧膨大并向后弯曲形成内侧髁和外侧髁。

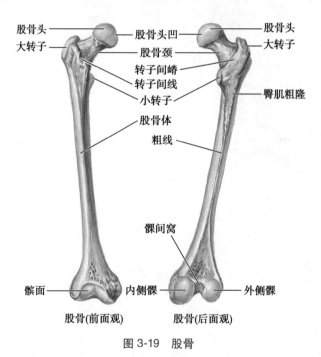

图 3-19 股骨

(3) 髌骨(patella):位于股骨下端的前方,是全身最大的籽骨(图 3-20)。

(4) 胫骨(tibia):位于小腿内侧(图 3-21)。上端膨大,形成内侧髁和外侧髁,两髁之间有向上的隆起,称髁间隆起。胫骨上端前面有一个三角形的粗糙骨面称胫骨粗隆,是股四头肌肌腱的附着处。胫骨体呈三棱柱形,前缘锐利,内侧面平坦,紧贴皮下,在体表可摸到。下端向内下方的突起称内踝。

(5) 腓骨(fibula):位于小腿的外侧,细长(图 3-21)。上端膨大称腓骨头,头向下的缩细部分为腓骨颈,下端膨大为外踝。

(6) 足骨(bones of foot):包括跗骨、跖骨和趾骨(图 3-22)。

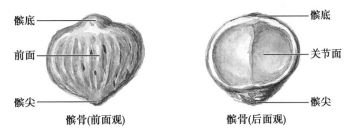

髌底　　前面　　髌尖
髌骨(前面观)

髌底　　关节面　　髌尖
髌骨(后面观)

图 3-20　髌骨

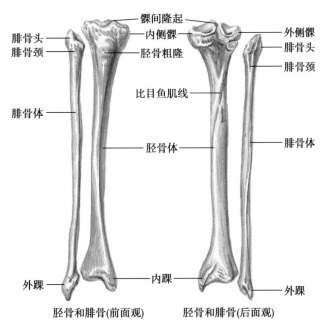

髁间隆起
腓骨头　内侧髁
腓骨颈　胫骨粗隆
比目鱼肌线
腓骨体　胫骨体

外侧髁
腓骨头
腓骨颈

腓骨体

外踝　　内踝
胫骨和腓骨(前面观)

外踝
胫骨和腓骨(后面观)

图 3-21　胫骨和腓骨

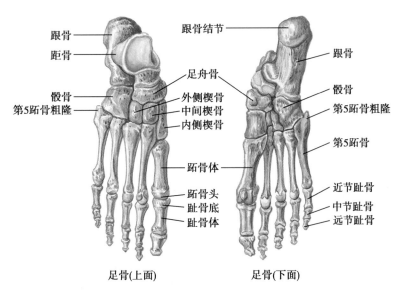

跟骨　　跟骨结节
距骨
足舟骨
骰骨　　外侧楔骨
第5跖骨粗隆　中间楔骨
内侧楔骨

跟骨

骰骨
第5跖骨粗隆

第5跖骨

跖骨体

跖骨头　近节趾骨
趾骨底　中节趾骨
趾骨体　远节趾骨

足骨(上面)　　足骨(下面)

图 3-22　足骨

笔记

43

跗骨 7 块,分别是跟骨、距骨、足舟骨、内侧楔骨、中间楔骨、外侧楔骨、骰骨。跖骨 5 块,有内侧到外侧依次是第 1~5 跖骨。趾骨 14 块,姆趾为 2 节,其余各趾为 3 节。

2. 下肢骨的连结

(1) 髋骨的连结:左、右髋骨在后方借骶髂关节及韧带与骶骨相连,前方借耻骨联合相连。

耻骨联合由两侧耻骨联合面借纤维软骨连结而成。其内有一条矢状位裂隙,女性分娩时稍分离,有利于胎儿娩出。

骨盆由骶骨、尾骨和左右髋骨连结构成(图 3-23),具有保护盆腔内器官和传导重力的作用,女性骨盆还是胎儿娩出的产道。骨盆被骶骨岬、两侧弓状线、耻骨梳、耻骨联合上缘依次连接而成的界线,分为上方的大骨盆和下方的小骨盆腔。临床上所指的盆腔即小骨盆腔。

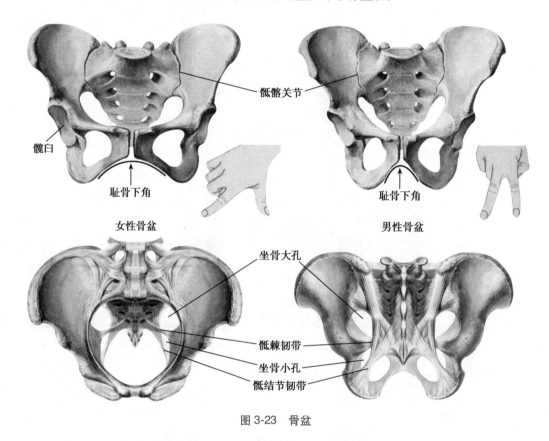

图 3-23　骨盆

(2) 髋关节:由髋臼与股骨头连结构成(图 3-24)。髋臼深陷,股骨头全部纳入髋臼内,关节囊厚而坚韧。

髋关节可做屈、伸、内收、外展、旋转和环转运动,其运动的幅度都较肩关节小。

(3) 膝关节:是人体最复杂的关节,由股骨下端、胫骨上端和髌骨连结构成(图 3-25)。在关节囊内有连于胫骨和股骨之间的前、后交叉韧带,分别限制胫骨向前、后移位,起稳定关节的作用;同时在股骨与胫骨的关节面之间还垫有内、外侧半月板,以增强膝关节的稳固性;关节的侧方分别有内、外侧副韧带加强,限制关节的侧方运动,以适应关节的负重功能。

膝关节可做屈、伸运动,在半屈位时,还可做轻度的旋内和旋外运动。

(4) 距小腿关节:通常称踝关节,由胫、腓骨的下端与距骨连结而成,关节囊的前、后壁薄弱而松弛,两侧壁有韧带加强,外侧韧带较薄弱,在足过度内翻时容易引起外侧韧带扭伤。

距小腿关节可做背屈(伸)和跖屈(屈)运动,与跗骨间关节协同作用时,可使足内翻和外翻。

(5) 足弓:足骨借关节和韧带紧密相连,在纵、横方向上都形成凸向上的弓形结构,称足弓。足弓具有弹性缓冲作用,可减轻行走或跑跳时地面对人体的冲击力,借以保护体内脏器,同时也具有保护足底血管和神经免受压迫的功能。

(三) 四肢重要的骨性标志

包括肩峰、肩胛骨下角、桡骨茎突、髂嵴、髂前上棘、耻骨结节、坐骨结节和股骨大转子、胫骨粗隆、

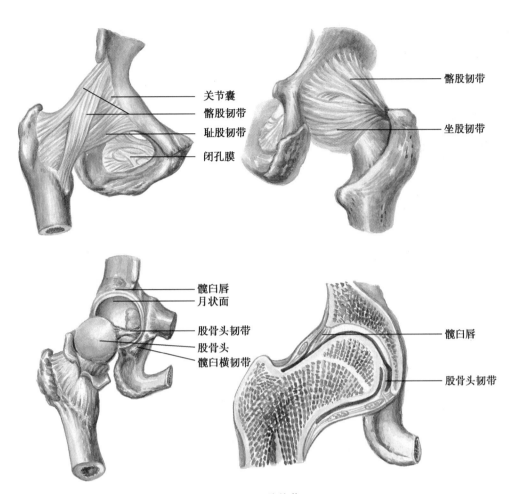

关节囊
髂股韧带
耻股韧带
闭孔膜

髂股韧带
坐股韧带

髋臼唇
月状面
股骨头韧带
股骨头
髋臼横韧带

髋臼唇
股骨头韧带

图 3-24　髋关节

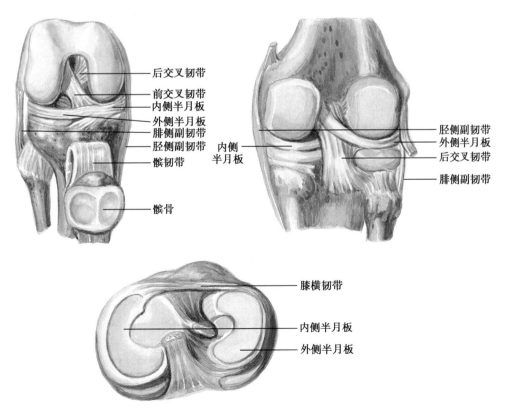

后交叉韧带
前交叉韧带
内侧半月板
外侧半月板
腓侧副韧带
胫侧副韧带
髌韧带

髌骨

胫侧副韧带
外侧半月板
后交叉韧带
腓侧副韧带

内侧
半月板

膝横韧带

内侧半月板
外侧半月板

图 3-25　膝关节

笔记

45

内踝、外踝等。

第二节 肌

一、概述

运动系统的肌均属于骨骼肌,多附着于骨。骨骼肌数量众多,分布广泛,有 600 余块,占体重的 40% 左右。

(一)肌的分类和构造

肌的形态多样,根据其外形,大致可分为长肌、短肌、扁肌和轮匝肌四种类型。长肌多分布于四肢,收缩时能产生大幅度的运动。短肌多见于躯干的深层,收缩时运动幅度小。扁肌扁薄宽阔,多分布于胸、腹壁,除运动功能外,还有保护体内器官的作用。轮匝肌呈环形,位于孔裂周围,收缩时能关闭孔裂,如眼轮匝肌。

根据肌的作用,可分为屈肌、伸肌、收肌、展肌、旋内肌和旋外肌等。

每块肌由中间能收缩的肌腹和两端起附着作用的肌腱两部分构成。

(二)肌的起止和作用

肌通常以两端附于两块以上的骨上,中间越过一个或多个关节。肌收缩时,一骨的位置相对固定,另一骨相对移动,肌在固定骨上的附着点称为起点,在移动骨上的附着点称止点。

(三)肌的配布

多数肌都成群配布在关节的周围,它的配布形式与关节的运动轴密切相关,即在每一个运动轴的两侧都配布有作用相反的两群肌,这两个互相对抗的肌或肌群称为拮抗肌;作用相同的肌或肌群,称为协同肌。

(四)肌的辅助装置

肌的辅助装置位于肌的周围,具有保持肌的位置,减少运动时的摩擦和保护等功能,有筋膜、滑膜囊和腱鞘。

1. **筋膜(fascia)** 分浅筋膜、深筋膜两种。浅筋膜位于真皮之下,又称皮下组织,主要由疏松结缔组织构成,其内含有脂肪、浅动脉、静脉、神经、淋巴管等。深筋膜位于浅筋膜深面,由致密结缔组织构成。它包裹肌、肌群,形成肌间隔;包裹大血管、神经,构成血管神经鞘。

2. **滑膜囊(synovial bursa)** 是由结缔组织构成的密闭小囊,扁薄,内含少量滑液,多存在于肌、韧带与皮肤或骨面之间,具有减轻相邻结构之间摩擦的作用。

3. **腱鞘(tendinous sheath)** 是套在长肌腱外面密闭的双层圆筒形结构。外层为纤维层,内层是滑膜层,滑膜层又分为脏、壁两层,脏层贴附于肌腱外表面,壁层衬于纤维层的内表面,两层在腱的深面相互移行,围成一密闭的腔隙,内有少量滑液,可减轻腱与骨面之间的摩擦。

二、头颈肌

(一)头肌

头肌分为面肌和咀嚼肌。面肌起自颅骨的不同部位,止于面部皮肤,多分布于眼、口和鼻等孔裂周围,有环形肌和辐射状肌两种。作用是使孔裂开大或闭合,同时牵动皮肤,显示出各种不同的表情,故又称表情肌。咀嚼肌是运动颞下颌关节、参与咀嚼运动的肌,主要有咬肌、颞肌、翼内肌和翼外肌。

(二)颈肌

主要有胸锁乳突肌、舌骨上肌群和舌骨下肌群。胸锁乳突肌位于颈外侧部,起自胸骨柄和锁骨的胸骨端,两头会合后,斜向后上方止于颞骨乳突(图 3-26)。其作用为:一侧收缩使头向同侧倾斜,面转向对侧;两侧同时收缩,使头后仰。

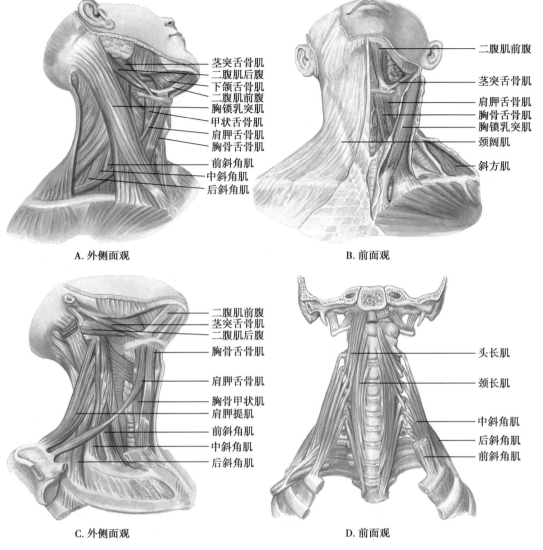

A. 外侧面观   B. 前面观

C. 外侧面观   D. 前面观

图 3-26 胸锁乳突肌

视频：胸锁乳突肌的作用

三、躯干肌

躯干肌包括背肌、胸肌、膈、腹肌和会阴肌。

（一）背肌

背肌位于躯干背面，分为浅、深两群（图 3-27）。

1. **斜方肌（trapezius）** 位于项背部，一侧呈三角形，两侧相合为斜方形。斜方肌收缩时拉肩胛骨向脊柱靠拢，上、下部肌纤维收缩可分别上提或下降肩胛骨。

2. **背阔肌（latissimus dorsi）** 为全身最大的扁肌，位于背下部、腰部和胸侧壁，起自第 6 胸椎以下的全部椎骨棘突和髂嵴背面，肌束向外上集中，止于肱骨小结节下方。其作用为：使臂内收、旋内和后伸，如背手姿势；当上肢上举固定时，可上提躯干（引体向上）。

3. **竖脊肌（erector spinae）** 位于躯干背面、脊柱两侧的沟内，又称骶棘肌，其作用为伸脊柱和仰头。

（二）胸肌

1. **胸大肌（pectoralis major）** 位于胸前壁上部，起自锁骨内侧、胸骨和第 1~6 肋软骨，止于肱骨大结节下方（图 3-28）。其作用为：可使臂内收、旋内和前屈，当上肢上举固定时，可上提躯干，并可提肋助吸气。

2. **前锯肌（serratus anterior）** 位于胸外侧壁，其作用为向前牵引肩胛骨。

笔记

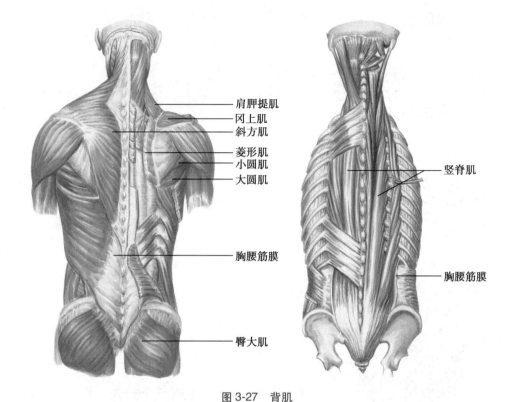

图 3-27　背肌

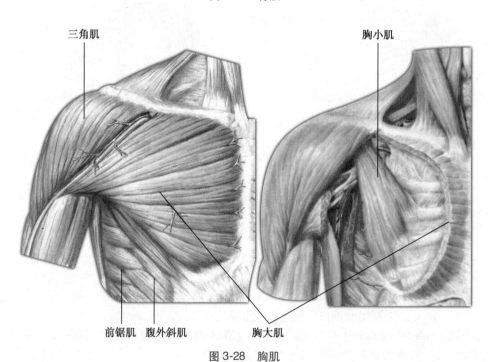

图 3-28　胸肌

视频：膈的
作用

3. **肋间肌**　位于肋间隙内，分浅、深两层。浅层称肋间外肌，肌束自外上斜向前下，收缩时可提肋助吸气；深层称肋间内肌，肌束方向与肋间外肌相反，收缩时可降肋助呼气。

（三）膈

膈（diaphragm）位于胸腔和腹腔之间，是一块向上膨隆的穹窿状扁肌。其肌束起于胸廓下口周缘，向中央部移行为腱膜，称中心腱。膈上有三个裂孔：主动脉裂孔、食管裂孔和腔静脉孔。三个孔内分别有主动脉和胸导管、食管和迷走神经、下腔静脉通过。

膈肌是重要的呼吸肌。当膈肌收缩时，膈顶下降，胸腔容积增大而吸气；当膈肌舒张时，膈顶复位,胸腔容积缩小而呼气。

（四）腹肌

腹肌位于胸廓下部与骨盆上缘之间,是腹壁的主要组成部分,分前外侧群和后群。

1. **前外侧群** 有腹直肌、腹外斜肌、腹内斜肌和腹横肌等。腹直肌位于腹前壁正中线的两侧;腹外斜肌位于腹前外侧壁的浅层;腹内斜肌位于腹外斜肌深面;腹横肌位于腹内斜肌深面。腹外斜肌腱膜下缘卷曲增厚,附着于髂前上棘与耻骨结节之间,形成腹股沟韧带。

2. **后群** 主要为腰方肌。

腹肌的作用为:保护腹腔脏器,增加腹压,协助排便、排尿和分娩等,并可使脊柱前屈、侧屈和旋转运动。

3. **腹股沟管** 位于腹股沟韧带内侧半的上方,为腹壁扁肌间的一条斜行裂隙,长4~5cm,有内、外两口和前、后、上、下四壁。男性的精索、女性的子宫圆韧带通过此管。

（五）会阴肌

会阴肌是封闭小骨盆下口的诸肌,主要有肛提肌,会阴浅、深横肌和尿道括约肌等。

四、四肢肌

（一）上肢肌

上肢肌分为肩肌、臂肌、前臂肌和手肌。

1. **肩肌** 肩肌配布于肩关节周围,能运动肩关节,并增强肩关节的稳固性,主要有三角肌。三角肌呈三角形,收缩时使肩关节外展。该肌是预防接种的常选部位。

2. **臂肌** 配布于肱骨周围,分为前、后两群。

（1）前群:主要有肱二头肌,位于臂前部浅层(图3-29),其作用为屈肘关节、使前臂旋后,并可协助屈肩关节。

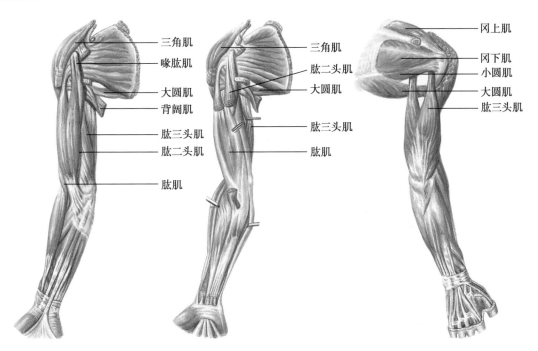

图 3-29 上肢肌(右侧)

（2）后群:主要为肱三头肌,位于臂后部,其作用为伸肘关节。

3. **前臂肌** 分布于桡、尺骨的周围,分为前、后两群,前群主要是屈肌和旋前肌,后群主要是伸肌和旋后肌,各肌的作用大致与其名称相一致,主要运动腕关节、掌指关节、指骨间关节。

4. **手肌** 手肌短小,集中配布于手的掌面,主要运动手指,分外侧群(鱼际)、内侧群(小鱼际)和中间群。

（二）下肢肌

下肢肌按部位分为髋肌、大腿肌、小腿肌和足肌。

1. **髋肌**　分布于髋关节周围,主要运动髋关节,分为前、后两群。

（1）前群:主要为髂腰肌,由髂肌和腰大肌结合而成。其作用使髋关节前屈和旋外,下肢固定时,可使躯干前屈。

（2）后群:位于臀部,故又称臀肌,主要有臀大、中、小肌和梨状肌。臀大肌位于臀部浅层,呈四边形,大而肥厚,其外上1/4部是肌内注射最常选用的部位。

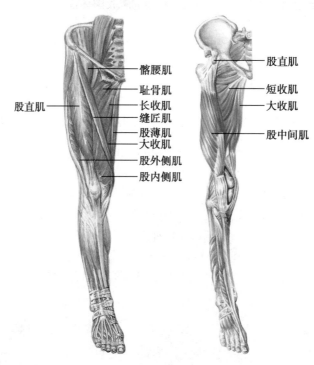

图3-30　大腿前群肌和内侧群肌

2. **大腿肌**　配布在股骨周围,分前群、内侧群和后群。

（1）前群:位于大腿前面,有缝匠肌和股四头肌(图3-30)。缝匠肌呈长扁带状,作用为屈大腿和屈小腿。股四头肌是人体中体积最大的肌,有4个头,4头合并向下移行为肌腱,包绕髌骨的周缘和前面,继而向下延续为髌韧带,止于胫骨粗隆。其作用为伸膝关节和屈髋关节。

（2）内侧群:共有5块肌,位于大腿内侧,其作用为使髋关节内收、旋外。

（3）后群:位于股骨后方,包括股二头肌、半腱肌和半膜肌。后群肌的作用为屈小腿和伸大腿。

3. **小腿肌**　配布于胫、腓骨周围,分为前群、外侧群和后群。

（1）前群:位于小腿前面,有三块肌,作用是使足背屈(伸)和伸趾。

（2）外侧群:位于腓骨外侧,其作用是使足外翻和跖屈。

（3）后群:位于小腿后方,分浅、深两层。浅层为小腿三头肌,由浅层的腓肠肌和深层的比目鱼肌合成,两肌合成一个肌腹,向下移行为粗壮的跟腱,止于跟骨(图3-31)。其作用是使足跖屈。深层也有3块肌,可使足跖屈、屈趾和内翻。

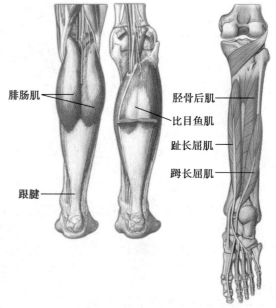

图3-31　小腿三头肌

4. **足肌** 主要位于足底,有屈趾骨间关节和维持足弓等作用。

本章小结

　　运动系统由骨、骨连结和骨骼肌组成。骨由骨膜、骨质及骨髓构成。骨根据外形可分为长骨、短骨、扁骨和不规则骨。躯干骨包括椎骨、肋和胸骨,其间借骨连结构成脊柱和胸廓。椎骨间借椎间盘、5条韧带及关节突关节相连。颅骨包括有脑颅骨和面颅骨。上肢骨包括锁骨、肩胛骨、肱骨、尺骨、桡骨和手骨。下肢骨包括髋骨、股骨、髌骨、胫骨、腓骨和足骨。关节的基本结构包括关节面、关节囊和关节腔,辅助结构有韧带和关节盘等。肩关节头大盂浅,关节囊松弛,运动灵活,稳定性差,易发生脱位;膝关节结构复杂,其内外侧副韧带、前后交叉韧带、内外侧半月板和髌韧带等辅助结构是膝关节的重要稳定装置。每块骨骼肌由肌腹和肌腱(腱膜)构成。肌可分为长肌、短肌、扁肌和轮匝肌;肌的辅助结构有筋膜、滑膜囊及腱鞘。头肌分表情肌和咀嚼肌;胸锁乳突肌是颈部的主要标志;三角肌和臀大肌是肌内注射的常选部位;膈、肋间内外肌是主要的呼吸肌;股四头肌是唯一伸小腿的肌;小腿三头肌是小腿的重要肌性标志。

（张宏亮）

扫一扫,测一测

思考题

1. 简述运动系统的组成、骨的构造和关节的结构。
2. 人体中主要的骨性标志有哪些?
3. 简述肩关节、肘关节、髋关节、膝关节的组成及作用。
4. 简述膈的位置、形态结构和作用。

04章 PPT

学习目标

1. 掌握:消化系统的组成;消化管的一般结构;胃、小肠、肝及胰的形态、位置与组织结构特点。

2. 熟悉:胸部标志线与腹部分区;咽的分部及各部的主要结构;食管、大肠、胆囊的形态和位置;腹膜与腹膜腔的概念。

3. 了解:牙、舌的形态结构;口腔腺的位置与开口部位;腹膜形成的结构。

4. 学会在标本或模型上辨认消化系统各主要器官的位置、形态和毗邻关系,在光镜下识别胃、小肠、肝、胰等器官的微细结构。

5. 具有能根据消化器官的形态结构,举例进行健康饮食和生活习惯宣教的能力。

第一节　概　　述

一、消化系统的组成

消化系统(digestive system)由消化管和消化腺两部分组成(图 4-1),其基本功能是摄取食物,并对其进行消化和吸收。

消化管包括口腔、咽、食管、胃、小肠(十二指肠、空肠和回肠)和大肠(盲肠、阑尾、结肠、直肠和肛管)。临床上通常把十二指肠以上的消化管称为上消化道,把空肠以下的消化管称为下消化道。

消化腺包括大消化腺和小消化腺。大消化腺位于消化管外,有口腔腺、肝和胰;小消化腺分布于消化管壁内,如胃腺、肠腺等。

二、消化管的一般结构

消化管管壁由内向外依次是黏膜层、黏膜下层、肌层和外膜(图 4-2)。

1. **黏膜(mucosa)** 呈粉红色,是进行消化和吸收的重要结构。黏膜层由内向外分为上皮、固有层和黏膜肌层。上皮衬贴在消化管的管腔面,消化管中的口腔、咽、食管和肛管齿状线以下等处的上皮为复层扁平上皮,以保护功能为主;其余部分均为单层柱状上皮,以消化和吸收功能为主。固有层由疏松结缔组织构成,含有丰富的血管、淋巴管和腺体。黏膜肌层由薄层平滑肌构成,其收缩与舒张可改变黏膜的形态,促进腺体的分泌及血液和淋巴液的运行,有助于食物的消化和吸收。

2. **黏膜下层(submucosa)** 由疏松结缔组织构成,内含有较大的血管、淋巴管和黏膜下神经丛。黏膜与黏膜下层共同向管腔突出,形成黏膜皱襞,扩大了消化管的表面积,有利于营养物质的吸收。

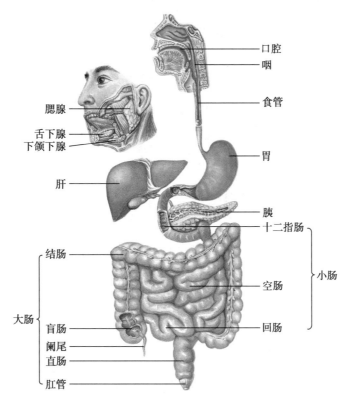

图 4-1 消化系统概观

口腔
咽
食管
腮腺
舌下腺
下颌下腺
胃
肝
胰
十二指肠
结肠
空肠
小肠
大肠
盲肠
回肠
阑尾
直肠
肛管

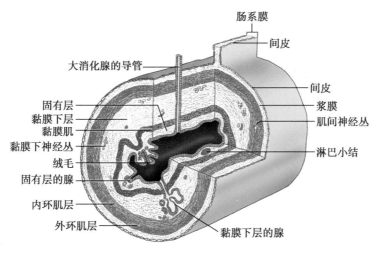

图 4-2 消化管壁一般结构

肠系膜
间皮
大消化腺的导管
间皮
浆膜
固有层
肌间神经丛
黏膜下层
黏膜肌
黏膜下神经丛
淋巴小结
绒毛
固有层的腺
内环肌层
外环肌层
黏膜下层的腺

3. 肌层(muscularis) 除口腔、咽、食管的上 1/3 段的肌层为骨骼肌外,其余部分均为平滑肌。这些平滑肌的排列一般为内环形和外纵形两层,在两层之间有肌间神经丛,可调节消化管的活动。有些部位的环形平滑肌增厚,形成括约肌。

4. 外膜(adventitia) 位于消化管的最外层。在咽、食管、直肠下部和肛管等处由薄层结缔组织形成的外膜称纤维膜;其余部分的消化管外膜由间皮及结缔组织共同构成,称浆膜。浆膜表面光滑,可减少器官运动时的摩擦。

三、胸部标志线与腹部分区

内脏包括消化系统、呼吸系统、泌尿系统和生殖系统,其器官大部分位于胸腔、腹腔和盆腔内,直接或间接与体外相通。为便于描述内脏各器官的位置、毗邻和体表投影,通常在胸腹部体表确定一些标志线和若干分区(图 4-3)。

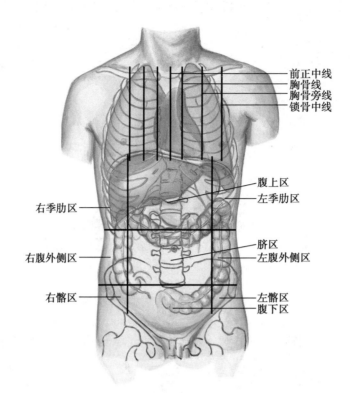

图 4-3 胸部标志线与腹部分区

（一）胸部标志线

1. **前正中线** 沿身体前面正中所做的垂线。

2. **锁骨中线** 经锁骨中点所做的垂线。

3. **腋中线** 通过腋前、后线之间的中点所做的垂线。

4. **肩胛线** 通过肩胛骨下角所做的垂线。

5. **后正中线** 沿人体后面正中所做的垂线。

（二）腹部分区

在前面用两条横线和两条垂线可将腹部分成 9 个区。上横线即通过两侧肋弓最低点的连线,下横线即两侧髂结节之间的连线;两条垂线为通过两侧腹股沟韧带中点所做的垂线。上述 4 线相交,分别将腹部分为左季肋区、腹上区、右季肋区、左腹外侧区(左腰区)、脐区、右腹外侧区(右腰区)、左腹股沟区(左髂区)、腹下区(耻区)和右腹股沟区(右髂区)。临床上常通过脐做一水平线和垂直线,将腹部分为左、右上腹和左、右下腹 4 个区。

第二节 消 化 管

一、口腔

口腔(oral cavity)是消化管的起始部,前借上、下唇围成的口裂与外界相通,后经咽峡与咽相续,顶为腭、侧壁为颊、口腔底为黏膜和肌等结构。口腔借上、下牙弓分为前外侧部的口腔前庭和后内侧部的固有口腔。当上、下牙列咬合时,口腔前庭与固有口腔之间可借第 3 磨牙后方的间隙相通。

（一）腭

腭构成固有口腔的顶,其前 2/3 为硬腭,主要由骨腭为基础,覆盖黏膜而成。后 1/3 为软腭,后部斜向后下,称腭帆。腭帆后缘游离,中央有向下的乳头状突起称腭垂。腭垂的两侧各有两条弓状皱襞分别连于舌根和咽的侧壁,前方的一对称腭舌弓,后方的一对称腭咽弓。腭垂、两侧的腭舌弓与舌根共同围成咽峡,是口腔与咽的分界(图 4-4)。

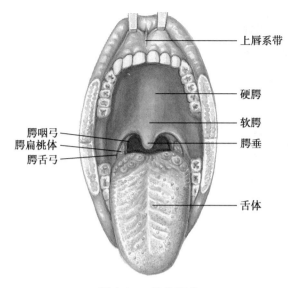

图 4-4　口腔前面观

（二）舌

舌位于口腔底，由深部的舌肌和表面的黏膜构成，分为前 2/3 的舌体和后 1/3 的舌根。舌根的黏膜内含有丰富的淋巴组织称舌扁桃体，舌的背面及侧缘有许多舌乳头，丝状乳头为舌的一般感受器，菌状乳头、轮廓乳头为舌的味觉感受器。舌还有协助咀嚼和吞咽食物，以及辅助发声等功能（图 4-4）。一些药物（硝酸甘油等）可在舌下含化后快速吸收。

（三）牙

牙是人体最坚硬的器官，嵌于上、下颌骨的牙槽内，具有咀嚼食物和辅助发声等作用。

1. 牙的形态　牙分为牙冠、牙颈、牙根三部分（图 4-5）。暴露于口腔内的称牙冠，嵌于牙槽内的称牙根；介于牙冠与牙根之间的部分被牙龈包绕，称牙颈。牙的内部空腔称牙腔。牙腔内有牙髓，其富含有血管和神经，故牙髓发炎时，可引起剧烈的疼痛。

2. 牙的构造　牙主要由牙质构成，牙冠表面覆有一层釉质，牙根与牙颈表面覆有一层黏合质。牙颈与牙根外周的牙龈、牙周膜和牙槽骨共同构成牙周组织，对牙有保护、支持和固定作用（图 4-5）。

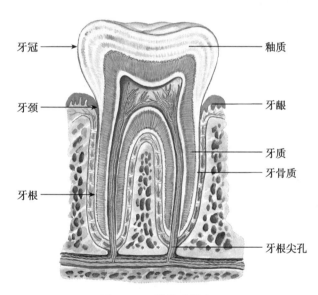

图 4-5　牙的构造模式图

3. 牙的名称及萌出时间　人的一生中有两套牙发生（图 4-6，图 4-7）。乳牙，人出生后 6 个月左右开始萌出，3 岁左右出齐，共 20 个。乳牙分乳中切牙、乳侧切牙、乳尖牙和乳磨牙。乳牙，6 岁左右开始脱落，在 12～14 岁更换成恒牙。恒牙，共 32 个，分为中切牙、侧切牙、尖牙、第一前磨牙、第二前磨牙、第一磨牙、第二磨牙和第三磨牙。第三磨牙萌出较晚，有些人到成年后才萌出，称迟牙（智齿），有人终生不萌出。

4. 牙的排列与牙式　牙呈对称性排列，即左上颌、左下颌、右上颌、右下颌。临床上为了记录牙的位置，以被检查者的方位为准，用"十"记号记录牙排列的形式，称牙式，并用罗马数字 Ⅰ～Ⅴ 表示乳牙，用阿拉伯数字 1～8 表示恒牙。

二、咽

咽（pharynx）为一前后略扁的漏斗形肌性管道，上起于颅底，下至第 6 颈椎体下缘续于食管，全长

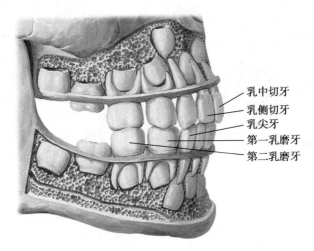

图 4-6 乳牙的名称及排列

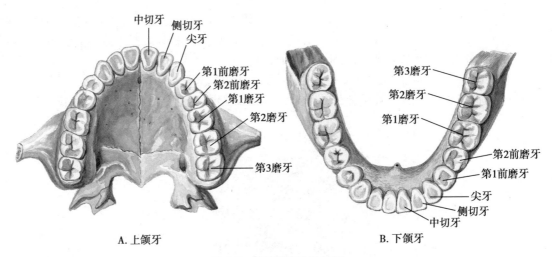

A. 上颌牙

B. 下颌牙

图 4-7 恒牙的名称及排列

约 12cm。咽的后壁与侧壁较完整,前壁自上而下分别与鼻腔、口腔和喉腔相通,因此,咽可分为鼻咽、口咽和喉咽三部分(图 4-8)。因此咽是消化管与呼吸道的共同通道。

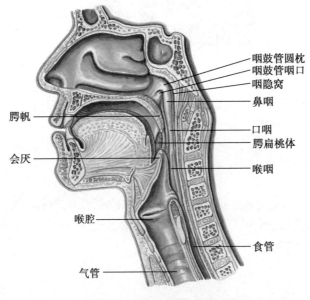

图 4-8 头颈部正中矢状切面

（一）鼻咽

鼻咽指腭帆平面以上的部分,向前经鼻后孔与鼻腔相通。在其侧壁有咽鼓管咽口,通中耳鼓室。在咽鼓管咽口的前、上、后方有隆起的咽鼓管圆枕。咽鼓管圆枕的后方与咽后壁之间有咽隐窝,是鼻咽癌的好发部位。在鼻咽后上壁的黏膜内有丰富的淋巴组织,称咽扁桃体,幼儿时期较发达。

（二）口咽

口咽位于会厌上缘与腭帆之间,向前经咽峡通口腔。其外侧壁腭舌弓与腭咽弓之间的凹窝处,称扁桃体窝,窝内容纳腭扁桃体。

咽扁桃体、腭扁桃体、舌扁桃体在鼻腔和口腔通咽处,共同构成咽淋巴环,具有防御功能。

（三）喉咽

喉咽位于喉的后方,下端在第 6 颈椎下缘水平与食管相续,向前借喉口通喉腔。在喉口的两侧各有一深窝,称梨状隐窝,常为异物滞留之处。

三、食管

食管(esophagus)是一前后略扁的肌性管道,位于脊柱前方,全长约 25cm。上端在第 6 颈椎下缘处续于咽,下端穿经膈的食管裂孔,在第 11 胸椎体的左侧连于胃的贲门。食管有三个生理性狭窄,第一狭窄在食管的起始处,距中切牙约 15cm;第二狭窄在食管与左主支气管交叉处,距中切牙约 25cm;第三狭窄在食管穿膈的食管裂孔处,距中切牙约 40cm。上述狭窄是异物易滞留和肿瘤的好发部位(图 4-9)。

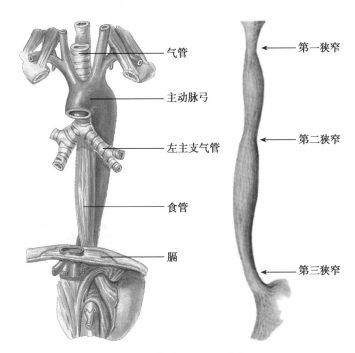

图 4-9　食管的位置和狭窄

食管的上皮为未角化的复层扁平上皮,其肌层上 1/3 段为骨骼肌,下 1/3 段为平滑肌,中 1/3 段为骨骼肌与平滑肌兼有。

四、胃

胃(stomach)是消化管最膨大的部分,上连食管,下续十二指肠。胃有容纳食物、分泌胃液和初步消化食物的功能。

（一）胃的形态与分部

1. **胃的形态**　胃有两口、两壁和两缘。胃的入口称贲门,与食管相接,出口称幽门,与十二指肠相连。胃前壁朝向前上方,后壁朝向后下方。胃上缘称胃小弯,凹向右上方,其最低处明显转折称角切迹。胃下缘大部分凸向左下方称胃大弯(图 4-10)。

视频:胃的形态和分部

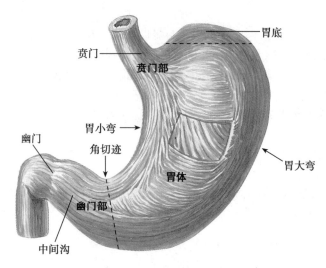

图 4-10 胃的形态和分部

2. 胃的分部 胃可分为贲门部、胃底、胃体和幽门部四部分(图 4-10)。在贲门附近的部分称贲门部,贲门左上方高于贲门平面以上的部分称胃底,胃底和角切迹之间的部分称胃体,胃体下界与幽门之间的部分称幽门部,临床上又称胃窦。幽门部又可分为右侧的幽门管和左侧的幽门窦。胃小弯近幽门处是溃疡和肿瘤的好发部位。

（二）胃的位置

胃的位置常因体型、体位和充盈度不同而有较大变化。胃在中等程度充盈时,大部分位于左季肋区,小部分位于腹上区。胃前壁的右侧部被肝左叶掩盖,左侧部与膈相邻,剑突下其直接与腹前壁相贴,是临床上胃的触诊部位。

（三）胃壁的微细结构

胃壁由黏膜层、黏膜下层、肌层和外膜四层组成(图 4-11),并有神经、血管和淋巴管的分布。

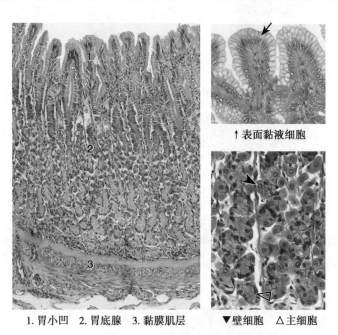

1. 胃小凹　2. 胃底腺　3. 黏膜肌层　　▼壁细胞　△主细胞

图 4-11 胃壁的微细结构

1. 黏膜 胃黏膜柔软,活体呈橘红色。胃空虚时有许多皱襞,充盈时变平坦或消失。胃黏膜可分为三层。

（1）上皮层:为单层柱状上皮,主要由表面黏液细胞组成,能分泌黏液覆盖于胃黏膜的表面,防止胃酸和胃蛋白酶对胃黏膜的损害。

（2）固有层：由疏松结缔组织构成，含有大量的胃腺（见图 4-11），包括贲门腺、幽门腺和胃底腺。贲门腺和幽门腺分别位于贲门部和幽门部的固有层内，主要分泌黏液。胃底腺主要位于胃底和胃体的固有层内，是产生胃液的主要腺体。胃底腺由主细胞、壁细胞、颈黏液细胞和内分泌细胞等组成。①主细胞：又称胃酶细胞，数量最多，主要分布于腺的下部。胞体呈柱状，胞核圆形，胞质嗜碱性，有酶原颗粒。功能是分泌胃蛋白酶原，经盐酸激活后成为胃蛋白酶，参与对蛋白质的分解。②壁细胞：又称泌酸细胞，主要位于腺的上半部。细胞体积大，多呈圆锥形，胞质嗜酸性，功能是分泌盐酸和内因子。盐酸可激活胃蛋白酶原，使之变为胃蛋白酶，并有杀菌作用。内因子能与维生素 B_{12} 结合成复合物，促进回肠吸收维生素 B_{12}，供红细胞生成所需。③颈黏液细胞：细胞数量较少，细胞呈柱状，核扁平，位于细胞基部，细胞内充满黏原颗粒，能分泌黏液。此外，胃底腺还有未分化细胞和内分泌细胞。

（3）黏膜肌层：由内环、外纵两层平滑肌组成。

2. 黏膜下层　由疏松结缔组织构成，含有血管、淋巴管及黏膜下神经丛。

3. 肌层　胃的肌层发达，由内斜、中环和外纵三层平滑肌构成。环形肌在幽门处增厚，形成幽门括约肌。幽门处的胃黏膜覆盖幽门括约肌，形成的环形皱襞称幽门瓣。

4. 外膜　为一层浆膜。

胃黏膜屏障与胃溃疡

胃液中含有高浓度盐酸，腐蚀力极强，胃蛋白酶能分解蛋白质，从而破坏胃的结构。为防止盐酸及胃蛋白酶对胃壁自身蛋白质的破坏，在胃黏膜表面附有黏液-碳酸氢盐屏障，该黏液层含大量 HCO_3^-，不但可将上皮与胃液中的胃蛋白酶相隔离，又可抑制该酶的活性，还可中和渗入的 H^+，形成 H_2CO_3，后者被胃上皮细胞合成的碳酸酐酶迅速分解为 H_2O 和 CO_2。此外，胃上皮细胞的快速更新也使胃能及时修复损伤。正常时，胃酸的分泌量与黏液-碳酸氢盐屏障保持平衡，一旦胃酸分泌过多或黏液产生减少，屏障受到破坏，就会导致胃组织的自我消化，形成胃溃疡。临床上胃溃疡发生的主要原因是幽门螺杆菌感染，破坏了黏液-碳酸氢盐屏障，胃壁被盐酸和胃蛋白酶自身消化所致。

五、小肠

小肠（small intestine）是消化管中最长的一段，成人长 5～7m，是食物消化吸收的主要场所。上端起自幽门，下端续于盲肠，分为十二指肠、空肠和回肠三部分。

（一）十二指肠

十二指肠（duodenum）是小肠的起始部，全长约 25cm，呈"C"形包绕胰头，可分为上部、降部、水平部和升部（图 4-12）。

1. 上部　起自胃的幽门，行向右后方至肝门下方近胆囊颈处，急转向下移行为降部。起始段管径大，黏膜光滑无皱襞，称十二指肠球，是十二指肠溃疡的好发部位。

2. 降部　沿第 1～3 腰椎和胰头的右侧下降，至第三腰椎体平面弯向左行，移行为水平部。降部的后内侧壁有一纵行黏膜皱襞称十二指肠纵襞，其下端有十二指肠大乳头，为胆总管和胰管的共同开口。

3. 水平部　在第 3 腰椎平面自右向左横过下腔静脉和第 3 腰椎体的前方，在腹主动脉前方移行为升部。肠系膜上动、静脉紧贴此部前面下行。

4. 升部　自水平部斜向左上方，至第 2 腰椎左侧转向下续于空肠，此转折处形成的弯曲称十二指肠空肠曲。十二指肠空肠曲被十二指肠悬肌固定在腹后壁，临床上称 Treitz 韧带，是手术中确定空肠起始的标志。

文档：胃和十二指肠插管术

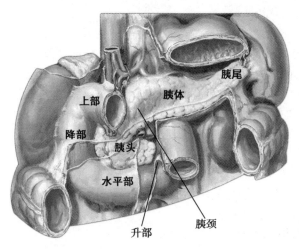

图 4-12 胆道、十二指肠和胰（前面）

（二）空肠与回肠

空肠（jejunum）与回肠（ileum）在腹腔内迂回盘旋成肠袢，其周围被结肠环抱，两者间无明显界限。空肠约占近侧的 2/5，位于左上腹，管径较大，管壁较厚，血管较多，活体颜色呈粉红色，腔内形成高而密的环形皱襞；回肠约占远侧的 3/5，位于右下腹，管径小，管壁薄，血管较少，颜色较空肠淡，腔内形成的皱襞低而疏（图 4-13）。

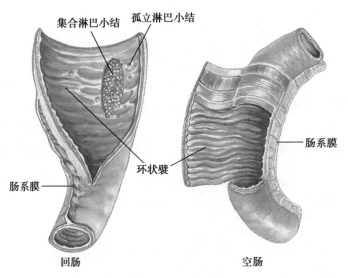

图 4-13 空肠和回肠的比较

（三）小肠壁的微细结构

小肠壁由黏膜、黏膜下层、肌层和外膜四层构成。小肠黏膜与黏膜下层向肠腔内突出形成许多环形皱襞，上皮和固有层向肠腔内伸出细小突起，称肠绒毛（图 4-14），黏膜上皮还从绒毛根部下陷到固有层形成管状的小肠腺，直接开口于肠腔。黏膜下层为疏松结缔组织，含较多血管和淋巴管。十二指肠的黏膜下层内有十二指肠腺，分泌碱性黏液，可保护十二指肠黏膜免受酸性胃液的侵蚀。肌层由内环、外纵两层平滑肌构成。外膜大部分为浆膜。

1. **上皮** 小肠黏膜上皮为单层柱状上皮。主要由吸收细胞、杯状细胞等组成。

（1）吸收细胞：数量多，细胞呈高柱状，胞核椭圆形，居细胞的基部。细胞的游离面有纹状缘，电镜下可见纹状缘由密集排列的微绒毛构成。皱襞、绒毛和微绒毛增加了小肠的吸收面积。

（2）杯状细胞：散布在吸收细胞之间，能分泌黏液、润滑和保护肠黏膜。

2. **固有层** 固有层随上皮向肠腔突出形成绒毛的中轴。其间有 1～2 条纵行的毛细淋巴管，称中央乳糜管。其通透性较大，可允许大分子物质如乳糜微粒进入。中央乳糜管周围有丰富的有孔毛细

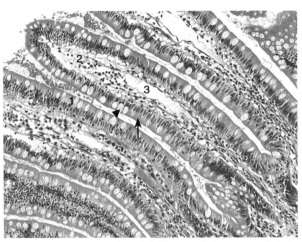

1.上皮　2.固有层　3.中央乳糜管　↑吸收细胞　▲杯状细胞

图 4-14　小肠绒毛光镜像

血管网和散在的平滑肌纤维,收缩时可改变绒毛的形态,有利于血液和淋巴液的运行。

固有层内除小肠腺外还可见淋巴组织,十二指肠、空肠的淋巴组织常为孤立淋巴小结,回肠的淋巴组织则多为若干淋巴小结聚集形成的集合淋巴小结。

3. 小肠腺　位于固有层内,小肠腺主要由柱状细胞、杯状细胞和潘氏细胞等构成。柱状细胞最多,纹状缘不明显,分泌多种消化酶。潘氏细胞位于腺底部,细胞呈锥体形,胞质顶部有粗大的嗜酸性颗粒,分泌溶菌酶。

六、大肠

大肠(large intestine)长约 1.5m,可分为盲肠、阑尾、结肠、直肠和肛管五部分。其主要功能是吸收水分、分泌黏液和形成粪便。

结肠和盲肠表面有三个特征性结构,即结肠带、结肠袋和肠脂垂。结肠带共有 3 条,由肠壁纵行肌增厚而成,沿大肠纵轴排列,汇聚于阑尾根部。结肠袋是因结肠带长度短于肠管,使肠管皱缩形成的许多囊状突出。肠脂垂是沿结肠带两侧分布的脂肪突起。这些特征是肉眼鉴别结肠与小肠的标志(图 4-15)。

(一)盲肠

盲肠(cecum)是大肠的起始部,长 6~8cm,位于右髂窝内。其下端为盲端,左侧连回肠,向上续升结肠。在回肠突入盲肠处,有上、下两片半月形的皱襞,称回盲瓣(图 4-15)。此瓣可控制回肠内容物进入盲肠及防止大肠内容物反流入小肠。

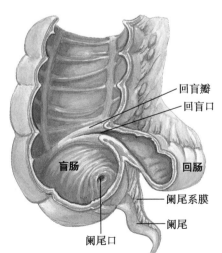

回盲瓣
回盲口
盲肠
回肠
阑尾系膜
阑尾
阑尾口

图 4-15　盲肠和阑尾

(二)阑尾

阑尾(vermiform appendix)是附着于盲肠后内侧壁的蚓状盲管,长 6~8cm。阑尾的末端游离,位置变化较大,其根部恰在三条结肠带的汇集处(图 4-15)。阑尾根部的体表投影在右髂前上棘与脐连线的中、外 1/3 交点处,又称麦氏点(McBurney 点)。急性阑尾炎时此处有明显压痛。

(三)结肠

结肠(colon)是介于盲肠与直肠之间,围绕在空、回肠的周围,可分为升结肠、横结肠、降结肠和乙状结肠四部分。

1. 升结肠　自右髂窝起自盲肠,沿右腹外侧区上升至肝右叶下方,折转向左形成结肠右曲(肝曲)移行为横结肠。

2. 横结肠　自右向左横行至左季肋区,在脾的下方

PPT:阑尾

转折形成结肠左曲(脾曲)移行为降结肠。

3. **降结肠** 起自结肠左曲,沿左腹外侧区下降,在左髂嵴平面续于乙状结肠。

4. **乙状结肠** 在左髂嵴处起自降结肠,呈"乙"形弯曲至第3骶椎平面续于直肠。

（四）直肠

直肠(rectum)全长10~14cm,位于盆腔内骶骨的前方,上端在第3骶椎前方起自乙状结肠,向下穿过盆膈移行于肛管。在盆膈上方膨大,称直肠壶腹(图4-16)。直肠在矢状面上有两个弯曲,上部在骶、尾骨前面形成凸向后的骶曲;下部绕过尾骨尖形成凸向前的会阴曲。直肠内面有2~3个半月形的直肠横襞,其中位置最恒定、最大的一个位于直肠的右前壁,距肛门约7cm,可作为直肠镜检的定位标志。

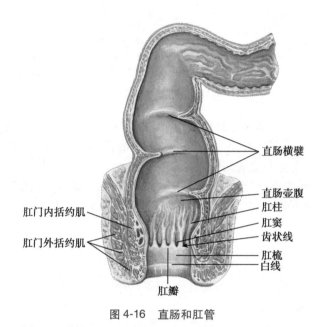

图4-16 直肠和肛管

知识拓展

消化道上皮与癌症

长期嗜好烟酒、口腔卫生习惯差、异物长期刺激、维生素A缺乏、口腔黏膜白斑与增生性红斑等多种因素可使口腔黏膜上皮损伤、增厚、角化过度而致口腔癌的发生;热烫、过硬、生冷刺激性食物、致癌物质等,可刺激食管(尤其是食管的3个狭窄处)上皮增生、黏膜损伤、瘢痕狭窄,另外,食管下端接胃的贲门,其上皮由复层扁平上皮骤然移行为单层柱状上皮,容易发生异常分化,成为食管易癌变的部位;胃小弯和幽门部胃壁上皮易发生肠上皮化生,出现本不存在的杯形细胞,成为胃癌的好发部位;直肠经常接受大便的刺激,易致感染,发生慢性炎症和癌前病变,使直肠成为癌的易发部位。因此,以上各部是消化道癌症的好发部位。

（五）肛管

肛管(analcanal)上界在盆膈平面接直肠,下界为肛门,长约4cm。肛管内面有6~10条纵形的黏膜皱襞称肛柱,各肛柱的下端彼此借半月形黏膜皱襞相连,此襞称肛瓣。肛瓣与相邻肛柱下端围成的小隐窝称肛窦。常有粪屑积存,易诱发感染而致肛窦炎(见图4-16)。

肛柱的下端与肛瓣边缘连成锯齿状的环形线称齿状线,是皮肤与黏膜的分界线。在肛管内的黏膜与皮下组织中有丰富的静脉丛,病理情况下曲张突起形成痔,发生在齿状线以上的,称内痔,在齿状线以下的为外痔。

肛管壁的环形平滑肌增厚形成肛门内括约肌,有协助排便的功能。肛管周围有骨骼肌形成的肛门外括约肌,有括约肛门、控制排便的作用。

第三节　消　化　腺

消化腺（alimentary gland）包括口腔腺、肝、胰及散布在消化管壁内的小腺体。其主要功能是分泌消化液，参与食物的消化。

一、口腔腺

口腔腺是开口于口腔的各种腺体的总称。主要有腮腺、下颌下腺和舌下腺三对大唾液腺（图4-17）。

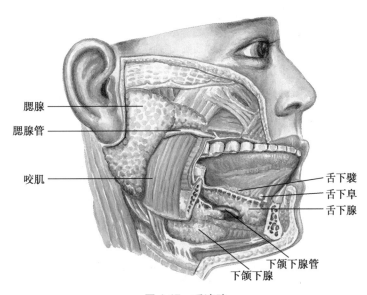

图4-17　唾液腺

腮腺为最大的唾液腺，位于外耳道的前下方。其导管开口于平对上颌第2磨牙的颊黏膜上。下颌下腺位于下颌骨体的深面；舌下腺位于口腔底黏膜深面，两者的腺管均开口于口腔底部。

二、肝

肝（liver）是人体内最大的腺体，具有分泌胆汁、参与代谢、解毒、防御以及在胚胎时期造血等重要功能。

（一）肝的形态

肝呈棕红色，质软而脆，呈不规则的楔形，分为上、下两面，前、后、左、右四个缘。肝上面膨隆，与膈相邻，故称膈面，借呈矢状位的镰状韧带分为左、右两叶（图4-18）。肝的下面又称脏面，凹凸不平，与腹腔脏器相邻。脏面有略呈"H"形的三条沟，分别为左、右纵沟和横沟（图4-19）。右纵沟的前份为胆囊窝，容纳胆囊，后份为腔静脉沟，容纳下腔静脉。左纵沟的前份有肝圆韧带通过，后份有静脉韧带通过。连于左、右纵沟之间的横沟，称肝门，有肝左右管、肝固有动脉、肝门静脉、淋巴管和神经等出入。出入肝门的结构被结缔组织包绕共同形成肝蒂。肝的脏面被上述"H"形沟分为肝右叶、肝左叶、方叶和尾状叶。肝的前缘和左缘薄而锐利，前缘上有胆囊切迹，胆囊底常在此处露出肝的前缘。肝的右缘、后缘圆钝。

（二）肝的位置

肝大部位于右季肋区和腹上区，小部位于左季肋区。肝的上面与膈穹窿一致，在右锁骨中线平第5肋，左锁骨中线平第5肋间隙。肝下界的右侧与右侧肋弓大致一致，腹上区在剑突下3~5cm。正常成人一般在右肋弓下不应触及肝。7岁以下幼儿肝的下界可低于右肋弓下缘1~2cm。平静呼吸时，肝随膈可上下移动2~3cm。

（三）肝的微细结构

肝的表面大部分被浆膜覆盖，其深面为一层富含弹性纤维的结缔组织。在肝门处结缔组织随血

视频：肝的外形

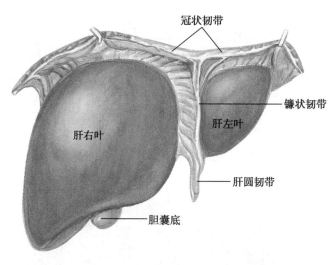

图 4-18 肝的膈面

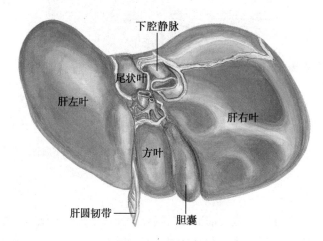

图 4-19 肝的脏面

管和神经进入肝内,将肝实质分隔成许多肝小叶。

1. 肝小叶　肝小叶是肝的基本结构和功能单位。主要由肝细胞组成(图 4-20,图 4-21)。肝小叶呈多面棱柱状,小叶之间被少量结缔组织分隔。每个肝小叶的中央有一条中央静脉穿行,中央静脉周围肝细胞呈放射状单行排列成板状,称肝板,在切面上肝板呈索状,又称肝索。肝板之间为肝血窦,肝板内相邻的肝细胞之间有胆小管(图 4-20,图4-21)。

(1)肝细胞:呈多边形,胞体较大,胞核呈圆形,居细胞中央,核仁明显。胞质中含丰富的细胞器。线粒体遍布胞质内,为肝细胞活动提供能量。粗面内质网能合成多种血浆蛋白质。滑面内质网与合成胆汁、糖原、脂类、激素代谢及解毒等功能有关。高尔基复合体与肝细胞的分泌活动有关。溶酶体参与细胞内的消化和解毒等功能。

(2)肝血窦:位于肝板之间,是一种特殊的毛细血管。肝血窦的窦壁由多孔的不连续内皮细胞构成,细胞之间的间隙较宽,故肝血窦的通透性较大,有利于肝细胞与血液间的物质交换。窦腔内有肝巨噬细胞,又称库普弗细胞(Kupffer cell),

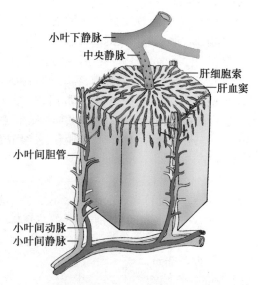

图 4-20　肝小叶与门管区立体模式图

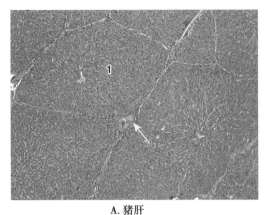
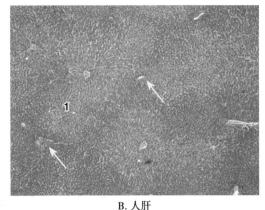

A. 猪肝　　　　　　　　　　　　　　　　　　B. 人肝

1. 肝小叶　↑肝门管区

图 4-21　肝小叶横切面

有较强的吞噬能力,可吞噬清除病毒、细菌、异物和衰老的红细胞等。

在电镜下观察,肝血窦内皮细胞与肝细胞之间的间隙,称窦周隙(Disse 腔)。其内充满由肝血窦渗出的血浆,是肝细胞与血液进行物质交换的场所。窦周隙内还有贮脂细胞,其有贮存维生素 A 的功能。

(3)胆小管:是相邻肝细胞之间细胞膜局部凹陷成槽并相互对接、封闭而形成的微细管道,以盲端起于中央静脉的周围,呈放射状出肝小叶后汇合成小叶间胆管。肝细胞分泌的胆汁直接进入胆小管。当肝细胞坏死或胆道阻塞时,胆小管的结构被破坏,其内胆汁经窦周隙进入血,导致患者出现黄疸。

2. 肝门管区　相邻肝小叶之间的结缔组织区域称肝门管区,其中有小叶间动脉、小叶间静脉、小叶间胆管通过(见图 4-20)。小叶间静脉是肝门静脉的分支,管壁薄,管腔大而不规则。小叶间动脉是肝固有动脉的分支,管壁厚,管腔小而圆。小叶间胆管是由胆小管汇集而成,管壁由单层立方上皮围成。小叶间胆管逐渐汇合成肝管出肝门。

3. 肝的血液循环　肝的血液供应丰富,接受双重血液供应,它们分别来自肝门静脉和肝固有动脉。肝门静脉是功能性血管,将来自胃肠道等处含有丰富营养物质的血液输送入肝,供肝细胞转化、储存、代谢等,其血量占肝总血量的 3/4。肝固有动脉为营养性血管,其血液中含氧量高。肝门静脉与肝固有动脉入肝后反复分支成小叶间静脉和小叶间动脉,两者终末支注入肝血窦。血液在肝血窦内与肝细胞进行物质交换后汇入中央静脉,后者注入小叶下静脉,最后汇合成肝静脉出肝。

(四)胆囊与输胆管道

1. 胆囊(gallbladder)　是贮存和浓缩胆汁的囊状器官,呈梨形,容量为 40~60ml,位于肝下面的胆囊窝内,可分为胆囊底、胆囊体、胆囊颈和胆囊管四部分(图 4-22)。胆囊底是胆囊突向前下方的盲端,当胆汁充满时,胆囊底可贴近腹前壁,与腹前壁相接触。胆囊底的体表投影在右锁骨中线与右肋弓交点附近,胆囊发炎时,此处可有压痛。胆囊体是胆囊的主体部分,与底之间无明显界限。胆囊体向后逐渐变细移行为胆囊颈。胆囊颈向下续为胆囊管,长 3~4cm。胆囊颈与胆囊管的黏膜呈螺旋状突入腔内,形成螺旋襞,可控制胆汁的流入和流出,同时亦是胆囊结石易嵌顿之处。

2. 输胆管道　是将肝细胞产生的胆汁输送到十二指肠的管道,可分为肝内和肝外胆道两部分。肝内胆道包括胆小管、小叶间胆管等。肝外胆道包括肝左管、肝右管、肝总管、胆囊与胆总管(图 4-22)。

肝左、右管由小叶间胆管逐渐汇合而成,出肝门后合成肝总管。肝总管在肝十二指肠韧带内下行,并在韧带内与胆囊管以锐角汇合成胆总管。胆总管长 4~8cm,在肝十二指肠韧带内下降,经十二指肠上部的后方,下行至十二指肠降部与胰头之间,最后斜穿十二指肠降部中份的后内侧壁与胰管汇合,形成略为膨大的肝胰壶腹(Vater 壶腹),开口于十二指肠大乳头。在肝胰壶腹周围有增厚的环形平滑肌包绕,称肝胰壶腹括约肌(Oddi 括约肌)。此括约肌的收缩与舒张,可控制胆汁与胰液的排出。

图片:胆汁排出途径

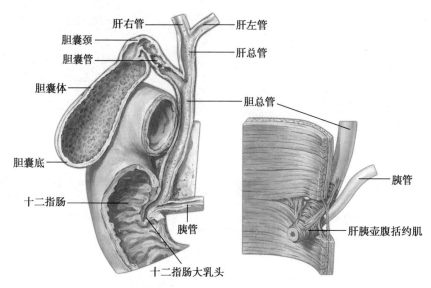

图 4-22　胆囊与输胆管道

三、胰

胰（pancreas）是人体第二大消化腺，由外分泌部和内分泌部两部分组成。

（一）胰的形态、位置与结构

胰略呈三棱柱状的长条形，质软，色灰红。横置于第 1、2 腰椎体前方，并紧贴于腹后壁。

胰可分头、体、尾三部分（见图 4-12）。胰头较膨大，位于第 2 腰椎体的右前方，被十二指肠环抱。胰体占胰的中间大部分，横位于第 1 腰椎体前方。胰尾较细，伸入左季肋区与脾门相邻。胰管纵贯胰实质的全长，其末端与胆总管汇合成肝胰壶腹，开口于十二指肠大乳头。

（二）胰的微细结构

胰腺表面覆有薄层结缔组织被膜，结缔组织伸入腺实质内，将腺实质分为许多小叶。

1. 外分泌部　占胰腺的大部分，由腺泡和导管构成（图 4-23）。

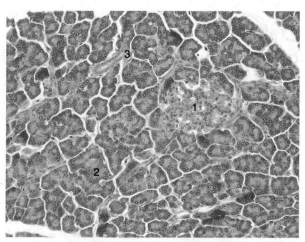

1. 胰岛　2. 腺泡　3. 小叶内导管

图 4-23　胰微细结构

（1）腺泡：由浆液性腺细胞构成。腺细胞呈锥体形，核圆形，近基底部胞质中含有酶原颗粒，消化时酶原颗粒减少。

（2）导管：导管由闰管、小叶内导管、小叶间导管和主导管构成。闰管很长，由单层扁平上皮构成，闰管一端深入腺泡腔形成泡心细胞，另一端汇合形成小叶内导管。主导管由小叶间导管汇合而成，贯穿胰的全长，开口于十二指肠大乳头，将消化酶运送至十二指肠。

胰腺腺泡分泌的多种消化酶,与胰腺导管上皮分泌的水和电解质共同组成胰液。

2. **内分泌部**　又称胰岛,是分散在胰外分泌部之间的大小不等、形状不规则的细胞团。胰岛内毛细血管丰富,分泌物直接进入血液。胰岛主要有 A、B、D 三种细胞。B 细胞占胰岛细胞总数的 70%,细胞较小,能分泌胰岛素;A 细胞占胰岛细胞总数的 20% 左右,胞体较大,多分布于胰岛的周边,主要分泌胰高血糖素;D 细胞约占胰岛细胞总数的 5%,分布于 A、B 细胞之间,主要分泌生长抑素,抑制 A、B 细胞的分泌活动。

知识拓展

糖尿病与饮食

胰岛功能低下,胰岛素分泌减少会引起糖尿病,治疗方法包括心理治疗、药物治疗和饮食治疗等。饮食治疗是目前不可缺少且最为有效的方法。中医学认为:消渴多因嗜酒厚味,损伤脾胃,运化失职,消谷耗津,纵欲伤阴而致阴虚燥热发为本病。早在《黄帝内经》和《景岳全书》中就有关于肥胖者、生活富裕者多患此病的描述,这与现代医学中糖尿病的病因相一致。血糖的高低和胰岛素的分泌与饮食的多少和成分有密切关系,故调节饮食对糖尿病治疗十分重要。糖尿病患者要低糖、低脂、高维生素、高钙饮食,如冬瓜、南瓜、青菜、豆制品、鱼、奶、虾皮、芝麻、香菇等,适当控制淀粉的摄入。

第四节　腹　　膜

一、概述

腹膜(peritoneum)是面积最大、配布最复杂的浆膜,衬于腹、盆壁内面和覆盖腹、盆腔器官的外表面。衬于腹、盆腔壁内表面的,称壁腹膜;覆盖腹、盆腔器官外表面的,称脏腹膜。脏、壁腹膜相互移行所围成不规则的潜在性腔隙称腹膜腔(图 4-24)。男性的腹膜腔为一密闭的腔隙,女性腹膜腔则借输卵管腹腔口,经输卵管、子宫、阴道与体外相通。

腹膜具有分泌、吸收、修复、防御和支持等功能。腹膜分泌少量的浆液至腹膜腔内,可润滑和减少器官间的摩擦。腹膜有较强的吸收能力,以上部最强,下部较弱,故腹膜炎和腹部手术后的病人多采用半卧位,使有害液体在重力作用下聚集于下腹部,以减缓腹膜对有害物质的吸收。腹膜有较强的修复和再生能力,使损伤易于修复。

二、腹膜与脏器的关系

根据脏器被腹膜覆盖的情况不同,可将腹、盆腔的脏器分为三类。

1. **腹膜内位器官**　指脏器的表面几乎全部被腹膜包裹,如胃、空肠、回肠、盲肠、阑尾、横结肠、乙状结肠、脾、输卵管和卵巢等。

2. **腹膜间位器官**　指脏器的表面大部分或三个面被腹膜包盖,如升结肠、降结肠、肝、胆囊、子宫和充盈的膀胱等。

3. **腹膜外位器官**　指脏器只有一面或仅少部分被腹膜覆盖,如胰、肾上腺、肾和输尿管等。

文档:腹膜思维导图

文档:腹腔穿刺术

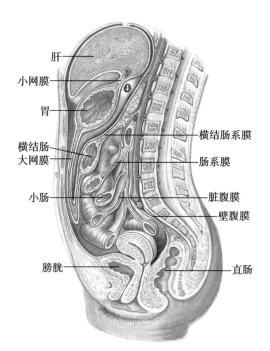

图 4-24　腹膜腔正中矢状切面模式图

肝
小网膜
胃
横结肠
大网膜
小肠
膀胱
横结肠系膜
肠系膜
脏腹膜
壁腹膜
直肠

三、腹膜形成的结构

腹膜从腹、盆壁移行至脏器表面，或从一个器官移行到另一个器官表面的过程中，形成韧带、系膜、网膜和陷凹等结构。

（一）网膜

薄而透明，包括大网膜和小网膜（图 4-25）。

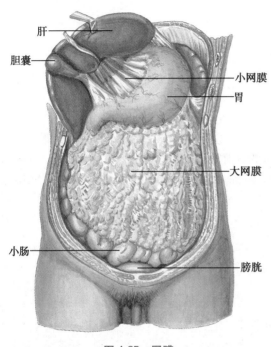

图 4-25　网膜

1. 小网膜　是由肝门连于胃小弯和十二指肠上部之间的双层腹膜结构。由肝门连于胃小弯之间的部分称肝胃韧带；由肝门连于十二指肠上部之间的部分称肝十二指肠韧带，其右缘游离，内有肝固有动脉、胆总管、肝门静脉等结构通过。

2. 大网膜　是连于胃大弯与横结肠之间的四层腹膜结构，呈围裙状悬垂于空、回肠和横结肠的前面。大网膜内有丰富的血管和脂肪等，并有许多巨噬细胞，有重要的防御功能。正常状态下大网膜有较大的移动性，当腹膜腔内有炎症时，大网膜可包裹病灶，限制其扩散。小儿的大网膜较短，不易发挥此作用，当下腹炎症或阑尾炎穿孔时常导致弥漫性腹膜炎。

（二）韧带

连接腹、盆壁与脏器之间或连接相邻脏器之间的腹膜结构，对脏器有固定作用。主要包括镰状韧带、冠状韧带、胃脾韧带和脾肾韧带等。

（三）系膜

系膜是将腹、盆腔器官连至腹后壁的双层腹膜结构，其内含有血管、神经和淋巴管等，主要包括肠系膜、横结肠系膜、阑尾系膜及乙状结肠系膜等。

（四）腹膜陷凹

腹膜陷凹由腹膜在盆腔器官间移行返折形成，深浅不等。男性在膀胱与直肠之间有直肠膀胱陷凹；女性在直肠与子宫之间有直肠子宫陷凹，在膀胱与子宫之间有膀胱子宫陷凹。站立或半卧位时，这些陷凹是腹膜腔的最低部位，腹膜腔积液时多聚积于此。

本章小结

消化系统由消化管和消化腺组成，消化管分为口腔、咽、食管、胃、小肠和大肠，大消化腺有唾液腺、肝和胰。消化管管壁一般由黏膜、黏膜下层、肌层和外膜组成。口腔内有牙和舌；咽分鼻咽、口咽和喉咽；食管全长有三个狭窄；胃大部分位于左季肋区，小部分位于腹上区，分为贲门部、胃底、胃体和幽门部；小肠包括十二指肠、空肠和回肠，是消化与吸收的主要场所；小肠黏膜的环形皱襞、绒毛和微绒毛扩大了小肠的吸收表面积；大肠包括盲肠、阑尾、结肠、直肠和肛管。肝大部分位于右季肋区和腹上区，小部分位于左季肋区。肝小叶是肝的结构和功能单位，肝细胞能分泌胆汁；胰的外分泌部由腺泡和导管构成，内分泌部又称胰岛。腹膜属于浆膜，脏、壁两层之间的潜在间隙称腹膜腔。腹膜有分泌、修复、支持等多种功能，腹膜形成的结构有韧带、系膜、网膜和陷凹，其中女性腹膜腔的最低点是直肠子宫陷凹。

（李旭升）

扫一扫,测一测

思考题

1. 消化系统由哪几部分组成?何谓上、下消化道?
2. 简述胃的形态、位置和分部。
3. 简述肠绒毛的微细结构特点。
4. 试述肝的形态、位置及体表投影。
5. 何谓胰岛?胰岛主要有哪几种细胞?各有何功能?
6. 何谓腹膜与腹膜腔?

第五章	呼吸系统

 学习目标

1. 掌握:呼吸系统的组成;喉腔的形态和结构;左、右主支气管形态区别和临床意义;肺的位置、形态及肺的微细结构;肋膈隐窝的位置和临床意义。

2. 熟悉:上、下呼吸道的概念;鼻腔的分部和鼻旁窦的名称、开口部位;呼吸膜的构成;胸膜和胸膜腔的概念,胸膜和肺的体表投影;纵隔的概念。

3. 了解:外鼻的形态;肺段的概念;肺导气部的特点;肺的血管;纵隔概念、分部及内容。

4. 学会肉眼辨认呼吸系统大体标本及在显微镜下辨认气管和肺微细结构。

5. 具备对呼吸系统疾病自我保健的意识和进行卫生健康宣教的能力。

呼吸系统(respiratory system)由呼吸道和肺组成(图 5-1)。呼吸道包括鼻、咽、喉、气管和各级支气管。临床上将鼻、咽、喉称为上呼吸道,气管和各级支气管称为下呼吸道。

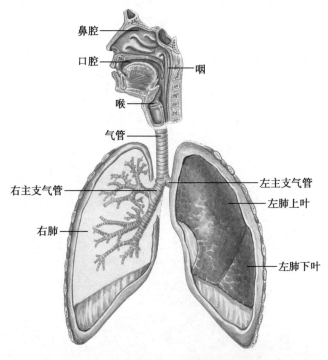

图 5-1 呼吸系统概观

呼吸系统的主要功能是进行气体交换,不断吸入外界的氧气,呼出体内的二氧化碳。此外,鼻是嗅觉器官,喉还有发音功能。

第一节 呼 吸 道

一、鼻

鼻(nose)是呼吸道的起始部,也是嗅觉器官。可分为外鼻、鼻腔和鼻旁窦三部分。

(一)外鼻

外鼻以骨和软骨为支架,外覆皮肤,自上而下分为鼻根、鼻背、鼻尖。鼻尖两侧的弧形隆起称鼻翼,呼吸困难时,可见鼻翼扇动的症状。从鼻翼向外下至口角的浅沟称鼻唇沟。外鼻下方的一对开口称鼻孔。

鼻尖和鼻翼的皮肤富含皮脂腺和汗腺,是酒渣鼻、痤疮和疖肿好发的部位。

(二)鼻腔

鼻腔以骨和软骨为支架,内覆黏膜或皮肤,向前经鼻孔通外界,向后经鼻后孔通鼻咽。鼻腔被鼻中隔分为左、右两腔,每侧鼻腔分鼻前庭和固有鼻腔两部分(图5-2)。

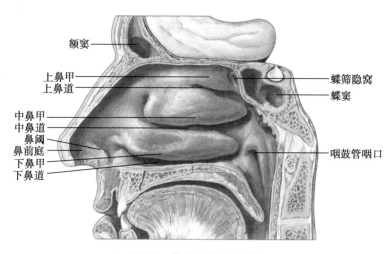

图 5-2 鼻腔外侧壁(右侧)

1. 鼻前庭 为鼻腔前下方由鼻翼围成的较宽大空间,内衬皮肤,生有鼻毛,能过滤空气中的尘埃。后方弧形隆起为鼻阈,是与固有鼻腔的分界处。

2. 固有鼻腔 是鼻腔的主要部分,由骨和软骨覆以黏膜构成(图5-3)。其外侧壁自上而下可见

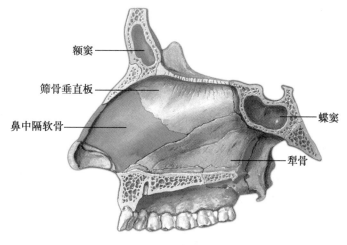

图 5-3 鼻中隔

突向鼻腔的上鼻甲、中鼻甲和下鼻甲,各鼻甲的下方各有一条裂隙分别称为上鼻道、中鼻道和下鼻道。上鼻甲后上方与鼻腔顶壁间有一凹陷称蝶筛隐窝。蝶筛隐窝和上、中鼻道内有鼻旁窦的开口,下鼻道前端有鼻泪管的开口。

固有鼻腔的黏膜按其生理功能的不同,分为嗅区和呼吸区两部分。

（1）嗅区:位于上鼻甲内侧面及其对应的鼻中隔黏膜,活体呈苍白色或淡黄色,内含嗅细胞,能感受气味的刺激,有嗅觉功能。

（2）呼吸区:嗅区以外的鼻黏膜,活体呈粉红色,内含丰富的毛细血管和黏液腺,能温暖、湿润吸入的空气。

鼻中隔由筛骨垂直板、犁骨及鼻中隔软骨覆以黏膜构成(见图 5-3),前下份黏膜内有丰富的血管吻合丛,是鼻出血好发部位,称易出血区(Little 区)。

（三）鼻旁窦

鼻旁窦又称鼻窦,为鼻腔周围含气骨腔衬以黏膜而成,具有温暖、湿润空气和对声音产生共鸣的作用(图 5-4)。

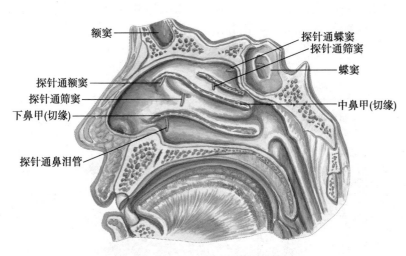

图 5-4　鼻腔外侧鼻(鼻甲切除后)

鼻旁窦共四对,分别是上颌窦、额窦、筛窦和蝶窦,筛窦又分前、中、后三组,四对鼻旁窦分别位于其同名颅骨内。鼻旁窦均开口于鼻腔,额窦、上颌窦、筛窦前群和中群均开口于中鼻道;筛窦后群开口于上鼻道;蝶窦开口于蝶筛隐窝。

二、咽

参见消化系统。

三、喉

喉(larynx)既是呼吸通道,又是发声器官。

（一）喉的位置

喉位于颈前部中份,上借喉口通咽,下续气管,成人喉上界约相当于第 3 颈椎体水平,下界平对第6 颈椎体下缘,可随吞咽或发声而上、下移动。喉的前方被皮肤、筋膜和舌骨下肌群覆盖,两侧与颈部大血管、神经和甲状腺相邻。

（二）喉的结构

喉以软骨为支架,借关节、韧带和纤维膜相连接,周围附有喉肌,内面衬以黏膜。

1. 喉软骨及其连结　喉软骨主要包括不成对的甲状软骨、环状软骨、会厌软骨和成对的杓状软骨,借软骨间连接构成喉的支架(图 5-5)。

（1）甲状软骨及其连接:是最大的喉软骨,位于舌骨的下方,构成喉的前外侧壁。甲状软骨是由左、右两块方形软骨板构成,两板前缘融合向上突出称喉结,成年男性尤为明显,是颈部重要的体表标

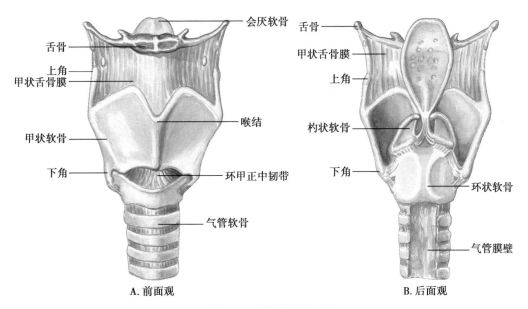

会厌软骨
舌骨
上角
甲状舌骨膜
甲状软骨
下角
环甲正中韧带
喉结
气管软骨

A. 前面观

舌骨
甲状舌骨膜
上角
杓状软骨
下角
环状软骨
气管膜壁

B. 后面观

图 5-5 喉的软骨及其连结

志。甲状软骨上缘借甲状舌骨膜与舌骨相连,甲状软骨下缘两侧与环状软骨构成环甲关节。

(2)环状软骨及其连接:位于甲状软骨下方,形似指环,平对第6颈椎,是颈部重要的重要标志之一。环状软骨前窄后宽,是呼吸道唯一完整的软骨环,对维持呼吸道通畅有重要作用。甲状软骨下缘和环状软骨弓上缘之间的纤维膜,称环甲正中韧带,临床上病人发生急性喉阻塞时,可经此处穿刺。

(3)会厌软骨及其连接:位于甲状软骨后上方,形似树叶。下端狭细附于甲状软骨的后面;上端宽阔而游离,外覆黏膜构成会厌,吞咽时,会厌可盖住喉口,以防止食物误入喉腔。

(4)杓状软骨及其连接:位于环状软骨板上缘的上方,左、右各一,呈三棱锥体形,其尖向上,底朝下,与环状软骨构成环杓关节。基底部有两个突起,外侧突起有喉肌附着;前方突起与甲状软骨前角之间有声韧带相连,声韧带是发音的重要结构。

2. 喉肌 为附于喉软骨的细小的骨骼肌。分两组:一组作用于环甲关节,主要为环甲肌,使声韧带紧张或松弛;一组作用于环杓关节,主要为环杓后肌,使声门裂开大或缩小,从而调节音调的高低和声音的强弱(图5-6,图5-7)。

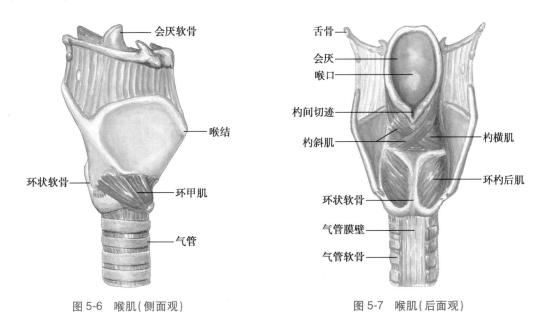

会厌软骨
喉结
环状软骨
环甲肌
气管

图 5-6 喉肌(侧面观)

舌骨
会厌
喉口
杓间切迹
杓斜肌
杓横肌
环杓后肌
环状软骨
气管膜壁
气管软骨

图 5-7 喉肌(后面观)

3. 喉腔 是以喉软骨为支架,内衬黏膜构成,向上借喉口通咽,向下通气管(图5-8)。喉腔中部的两侧壁上,有上、下两对呈矢状位的黏膜皱襞:上方的一对称前庭襞,两侧前庭襞之间的裂隙称前庭裂,活体呈粉红色;下方的一对称声襞,活体颜色较白,两侧声襞之间的裂隙称声门裂。声门裂是喉腔最狭窄的部位。声带由声韧带、声带肌和喉黏膜共同构成(图5-9)。

视频:喉腔

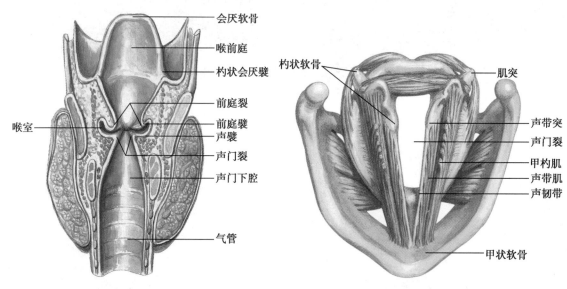

图5-8　喉腔冠状切面(后面观)　　　　图5-9　声韧带及声带肌

　　喉腔借前庭襞、声襞分为三部分:自上而下依次为喉前庭、喉中间腔和声门下腔。声门下腔的黏膜下组织比较疏松,炎症时易引起水肿。幼儿因喉腔较狭小,水肿时易引起阻塞,造成呼吸困难。

四、气管与主支气管

(一)气管和主支气管的形态和位置

　　气管(trachea)是连接于喉与肺之间的通气管道,起自环状软骨下缘,向下至胸骨角平面(相当于第4、5胸椎体交界处)分为左、右主支气管(图5-10),其分叉处称气管杈,在气管杈内面有一向上凸的半月形纵嵴,称气管隆嵴,是支气管镜检查的重要标志。成人长11~13cm。气管以14~17个缺口向后,呈"C"形的气管软骨做支架,缺口处由结缔组织和平滑肌构成的膜壁所封闭。甲状腺峡位于第2~4气管软骨前方,故临床上气管切开术常在第3~4或第4~5气管软骨处进行纵切。

　　左、右主支气管是气管发出的第1级分支。左主支气管细长,走向倾斜;右主支气管粗短,走向陡直。故气管异物易坠入右主支气管。左、右主支气管经肺门入肺后多次分支,形成各级支气管。

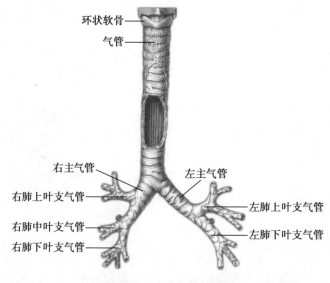

图5-10　气管与主支气管

（二）气管和主支气管的微细结构

气管和主支气管管壁由内向外依次为黏膜、黏膜下层和外膜（图5-11）。

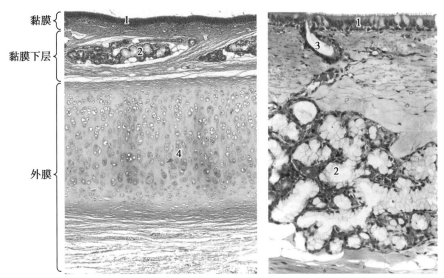

左图(低倍),右图(高倍)；1. 上皮；2. 气管腺分泌部；3. 气管腺导管；4. 透明软骨

图5-11 气管光镜结构

1. 黏膜 由上皮和固有层构成。

（1）上皮：为假复层纤毛柱状上皮，上皮细胞包括纤毛上皮和杯状细胞等。杯状细胞分泌的黏液覆盖在黏膜表面，与黏膜下层腺体的分泌物共同构成黏液屏障，可黏附吸入空气的尘埃及微生物。纤毛细胞数量最多，呈柱状，游离面有密集的纤毛，由于纤毛向喉部不断地摆动，可将黏液及其黏附物排出体外。

（2）固有层：由结缔组织构成，含有较多弹性纤维、血管和散在淋巴组织。

2. 黏膜下层 为疏松结缔组织，含有气管腺、小血管、淋巴管和神经。

3. 外膜 外膜较厚，由"C"形透明软骨借结缔组织相连接。后方缺口处由结缔组织和平滑肌束封闭。

知识拓展

细 颗 粒 物

细颗粒物是指大气中粒径小于 2.5μm（即 PM2.5）的颗粒物（气溶胶）。虽然细颗粒物只是地球大气成分中含量很少的组分，但它对空气质量和能见度等有重要的影响。细颗粒物粒径小，富含大量的有毒、有害物质且在大气中的停留时间长、输送距离远，因而对人体健康和大气环境质量的影响更大。2012 年 2 月国务院发布的《环境空气质量标准》增加了细颗粒物监测指标。

第二节 肺

一、肺的位置和形态

肺（lung）位于胸腔内、纵隔的两侧、膈的上方，左、右各一。左肺狭长，右肺宽短（图5-12）。肺质软而轻，似海绵状而富有弹性。幼儿的肺呈淡红色，成人的肺由于受吸入空气中的灰尘影响，变成暗红色或蓝黑色。

肺呈半圆锥形，有一尖、一底、二面和三缘。肺尖圆钝，向上经胸廓上口突入颈根部，高出锁骨内

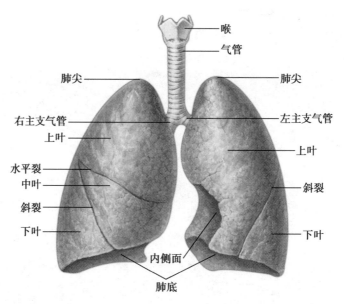

视频:肺的
位置与形态

图 5-12　肺的形态(前面观)

侧 1/3 上方 2~3cm。肺底凹陷,与膈相贴,又称膈面。两面即外侧面和内侧面。外侧面又称肋面,隆凸,邻贴肋和肋间肌。内侧面邻贴纵隔,又称纵隔面,中部凹陷处,称肺门,是主支气管、血管、淋巴管和神经等进出肺的部位(图 5-13,图 5-14)。进出肺门的结构被结缔组织包绕,称肺根。三缘即前缘、后缘和下缘。肺的前缘和下缘较锐薄,左肺前缘下部有一弧形的心切迹;后缘圆钝,紧邻脊柱两侧。

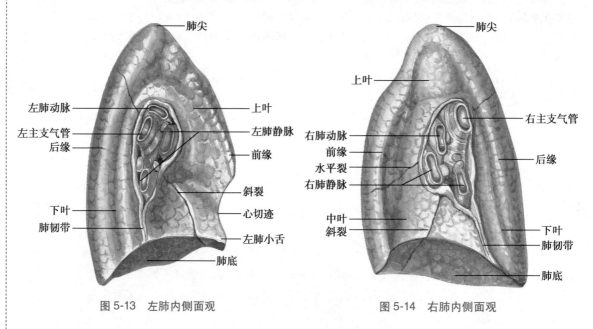

图 5-13　左肺内侧面观　　　　　　　　图 5-14　右肺内侧面观

　　左肺被由后上至前下的斜裂分为上、下两叶;右肺除斜裂外,还有一近于水平方向的水平裂将其分为上、中、下三叶(见图 5-12~图 5-14)。

二、肺内支气管和支气管肺段

　　左、右主支气管(一级支气管)在肺门处分为肺叶支气管(二级支气管),进入相应肺叶。肺叶支气管再分为肺段支气管(三级支气管),并在肺内反复分支,呈树枝状,称支气管树。每一肺段支气管及其所属的肺组织称支气管肺段(又称肺段)。肺段呈圆锥形,尖向肺门,底向肺表面,相邻肺段之间以薄层结缔组织隔开,左、右肺一般各分为十个肺段(图 5-15)。肺段结构和功能上有相对独立性。临床上常以肺段为单位进行定位诊断及肺段切除。

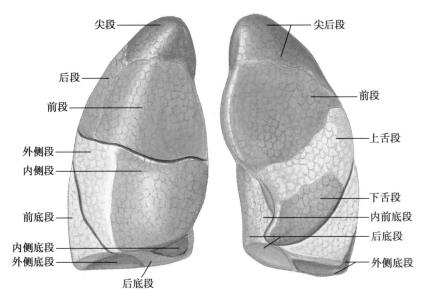

图 5-15 支气管肺段(前面观)

三、肺的微细结构

肺的表面被覆浆膜(胸膜脏层),肺组织由肺实质和肺间质组成。

(一)肺实质

根据功能不同,肺实质又可分为导气部和呼吸部(图 5-16)。

支气管入肺后依次为叶支气管、段支气管、小支气管、细支气管、终末细支气管、呼吸细支气管、肺泡管、肺泡囊和肺泡。每条细支气管及其各级分支和肺泡构成的结构,称肺小叶(图 5-17)。每个肺叶内有 50~80 个肺小叶,仅累及若干个肺小叶的炎症,临床上称小叶性肺炎。

主支气管到终末细支气管称导气部,行使气体运送功能;呼吸性细支气管以下至肺泡称呼吸

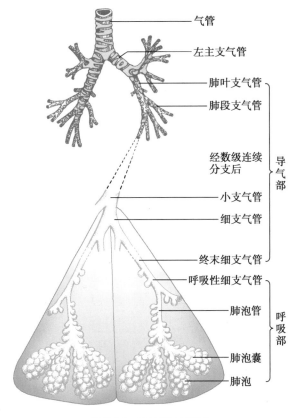

图 5-16 肺实质示意图

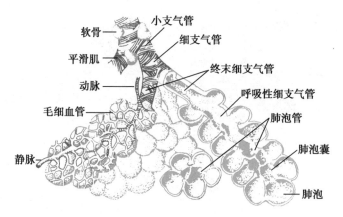

图 5-17　肺小叶立体模式图

（见图 5-16），能行使气体交换功能。

1. **导气部**　导气部各级支气管管壁的微细结构与主支气管相似，但随着管腔逐渐变细，管壁逐渐变薄，管壁的组织结构也发生相应的变化（图 5-18）：①上皮由假复层纤毛柱状上皮移行为单层纤毛柱状上皮或单层柱状上皮；②杯状细胞、黏膜下层的腺体逐渐减少，最后消失；③外膜中的软骨变为不规则的碎片，并逐渐减少，最后消失；④平滑肌纤维逐渐增多，最后形成完整的平滑肌环。到终末细支气管，其管壁的上皮已是单层柱状上皮，杯状细胞、腺体和气管软骨均消失，已有一层完整的环行平滑肌。平滑肌的收缩或舒张可直接控制进入肺泡的气流量，从而影响出入肺泡的气体量。临床上所见的支气管哮喘，是由于终末细支气管平滑肌发生痉挛性收缩，使管腔变窄引起呼吸困难所致。

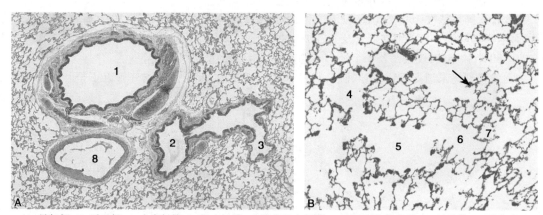

A. 导气部；B. 呼吸部；1. 小支气管；2. 细支气管；3. 终末细支气管；4. 呼吸性细支气管；5. 肺泡管；6. 肺泡囊；7. 肺泡；8. 肺动脉分支；↑结节状膨大

图 5-18　肺光镜像

2. **呼吸部**　终末细支气管再分支，管壁出现少量肺泡开口时，称呼吸性细支气管。呼吸性细支气管再分支至管壁上有大量肺泡或肺泡囊的开口，管壁不完整时，称肺泡管。肺泡囊是几个肺泡共同开口构成的囊腔（见图 5-18）。

肺泡（pulmonary alveolus）是由肺泡上皮围成的多面形薄壁囊泡，数量达 3 亿~4 亿个，总面积可达 $100m^2$，是吸入的气体与血液进行气体交换的主要场所（图 5-19）。肺泡壁极薄，由肺泡上皮构成，周围有丰富的毛细血管网和少量的结缔组织。肺泡上皮包括两种细胞：Ⅰ型肺泡上皮细胞，呈扁平形，构成了肺泡腔面大部；Ⅱ型肺泡上皮细胞，呈圆形或立方形，夹在Ⅰ型肺泡上皮细胞之间。Ⅱ型肺泡上皮细胞能分泌肺泡表面活性物质，具有降低肺泡表面张力、维持肺泡容积的作用。

（二）肺间质

肺内结缔组织、血管、淋巴管及神经等属肺间质。相邻肺泡之间的间质，称肺泡隔，内含密集的毛细血管、丰富的弹性纤维和巨噬细胞等。肺泡隔中的弹性纤维使肺泡具有良好的弹性回缩力，呼气时有助于排出气体；老年时，肺泡隔的弹性纤维功能下降，易诱发老年肺气肿。肺泡巨噬细胞能作变形运动，有吞噬病菌、异物和渗透到血管外的红细胞等，吞噬大量的尘粒后的巨噬细胞，被称为尘细胞。

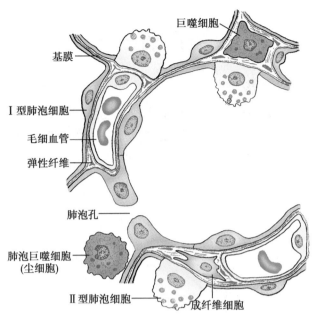

图 5-19　肺泡及肺泡孔模式图

肺泡与血液之间进行气体交换所通过的结构,称呼吸膜(图 5-20),又称气-血屏障,由肺泡表面液体层、Ⅰ型肺泡上皮细胞与基膜、薄层结缔组织、毛细血管基膜与内皮等六层构成。

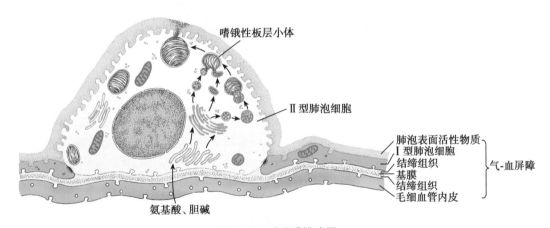

图 5-20　呼吸膜模式图

四、肺的血管

肺有两个血供来源:一是来自体循环的血管,包括支气管动脉及其分支,其主要功能是为肺本身提供营养;二是来自肺循环的血管,包括肺动脉及其分支,其主要功能是进行肺换气。肺动脉与支气管动脉的终末支之间存在吻合。

知识拓展

肺　炎

肺炎是病原体感染引起的肺部炎症。细菌性肺炎是常见的肺炎。按解剖位置分为大叶性肺炎、小叶性肺炎、间质性肺炎。大叶性肺炎起于肺泡,通过肺泡孔向其他肺泡蔓延,导致 1 个肺段或肺叶发生炎症(肺实变),故又称肺泡性肺炎,致病菌多为肺炎球菌。大叶性肺炎起病急,寒战、高热、胸痛,典型者在发病 2~3 天时咳铁锈色痰。小叶性肺炎,又称支气管肺炎,病原体经各级支气管播散致肺泡的炎症。可由细菌、病毒及支原体引起。小儿肺炎多为小叶性肺炎(支气管肺炎)。

第三节 胸　　膜

一、胸膜与胸膜腔的概念

胸膜(pleura)是一层薄而光滑的浆膜,分脏、壁两层(图 5-21)。脏胸膜紧贴于肺表面,并深入到肺裂中。壁胸膜衬贴于胸壁内面、膈上面、纵隔侧面,按部位可分为四部分:肋胸膜,贴于胸廓内表面;膈胸膜,贴于膈上面;纵隔胸膜,贴于纵隔侧面;胸膜顶,突出胸廓上口,覆盖肺尖上方。

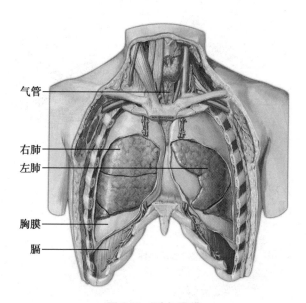

图 5-21　肺与胸膜

脏、壁两层胸膜在肺根处互相移行,形成密闭的潜在性腔隙,称胸膜腔(pleura cavity)(图 5-22)。胸膜腔左右各一,互不相通,腔内呈负压,有少量浆液。肋胸膜和膈胸膜相互转折处,形成半环形较深的间隙,称肋膈隐窝,是胸膜腔的最低部位,深度可达两个肋间隙,胸膜炎症渗出液首先积聚于此。

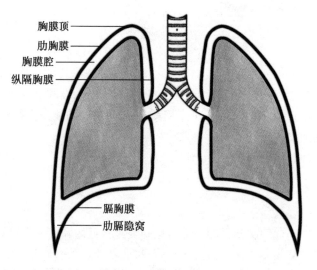

图 5-22　胸膜腔示意图

胸腔闭式引流

　　目的:排出胸腔内液体、气体,恢复和保持胸膜腔负压,维持纵隔的正常位置,促进患侧肺迅速膨胀,防止感染。

　　方法:胸膜腔内插入引流管,管的下端置于引流瓶中,维持引流单一方向,避免逆流,以重建胸膜腔负压。引流气体时,一般选在锁骨中线第2肋间或腋中线第3肋间插管;引流液体时,选在腋中线和腋后线之间的第6~8肋间插管。

二、胸膜及肺的体表投影

　　胸膜的体表投影是指壁胸膜各部互相移行形成的折返线在体表的投影位置,作为胸膜腔范围的标志。

　　胸膜前界是肋胸膜和纵隔胸膜的折返线(图5-23)。两侧起自胸膜顶,斜向下内方经胸锁关节后方至第2胸肋关节水平,左右靠拢,沿正中线垂直下行。左侧在第4胸肋关节处向外下,沿胸骨左缘外侧下行,至第6肋软骨处移行为胸膜下界。右侧在第6胸肋关节处,移行为胸膜下界。左、右胸膜前折返线之间,在胸骨柄后方形成一个三角形间隙,称胸腺区。第4胸肋关节平面以下,两侧前折返线之间的区域,称心包区。

　　胸膜下界是肋胸膜与膈胸膜的折返线。在锁骨中线与第8肋相交,腋中线与第10肋相交,肩胛线与第11肋相交,近后正中线平第12胸椎棘突高度(图5-23,图5-24)。

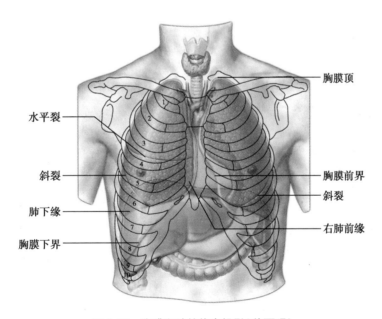

图5-23　胸膜和肺的体表投影(前面观)

　　肺的体表投影:肺前界几乎与胸膜相同;肺尖与胸膜顶体表投影一致,高出锁骨内侧1/3上方2~3cm;肺下界在锁骨中线与第6肋相交,腋中线与第8肋相交,肩胛线与第10肋相交,近后正中线平第10胸椎棘突高度(表5-1)。

表5-1　肺和胸膜下界的体表投影

	锁骨中线	腋中线	肩胛线	后正中线
肺下界	第6肋	第8肋	第10肋	第10胸椎棘突
胸膜下界	第8肋	第10肋	第11肋	第12胸椎棘突

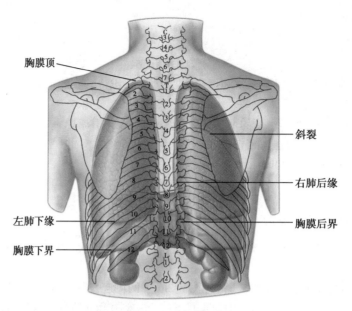

图 5-24　胸膜和肺的体表投影(后面观)

第四节　纵　　隔

一、纵隔的概念和位置

纵隔(mediastinum)是两侧纵隔胸膜间全部器官、结构与结缔组织的总称(图 5-25,图 5-26)。纵隔的上界为胸廓上口,下界为膈,前界为胸骨,后界为脊柱胸段,两侧界为纵隔胸膜。

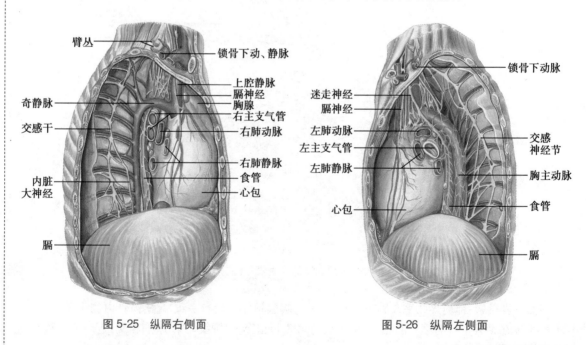

图 5-25　纵隔右侧面　　　　　　　　　图 5-26　纵隔左侧面

二、纵隔的分部和主要内容

纵隔通常以胸骨角平面为界分为上纵隔和下纵隔;下纵隔以心包为界,分为前纵隔、中纵隔和后纵隔(图 5-27)。

上纵隔内有胸腺、头臂静脉、上腔静脉、膈神经、迷走神经、喉返神经、主动脉弓及其三大分支、食管、气管、胸导管及淋巴结等结构。

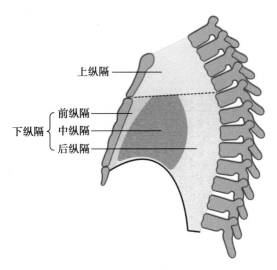

图 5-27　纵隔区分示意图

上纵隔

下纵隔 { 前纵隔 中纵隔 后纵隔

　　前纵隔内有淋巴结及疏松结缔组织。中纵隔内有心包、心和出入心底的大血管、膈神经等。后纵隔内有主支气管、食管、主动脉胸部、胸导管、奇静脉、半奇静脉、迷走神经、胸交感干和淋巴结等。

本章小结

　　呼吸系统由呼吸道和肺组成。鼻、咽、喉为上呼吸道;气管、主支气管及其各级分支为下呼吸道。鼻还是嗅觉器官;喉兼有发声功能。气管和主支气管管壁微细结构由内向外依次为黏膜、黏膜下层和外膜。

　　肺位于胸腔内,呈半圆锥形,有一尖、一底、二面和三缘。肺尖圆钝,突入颈根部;肺底凹陷,与膈相贴;肺外侧面邻肋及肋间隙又称肋面,内侧面邻贴纵隔,又称纵隔面,中部有肺门;三缘即前缘、后缘和下缘。左肺分上、下两叶,右肺分为上、中、下三叶。肺由肺实质和肺间质组成,肺实质包括导气部和呼吸部,肺泡是进行气体交换的场所;肺间质由血管、淋巴管、淋巴结、神经和结缔组织组成。胸膜有脏、壁两层,两层之间相互移行形成胸膜腔,肋膈隐窝是胸膜腔位置最低的部位。纵隔分为:上纵隔和下纵隔,下纵隔又分为前、中、后纵隔。

（夏传余）

扫一扫,测一测

思考题

1. 简述固有鼻腔黏膜的结构特点与功能的关系。
2. 简述喉腔的分部及左、右主支气管的特点。
3. 简述肺的形态、分叶及肺的导气部管壁的组织结构变化特点。
4. 简述肺泡的结构特点及呼吸膜的组成。
5. 简述肺和胸膜下界的体表投影及肋膈隐窝的位置和临床意义。

第六章	泌尿系统

学习目标

1. 掌握:泌尿系统的组成和功能;肾的形态结构、位置和毗邻;肾单位的结构;输尿管形态、分部及临床意义;膀胱的位置、形态,膀胱三角的位置及临床意义;女性尿道的结构特点及其临床意义。

2. 熟悉:肾的被膜;膀胱的毗邻;脏器与腹膜的关系。

3. 了解:肾的体表投影。

4. 学会在标本上辨认肾、输尿管、膀胱及尿道的大体结构和在显微镜下观察肾微细结构。

5. 具有对泌尿系常见疾病健康宣教的能力。

泌尿系统(urinary system)由肾、输尿管、膀胱和尿道组成(图 6-1),主要功能是形成和排出尿液,排泄机体的代谢产物等,维持内环境的稳态。肾还具有内分泌功能。肾产生的尿液,由输尿管输送至

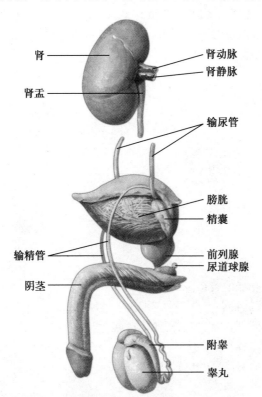

图 6-1 泌尿生殖系统概观(男性)

膀胱内储存,最终经尿道排出体外。

第一节 肾

一、肾的形态、位置和毗邻

(一)肾的形态

肾(kidney)是实质性器官,形似蚕豆,左右各一,重130~150g。新鲜时呈红褐色,质柔软,表面光滑。肾可分为上、下两端,前、后两面和内、外侧两缘。上端宽而薄,下端窄而厚。前面稍凸,朝向腹腔。后面较平,紧贴腹后壁。内侧缘中部凹陷称肾门,是肾动脉、肾静脉、肾盂、神经、淋巴管等结构进出的部位。上述结构被结缔组织包裹,称为肾蒂。肾门向肾实质内凹陷形成的腔隙,称肾窦,其内有肾小盏、肾大盏、肾盂、肾血管、神经、淋巴管及脂肪组织等。

(二)肾的位置和毗邻

1. 肾的位置 肾位于脊柱的两侧,紧贴腹后壁的上部,是腹膜外位器官(图6-2)。左肾上端平第11胸椎下缘,下端平第2腰椎下缘。右肾因受肝的影响,比左肾稍低,右肾上端平第12胸椎上缘,下端平第3腰椎上缘。肾门约平第1腰椎体平面,距正中线约5cm。肾门的体表投影在竖脊肌外侧缘与第12肋所形成的夹角处,称肾区(renal region)。肾病患者触压或叩击该处可引起疼痛。

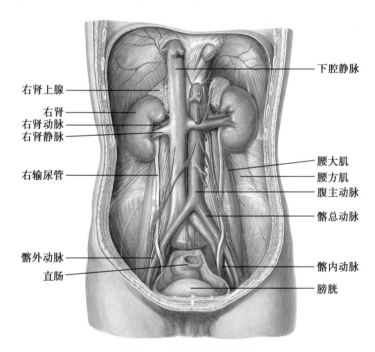

图6-2 肾及输尿管的位置

2. 肾的毗邻 两肾上端邻肾上腺;后面上1/3与膈相邻,下2/3与腰大肌、腰方肌及腹横肌相邻(图6-3)。左肾前上部与胃底后面相邻,中部与胰尾和脾血管接触。下部邻接空肠和结肠左曲。右肾前上部与肝相邻,下部与结肠右曲接触,内侧缘邻接十二指肠降部(图6-4)。

二、肾的被膜

肾表面覆盖有三层被膜,由内向外为纤维囊、脂肪囊和肾筋膜(图6-5)。

(一)纤维囊

纤维囊薄而坚韧,紧贴于肾实质表面,由致密结缔组织和少量弹性纤维构成。正常情况下,纤维囊与肾实质结合较疏松,容易剥离。病理情况下,则与肾实质发生粘连,不易剥离。

(二)脂肪囊

脂肪囊为包被于纤维囊外周和肾上腺周围的囊状脂肪组织层,对肾起弹性垫样的保护作用。临

微课:肾的形态

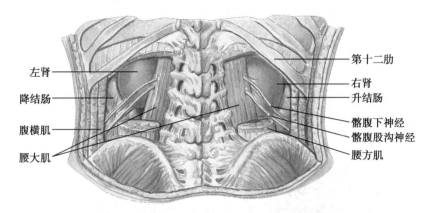

图 6-3 肾的位置和毗邻(后面观)

左肾　降结肠　腹横肌　腰大肌
第十二肋　右肾　升结肠　髂腹下神经　髂腹股沟神经　腰方肌

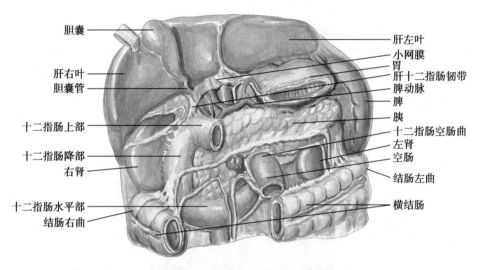

图 6-4 肾的位置和毗邻(前面观)

胆囊　肝右叶　胆囊管　十二指肠上部　十二指肠降部　右肾　十二指肠水平部　结肠右曲
肝左叶　小网膜　胃　肝十二指肠韧带　脾动脉　脾　胰　十二指肠空肠曲　左肾　空肠　结肠左曲　横结肠

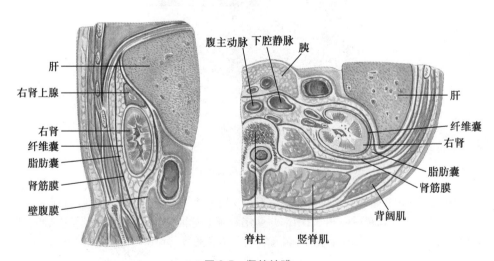

图 6-5 肾的被膜

肝　右肾上腺　右肾　纤维囊　脂肪囊　肾筋膜　壁腹膜
腹主动脉　下腔静脉　胰　肝　纤维囊　右肾　脂肪囊　肾筋膜　背阔肌　脊柱　竖脊肌

床上作肾囊封闭,就是将药物注入肾脂肪囊。

（三）肾筋膜

肾筋膜为包裹在脂肪囊外的结缔组织膜,由腹膜外组织发育而来。肾筋膜分前、后两层包被肾和肾上腺。在肾的下方,前、后两层分离,输尿管从其间通过。肾筋膜向内发出许多结缔组织小束,穿过脂肪囊,连于纤维囊,有固定肾脏的作用。由于肾筋膜下方完全开放,当腹壁肌力弱、肾周脂肪少、肾的固定结构薄弱时,可产生肾下垂或游走肾。

三、肾的剖面结构

在肾的冠状切面上,肾实质可分为浅层的肾皮质和深层的肾髓质两部分。肾皮质富含血管,新鲜标本呈红褐色,厚 1~1.5cm,肉眼观察密布细小红色颗粒,主要由肾小体和肾小管组成。肾髓质色淡红,约占肾实质厚度的 2/3,可见 15~20 个圆锥形的肾锥体,其底朝肾皮质、尖突入肾窦内形成肾乳头,顶端有许多小孔,称乳头孔,是乳头管的开口,尿液经乳头孔排入肾小盏。伸入相邻肾锥体之间的肾皮质,称肾柱。在肾窦内,肾小盏呈漏斗形,边缘包绕肾乳头周围,共有 7~8 个,承接排出的尿液。相邻的 2~3 个肾小盏合成 1 个肾大盏,2~3 个肾大盏汇合成一个共同的扁平囊,称肾盂(renal pelvis)。肾盂出肾门后下行,逐渐变细移行为输尿管(图 6-6)。

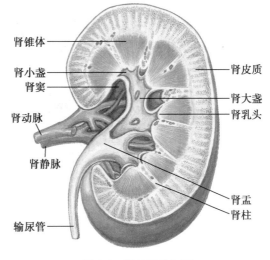

图片:肾剖面结构、肾单位及肾小球立体结构模式图

图 6-6 肾的冠状切面

四、肾的组织结构

肾实质由肾单位和集合管构成,其间有少量结缔组织、血管和神经等构成肾间质。肾单位是由肾小体和肾小管构成,是形成尿液的结构和功能单位。集合管是收集和浓缩尿液的部位。

(一)肾单位

人的两肾有 170 万~240 万个肾单位(nephron)。根据肾小体在皮质中的位置不同,可将肾单位分为皮质肾单位和近髓(髓旁)肾单位。皮质肾单位数量多,占总数量的 85%,在尿液的滤过中起重要作用。近髓肾单位数量少,占总数量的 15%,对尿液浓缩有重要作用。

1. **肾小体(renal corpuscle)** 由肾小球和肾小囊组成。肾小体有两极,微动脉出入的一端,称血管极,其对侧是肾小囊与近端小管相连处,称尿极(图 6-7)。

(1)**肾小球(glomerulus)**:是由入球微动脉进入肾小囊后反复分支形成的,呈网状毛细血管袢,最后汇成出球微动脉,自血管极出肾小囊。入球微动脉管径较出球微动脉大,有利于血浆滤过。血管球为有孔毛细血管,孔径 50~100nm,无隔膜,有利于血浆中的小分子物质滤出。

(2)**肾小囊(renal capsule)**:是肾小管起始部膨大凹陷而成的杯状双层囊,分脏、壁两层,其间的腔隙为肾小囊腔。壁层(外层)为单层扁平上皮,在尿极处与肾小管上皮相延续。脏层(内层)上皮细胞形态特殊,称足细胞(podocyte)。足细胞胞体较大,胞体伸出几个大的初级突起,进而分出许多指状的次级突起,突起间有宽约 25nm 的间隙,称裂孔,孔上有裂孔膜覆盖。相邻两个足细胞之间的次级突起相互交错穿插,形成栅栏状,紧贴于肾小球毛细血管基膜外面(图 6-8)。

(3)**滤过屏障(filtration barrier)**:当血液流经肾小球毛细血管时,其内小分子物质经有孔内皮、基膜和足细胞裂孔膜滤入肾小囊腔,这 3 层结构称滤过屏障,又称滤过膜(filtration membrane)。一般情况下,相对分子质量小于 70kDa、直径小于 4nm、带正电荷的物质易于通过滤过膜,如葡萄糖、多肽、尿素、电解质和水等。滤入肾小囊腔的滤液,称原尿,其成分中除不含蛋白质外,其余与血浆相似。若滤过屏障受损,可出

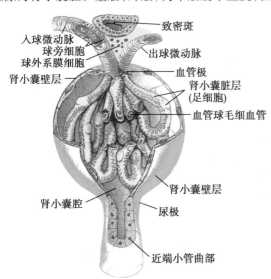

图 6-7 肾小体和球旁复合体立体模式图

笔记

87

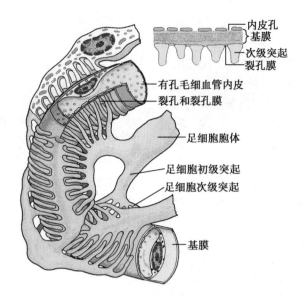

图 6-8 肾血管球毛细血管、基膜和足细胞超微结构模式图

现蛋白尿或血尿。

肾小球肾炎

链球菌感染引起的肾小球肾炎,也称急性肾小球肾炎。起病急,以血尿、蛋白尿、少尿、高血压、水肿甚至氮质血症为临床特征的一组疾病。溶血性链球菌感染引起扁桃体炎、猩红热以后,细菌的抗原与人体内的抗体(免疫球蛋白)结合,形成抗原抗体免疫复合物,沉积在肾小球毛细血管基膜上,使滤过膜受损,通透性增高,肾小体毛细血管球内的大分子蛋白质乃至血细胞可通过受损的滤过膜进入肾小囊腔,通过肾小管排出体外,引起蛋白尿和血尿等症状。

2. 肾小管(renal tubule) 是由单层上皮细胞围成的小管,依次分为近端小管、细段和远端小管,有重吸收原尿和排泄的作用。近端小管与肾小囊相连接,是肾小管最粗最长的一段,分曲部和直部。近端小管曲部(近曲小管)盘曲在所属肾小体周围,管壁由单层立方上皮组成,管壁厚、管腔小而不规则。上皮细胞游离面有刷状缘,电镜下为大量微绒毛(图 6-9)。近端小管直部结构与曲部相似,但微绒毛不及曲部发达。细段位于肾锥体内,它与近端小管直部、远端小管直部形成"U"形的髓袢。管壁由单层扁平上皮组成,管壁薄,上皮游离面无刷状缘。远端小管连于细段和集合管之间,按其行程分为直部和曲部,比近端小管细,管腔相对较大,上皮细胞呈立方形,游离面无刷状缘。肾小管有重吸收

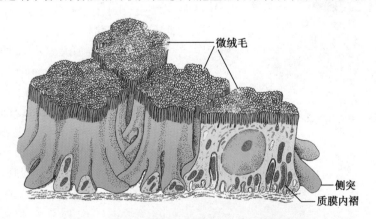

图 6-9 近端小管上皮细胞超微结构立体模式图

原尿和分泌的作用。

（二）集合管

集合管全长 20~38mm,分为弓形集合管、直集合管和乳头管三部分。集合管下行时沿途有远端小管汇入,其管径逐渐由细变粗,管壁由单层立方上皮逐渐变成单层柱状上皮,至乳头管处已变成高柱状。

成人两侧肾一昼夜可形成原尿约 180L,经过肾小管和集合管后,绝大部分水、营养物质和无机盐被重吸收,最后形成的液体,称终尿。成人每天排出终尿 1~2L,仅占原尿的 1% 左右。

（三）球旁复合体

又称肾小球旁器,主要见于皮质肾单位,位于入球微动脉和出球微动脉之间,包括球旁细胞、致密斑和球外系膜细胞(图 6-7)。

球旁细胞是入球微动脉行至近肾小体血管极处,其血管壁平滑肌细胞转化成的上皮样细胞。细胞呈立方形,核大而圆,胞质中有丰富的分泌颗粒,内含肾素。球旁细胞为压力感受器,能分泌肾素和促红细胞生成素。

致密斑是由远端小管近肾小体侧的上皮细胞增高、变窄,排列密集而形成的椭圆形结构。致密斑为钠离子浓度感受器,并能将信息传给球旁细胞。

球外系膜细胞又称极垫细胞,位于入球微动脉、出球微动脉和致密斑之间的三角形区域内,具有吞噬功能。

文档:泌尿系统记忆口诀

尿　毒　症

慢性肾衰竭是指各种肾脏疾病晚期导致肾脏功能渐进性不可逆性减退,直至功能丧失所出现的一系列症状和代谢紊乱所组成的临床综合征,俗称慢性肾衰。慢性肾衰竭的终末期即为人们常说的尿毒症。当患者进入尿毒症期时,患者肾脏损坏应该超过了 90% 以上,如果这时一直拖延而不采取替代治疗,那么代谢毒素长期存留体内,对身体的其他脏器也会带来不可逆的损害,如心脏、消化系统、骨骼、血液系统等。而尿毒症是药物治疗不可能治愈的疾病,不存在所谓的“灵丹妙药”。该病应该尽早采取肾脏替代治疗,即血液透析。同时还要积极实施肾移植治疗。

第二节　输　尿　管

一、输尿管的行程与分部

输尿管(ureter)是一对细长的肌性管道,长 20~30cm,起自肾盂止于膀胱。根据行程,输尿管全程分为腹部、盆部和壁内部三段(图 6-2)。

腹部起于肾盂下端,沿腰大肌的前方下行,至小骨盆上口处,跨过左、右髂总动脉分叉处进入盆腔,续为盆部。盆部沿盆腔脏血管神经表面走行,男性输尿管在输精管后方,并与之交叉后转向前内侧至膀胱底;女性输尿管在子宫颈外侧约 2.5cm 处,从子宫动脉后下方绕至膀胱底。壁内部自膀胱底向下斜穿膀胱壁,开口于膀胱底内面的输尿管口。当膀胱充盈时,壁内部受压变扁、管腔闭合可以阻止尿液反流入输尿管。

二、输尿管的狭窄

输尿管全长有三处生理性狭窄:第一处在肾盂与输尿管移行处;第二处在与髂血管交叉处(或小骨盆入口处);第三处是穿膀胱壁处。这些狭窄通常是输尿管结石的滞留部位。

图片:泌尿系统结石模式图

图片:泌尿系取出的结石

笔记

第三节 膀　胱

膀胱(urinary bladder)是贮存尿液的肌性囊状器官,其大小、形状和位置随尿液的充盈程度而变化。正常成人膀胱容量为300~500ml,最大容量为800ml;新生儿膀胱容量约为成人的1/10;老年人由于膀胱壁平滑肌张力降低而容量增大;女性膀胱容量小于男性。

一、膀胱的形态

膀胱充盈时呈卵圆形;膀胱空虚时呈三棱锥体形,可分为膀胱尖、膀胱体、膀胱底和膀胱颈。膀胱尖朝向前上方;膀胱底朝向后下方,略呈三角形;膀胱尖与膀胱底之间的大部分称膀胱体;膀胱的最下部变细的部分称膀胱颈(图6-10)。

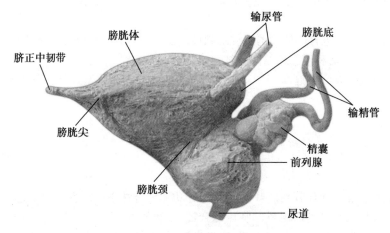

图6-10　膀胱侧面观

二、膀胱的位置与毗邻

膀胱空虚时位于盆腔前部,耻骨联合的后方。膀胱尖不超过耻骨联合上缘。新生儿的膀胱高于成人,大部分在腹腔内;老年人的膀胱位置较低。充盈时膀胱向上隆凸,腹前壁折向膀胱的腹膜返折线可上移至耻骨联合上方,此时在耻骨联合上方行膀胱穿刺术,不会损伤腹膜。

在男性,膀胱后面与精囊、输精管壶腹和直肠相邻,下面与前列腺底相接(图6-11);在女性,膀胱

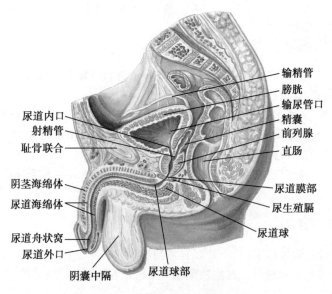

图6-11　男性盆腔正中矢状切面

后面邻子宫和阴道,下面邻接尿生殖膈(图6-12)。

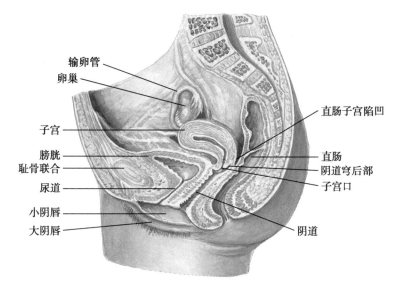

图6-12　女性盆腔正中矢状切面

文档:耻骨上膀胱穿刺术

三、膀胱的构造

膀胱壁由内向外依次分为黏膜、肌层和外膜三层。黏膜近肌层部分结构疏松。故膀胱空虚时,膀胱壁平滑肌收缩而使黏膜聚集成皱襞,充盈时平滑肌舒张而皱襞消失。在膀胱底内面,两输尿管口和尿道内口之间的三角区,称膀胱三角(trigone of bladder),是肿瘤、结核和炎症的好发部位,膀胱镜检查时应特别注意。膀胱三角区黏膜与肌层紧密相连,故无论膀胱充盈或空虚该区黏膜始终平滑无皱襞。两输尿管口之间的横行皱襞,称输尿管间襞,膀胱镜下为一苍白带,是临床寻找输尿管口的标志(图6-13)。

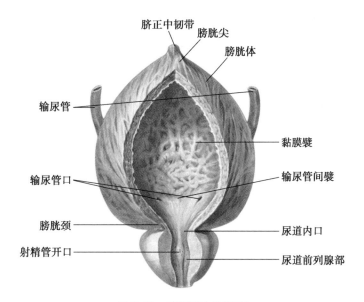

图6-13　膀胱壁内面结构

图片:膀胱三角模式图

第四节　尿　　道

男性尿道兼具排尿和排精功能,详见男性生殖系统。

女性尿道(female urethra)仅有排尿功能,长3~5cm,直径约0.6cm,起始于膀胱的尿道内口,向前下穿尿生殖膈,终于阴道前庭的尿道外口。女性尿道较男性短、宽而直,故易引起泌尿系统逆行性感

笔记

染(图6-12)。

本章小结

　　泌尿系统由肾、输尿管、膀胱和尿道组成。肾外形分为上、下两端,前、后两面和内、外侧两缘,内侧缘中部凹陷形成肾门。左肾上端平第11胸椎下缘,下端平第2腰椎下缘。右肾比左肾稍低。肾门的体表投影又称肾区,位于竖脊肌外侧缘与第12肋所形成的夹角处。

　　肾表面由内向外被有纤维囊、脂肪囊和肾筋膜三层被膜。肾实质分浅层的肾皮质和深层的肾髓质,肾窦内主要有肾小盏、肾大盏和肾盂等。肾实质由大量肾单位和集合管构成,肾单位包括肾小体和肾小管,是滤过血液形成尿液的部位;集合管调节尿量、收集尿液,从乳头孔流入肾小盏。输尿管全长有三处狭窄:分别位于起始处、跨小骨盆上口处和壁内部,是结石易嵌顿的部位。膀胱外形分尖、体、底和颈四部分,在膀胱底内面,两输尿管口和尿道内口之间的三角区称膀胱三角,该处黏膜光滑无皱襞,是肿瘤、结核和炎症的好发部位。女性尿道短、宽而直,开口于阴道前庭,易引起逆行性尿路感染。

(张天宝)

扫一扫,测一测

思考题

1. 简述泌尿系统的组成及功能。
2. 简述肾的形态结构。
3. 简述肾单位的组成。
4. 试述尿液的产生及排出途径。
5. 简述输尿管的狭窄。

第七章　生殖系统

学习目标

1. 掌握：男、女性生殖系统的组成及功能；睾丸的位置、形态和结构；精索的概念；前列腺的位置和形态；男性尿道的分部；生精小管的结构；输卵管的分部及功能；子宫的形态、位置及固定装置；卵巢的微细结构及子宫内膜的周期性变化。

2. 熟悉：附睾的形态和位置；精子的发生过程；卵巢的位置和固定装置；乳房的结构特点；会阴的概念。

3. 了解：阴囊的位置和结构特点；阴茎的分部和结构；阴道的形态结构和毗邻；前庭大腺的位置和开口。

4. 学会在标本中识别生殖系统的组成以及各器官的形态和内部结构。

5. 具有运用生殖系统解剖知识解决实际问题的能力，能够做部分生殖系统相关疾病的宣教。

生殖系统（reproductive system）分男性生殖系统和女性生殖系统，男、女性生殖系统均由内生殖器和外生殖器两部分组成。生殖系统的主要功能是产生生殖细胞、分泌性激素以及繁殖新个体。

第一节　男性生殖系统

男性生殖系统分为内生殖器和外生殖器。内生殖器由生殖腺（睾丸）、输精管道（附睾、输精管、射精管和尿道）和附属腺（精囊腺、前列腺、尿道球腺）组成。外生殖器包括阴囊和阴茎（图6-1）。

一、内生殖器

（一）睾丸

睾丸（testis）是男性的生殖腺，具有产生精子和分泌男性激素的功能。

睾丸呈扁椭圆形，位于阴囊内，左、右各一，可分为上、下两端，前后两缘和内、外侧两面。其前缘游离，后缘和上端附有附睾；后缘上部有血管、神经及淋巴管等出入（图7-1）。睾丸表面被覆有一层致密结缔组织膜，称白膜。白膜在睾丸后缘增厚形成睾丸纵隔。睾丸纵隔呈辐射状伸入睾丸实质，将睾丸分成多个锥形的睾丸小叶。在每个小叶内有1~4条细而弯曲的管道，称生精小管，小管之间的疏松结缔组织，称睾丸间质。睾丸间质除含有丰富的血管和淋巴管外，还有一种内分泌细胞，成群地分布在生精小管之间，称睾丸间质细胞。在 HE 染色的组织切片上，睾丸间质细胞呈圆形或多边形，胞质嗜酸性，可分泌雄激素。生精小管在近睾丸纵隔时变为短而直的直精小管。直精小管进入睾丸纵隔相互吻合形成睾丸网。

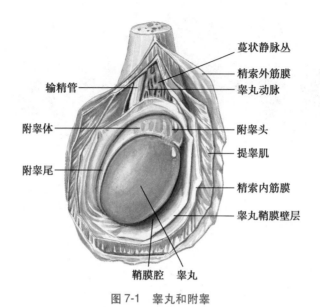

图 7-1 睾丸和附睾

生精小管的管壁主要由生精上皮组成,上皮外有基膜。生精上皮由生精细胞和支持细胞(图 7-2)组成。

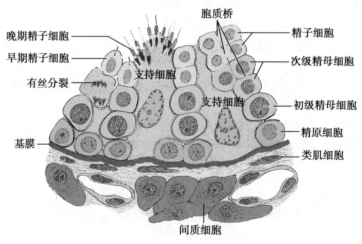

图 7-2 生精细胞与支持细胞的关系模式图

1. 生精细胞 包括精原细胞、初级精母细胞、次级精母细胞、精子细胞和精子。不同发育阶段的生精细胞散布于支持细胞之间,并镶嵌在其侧面,生精细胞逐渐发育成熟依次从基膜移向腔面(图 7-3)。

(1)精原细胞:紧贴生精上皮基膜,体积较小(直径约 12μm),呈圆形或椭圆形,胞核染色浅,分化为初级精母细胞。

(2)初级精母细胞:体积较大(直径约 18μm),常有数层。胞核大而圆,经第一次减数分裂产生两个次级精母细胞,染色体核型为 46,XY。

(3)次级精母细胞:体积较小(直径约 12μm),圆形,胞核染色较深,在短期内完成第二次减数分裂,产生两个精子细胞,染色体核型为 23,X 或 23,Y。由于次级精母细胞存在时间短,故在生精小管切面中不易见到。

(4)精子细胞:体积较小(直径约 8μm),数量多,形态不一,胞核染色深。精子细胞不再分裂,经复杂的形态变化而形成精子。染色体核型为 23,X 或 23,Y(单倍体)。

(5)精子:是由精子细胞经过复杂的形态变化而产生,这一过程称精子形成。精子形似蝌蚪,分头和尾两部分。精子的头主要为浓缩的细胞核,头的前部有顶体覆盖。顶体内含有多种水解酶。精子尾部细长,又称鞭毛,是精子的运动装置,可使精子快速运动(图 7-4)。

笔记

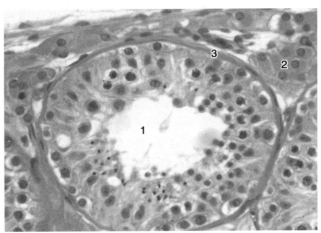

1. 生精小管；2. 睾丸间质细胞；3. 基膜

图 7-3　生精小管与睾丸间质

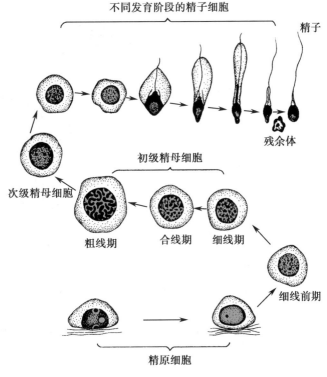

图 7-4　精子发生示意图

精原细胞逐渐发育、分化为精子的过程称精子发生。

2. 支持细胞　呈不规则的高锥体形，体积较大，细胞基部附着在基膜上，顶部伸至管腔面（见图 7-2）。相邻支持细胞侧面近基底部的质膜形成紧密连接。支持细胞具有支持、保护和营养各级生精细胞及合成雄激素结合蛋白的功能。

环境雌激素

环境雌激素是指进入机体后能与雌激素受体结合而产生雌激素效应的化学物质。具有代表性的环境雌激素有 PCB（多氯联苯）类化学物质、有机氯农药、垃圾燃烧产生的二噁英等毒性气体；塑料食品器具释放的联苯酚 A、邻苯二甲酸酯、聚乙烯、PCB 聚氯联苯以及各种色素、防腐剂。大量环境雌激素进入机体后,女性多出现子宫内膜异位、子宫肌瘤、卵巢癌、乳腺癌等疾病;男性多出现睾丸癌、前列腺癌等,其中最明显的是男性精子数量减少以及精子的质量明显降低,表现在精子的形态发生畸形改变,活力也明显减弱。

随着现代工业的发展及其带来的污染,环境雌激素成为威胁人类生殖能力的重要因素之一。

(二)附睾

附睾附于睾丸的上端和后缘,从上向下依次分为头、体和尾三部分。附睾头部较膨大,由睾丸输出小管盘曲而成,输出小管末端汇成一条附睾管,附睾管迂曲盘附成附睾体、尾部(见图7-1)。附睾管由高柱状上皮细胞和基细胞组成,管腔规整,上皮游离面有纤毛。高柱状细胞有分泌功能,分泌物有利于精子进一步成熟。附睾尾向后上返折移行为输精管。

(三)输精管和射精管

输精管是附睾管的直接延续,长40~50cm,按行程可分为四部分:①睾丸部,是输精管的起始部,沿睾丸后缘和附睾内侧上行至睾丸上端;②精索部,介于睾丸上端与腹股沟皮下环之间;此段位置表浅,常在此行输精管结扎术;③腹股沟管部,位于腹股沟管精索内;④盆部,始于腹股沟管腹环,沿盆侧壁向后下行,经输尿管末端的前内方达膀胱底的后面并膨大成输精管壶腹(图7-5)。

输精管壶腹下端变细,并与同侧精囊腺的排泄管汇合成射精管。射精管长约2cm,斜穿前列腺实质,开口于尿道前列腺部。

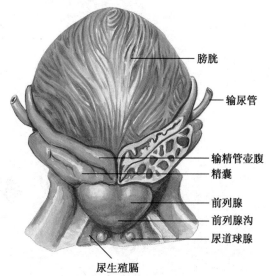

图7-5 膀胱、前列腺、精囊和尿道球腺(后面)

精索(spermatic cord)为一对柔软的圆索状结构,位于睾丸上端与腹股沟管腹环之间。精索内有输精管、睾丸动脉、蔓状静脉丛、淋巴管、神经和鞘韧带等。

(四)附属腺

1. **精囊腺** 位于膀胱底后面,为一梭形囊状器官。其排泄管与输精管末端汇合成射精管。该腺分泌的黄色黏稠液体是精液的主要成分(图7-5)。

2. **前列腺** 呈前后略扁的栗子形,位于膀胱与尿生殖膈之间。前列腺可分为前叶、中叶、后叶和两个侧叶(图7-5),尿道从其中央穿过。当前列腺增生肥大时,可压迫尿道引起排尿困难致尿潴留。前列腺后面正中有一纵形浅沟,称前列腺沟,此面与直肠相邻,肛门指诊可触及该沟,患前列腺炎或前列腺肥大时,此沟变浅或消失。

3. **尿道球腺** 为一对豌豆大小的腺体,位于尿生殖膈内。其排泄管穿过尿生殖膈开口于尿道球部,其分泌物参与精液的组成(图7-5)。

精液为乳白色弱碱性液体,由精子与输精管道及其附属腺的分泌物混合而成。正常一次射精量为2~5ml,含精子1亿~5亿个。

二、外生殖器

(一)阴囊

阴囊位于阴茎的后下方,呈囊袋状。阴囊皮下缺乏脂肪组织,含有平滑肌纤维,称肉膜。肉膜平滑肌的舒缩可使阴囊松弛或紧张,以调节阴囊内的温度,有利于精子的发育。阴囊正中线上有一纵行的阴囊缝,肉膜在此线上向深面发出阴囊中隔,将阴囊分为左、右两部分,分别容纳两侧的睾丸和附睾。

阴囊深面有包被睾丸、附睾和精索的被膜,由浅至深有:①精索外筋膜,来自腹外斜肌腱膜;②提睾肌,续于腹内斜肌和腹横肌的一层薄肌束;③精索内筋膜,由腹横筋膜延续而来;④睾丸鞘膜,来自

文档:前列腺增生症

文档:试管婴儿

笔记

腹膜,此膜可分为脏、壁两层,脏层包于睾丸和附睾表面,壁层贴于精索内筋膜内面,两部在睾丸后缘处相互移行,两者之间为鞘膜腔。腔内有少量浆液,有润滑作用。病理状态下腔内液体增多形成睾丸鞘膜积液(见图7-1)。

（二）阴茎

阴茎由前至后可分为头、体、根三部分(图7-6)。阴茎根附着于耻骨、坐骨和尿生殖膈;阴茎体悬垂于耻骨联合前下方,呈圆柱状;前端膨大,称阴茎头,有矢状位的尿道外口。阴茎头与体的移行部变细为阴茎颈。

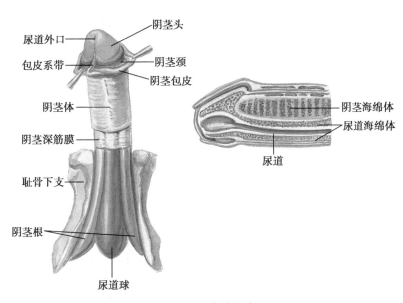

图 7-6　阴茎的构造

阴茎由两条阴茎海绵体和一条尿道海绵体构成,外面包以筋膜和皮肤。阴茎海绵体位于背侧,构成阴茎的主体。尿道海绵体位于腹侧,内有尿道通过,其前后两端均膨大,前端即阴茎头,后端为尿道球,附于尿生殖膈下面。

每条海绵体外面均包有一层坚厚的纤维膜。海绵体由许多海绵体小梁及其间的腔隙构成,腔隙为与血管相通的窦隙。当其间充血时,阴茎即变粗、变硬而勃起;反之则变软变细。三条海绵体被皮肤和浅深筋膜共同包被。在阴茎颈处,皮肤向前延伸为环行双层游离皱襞,称阴茎包皮。在阴茎头腹侧中线上包皮与阴茎头之间连有皮肤皱襞,称包皮系带。

三、男性尿道

男性尿道起自膀胱的尿道内口,终于阴茎头的尿道外口,全长 16~22cm,管径平均 5~7mm,兼有排尿和排精功能。根据其行程由上而下可分为前列腺部、膜部和海绵体部。临床上将前两部合称后尿道,海绵体部称前尿道。

1. **尿道前列腺部**　为穿经前列腺的部分,长约 2.5cm,管腔中部扩大,射精管开口于此部。

2. **尿道膜部**　为穿经尿生殖膈的部分,长约 1.2cm,周围有尿道括约肌环绕,该肌为骨骼肌,可有意识地控制排尿。

3. **尿道海绵体部**　为穿经尿道海绵体的部分,长约 15cm,其中尿道球内部分,称尿道球部,此处管腔略扩大,尿道球腺开口于此;阴茎头处尿道也扩大,称尿道舟状窝。

尿道全长有两个弯曲、三个狭窄和三个扩大。两个弯曲,即凹向前上方的耻骨下弯,此弯曲是固定的;凹向后下方的耻骨前弯,此弯位于海绵体部,若将阴茎向上提起,可使其变直。三个狭窄,即尿道内口、膜部和尿道外口,其中尿道外口最狭窄。三个扩大,即前列腺部、尿道球部和舟状窝(图7-7)。了解男性尿道的特点对导尿、膀胱镜检查等临床操作有重要意义。

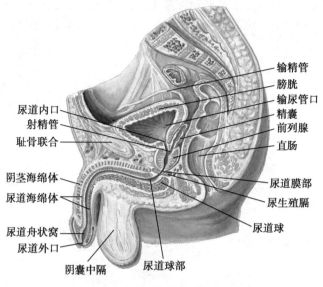

图 7-7　膀胱和男性尿道

第二节　女性生殖系统

　　女性生殖系统分为内生殖器和外生殖器。女性内生殖器由生殖腺(卵巢)、生殖管道(输卵管、子宫和阴道)和附属腺(前庭大腺)组成。外生殖器为女阴(见图 6-12,图 7-8)。女性乳房和会阴与生殖功能密切相关,故在本节一并叙述。

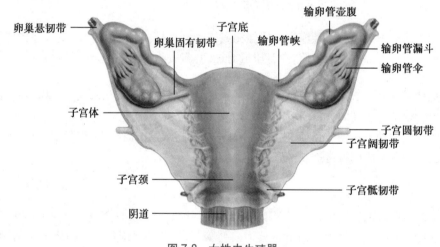

图 7-8　女性内生殖器

一、内生殖器

(一)卵巢

　　卵巢为位于小骨盆侧壁髂血管分叉处卵巢窝内的实质性器官,左、右各一,可产生卵子及分泌女性激素。

　　卵巢呈扁卵圆形,可分为内、外侧两面,上、下两端和前、后两缘。卵巢上端称输卵管端,与输卵管伞相接触,并与卵巢悬韧带相连;下端借卵巢固有韧带与子宫相连,又称子宫端。卵巢后缘游离,前缘借卵巢系膜连于子宫阔韧带,该缘中部有血管和神经出入,称卵巢门。

　　卵巢的位置主要靠韧带维持。卵巢悬韧带是由腹膜形成的皱襞,韧带内含有卵巢动静脉、淋巴管、神经丛、少量结缔组织和平滑肌。卵巢固有韧带由结缔组织和平滑肌纤维表面覆有腹膜而形成,自卵巢下端连至子宫的两侧(见图7-8)。

卵巢的形态和大小随着年龄的增长而出现变化。幼女的卵巢体积小,表面光滑。性成熟期卵巢体积增大,经多次排卵后,表面出现瘢痕而凹凸不平。35~40岁的女性卵巢开始缩小,50岁左右随停经后逐渐萎缩。

卵巢表面覆有一层扁平或立方上皮,上皮下方为一层致密结缔组织,称白膜。卵巢的实质包括位于外周部的皮质和中央部的髓质,两者无明显界限。其中皮质较厚,含不同发育阶段的卵泡、黄体、白体、闭锁卵泡以及结缔组织;髓质范围较小,由含有较多的血管和淋巴管的结缔组织构成(图7-9)。

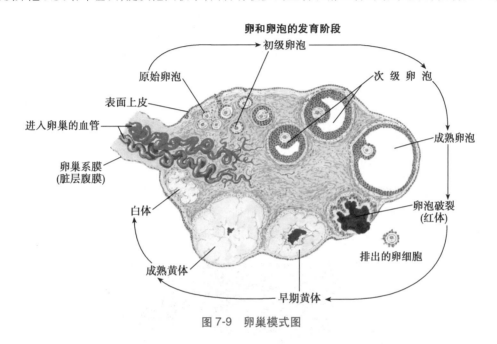

图7-9　卵巢模式图

1. **卵泡的发育与成熟**　卵泡是由中央的一个卵母细胞及其周围多个卵泡细胞构成的球泡状结构。卵泡的发育与成熟是连续的过程,一般将其分为原始卵泡、初级卵泡、次级卵泡和成熟卵泡四个阶段。初级卵泡和次级卵泡又合称生长卵泡(图7-10)。

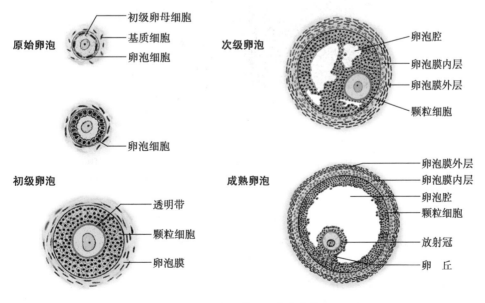

图7-10　卵泡的不同发育阶段

(1)原始卵泡:位于皮质浅部,体积小,数量多,初生女婴双侧卵巢中有70万~200万个,是相对静止的卵泡。卵泡中央为初级卵母细胞,周围为单层扁平的卵泡细胞。初级卵母细胞体积较大,圆形。核大而圆,染色质细而疏。初级卵母细胞在胚胎期由卵原细胞分化而来,可长期停滞于第一次减数分裂前期(12～50年不等),直到排卵前才完成第一次减数分裂。卵泡细胞较小,扁圆形,染色较深,细胞与周围结缔组织间有一薄层基膜,卵泡细胞具有支持和营养卵母细胞的作用。

（2）初级卵泡:青春期后,在激素作用下部分原始卵泡开始生长发育形成初级卵泡。此时,初级卵母细胞体积增大,卵泡细胞由扁平状变为立方形或者柱形,由单层增殖为多层。最内层卵泡细胞呈高柱状,放射状排列,称放射冠。初级卵母细胞与放射冠间出现一层均质嗜酸性且折光性强的膜,称透明带,透明带由糖蛋白构成,含精子受体,对受精过程中精子与卵子的识别和特异性结合起重要作用。

（3）次级卵泡:由初级卵泡发育而来,卵泡细胞层数进一步增多,此时将其称颗粒细胞。在颗粒细胞间逐渐形成一个较大的腔,称卵泡腔,且随着卵泡液的增多,卵泡腔不断扩大。分布于卵泡腔周边的卵泡细胞构成卵泡壁,称颗粒层。初级卵母细胞及周围的颗粒细胞突向卵泡腔,称卵丘。卵泡周围的结缔组织与梭形细胞,称卵泡膜。

（4）成熟卵泡:是卵泡发育的最后阶段。体积最大,直径可达2cm,并向卵巢表面突出。排卵前36～48h初级卵母细胞完成第一次减数分裂,产生一个次级卵母细胞和一个很小的第一极体。次级卵母细胞很快进入第二次减数分裂,并停滞于分裂中期。

在每个月经周期中,虽然同时可有数十个原始卵泡生长发育,但通常只有一个卵泡发育成熟并排卵,其他卵泡则退化。

2. 排卵　次级卵母细胞和放射冠、透明带随卵泡液自卵巢表面排出的过程,称排卵(ovulation)。正常情况下,青春期开始至绝经前,卵巢每28天排卵一次;排卵时间约在每个月经周期的第14天。左、右卵巢通常交替排卵,每次排一个卵,偶尔也可同时排两个或以上(图7-11)。

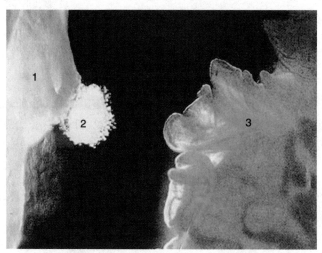

1. 卵巢；2. 卵母细胞和放射冠；3. 输卵管漏斗

图7-11　卵巢排卵

3. 黄体　排卵后卵泡壁塌陷,卵泡膜随之伸入其内。在黄体生成素的作用下,卵泡壁的细胞体积增大并分化成富含血管的内分泌细胞团,称黄体。黄体由两类细胞构成,即由颗粒细胞分化来的颗粒黄体细胞和由膜细胞分化来的膜黄体细胞构成。颗粒黄体细胞分泌孕激素,膜黄体细胞与颗粒黄体细胞协同作用分泌雌激素。

黄体的发育与卵细胞是否受精有关。若未受精,黄体小而持续时间短,12～14天后退化,称月经黄体。若受精并妊娠,黄体在胎盘分泌的绒毛膜促性腺激素的作用下继续发育,称妊娠黄体,维持4～6个月。无论何种黄体,最终均退化而被结缔组织取代形成白体。

4. 卵泡闭锁　退化的卵泡称闭锁卵泡。小的卵泡闭锁后,逐渐消失,不留痕迹。大的卵泡闭锁后被结缔组织和血管分隔成散在的细胞团索,称间质腺。

（二）输卵管

输卵管(oviduct)是一对弯曲的肌性管道,长10～12cm,位于盆腔子宫阔韧带上缘内。其外侧端游

微课：输卵管分部及各部的意义

离,以腹腔口与腹膜腔相通,卵巢排出的卵由此进入输卵管;内侧端连子宫,以子宫口通子宫腔。故女性的腹膜腔可通过生殖管道与外界相通(见图7-8)。临床上将输卵管与卵巢合称子宫附件。

输卵管由内向外可分为以下四部:①子宫部:为贯穿子宫壁的一段。②峡部:紧贴子宫底外侧,细而直,常在此行输卵管结扎术。③壶腹部:约占输卵管全长的2/3,管径粗而较长,卵通常在此受精。④漏斗部:为外侧端膨大部分,形似漏斗,其游离缘有许多指状突起,盖在卵巢表面,称输卵管伞。是手术时识别输卵管的标志。

(三)子宫

子宫(uterus)是孕育胎儿、产生月经的肌性器官,壁厚而腔窄。

1. **子宫的形态**　成年未孕子宫呈前后略扁、倒置的梨形。长7~8cm,最大宽径约4cm,壁厚2~3cm。子宫可分为底、体和颈三部分(图7-12)。子宫底是位于输卵管子宫口水平线上端圆凸的部分。子宫体上接子宫底,下续子宫颈。子宫颈是下端狭窄的圆柱状部分。子宫颈的下端伸入阴道内(约占1/3),称子宫颈阴道部;阴道以上部分(约占2/3)称子宫颈阴道上部。子宫颈与子宫体相连处较狭细的部分称子宫峡,非妊娠时不明显,长约1cm,妊娠末期时可延长到7~11cm,产科常于此行剖宫术。

子宫的内腔较狭窄,可分为上、下两部。上部位于子宫体内,称子宫腔,呈前后略扁的倒置的三角形裂隙,基底的两角接输卵管子宫口,尖向下通子宫颈管。下部位于子宫颈内,称子宫颈管,该部呈梭形,上通子宫腔,下接阴道,下口称子宫口。未产妇的子宫口为圆形,边缘整齐光滑,经产妇变为横裂状。

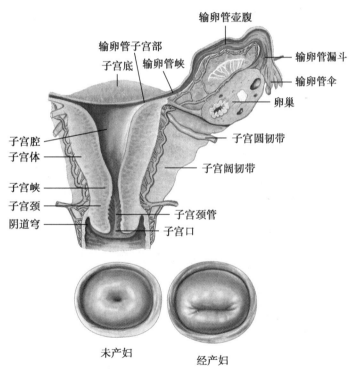

图7-12　子宫的分部

2. **子宫的位置**　子宫位于盆腔中央,膀胱和直肠之间,下接阴道,两侧与输卵管和子宫阔韧带相连。成人正常子宫呈前倾前屈位。前倾是指整个子宫向前倾斜,即子宫长轴与阴道长轴形成向前开放的钝角;前屈是指子宫体与子宫颈间向前的弯曲。由于子宫与直肠相邻,临床上可经直肠检查子宫的位置和大小。

3. **子宫的固定装置**　维持子宫正常位置的韧带主要有四对(图7-13)。

(1)子宫阔韧带:是连于子宫两侧的双层腹膜皱襞,上缘游离。子宫阔韧带可限制子宫向两侧移动。

(2)子宫圆韧带:起自子宫前面的上外侧输卵管子宫口下方,在阔韧带两层间向前外弯行,通过

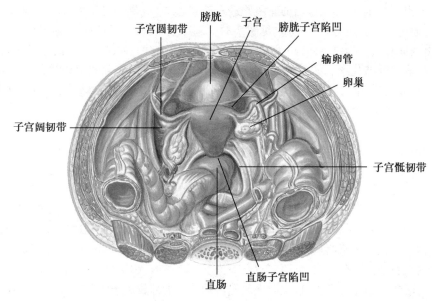

图 7-13　子宫的固定装置

腹股沟管,止于大阴唇皮下,是维持子宫前倾位的主要结构。

（3）子宫主韧带:位于子宫阔韧带下部的两层腹膜之间,自子宫颈连至骨盆侧壁,有固定子宫颈和防止子宫下垂的作用。

（4）子宫骶韧带:起自子宫颈后面,向后绕过直肠两侧,固定于骶骨前面,与子宫圆韧带共同维持子宫的前屈位。

4. 子宫的微细结构

（1）子宫壁的组织结构:子宫壁外向内依次由外膜、肌层和内膜三层组成(图 7-14)。

外膜为浆膜,覆盖子宫的大部分,属腹膜的一部分。肌层由很厚的平滑肌构成,肌纤维束交错走行,分层不明显。内膜由上皮和固有层组成。上皮为单层柱状上皮,在宫颈外口移行为复层扁平上皮。固有层较厚,由疏松结缔组织构成,内含有子宫腺、丰富的血管和大量基质细胞。子宫内膜分为两部分:位于浅表的称功能层,约占内膜厚度的 4/5,在月经周期中可发生脱落,妊娠时,胚泡植入此层并在其中生长发育为胎儿。位于深部的称基底层,较薄,约占内膜厚度的 1/5,月经周期时不剥脱,在月经期后能增生修复功能层。

（2）子宫内膜的周期性变化:自青春期开始,子宫内膜在卵巢分泌的雌、孕激素的作用下出现周期性变化。一般每隔 28 天左右发生一次子宫内膜剥脱、出血,并经阴道排出体外,该过程称月经。子宫内膜的周期性变化称月经周期。月经周期可分为三期。

1）月经期（menstrual phase）:月经周期的第 1~4 天。此期卵巢中的月经黄体退化,雌、孕激素骤减,螺旋动脉持续收缩,导致子宫内膜功能性缺血坏死、脱落,继而螺旋动脉突然短暂扩张致功能层血管破裂出血。脱落的子宫内膜随血液一起经阴道排出,形成月

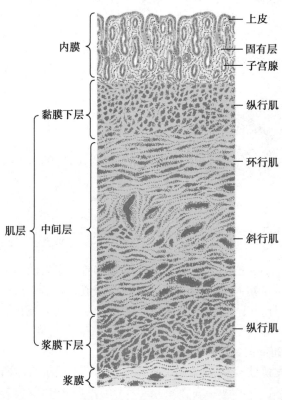

图 7-14　子宫壁的结构

经。一般持续 3~5 天,出血量 50~100ml。

2）增生期(proliferative phase):又称卵泡期。月经周期的第 5~14 天。在雌激素作用下,子宫内膜的基底层增生修复,子宫腺和螺旋动脉增长弯曲,子宫内膜逐渐增厚并形成新的上皮和功能层。

3）分泌期(secretory phase):又称黄体期。月经周期的第 15~28 天。卵巢排卵后形成黄体,并分泌雌激素和大量孕激素,使增生期的子宫内膜进一步增厚,子宫腺迂曲,管腔变大。卵若未受精,则黄体退化,进入下一个月经周期。

（四）阴道

阴道(vagina)是富有伸展性的肌性管道,后面贴直肠与肛管,前面邻膀胱和尿道,是排出月经和娩出胎儿的通道。阴道的下部较窄,下端以阴道口开口于阴道前庭。处女的阴道口周围有处女膜附着,处女膜破裂后,阴道口周围留有处女膜痕。阴道上端较宽阔,包绕子宫颈阴道部,并在子宫颈周围形成环行凹陷,称阴道穹(见图 7-12)。阴道穹可分为前部、后部和两侧部,其中后部最深。阴道穹后部与直肠子宫陷凹仅隔以阴道后壁和腹膜。当该凹有积血积液时,可经阴道穹后部进行穿刺或引流,以协助诊断和治疗。

（五）附属腺

女性附属腺为前庭大腺,是位于阴道口两侧的豌豆样腺体,其导管开口于阴道前庭,分泌物有润滑阴道口的作用。

二、外生殖器

女性外生殖器也称女阴,包括阴阜、大阴唇、小阴唇、阴道前庭和阴蒂等(图 7-15)。

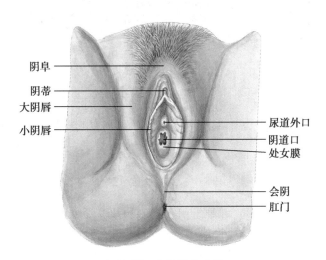

图 7-15 女性外生殖器

（一）阴阜

阴阜是位于耻骨联合前的皮肤隆起,皮下有较多脂肪组织。性成熟后,表面生有阴毛。

（二）大阴唇

大阴唇是一对纵行隆起的皮肤皱襞,表面生有阴毛。大阴唇的前后端左、右互相连合,形成唇前连合和唇后连合。

（三）小阴唇

小阴唇是位于大阴唇内侧的皮肤皱襞,表面光滑无毛。小阴唇向前包绕阴蒂,形成阴蒂包皮和阴蒂系带。

（四）阴道前庭

阴道前庭是位于两侧小阴唇之间的裂隙,其前部有尿道外口,后部有阴道口。

（五）阴蒂

阴蒂由两条阴蒂海绵体构成,表面被有阴蒂包皮。阴蒂头露于表面,富有感觉神经末梢。

三、乳房和会阴

（一）乳房

乳房为哺乳动物特有的结构。人类乳房男性不发达，女性自青春期后开始发育生长，妊娠期和哺乳期有分泌活动。

1. 位置 乳房位于胸前部，胸大肌和胸肌筋膜的表面，上起第 2~3 肋，下至第 6~7 肋，内侧至胸骨旁线，外侧可达腋中线。

2. 形态 成年未产女性的乳房呈半球形（图 7-16），紧张而有弹性。乳房中央有乳头，多位于第 4 肋间隙或第 5 肋骨水平。乳头顶端有输乳管的开口，乳头周围的皮肤色素较多形成乳晕，表面有许多小隆起，即乳晕腺，可分泌脂性物质润滑乳头。

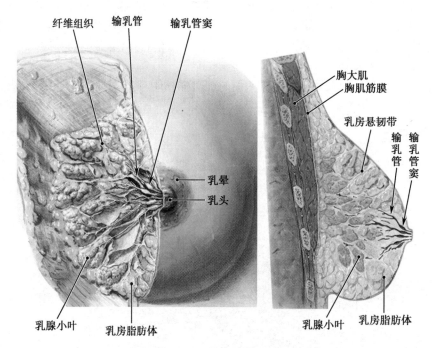

图 7-16 成年女性乳房

3. 结构 乳房由皮肤、皮下脂肪、纤维组织和乳腺构成。纤维组织伸入乳腺内，将腺体分隔成 15~20 个乳腺叶。每个乳腺叶有一排泄管，即输乳管，行向乳头，近乳头处膨大为输乳管窦，其末端变细，开口于乳头。乳腺叶和输乳管均以乳头为中心呈放射状排列，故乳腺手术时应放射状切口，以减少对乳腺叶和输乳管的损伤。乳腺周围的纤维组织还发出许多小的纤维束，连于胸筋膜和皮肤及乳头，对乳房起支持和固定作用，称为乳房悬韧带或 Cooper 韧带。

"酒窝症"及"橘皮样变"

乳腺癌是发生在乳腺腺上皮组织的恶性肿瘤，目前乳腺癌已成为威胁女性身心健康的常见肿瘤。根据国家癌症中心公布的数据，2014 年全国女性乳腺癌新发病例约 27.89 万例，占女性恶性肿瘤发病 16.51%，位居女性恶性肿瘤发病第 1 位。

乳腺癌引起皮肤改变可出现多种体征，最常见的是肿瘤侵犯了连接乳腺皮肤和深层胸肌筋膜的 Cooper 韧带，使其缩短并失去弹性，牵拉相应部位的皮肤，出现"酒窝征"，即乳腺皮肤出现一个小凹陷，像小酒窝一样。若癌细胞阻塞了淋巴管，引起淋巴回流障碍，皮肤则呈现"橘皮样"改变，即乳房皮肤表皮水肿隆起，毛囊孔明显下陷，表面坚硬、边界不清，皮肤看起来像有很多凹陷的橘皮一样。

（二）会阴

会阴有狭义和广义之分。广义的会阴指封闭小骨盆下口的所有软组织，呈菱形。以两侧坐骨结节连线为界，可将会阴分为前、后两个三角形的区域。前方是尿生殖区，又称尿生殖三角，男性有尿道通过，女性有尿道和阴道通过；后方是肛区，又称肛三角，其中央有肛管通过（图 7-17）。狭义的会阴即产科会阴，指肛门与外生殖器之间狭小区域，由于分娩时此区承受的压力较大，易发生撕裂（会阴撕裂）。

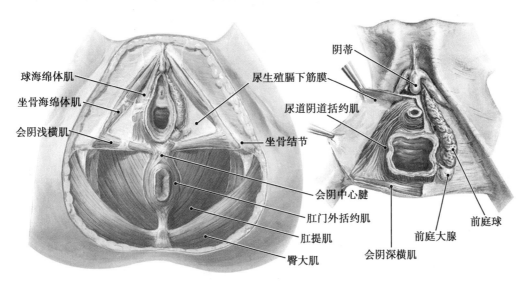

图 7-17　女性会阴及盆底肌

本章小结

生殖系统包括男性生殖系统和女性生殖系统，均由内、外生殖器组成。内生殖器包括生殖腺、生殖管道和附属腺。睾丸是男性生殖腺，可产生精子和雄激素。男性生殖管道包括附睾、输精管、射精管和尿道，输精管精索部是常用结扎部位；附属腺有前列腺、精囊和尿道球腺，其分泌物参与精液的形成。生精细胞分为精原细胞、初级精母细胞、次级精母细胞、精子细胞和精子。女性生殖腺是卵巢，可产生卵子和分泌女性激素；生殖管道包括输卵管、子宫和阴道，输卵管峡部是常用结扎部位；附属腺是前庭大腺。卵泡的发育可分为原始卵泡、初级卵泡、次级卵泡和成熟卵泡四个阶段。月经周期分为月经期、增生期和分泌期。

（刘梅梅）

扫一扫，测一测

思考题

1. 简述男性尿道的特点。
2. 简述输卵管的分部和临床意义。
3. 简述子宫的形态、位置和固定装置。
4. 简述卵泡的发育过程。

08章 PPT

学习目标

1. 掌握:脉管系统的组成及功能;心血管系统的组成及各部分功能;体、肺循环的途径;心的位置、外形及各腔的结构;心的体表投影;主动脉的分部及主要分支;全身浅静脉的名称、部位及临床应用,脾的位置。

2. 熟悉:心传导系统的组成和功能;左、右冠状动脉的起始主要分支及分布;身体各部动脉主干的主要分支、分布;上、下腔静脉和门静脉的组成及主要收集范围;淋巴系统的组成及功能;胸导管和右淋巴导管收集范围。

3. 了解:血管的组织结构;淋巴结、脾的组织结构;胸腺的位置。

4. 学会在标本或模型上指认心血管系统的组成及辨认脉管系统各主要结构。

5. 具有运用脉管系统解剖知识解决实际问题的能力,能够做部分脉管系统相关疾病的健康宣教。

　　脉管系统(angiological system)包括心血管系统和淋巴系统,是人体内一套连续的管道系统。心血管系统由心、动脉、毛细血管和静脉组成,其内有血液循环。淋巴系统由淋巴管道、淋巴组织、淋巴器官组成,淋巴液沿淋巴管道向心流动,经一个或数个淋巴结,最后汇入静脉(图8-1)。

　　脉管系统的主要功能:①把机体从外界摄取的氧气和营养物质送到全身各部,供给组织细胞进行新陈代谢之用,同时把全身各部组织的代谢产物,如 CO_2、尿素等,分别运送到肺、肾和皮肤等处排出体外,从而维持人体新陈代谢和内环境的稳定。②它还将为数众多的与生命活动调节有关物质(如激素)和其他物质运送到相应的器官,以调制和影响各器官的活动。③淋巴系是组织液回收的第二条渠道,既是静脉系的辅助系统,又是抗体防御系统的一环。

笔记

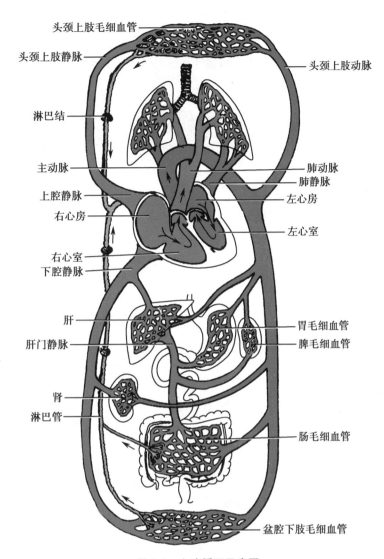

图 8-1 血液循环示意图

第一节 心血管系统

一、概述

(一)心血管系统的组成

心血管系统由心、动脉、毛细血管和静脉一套连续的管道组成,其内流动着血液。心(heart)是中空的肌性器官,是血液循环的动力源,像"血泵"推动血液运行。动脉(artery)是与心室相连,引导血液离开心脏到身体各组织器官的血管。行程中由粗变细逐级分支,最后移行为毛细血管。毛细血管(capillary)连在动、静脉之间,彼此吻合成网,血流缓慢,管壁薄,是血液与组织液进行物质交换的场所。静脉(vein)起于毛细血管,引导血液回流心脏,在回流过程中不断接受属支,越汇越粗,最后注入心房。

(二)血液循环

血液由心流经动脉、毛细血管、静脉,再返回心的连续反复的过程称血液循环。血液循环包括体循环和肺循环,两个循环连续不断,同时进行。血液由左心室搏出,经主动脉及其各级分支到达全身毛细血管,进行物质和气体交换后,再通过各级静脉,最后经上腔静脉、下腔静脉、冠状静脉窦返回右心房,称体循环(大循环)。血液由右心室搏出,经肺动脉干及其各级分支到达肺泡周围毛细血管进行气体交换,再经肺静脉进入左心房,称肺循环(小循环)(见图 8-1)。

动画:血液循环

（三）血管的吻合及侧支循环

人体的血管除动脉-毛细血管-静脉连接方式外,还存在:①动脉间吻合;②静脉间吻合;③动-静脉吻合;④侧支吻合。当血管主干阻塞时,侧支吻合可通过侧副管建立起侧支循环(图8-2)。

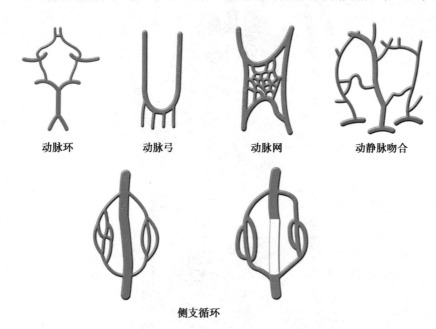

动脉环　　　　动脉弓　　　　动脉网　　　　动静脉吻合

侧支循环

图 8-2　血管吻合及侧支吻合示意图

（四）血管的组织结构

1. 动脉　分为大、中、小三类。大动脉如主动脉、肺动脉、头臂干、颈总动脉、锁骨下动脉、髂总动脉等。小动脉指管径在1mm以下的动脉。管径介于大、小动脉之间,解剖学中有名称的动脉属于中动脉。所有的动脉管壁都由内膜、中膜、外膜构成,其中以中动脉管壁的结构最典型(图8-3,图8-4)。

图片:大动脉示弹性膜图

图片:小动脉和小静脉的光镜图

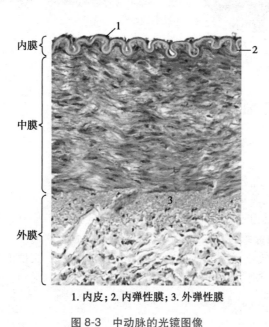

内膜　　中膜　　外膜

1. 内皮;2. 内弹性膜;3. 外弹性膜

图 8-3　中动脉的光镜图像

内膜　　中膜　　外膜

1. 内皮;2. 内皮下层

图 8-4　大动脉的光镜图像

（1）内膜:最薄,表面光滑,由内皮和少量结缔组织构成。在内膜与中膜连接处有弹性纤维形成的内弹性膜,以中动脉最清楚。

（2）中膜:最厚,由平滑肌和弹性纤维构成。大动脉的中膜以弹性纤维为主,故又称弹性动脉,血液可借其弹性回缩继续前行。中、小动脉的中膜以平滑肌为主,故称肌性动脉。小动脉平滑肌的舒缩

笔记

可改变动脉的口径,调节血流量,因小动脉数量多故可改变外周阻力,影响血压,故又称外周阻力血管。

（3）外膜:较薄,由结缔组织构成。中动脉的外膜与中膜交界处有弹性纤维形成的外弹性膜。

2. **静脉**　与伴行动脉相比,管壁薄,管腔大而不规则,也有内、中、外三层膜,但三层分界不明显,内膜由内皮和内皮下层组成,较薄,在有些部位内膜折叠成静脉瓣。中膜较动脉的中膜薄,仅有数层平滑肌。外膜较中膜厚,由结缔组织构成,内含营养管壁的小血管和神经,在大静脉的外膜内,含有较多的纵行平滑肌束和弹性纤维(图 8-5)。

3. **毛细血管**

（1）毛细血管的结构特点:毛细血管多,分布广,管径细,一般为 $6\sim8\mu m$,管壁薄,主要由内皮细胞和基膜构成(图8-6)。光镜下,毛细血管结构相似。电镜下,根据毛细血管壁内皮细胞和基膜等的结构特点,毛细血管可分三类:内皮细胞和基膜完整的连续性毛细血管;内皮细胞上有小孔但基膜完整的有孔毛细血管;内皮细胞上有孔、相邻细胞之间有较大的间隙、基膜不连续或缺如的窦状毛细血管,又称血窦。这些结构特点使毛细血管通透性增大,便于血液与组织液进行物质交换(图 8-7)。

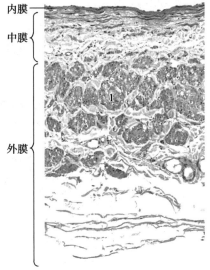

内膜　中膜　外膜

1. 外膜纵行平滑肌束

图 8-5　大静脉的组织结构

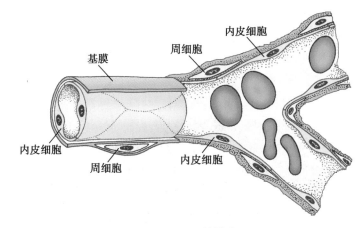

基膜　周细胞　内皮细胞

内皮细胞　周细胞　内皮细胞

图 8-6　毛细血管模式图

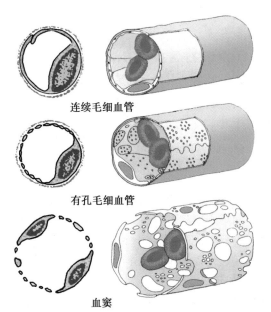

连续毛细血管

有孔毛细血管

血窦

图 8-7　毛细血管超微结构

（2）微循环：微循环是指微动脉与微静脉之间的血液循环,它包括微动脉、中间微动脉、真毛细血管、直捷通路、动静脉吻合和微静脉等,是血液循环的基本功能单位和物质交换场所,能调节局部血流量,对组织和细胞的代谢和功能活动有很大的影响(图8-8)。

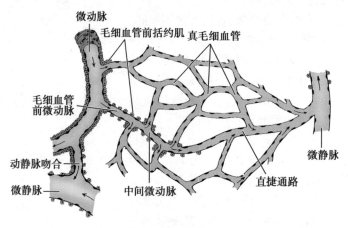

图8-8 微循环模式图

二、心

（一）心的位置和毗邻

心位于胸腔中纵隔内,外裹心包,约2/3位于前正中线的左侧,1/3位于前正中线的右侧(图8-9)。前方对向胸骨体和第2~6肋软骨;后方平对第5~8胸椎;两侧与胸膜腔和肺相邻;上方连出入心的大血管;下方邻膈。

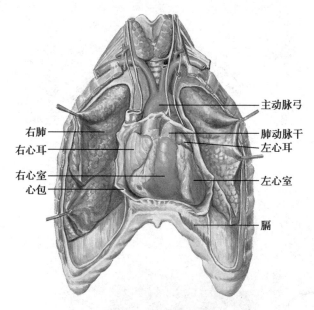

图8-9 心的位置和毗邻

（二）心的外形

心形似倒置的前后稍扁的圆锥体,外形可分为一尖、一底、两面、三缘和三条沟(图8-10)。心尖圆钝,朝向左前下方,主要由左心室构成,在左侧第5肋间隙锁骨中线内侧1~2cm处可扪及心尖搏动。心底朝向右后上方,主要由左心房构成,与上、下腔静脉和左、右肺静脉连接。两面:前面又称胸肋面,主要由右心室和少部分左心室构成,朝向前上方的胸骨和肋软骨(图8-11);下面又称膈面,近水平位隔着心包与膈毗邻,大部分由左心室、小部分由右心室构成。三缘:下缘介于膈面与胸肋面之间,由右心室和心尖构成,接近水平位;左缘居胸肋面与左肺之间,大部分由左心室构成;右缘不明显,由右心房构成。三条沟:冠状沟呈冠状位,近似环形,是心房和心室的表面分界标志。前室间沟和后室间沟分别在心的胸肋面和膈面,从冠状沟走向心尖的右侧,是左、右心室在心表面的分界标志。两沟在心尖右侧的会合处稍凹陷,称心尖切迹。三条沟内被冠状血管及分支和脂肪组织等填充。

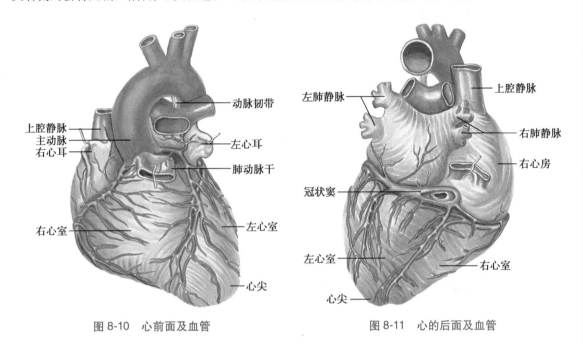

图 8-10　心前面及血管　　　　　　　　　图 8-11　心的后面及血管

（三）心的各腔

心被房间隔和室间隔分为左、右互不相通的左、右心房和左、右心室四个腔,同侧心房和心室之间借房室口相通。

1. **右心房**(right atrium)　位于心的右上部,壁薄而腔大(图 8-12)。它向左前方突出的部分称右心耳。右心房上有三个入口和一个出口。入口有上方的上腔静脉口、下方的下腔静脉口和下腔静脉口前内侧的冠状窦口。出口为位于右心房前下方的右房室口,血液由此口流入右心室。在房间隔下部右心房面有一浅窝,称卵圆窝,是胎儿出生后卵圆孔闭锁的遗迹。如未闭合,则为先天性心脏病——房间隔缺损。

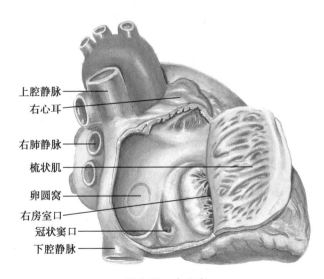

图 8-12　右心房

2. **右心室**(right ventricle)　位于右心房的前下方,与胸骨相邻,构成胸肋面的大部分(图 8-13)。壁厚为左心室的 1/3,腔面有肌性隆起形成的肉柱和乳头肌。右心室上有一个入口和一个出口。入口即右房室口,口周缘有三个三角形的瓣膜,称三尖瓣(tricuspid valve)。瓣膜的游离缘借腱索连于室壁上的乳头肌,当右心室收缩时,血液推动三尖瓣对合,房室口关闭(通过腱索牵拉,正好闭合右房室口),阻止血液逆流回右心房。出口为肺动脉口,位于右心室左上部,通向肺动脉干,口周有三个半月形、囊袋状的瓣膜,称肺动脉瓣(pulmonary valve)。当右心室舒张时,肺动脉干中的血液回流,充满肺动脉瓣,关闭肺动脉口,防止血液逆流回右心室。室间隔上部较薄称为膜部,下部是较厚的心肌称肌部。膜部是室间隔缺损的好发部位。

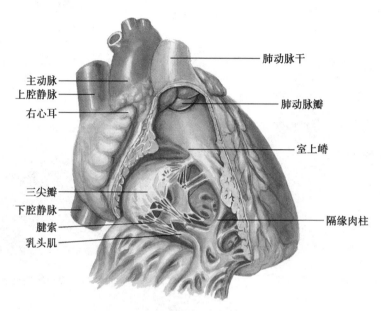

图 8-13　右心室

3. **左心房(left atrium)**　位于右心房的左后方,构成心底的大部分(图 8-14)。它突向右前方的部分称左心耳。左心房有四个入口和一个出口。四个入口是位于心房后部两侧的左肺上、下静脉口和右肺上、下静脉口,肺静脉内的动脉血经此流入左心房。出口即左房室口,左心房的血液经此流入左心室。

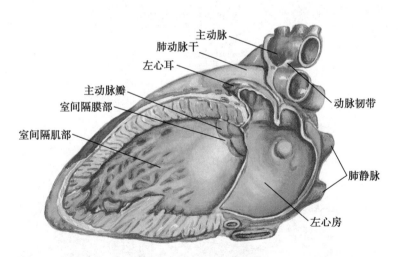

图 8-14　左心房和左心室

4. **左心室(left ventricle)**　位于右心室的左后方,构成心尖和心的左缘(图 8-15)。其结构与右心室相似,有一个入口和一个出口。入口即左房室口,口周缘有两个三角形的瓣膜,称二尖瓣(mitral valve),瓣膜的游离缘也有腱索连接乳头肌,功能类似三尖瓣。出口为主动脉口,位于左房室口的右前方,口周缘有三个主动脉瓣,其形态和功能与肺动脉瓣相类似。在主动脉瓣与主动脉壁之间有冠状动脉口,冠状动脉由此发出。

保证血液循环正常运行的因素有两个,一是靠心肌收缩的动力作用,二是靠心瓣膜的"闸门"作

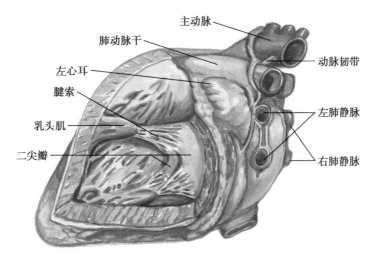

图 8-15　左心室

用——顺血流开放、逆血流关闭。当心房收缩时,肺动脉瓣和主动脉瓣关闭,三尖瓣和二尖瓣开放,血液由心房进入心室;当心室收缩时,三尖瓣和二尖瓣关闭,肺动脉瓣和主动脉瓣开放,血液由心室射入动脉。

（四）心壁的构造

心壁由内向外依次由心内膜、心肌层和心外膜组成,它们分别与血管的三层膜相对应(图 8-16)。

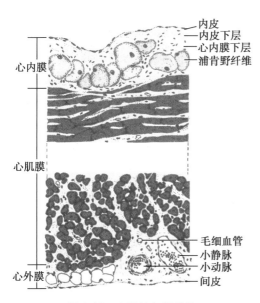

图 8-16　心壁的组织结构

1. **心内膜**　是由内皮和内皮下层构成。心内膜向心腔内折叠形成心瓣膜。

2. **心肌层**　是心壁的主体,包括心房肌和心室肌,两者分别附着在心纤维骨骼上,故心房和心室可不同时收缩。心肌层由心肌纤维和心肌间质组成。心房肌较薄,由浅、深两层组成。心房肌具有分泌心钠素的功能。心室肌较厚,分为浅、中、深三层。左心室肌最厚,是右心室肌的 3 倍。

3. **心外膜**　是包裹在心肌表面的一层浆膜。其表面被覆一层间皮,深面为薄层结缔组织。

（五）心的传导系统

心的传导系统由特殊分化的心肌细胞构成,包括:窦房结、结间束、房室结、房室束及其分支(图 8-17)。

1. **窦房结**　多呈长梭形,位于上腔静脉与右心房交界处前方的心外膜深面。它是心的正常起搏点,并将兴奋传给心房肌和房室结。

图片:心纤维骨骼图

2. **结间束**　主要由浦肯野(Purkinje)细胞和普通心肌细胞等形成,具有传导快、抗高钾的生理特性,但至今尚无充分的形态学证据。

3. **房室结**　呈矢状位的扁椭圆形,位于冠状窦口与右房室口之间的心内膜深面。它将窦房结的兴奋通过房室束传到心室。

4. **房室束及其分支**　房室束又称 His 束,起自房室结前端,向前下行于室间隔膜部的后下缘,分为左束支和右束支。左、右束支分别沿室间隔左、右侧心内膜深面行走,并吻合成浦肯野(Purkinje)纤维网,与心室肌纤维相连。

（六）心的血管

1. **动脉**　营养心的动脉有左、右冠状动脉,它们均起自主动脉根部的冠状动脉窦。

（1）左冠状动脉(left coronary artery):起始后行于左心耳与肺动脉干之间,向左行,然后分为前室

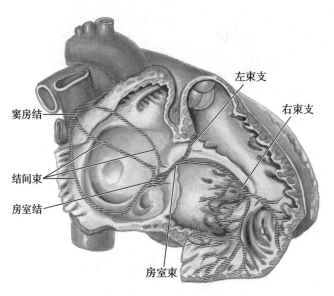

窦房结

结间束

房室结

左束支

右束支

房室束

图 8-17 心的传导系统

间支和旋支(见图 8-10,图 8-11)。①前室间支也称前降支,沿前室间沟下行(见图 8-10),其末梢绕过心尖与后室间支末梢吻合。前室间支主要分支分布于左心室前壁、心尖、右心室前壁一小部分、室间隔的前上部以及左右束支等处。②旋支也称左旋支,分出后沿左侧冠状沟行走(见图 8-10,图 8-11),绕心左缘至左心室膈面。旋支主要分支分布于左心室侧壁、后壁和左心房等处。

(2)右冠状动脉(right coronary artery):起始后行于右心耳与肺动脉干之间,再沿冠状沟右行至膈面,进入后室间沟成为后室间支(见图 8-10,图 8-11)。右冠状动脉一般分布于右心房、右心室、左心室后壁、室间隔后下部以及房室结和窦房结等处。

2. 静脉 心的静脉主要有心大、心中和心小静脉,它们多与动脉伴行,最后在心膈面冠状沟内汇合成冠状窦,经冠状窦口入右心房(见图 8-11)。

冠心病

冠心病是冠状动脉粥样硬化性心脏病的简称,它是由于冠状动脉发生了粥样硬化所致。这种粥样硬化的斑块,堆积在冠状动脉内膜上,久而久之,越积越多,使冠状动脉管腔严重狭窄甚至闭塞,从而导致了心肌的血流量减少,供氧不足,由此产生一系列缺血性表现,如胸闷、憋气、心绞痛、心肌梗死,甚至猝死等。

(七)心包

心包(pericardium)是包裹在心和出入心的大血管根部的纤维浆膜囊,分外层的纤维心包和内层的浆膜心包(图 8-18)。纤维心包由坚韧的纤维性结缔组织构成,上方包囊出入心的大血管并与血管的外膜相延续。下方与膈中心腱附着。浆膜心包位于心包的内层,又分脏、壁两层。壁层衬贴于纤维性心包的内面,脏层包于心肌的表面,构成心外膜。脏、壁两层在出入心的大血管的根部互相移行构成潜在的腔隙称心包腔,内含少量浆液起润滑作用。

(八)心的体表投影

心在胸前壁的体表投影,通常采用先选定 4 点,然后用弧线连接来确定(图 8-19)。

1. 左上点 左侧第 2 肋软骨的下缘,距胸骨左缘约 1.2cm 处。

2. 右上点 右侧第 3 肋软骨上缘,距胸骨右缘约 1cm 处。

3. 右下点 右侧第 6 胸肋关节处。

4. 左下点 左侧第 5 肋间隙,距前正中线 7~9cm 处。

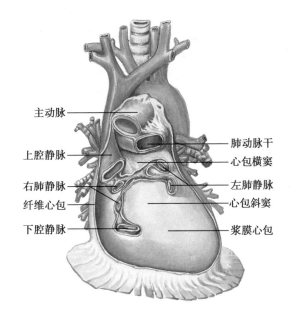

图 8-18　心包

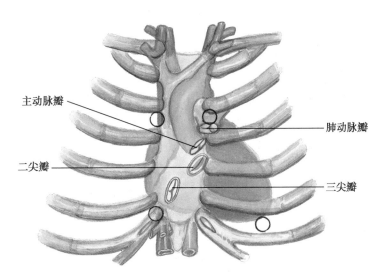

图 8-19　心的体表投影

三、肺循环的血管

（一）肺动脉

肺动脉干（pulmonary trunk）是一粗短的动脉干。起自右心室,在升主动脉前方向左后上方斜行,至主动脉弓下方分为左、右肺动脉,分别经左、右肺门进入肺内反复分支,最后形成肺泡表面毛细血管网。在肺动脉干分叉处稍左侧与主动脉弓下缘处有一纤维性的动脉韧带,是胚胎时期动脉导管闭锁后的遗迹（见图 8-10）。若出生后 6 个月尚未闭锁,则称动脉导管未闭,是一种常见的先天性心脏病。

（二）肺静脉

肺静脉（pulmonary vein）是由肺内毛细血管逐级汇合到肺门处形成的,每侧有两条,分别为左上、左下肺静脉和右上、右下肺静脉（见图 8-12）。它们向内穿过纤维心包,注入左心房后部。

四、体循环的动脉

体循环动脉主干是主动脉（aorta）,它可分为升主动脉、主动脉弓和降主动脉三段（图 8-20）。升主动脉起自左心室,行向右上,到右侧第 2 胸肋关节后方,弓形弯向左后,移行为主动脉弓。主动脉弓位于胸骨柄后方,自弓的凸侧从右向左依次发出头臂干、左颈总动脉和左锁骨下动脉。头臂干短粗,向

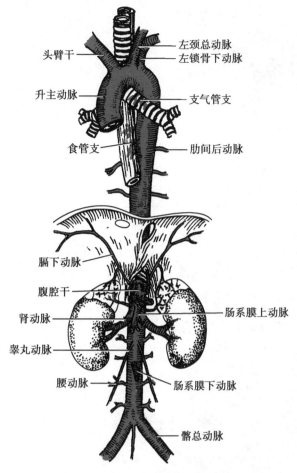

图 8-20　主动脉的分部

右上斜行至右胸锁关节后方分为右颈总动脉和右锁骨下动脉。主动脉弓壁内有压力感受器，能感受血液中血压变化的刺激。主动脉弓下方有化学感受器，称主动脉小球（又称主动脉体），能感受血中 O_2 和 CO_2 浓度的变化。主动脉弓继续左行到第 4 胸椎体下缘处弯向下移行为降主动脉。降主动脉最长，在胸腔沿脊柱左前方下降，称胸主动脉；穿膈的主动脉裂孔入腹腔后称腹主动脉。腹主动脉行至第 4 腰椎体下缘分为左、右髂总动脉。

动脉的分布有一定规律：①左、右对称分布；②动脉、静脉、神经伴行；③内脏动脉有壁支、脏支之分；④身体各部以主干供血；⑤动脉多居身体的屈侧、深部或安全隐蔽处，多以最短的距离到达所营养的器官。

（一）头颈部的动脉

头颈部的动脉主干是颈总动脉和锁骨下动脉。

1. **颈总动脉**　左、右颈总动脉沿气管及喉的外侧上行，达甲状软骨上缘高度分为颈外动脉和颈内动脉。在颈总动脉末端和颈内动脉起始处有膨大的颈动脉窦，其壁内有压力感受器，能感受血压变化的刺激。在颈总动脉分叉处的后壁有一卵圆形小体，称颈动脉小球（又称颈动脉体），它和主动脉小球一样，是化学感受器，能感受血中 O_2 和 CO_2 浓度的变化。

（1）颈外动脉：在胸锁乳突肌深面上行，穿过腮腺分为上颌动脉和颞浅动脉两终支（图 8-21）。主要分支有：

1）**甲状腺上动脉**（superior thyroid artery）：自颈外动脉起始处发出，行向前下至甲状腺侧叶上端，分布于甲状腺上部和喉。

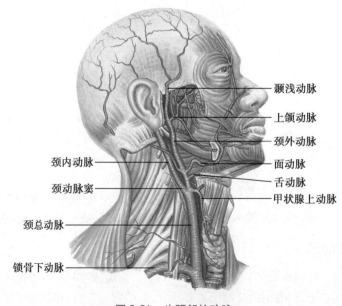

图 8-21　头颈部的动脉

2）**面动脉**（facial artery）：约平下颌角，起于颈外动脉，向前经下颌下腺深面，于咬肌前缘绕过下颌骨下缘至面部，沿口角及鼻翼外侧，可以迂曲上行到内眦，改名为内眦**动脉**。面动脉分支分布于下颌下腺、面部和腭扁桃体等。

3）**颞浅动脉**（superficial temporal artery）：在外耳门前方上行，越颧弓根至颞部皮下，分支分布于腮腺和额、颞、顶部软组织等处。

4）**上颌动脉**（maxillary artery）：经下颌颈深面入颞下窝，分布于外耳道、鼓室、牙及牙龈、鼻腔、腭、咀嚼肌、硬脑膜等处。主要分支有**脑膜中动脉**（middle meningeal artery）向上穿棘孔入颅腔，分前、后两支，紧贴颅骨内面走行，分布于颅骨和硬脑膜。前支经过颅骨翼点内面，颞部骨折时易受损伤，引起硬膜外血肿。**下牙槽动脉**经下颌孔入下颌管出颏孔，分布于下颌牙和牙龈等处。

（2）颈内动脉：在颈部无分支，垂直上行至颅底，经颈动脉管入颅，分布于脑和视器等处（详见"中枢神经系统"）。

2. **锁骨下动脉**　锁骨下动脉（subclavian artery）左侧起于主动脉弓，右侧起自头臂干（图 8-22）。锁骨下动脉从胸锁关节后方斜向外至颈根部，经胸膜顶前方，穿斜角肌间隙，至第 1 肋外缘延续为腋动脉。锁骨下动脉的主要分支有：

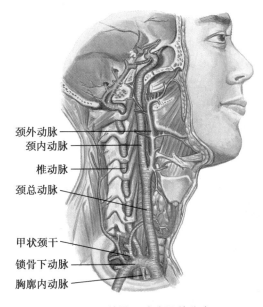

图 8-22　锁骨下动脉及其分支

颈外动脉
颈内动脉
椎动脉
颈总动脉
甲状颈干
锁骨下动脉
胸廓内动脉

（1）椎动脉：从锁骨下动脉上壁起始，向上穿第 6 至第 1 颈椎横突孔，经枕骨大孔入颅腔，分支布于脑和脊髓。

（2）胸廓内动脉：从锁骨下动脉下壁发出，在胸骨外侧缘 1cm 处沿肋软骨后面下行，分支布于胸前壁、心包、膈及乳房。穿膈入腹腔移行为腹壁上动脉，分布于腹直肌。

（3）甲状颈干：为一短干，在椎动脉外侧，前斜角肌内侧缘附近起始，迅即分为甲状腺下动脉、肩胛上动脉等数支，分布于甲状腺、咽和食管、喉和气管以及肩部肌、脊髓及其被膜等处。

（二）上肢的动脉

上肢动脉的主干是腋动脉，它是锁骨下动脉的直接延续。

1. **腋动脉**（axillary artery）　在腋窝内行向外下，到大圆肌下缘入臂部，延续为肱动脉（图 8-23）。沿途分支布于肩部、胸前外侧壁和乳房等处。

2. **肱动脉**（brachial artery）　沿肱二头肌内侧下行，分支布于臂部及肘关节，至肘窝深部分为桡动脉和尺动脉（图 8-23）。肱动脉在肘窝稍上方，肱二头肌肌腱内侧位置表浅可触及其搏动，是测量血压的听诊部位。

3. **桡动脉**（radial artery）**和尺动脉**（ulnar artery）　分别沿前臂前面的桡、尺两侧下行，经腕部至手掌形成掌浅弓和掌深弓（图 8-23）。桡动脉在腕上部位置表浅，是临床触摸脉搏最常用的部位。

4. **掌浅弓和掌深弓**　掌浅弓（superficial palmar arch）由尺动脉终末支与桡动脉掌浅支吻合而成（图 8-24）。从掌浅弓发出三支指掌侧总动脉和一支小指尺掌侧动脉。指掌侧总动脉再分为两支指掌侧固有动脉。掌深弓（deep palmar arch）由桡动脉终末支和尺动脉的掌深支吻合而成。由弓发出三支掌心动脉，分别注入相应的指掌侧总动脉。

掌浅弓和掌深弓分别位于指屈肌腱的浅面和深面。从两弓上发出分支布于手掌和手指。

（三）胸主动脉

胸主动脉是胸部的动脉主干，其分支有壁支和脏支两种（图 8-25）。

1. **壁支**　有肋间后动脉、肋下动脉和膈上动脉，分布于胸壁、腹壁上部、背部和脊髓等处。

2. **脏支**　包括支气管支、食管支和心包支，为分布于气管、支气管、肺、食管和心包的一些细小分支。

图片：锁骨下动脉及上肢动脉图

图片：右手掌深弓图

图片：肋间后动脉图

笔记

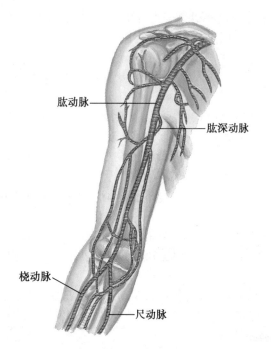

图 8-23 肱动脉及其分支

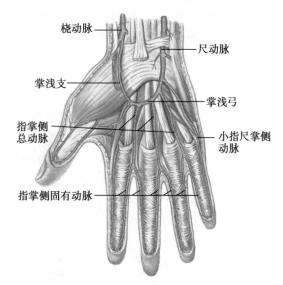

图 8-24 右手掌浅弓

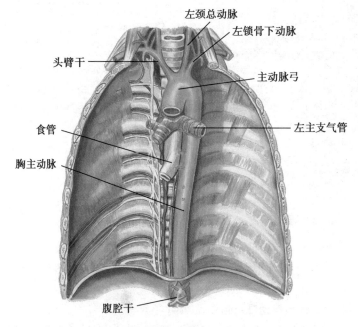

图 8-25 胸壁的动脉

（四）腹主动脉

腹主动脉是腹部的动脉主干（图 8-26），其分支亦有壁支和脏支之分。

1. **壁支** 主要有腰动脉、膈下动脉、骶正中动脉，分布于腹后壁、脊髓、膈下面和盆腔后壁等处。

2. **脏支** 分成对和不成对两种。成对主要有肾上腺中动脉、肾动脉、睾丸动脉（男性）或卵巢动脉（女性）；不成对脏支有腹腔干、肠系膜上动脉和肠系膜下动脉。

（1）肾动脉：在第 2 腰椎高度起自腹主动脉，横行向外经肾门入肾。

（2）睾丸动脉：在肾动脉稍下方起于腹主动脉，沿腰大肌前面斜向外下，经腹股沟管入阴囊，分布于睾丸和附睾。在女性该动脉称卵巢动脉，分布于卵巢和输卵管。

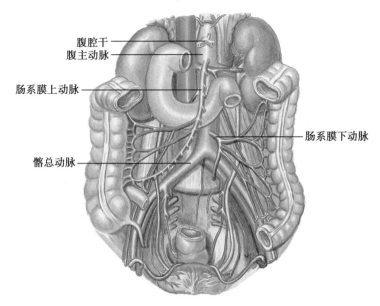

图 8-26　腹主动脉及其分支

（3）腹腔干：在主动脉裂孔的稍下方起自腹主动脉，立即分为胃左动脉、肝总动脉和脾动脉（图 8-27）。①胃左动脉斜向左上方，分支分布于食管腹段、贲门和胃小弯前、后胃壁；②肝总动脉行向右前，在十二指肠上方分为肝固有动脉和胃十二指肠动脉，分支分布于肝、胆囊、胃小弯和胃大弯侧的胃壁及大网膜、十二指肠、胰头；③脾动脉沿胰上缘左行至脾门，分支分布于胰、脾、胃大弯、胃底部胃壁和大网膜。

（4）肠系膜上动脉：在腹腔干起点稍下方起自腹主动脉前壁，经十二指肠水平部前面下行进入小肠系膜根，分支分布于结肠左曲以上的肠管（图 8-28）。其主要分支有空肠动脉、回肠动脉、回结肠动脉、右结肠动脉和中结肠动脉。其中回结肠动脉发出阑尾动脉分布到阑尾。

（5）肠系膜下动脉：在平第 3 腰椎高度起自腹主动脉，沿腹后壁行向左下方，分支分布于结肠左曲以下的肠管。其主要分支有左结肠动脉、乙状结肠动脉和直肠上动脉（图 8-29）。

（五）髂总动脉

髂总动脉是盆部和下肢动脉的主干。它自腹主动脉分出后沿腰大肌内侧斜向外下，至骶髂关节前方分为髂内动脉和髂外动脉（见图 8-26）。

1. 髂内动脉　为一短干，沿盆腔侧壁下行，发出脏支和壁支（图 8-30）。

（1）脏支：①膀胱下动脉，分布于膀胱及前列腺；②直肠下动脉，分布于直肠下部；③阴部内动脉，

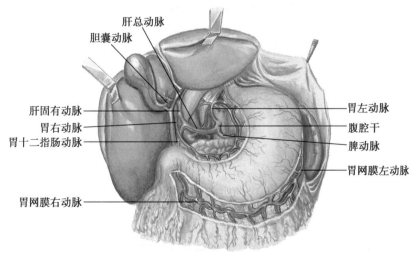

A. 胃前面

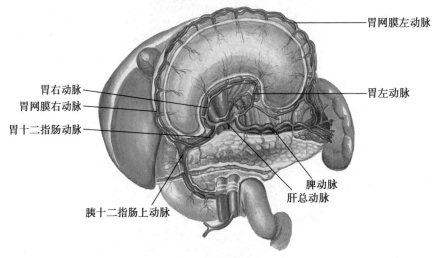

B. 胃后面

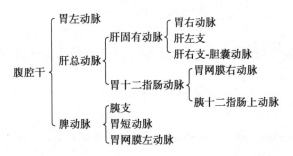

图 8-27 腹腔干及其分支

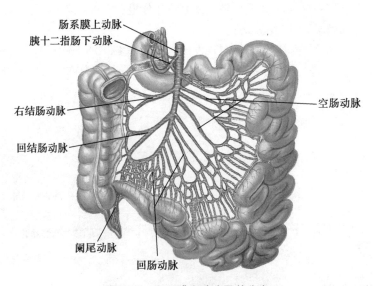

图 8-28 肠系膜上动脉及其分支

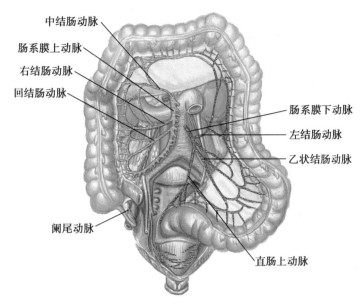

图 8-29　肠系膜下动脉及其分支

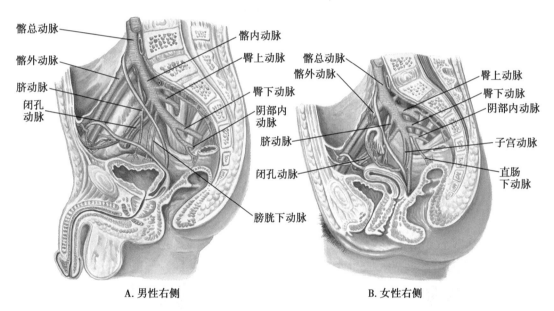

A. 男性右侧　　　　　　　　　　　　B. 女性右侧

图 8-30　盆腔的动脉

分布于肛门、会阴部和外生殖器,分布于肛区的称肛门动脉;④子宫动脉,分布于子宫、输卵管、卵巢和阴道。

（2）壁支:①臀上动脉,分布于臀中肌、臀小肌;②臀下动脉,分布于臀大肌;③闭孔动脉,分布于髋关节及大腿内侧肌群。

2. **髂外动脉**　沿腰大肌内侧缘下降,经腹股沟韧带中点深面入股部,移行为股动脉（图 8-31）。髂外动脉的主要分支为腹壁下动脉,它向内上行,入腹直肌鞘,营养腹直肌,并与腹壁上动脉吻合。

3. 下肢的动脉

（1）股动脉（femoral artery）:是下肢动脉的主干。在股三角内下行,渐向后下入腘窝,改名为腘动脉,分支布于髋关节及大腿。股动脉在腹股沟韧带中点稍下方可触及其搏动,当下肢出血时可在此处将股动脉压向耻骨进行止血。股动脉也是动脉穿刺和插管的常用部位。

（2）腘动脉:经腘窝深部下行,分支布于膝关节及附近肌。到腘窝下部分为胫前动脉和胫后动脉

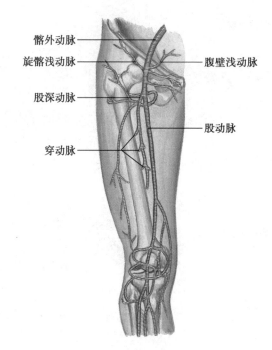

图 8-31 股动脉及其分支

（图 8-33）。

（3）胫前动脉:沿小腿前群肌下行并分布于该群肌,经踝关节前方到足背,移行为足背动脉,分布于足背及足趾等处。在内、外踝连线中点可摸到足背动脉搏动,当足部出血时可在该处压迫止血（图 8-32）。

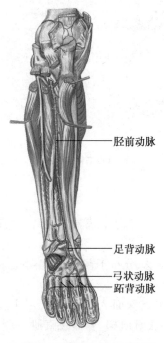

图 8-32 小腿的动脉（前面观）

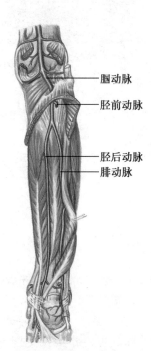

图 8-33 小腿的动脉（后面观）

（4）胫后动脉:沿小腿后面浅、深层肌群间下行,并分支布于小腿后面及外侧,经内踝后方进入足底,分为足底内侧动脉和足底外侧动脉,分布于足底（图 8-33）。

笔记

动 脉 硬 化

　　动脉硬化是动脉的一种非炎症性病变,是动脉管壁增厚、变硬、失去弹性和管腔狭小的退行性和增生性病变的总称。动脉粥样硬化是动脉硬化中常见的类型,是心肌梗死和脑梗死的主要病因。冠状动脉粥样硬化可引起心绞痛、心肌梗死以及心肌纤维化等;脑动脉粥样硬化可引起眩晕、头痛与昏厥等症状,脑动脉血栓形成或破裂出血时引起脑血管意外,有头痛、眩晕、呕吐、意识突然丧失、肢体瘫痪、偏盲或失语等表现。本病变多见于壮年以后,但明显的症状多在老年期才出现。预防动脉硬化,要遵循合理膳食、适当运动、心情舒畅、戒烟限酒的原则。

五、体循环的静脉

　　与动脉相比体循环的静脉有以下特点:①比同级动脉数量多、管腔大、管壁薄、弹性小。②有静脉瓣(图8-34),以四肢为多,下肢更多,能阻止血液逆流。③分浅静脉和深静脉两种,浅静脉位于皮下,又称皮下静脉,是静脉穿刺、抽血的常选部位,最后注入深静脉;深静脉多与同名动脉伴行,故称伴行静脉。④静脉间吻合支丰富,浅静脉间、深静脉间、浅深静脉间均有广泛的吻合,且形成静脉网或静脉丛。

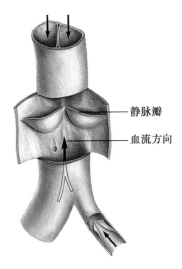

图 8-34　静脉瓣

　　体循环静脉包括上腔静脉系、下腔静脉系和心静脉系。

　　（一）上腔静脉系

　　其主干是上腔静脉(图8-35),它由左、右头臂静脉在胸骨柄后方汇合而成,后沿升主动脉右侧下行注入右心房,在入右心房前有奇静脉注入。主要收集头颈、上肢和胸部(心除外)的静脉血。

　　头臂静脉(无名静脉)左右各一,由同侧颈内静脉和锁骨下静脉汇合而成。汇合处的夹角称静脉角,有淋巴导管注入(图8-35)。

　　1. 头颈部的静脉　主干为颈内静脉和颈外静脉(图8-36)。

　　（1）颈内静脉:是颈部最大的静脉干,在颅底颈静脉孔处续于乙状窦,伴颈内动脉和颈总动脉下行,至胸锁关节的后方与同侧锁骨下静脉汇合成头臂静脉。颈内静脉通过颅内属支收集脑、视器的静脉血;通过颅外属支收集头面部、颈部、咽和甲状腺等处的静脉血。其中重要的颅外支有面静脉和下颌后静脉。

　　1）面静脉（facial vein）:与面动脉伴行,借内眦静脉、眼静脉与颅内海绵窦相交通,因无静脉瓣,故面部两口角至鼻根的三角区（危险三角）内有感染或疖肿时,不宜挤压,以免引起颅内感染。

　　2）下颌后静脉:由颞浅静脉和上颌静脉在腮腺内汇合而成。收集面区和颞区的静脉血。下行至腮腺下端处分为前、后两支,前支注入面静脉,后支与耳后静脉和枕静脉汇合成颈外静脉。

　　（2）颈外静脉:是颈部最大的浅静脉,收集枕部和面部的静脉血,在胸锁乳突肌表面下行,注入锁骨下静脉。颈外静脉位置表浅,是静脉穿刺的重要部位。

　　2. 上肢静脉　深静脉与同名动脉伴行,且多为两条,最后汇合成锁骨下静脉;浅静脉表浅,位居皮下,是临床上采血、输液和注射药物的常用部位(图8-37)。主要的浅静脉有:

　　（1）头静脉（cephalic vein）:起于手背静脉网桡侧,沿前臂桡侧、肘部的前面以及肱二头肌外侧沟上行,穿深筋膜注入腋静脉或锁骨下静脉。头静脉收集手和前臂桡侧浅层结构的静脉血。

　　（2）贵要静脉（basilic vein）:起自手背静脉网尺侧,沿前臂尺侧上行,至肘部前面,在肘窝处接受肘正中静脉,再经肱二头肌内侧沟行至臂中部,穿深筋膜注入肱静脉。贵要静脉收集手和前臂尺侧浅层结构的静脉血。

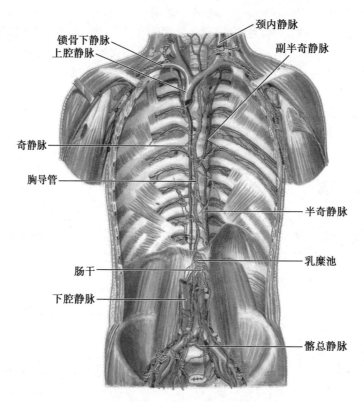

图 8-35　体腔后壁的静脉和淋巴回流图

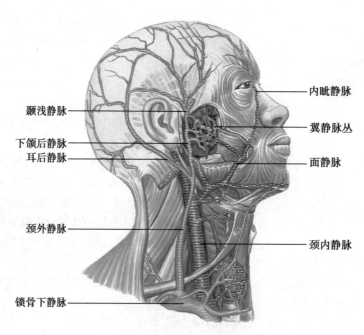

图 8-36　头颈部的静脉及其分支

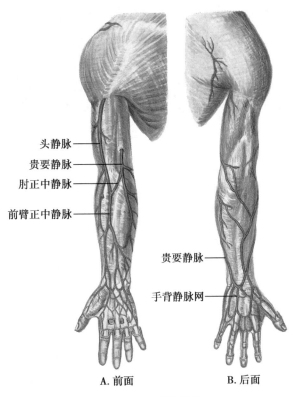

头静脉

贵要静脉

肘正中静脉

前臂正中静脉

贵要静脉

手背静脉网

A. 前面　　　　　B. 后面

图 8-37　上肢浅静脉

（3）肘正中静脉（median cubital vein）：位于肘窝皮下，连于头静脉和贵要静脉之间，变异性较大。

3. 胸部的静脉　主干是奇静脉，它直接或间接收集胸壁（胸壁左侧为半奇静脉和副半奇静脉，副半奇静脉汇入半奇静脉，半奇静脉汇入奇静脉）、食管、气管、支气管和脊髓等处的静脉血，最后注入上腔静脉（图 8-35）。

（二）下腔静脉系

其主干是下腔静脉（见图 8-26）。它由左、右髂总静脉在第 5 腰椎高度汇成，沿腹主动脉右侧上行，经肝后面，穿膈的腔静脉孔入胸腔，注入右心房。收集下肢、盆部和腹部的静脉血（图 8-35）。

1. 下肢静脉　下肢深静脉与同名动脉伴行，最后延续为髂外静脉；下肢浅静脉位于皮下（图 8-38）。主要的浅静脉有：

（1）足背静脉弓：起自趾背静脉，形成弓状。

（2）大隐静脉（great saphenous vein）：是全身最长的浅静脉。起于足背静脉弓内侧，经内踝前方，沿小腿和大腿内侧上行，至腹股沟韧带下方注入股静脉。在内踝前方，大隐静脉位置表浅，临床常在此作穿刺或切开。大隐静脉易发生静脉曲张。

（3）小隐静脉（small saphenous vein）：起于足背静脉弓外侧，经外踝后方到小腿后面，上行至腘窝注入腘静脉。

2. 盆部静脉

（1）髂内静脉：与同名动脉伴行并收集相应范围的静脉血。其属支多在器官周围形成静脉丛，如膀胱静脉丛、子宫静脉丛和直肠静脉丛等。

（2）髂外静脉：是股静脉的延续，收集同名动脉分布区域的静脉血。

（3）髂总静脉：在骶髂关节的前方，由髂内和髂外静脉汇合而成。

3. 腹部静脉　都直接或间接注入下腔静脉。

（1）肾静脉：成对，与肾动脉伴行，注入下腔静脉。

（2）睾丸静脉：起自睾丸和附睾，右侧注入下腔静脉，左侧以直角注入左肾静脉，故睾丸静脉曲张多发生在左侧。在女性称卵巢静脉，回流途径同男性。

（3）肝静脉：有 2~3 支，从肝的后缘注入下腔静脉。

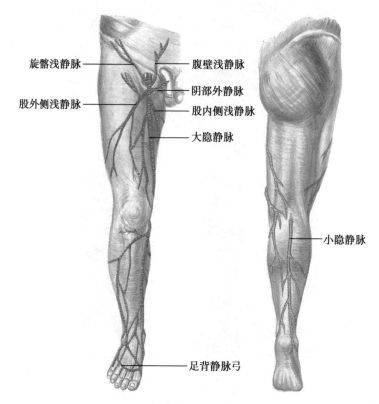

图 8-38　下肢浅静脉

（4）肝门静脉（hepatic portal vein）：长 6~8cm，在胰头的后方由肠系膜上静脉和脾静脉汇合而成（图 8-39），向右上入肝十二指肠韧带内，至肝门分为左、右支入肝。它收集除肝以外的腹腔不成对器官的静脉血。

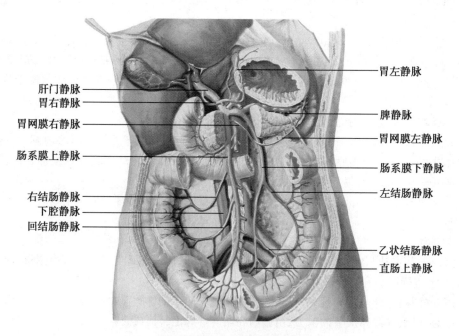

图 8-39　肝门静脉及其属支

肝门静脉的属支主要有肠系膜上静脉、脾静脉、胃左静脉、肠系膜下静脉和附脐静脉。

肝门静脉借其属支与上、下腔静脉之间构成多处吻合（图 8-40），重要的有食管静脉丛、直肠静脉丛与脐周静脉网。正常情况下血流经肝门静脉回流入肝，当肝门静脉回流障碍（如肝硬化）时，内压升高,加上肝门静脉无静脉瓣,血液便通过上述三条途径逆流,形成侧支循环,从而引起静脉丛曲张,可出现呕血、便血及脐周静脉曲张等临床症状和体征。

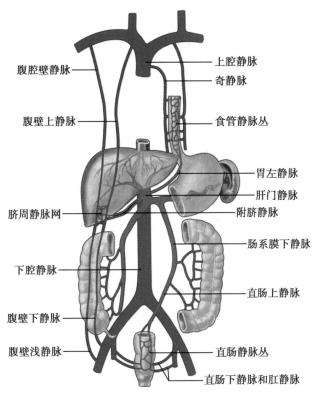

图 8-40 肝门静脉与上下腔静脉的吻合

文 档:肝门静脉主要侧支循环简表

静脉采血法

  静脉采血法是医学常用的采血方法,采集的血液主要用于血液常规、免疫项目、生化项目检查等,通过检查可以对临床疾病进行辅助诊断和鉴别诊断。静脉采血一般要求上午 8:00—10:00 进行,如为急诊病人,可在任意时间进行采集。采血前避免运动、吸烟、饮酒并保持 8h 以上空腹。采血一般选取肘部静脉。采血一般的操作程序为:准备采血用品、准备试管、标记试管、消毒双手、选择静脉、检查注射器、扎压脉带、选择进针部位、消毒皮肤、穿刺皮肤、抽血、止血、放血。抽血量的多少是根据化验项目不同而采集不等的血量,抽血量一般在 2~20ml,最多不超过 50ml。

第二节 淋 巴 系 统

  淋巴系统由淋巴管道、淋巴器官和淋巴组织构成(图 8-41)。淋巴管道内流动着无色透明的液体称淋巴,淋巴沿淋巴管道和淋巴结的淋巴窦向心流动,最后注入静脉,故淋巴系统被认为是心血管系统的辅助系统。此外,淋巴器官和淋巴组织具有产生淋巴细胞、过滤淋巴和参与免疫反应的功能。

一、淋巴管道

淋巴管道包括毛细淋巴管、淋巴管、淋巴干和淋巴导管四部分。

(一)毛细淋巴管

毛细淋巴管(lymphatic capillary)以膨大的盲端起始于组织间隙,吻合成网状,管腔较毛细血管略

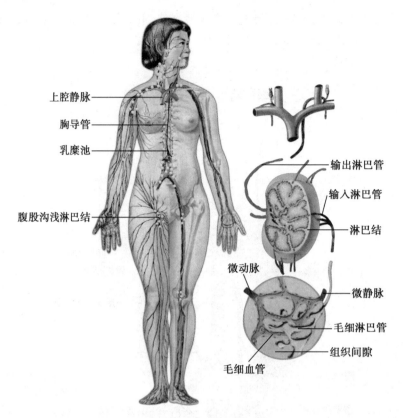

图 8-41　淋巴系统概观图

粗,管壁薄,仅由一层内皮构成,细胞间隙大,基膜不完整,通透性较大,故大分子的蛋白质、癌细胞、细菌、异物等较易进入毛细淋巴管。因此,肿瘤或炎症常经淋巴管道转移。除脑、脊髓、上皮、角膜、晶状体、釉质和软骨等处外,毛细淋巴管遍布全身。

（二）淋巴管

淋巴管(lymphatic vessel)由毛细淋巴管汇合而成,包括浅淋巴管和深淋巴管。其结构类似静脉,但与静脉的区别是管壁薄,管腔大,瓣膜多。管壁除内皮之外,还有少量不连续的平滑肌和结缔组织。较大的淋巴管的管壁具备三层膜的结构。淋巴管在向心行程中要经过 1 至数个淋巴结。

（三）淋巴干

淋巴干(lymphatic trunk)由淋巴管汇合而成。全身共有 9 条淋巴干,即左、右颈干;左、右锁骨下干;左、右支气管纵隔干;左、右腰干和 1 条肠干(图 8-42)。

（四）淋巴导管

由 9 条淋巴干汇合成胸导管和右淋巴导管(图 8-42)。

1. 胸导管(thoracic duct) 是全身最大的淋巴导管。在第 1 腰椎前方,起自由左、右腰干和肠干汇合而成的囊状膨大称乳糜池(cisterna chyli),向上经膈的主动脉裂孔入胸腔,至颈根部弯向左注入左静脉角。注入前接收左颈干、左锁骨下干和左支气管纵隔干。通过 6 条淋巴干,它收集左侧上半身、两侧下半身的淋巴。

2. 右淋巴导管(right lymphatic duct) 较短,由右颈干、右锁骨下干和右支气管纵隔干汇合而成,注入右静脉角。收集右侧上半身的淋巴。

二、淋巴器官

淋巴器官主要有淋巴结、脾、胸腺和扁桃体。

（一）淋巴结

淋巴结(lymph node)是圆形或椭圆形的灰红色小体。一侧微凸,有数条输入淋巴管进入。另一侧微凹,称淋巴结门,有输出淋巴管及血管、神经出入。

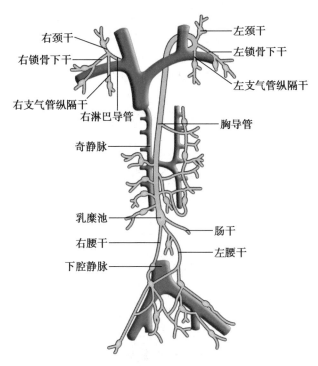

图 8-42 淋巴干及淋巴导管

1. **淋巴结的微细结构** 淋巴结由被膜和实质构成。被膜为表面的结缔组织；实质分皮质、髓质和淋巴窦（图 8-43）。

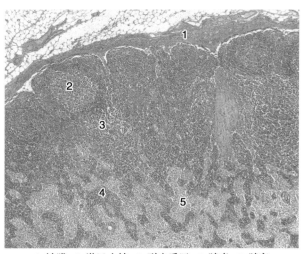

1. 被膜；2. 淋巴小结；3. 副皮质区；4. 髓索；5. 髓窦

图 8-43 淋巴结的组织结构

（1）皮质：皮质的浅层为淋巴组织密集成团的淋巴小结，它主要由 B 淋巴细胞构成，B 淋巴细胞受抗原刺激后可分化为浆细胞。淋巴小结的中央区称生发中心，有形成新的 B 淋巴细胞的功能。皮质深层为弥散的淋巴组织，由 T 淋巴细胞构成，称副皮质区。

（2）髓质：位于皮质深层，由条索状交织成网的髓索构成，内含 B 淋巴细胞、浆细胞和巨噬细胞等。

（3）淋巴窦：是位于皮质和髓质内的淋巴通道，包括皮质淋巴窦和髓质淋巴窦，窦内含有巨噬细胞。当淋巴经输入淋巴管进入淋巴结后，在淋巴窦内，巨噬细胞对细菌、异物进行清理，使淋巴得到过滤，然后经输出淋巴管出淋巴结。

图片：淋巴结模式图

淋巴结具有产生淋巴细胞、清除淋巴中的细菌及异物和参与体液免疫及细胞免疫的功能。淋巴在淋巴结内的流经途径为输入淋巴管→皮质淋巴窦→髓质淋巴窦→输出淋巴管。

2. **全身主要的淋巴结群** 淋巴结常沿血管成群排布于一定部位,且因毛细淋巴管通透性大,细菌、病毒、癌细胞极易进入,引起某一部位的淋巴结肿大,所以掌握淋巴结群的位置及收纳范围,对早期发现、预防和诊治疾病有十分重要的意义。

(1)头颈部的淋巴结:位于头颈交界处,颈内、外静脉的周围(图8-44)。

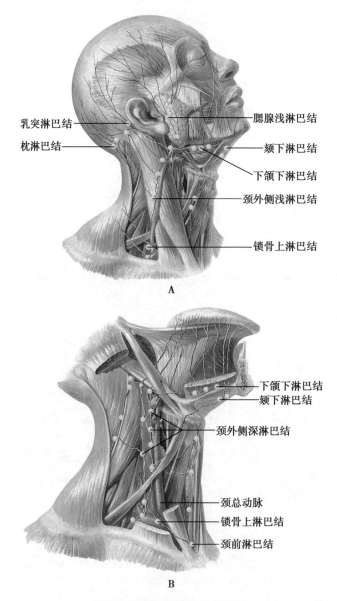

图 8-44 头部淋巴管和淋巴结

1)下颌下淋巴结(submandibular lymph node):下颌下淋巴结位于下颌下腺附近,收纳面部和口腔的淋巴。其输出管注入颈外侧深淋巴结。

2)颈外侧浅淋巴结:在胸锁乳突肌表面沿颈外静脉排列,收纳耳后、腮腺及颈浅部的淋巴。其输出管注入颈外侧深淋巴结。

3)颈外侧深淋巴结:沿颈内静脉排列。鼻咽后方的称咽后淋巴结,鼻咽癌易先转移至此。锁骨上方的称锁骨上淋巴结,患食管癌、胃癌时,癌细胞常经胸导管由左颈干逆行转移到左锁骨上淋巴结,引起其肿大。颈外侧深淋巴结直接或间接收纳头颈部、胸壁上部等器官的淋巴管,其输出管汇成颈干。

（2）上肢的淋巴结群：主要为腋淋巴结（axillary lymph node）。腋淋巴结位于腋窝（图 8-45），沿腋静脉及其分支排列，收纳上肢、项背、胸前外侧壁、乳房等处的淋巴。其输出管合成锁骨下干。

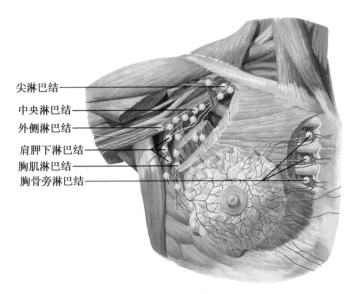

尖淋巴结
中央淋巴结
外侧淋巴结
肩胛下淋巴结
胸肌淋巴结
胸骨旁淋巴结

图 8-45 腋淋巴结

（3）胸部的淋巴结群：主要有位于肺门处的支气管肺门淋巴结等。收纳胸前壁、乳房内侧、肺及纵隔等处的淋巴。输出管合成支气管纵隔干（图 8-46）。

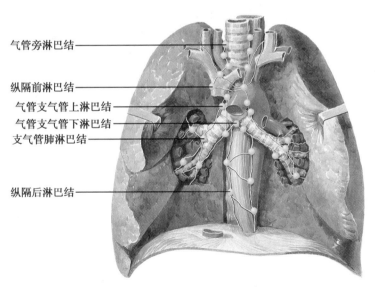

气管旁淋巴结

纵隔前淋巴结
气管支气管上淋巴结
气管支气管下淋巴结
支气管肺淋巴结

纵隔后淋巴结

图 8-46 胸腔脏器淋巴结

（4）腹部的淋巴结群：主要沿腹部血管排列（图 8-47）。

1）腰淋巴结：在腹主动脉和下腔静脉周围，收纳腹后壁及腹腔成对脏器的淋巴。输出管合成左、右腰干，注入乳糜池。

2）腹腔淋巴结和肠系膜上、下淋巴结：位于同名动脉周围，收纳该动脉分布区的淋巴。输出管共同合成肠干，注入乳糜池。

（5）盆部的淋巴结群：主要有髂外、髂内和髂总淋巴结，收纳同名动脉分布区域的淋巴，最后髂总淋巴结的输出管注入腰淋巴结。

（6）下肢的淋巴结群：主要有腹股沟浅、深淋巴结群（见图 8-41）。

1）腹股沟浅淋巴结（superficial inguinal lymph node）：分上、下两组。上组沿腹股沟韧带排列，收纳腹前壁下部、臀部、会阴和外生殖器的淋巴；下组在大隐静脉末端，收纳下肢大部分浅淋巴管。其输

图片：大肠的淋巴管和淋巴结图

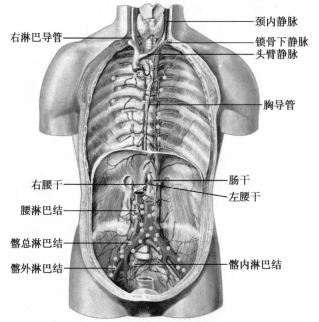

右淋巴导管

颈内静脉
锁骨下静脉
头臂静脉

胸导管

右腰干
腰淋巴结
髂总淋巴结
髂外淋巴结

肠干
左腰干

髂内淋巴结

A. 胸导管及腹、盆部淋巴结

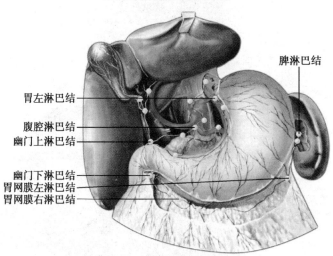

脾淋巴结

胃左淋巴结
腹腔淋巴结
幽门上淋巴结

幽门下淋巴结
胃网膜左淋巴结
胃网膜右淋巴结

B. 沿腹腔干及其分支排列的淋巴结

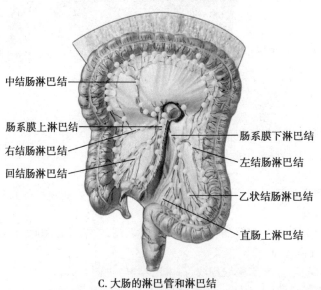

中结肠淋巴结

肠系膜上淋巴结
右结肠淋巴结
回结肠淋巴结

肠系膜下淋巴结
左结肠淋巴结
乙状结肠淋巴结

直肠上淋巴结

C. 大肠的淋巴管和淋巴结

图 8-47 胸导管及腹、盆部淋巴结

出管大部注入腹股沟深淋巴结,小部注入髂外淋巴结。

2)腹股沟深淋巴结(deep inguinal lymph node):位于股静脉末端周围,收纳腹股沟浅淋巴结输出管和下肢深淋巴管,其输出管注入髂外淋巴结。

(二)脾

1. **脾的位置、形态**　脾(spleen)是人体最大的淋巴器官,位于左季肋区,在第9~11肋的深面,其长轴与第10肋一致。脾呈暗红色,质软脆,受暴力打击易破裂出血。脾为扁椭圆形,分为内、外两面,上、下两缘,前、后两端。内面中部凹陷称脾门,是血管、神经出入的部位。上缘有2~3个脾切迹,脾肿大时可触及(图8-48)。

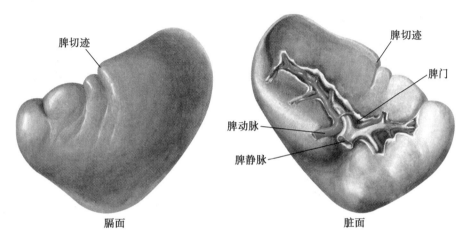

图 8-48　脾的形态

2. **脾的微细结构**　脾由被膜和实质构成。被膜由表面的结缔组织和平滑肌形成。被膜深入脾内形成网状小梁,起支架作用。平滑肌收缩可改变脾的大小。实质分为白髓和红髓两部分(图8-49)。

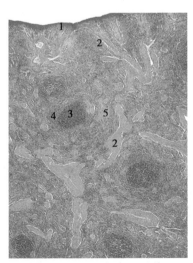

1. 被膜;2. 小梁;3. 白髓;4. 边缘区;
5. 红髓

图 8-49　脾的微细结构

(1)白髓:散布于红髓内,由脾小结(淋巴小结)和动脉周围淋巴鞘组成。脾小结呈圆形,主要由B淋巴细胞构成;动脉周围淋巴鞘常位于淋巴小结旁,由T淋巴细胞构成,淋巴鞘的中央有中央动脉穿过。

(2)红髓:由脾索和脾窦(血窦)构成。脾索呈条索状交织成网,内含B淋巴细胞、网状细胞、巨噬细胞和红细胞;脾窦为位于脾索间的不规则腔隙,内含血液,为血窦,有较多的巨噬细胞。

3. **脾的功能**

(1)造血:胚胎早期,脾可产生各种血细胞及血小板。出生后仅产生淋巴细胞,但仍有产生各种血细胞的潜能。

(2)滤血:脾内的巨噬细胞可吞噬血中的细菌、异物及衰老的红细胞。

(3)参与免疫:脾内的T、B淋巴细胞,在抗原的刺激下产生免疫应答,参与细胞免疫和体液免疫。

(4)储存血液:脾窦内可存留血液,在机体需要时,存血进入血液循环。

(三)胸腺

胸腺(thymus)位于上纵隔前部胸骨柄的后方,略呈锥体形,分为不对称的左、右两叶,质较软,灰红色。新生儿及幼儿时期胸腺相对较大,青春期以后逐渐退化。胸腺的组织结构由被膜和实质构成。胸腺实质主要由T淋巴细胞、上皮性网状细胞及巨噬细胞构成。胸腺是中枢淋巴器官,具有培育、选择和向周围淋巴器官(淋巴结、脾和扁桃体)和淋巴组织(淋巴小结)输送T淋巴细胞功能,及内分泌

图片:脾红髓高倍镜下图

图片:胸腺的位置与形态

笔记

功能。

三、单核吞噬细胞系统

结缔组织和淋巴组织中的巨噬细胞、骨组织中的破骨细胞、神经组织中的小胶质细胞、肝巨噬细胞和肺巨噬细胞等(详见各章),具有吞噬功能,它们都是由血液中单核细胞穿出血管后分化而来,故以上细胞称单核吞噬细胞系统(mononuclear phagocytic system)。

本章小结

　　脉管系统由心血管系统和淋巴系统组成。心血管系统由心、动脉、毛细血管和静脉构成。心是血液循环的动力器官,它将血液射入动脉再经各级动脉分支流到全身各部组织器官,在器官毛细血管处与组织细胞进行物质交换,即血液中的营养物质与组织细胞代谢产生的废物交换,血液中 O_2 与组织细胞产生的 CO_2 交换,再由各级静脉将废物和二氧化碳带回心,同时其他物质也可经血液循环运送到组织细胞。淋巴系统由淋巴管道、淋巴组织和淋巴器官组成,是静脉的辅助部分,具有回流组织液、产生淋巴细胞、参与机体的免疫应答等功能。

　　心被中隔分为左右半心,每半心又分为心房和心室,心房连静脉,心室连动脉。房室口、动脉口均有瓣膜,可以顺血流开放,逆血流关闭,保证血液朝一个方向流动。浅静脉尤其是上肢的浅静脉是临床采血、输液、输入药物的常用部位。

(刘伏祥)

扫一扫,测一测

思考题

1. 解释血液循环、体循环和肺循环。
2. 心房和心室各有哪些出、入口？指出各瓣膜结构和功能。
3. 主动脉分哪几部分？各部分有哪些主要分支？
4. 上、下腔静脉由何属支组成,各收集身体什么部位的静脉血？
5. 简述肝门静脉的组成、属支、收集范围及与上下腔静脉的吻合。
6. 口服药物(如黄连素),请问经何途径排出体外(经尿排出)？
7. 简述淋巴系统组成和胸导管的概念。
8. 简述脾的位置、形态及功能。

09章PPT

学习目标

1. 掌握:眼球壁结构;眼球内容物的名称和作用;房水的产生及循环途径。
2. 熟悉:前庭蜗器、眼副器和皮肤的结构。
3. 了解:感受器的概念及分类;眼的血管、听小骨、皮肤的附属结构。
4. 学会在眼、耳的模型上辨认眼、耳的结构。
5. 具有日常用眼、用耳的保健意识。

　　感受器(receptor)是指机体感受内、外环境变化刺激并将其转换为神经信号的结构。感受器广泛分布于人体全身各部,结构和功能各异、种类繁多。根据其特化程度可分为特殊感受器和一般感受器两类。特殊感受器由特殊感觉细胞构成,包括视觉、听觉、味觉、嗅觉、平衡觉等感受器。一般感受器大多由感觉神经末梢及其周围的组织构成,如痛觉、温度觉、触觉、压觉等感受器。在正常情况下,感受器只对某一种适宜的刺激特别敏感,如视网膜的适宜刺激是一定波长的光;耳蜗的适宜刺激是一定频率的声波等。

　　感觉器(sensory organs)是指专门感受特定刺激的器官,由感受器及其附属结构组成。

第一节　视　　器

0901

图片:视器

　　视器(visual organ)即眼,是感受光线刺激的视觉器官,包括眼球和眼副器两部分。

一、眼球

　　眼球(eyeball)位于眶内,略呈球形,其后端借视神经与脑相连,具有屈光成像和感受光线刺激产生神经冲动的功能。眼球前面的正中点称前极,后面的正中点称后极,通过前、后极的连线称眼轴。由瞳孔的中央至视网膜中央凹的连线,与视线方向一致,称视轴。眼轴与视轴呈锐角交叉。眼球由眼球壁和眼球内容物构成(图9-1)。

　　(一)眼球壁

　　眼球壁由外向内依次分为纤维膜、血管膜和视网膜三层。

　　1. 纤维膜(fibrous tunic of eyeball)　为眼球壁的外层,厚而坚韧,主要由致密结缔组织构成,具有维持眼球形态和保护眼球内容物的作用。眼球纤维膜的前1/6称角膜(cornea),无色透明,无血管,但有丰富的神经末梢,感觉敏锐。后5/6称巩膜(sclera),呈乳白色、不透明。巩膜与角膜交界处的深部有一环形小管,称巩膜静脉窦,是房水流出的通道。

笔记

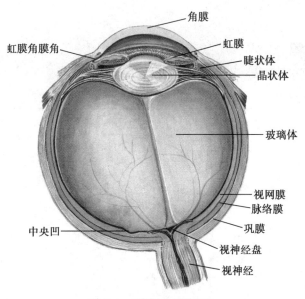

图 9-1　眼球（水平切面）

角 膜 移 植

　　角膜病是最主要的致盲眼病之一,而复明的唯一手段就是角膜移植手术。角膜移植是利用异体的正常透明角膜组织,取代混浊、病变的角膜组织使患眼复明或控制角膜病变,如角膜白斑、角膜斑翳、圆锥角膜、青光眼或人工晶体手术后引起的大疱性角膜病变、角膜营养不良症及角膜溃疡等。

　　该手术为目前同种器官移植中成功率最高的一种。角膜移植是最先获得成功的器官移植术,因为正常的角膜无血管及淋巴管,移植片不易被患者机体的免疫系统识别,因而一般不会引起排斥反应。但我们也要认识到,手术仅仅是角膜移植的一部分,术后的处理和自我保健同样是角膜移植不可忽略的重要内容。

　　2. 血管膜（vascular tunic of eyeball）　为眼球壁的中层,含有丰富的血管和色素细胞,呈棕黑色,有营养眼球和遮光作用。由前向后分为虹膜、睫状体和脉络膜三部分。

　　（1）虹膜（iris）:位于角膜的后方,是血管膜的最前部,呈圆盘状,中央的圆孔称瞳孔。虹膜内含有两种排列方向不同的平滑肌:呈环状排列的平滑肌称瞳孔括约肌,此肌收缩时,可使瞳孔缩小;自瞳孔周缘向外周呈放射状排列的平滑肌称瞳孔开大肌,该肌收缩时,可使瞳孔开大。虹膜颜色是由所含色素的多寡而定,有人种差异,黄种人之虹膜多为棕黑色。

　　（2）睫状体（ciliary body）:是位于虹膜后方的血管膜增厚部分,其后部较平坦,称睫状环;前部有许多向内突出的皱襞,称睫状突。由睫状突发出许多细丝状的睫状小带连于晶状体的周缘。睫状体内的平滑肌,称睫状肌(图9-2),该肌舒缩,牵动睫状小带松弛或紧张,可调节晶状体的曲度。睫状体还有产生房水的作用。

　　（3）脉络膜（choroid）:占血管膜的后 2/3,薄而柔软。脉络膜含丰富的血管和色素细胞,有营养眼球和吸收散射光线等作用。

　　3. 视网膜（retina）　位于血管膜的内面,其后部的中央稍偏鼻侧,有一白色圆盘状隆起称视神经盘（optic disc）或称视神经乳头。盘的中央凹陷,有视神经和血管通过,此处无感光作用,故又称生理性盲点。在视神经盘的颞侧约 3.5mm 处,有一黄色区域,称黄斑（macula lutea）,其中央的凹陷称中央凹,此处无血管,是感光和辨色最敏锐的部位(图9-3)。

图片:睫状体

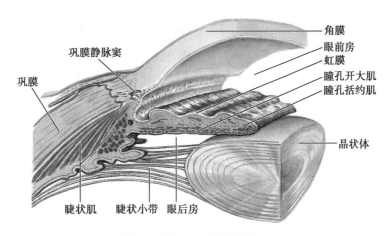

图 9-2 眼球水平切面局部放大

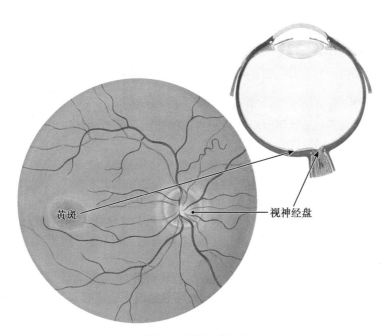

图 9-3 眼底（右侧）

视网膜的结构可分两层:外层为色素上皮层,内层为神经部(图 9-4)。两层间连接疏松,病理情况下两层易脱离,即视网膜脱离。

（1）色素上皮层:色素上皮层由单层上皮构成,上皮细胞内含黑色素。黑色素能吸收光线,保护视细胞免受过强光线的刺激。

（2）神经部:神经部含有三层细胞,由外向内依次是视细胞、双极细胞和节细胞,三层细胞之间形成突触。视细胞分视锥细胞和视杆细胞两种。视锥细胞能感受强光和辨色;视杆细胞仅能感受弱光,而无辨色能力。双极细胞联络神经元。节细胞是多极神经元,其轴突在视神经盘处汇集,构成视神经。

（二）眼球内容物

眼球内容物包括房水、晶状体和玻璃体。它们均无色透明,无血管分布,具有折光作用,与角膜共同组成眼的屈光系统。

1. 房水(aqueous humor) 为无色透明的液体,充满于眼球的前房和后房内。前房是角膜与虹膜之间的间隙,后房是虹膜与晶状体之间的间隙,两者经瞳孔相通。前房的边缘部,虹膜与角膜所构成的夹角,称虹膜角膜角(见图 9-2)。

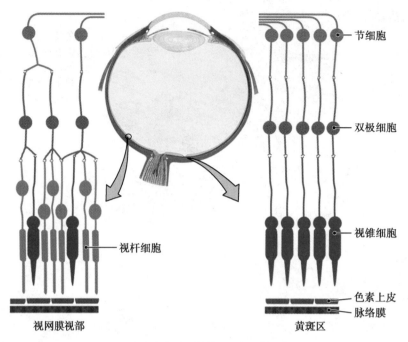

视频：眼房和房水

图 9-4　视网膜神经细胞示意图

房水由睫状体产生,进入后房,经瞳孔流入前房,再经虹膜角膜角渗入巩膜静脉窦,最后汇入眼静脉。房水有屈光、营养角膜和晶状体以及维持眼内压的功能。房水循环障碍时,可引起眼内压增高,致视力受损,临床上称之为继发性青光眼。

2. **晶状体**(lens)　位于虹膜与玻璃体之间,形如双凸透镜,无色透明,具有弹性,不含血管和神经,是眼球屈光系统的主要装置。晶状体的周缘借睫状小带与睫状体相连。晶状体的曲度可随睫状肌的收缩和舒张而改变。当看近物时,睫状肌收缩,睫状小带松弛,晶状体由于自身的弹性回缩而曲度变大,屈光力增强;看远物时,睫状肌舒张,睫状小带紧张,晶状体曲度变小,屈光力减弱。通过晶状体的调节,使从不同距离的物体反射出来的光线进入眼球后,能聚焦于视网膜上,形成清晰的物像。晶状体若因疾病或创伤而变混浊,则称之为白内障。

3. **玻璃体**(vitreous body)　是一种无色透明的胶状物质,充满于晶状体与视网膜之间。玻璃体除有折光作用外,还有支撑视网膜的作用。感染、老化等原因可造成玻璃体混浊,影响视力。若支撑作用减弱,可导致视网膜脱离。

二、眼副器

眼副器(accessory organs of eye)包括眼睑、结膜、泪器和眼球外肌等结构(图 9-5),对眼球起保护、运动和支持的功能。

(一)眼睑

眼睑俗称眼皮,位于眼球的前方,分上睑和下睑。上、下睑缘之间的裂隙称睑裂。睑裂的内、外侧角分别称内眦和外眦。上、下睑缘在近内眦处各有一小孔,称泪点,是上、下泪小管的入口。眼睑的游离缘称睑缘。睑缘上长有睫毛,睫毛根部有睫毛腺,此腺的急性炎症即称麦粒肿。

眼睑的组织结构由浅至深分为五层:皮肤、皮下组织、肌层、睑板和睑结膜。眼睑的皮肤细薄柔软,皮下组织疏松,缺乏脂肪组织,易发生水肿。肌层主要为眼轮匝肌和上睑提肌,作用是使睑裂闭合和上提眼睑。睑板由致密结缔组织构成,呈半月形,硬如软骨,是眼睑的支架。睑板内有许多分支变形的皮脂腺称睑

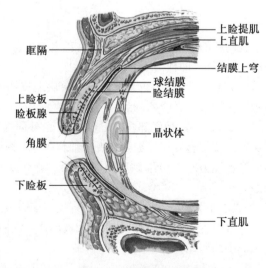

图 9-5　眼眶矢状切面

笔记

板腺,其导管与睑缘垂直,开口于眼睑的后缘。分泌物为一种油样物质,具有润滑睑缘、防止泪液外溢的作用,当睑板腺阻塞时,可形成睑板腺囊肿,又称霰粒肿。睑结膜被覆于睑板内面,为一层富含血管的薄膜。

（二）结膜

结膜是一层富含血管、薄而透明的黏膜。分睑结膜、结膜穹、球结膜三部分。睑结膜衬贴在眼睑的内面,球结膜覆盖于巩膜前部表面。上、下睑结膜与球结膜之间的移行部,分别称结膜上穹和结膜下穹。闭眼时,各部结膜共同围成的囊状腔隙称结膜囊,借睑裂与外界相通。

（三）泪器

泪器包括泪腺和泪道(图9-6)。

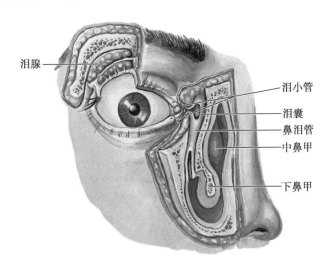

图9-6　泪器

1. **泪腺**　位于眼眶外上方的泪腺窝内,其排泄管开口于结膜上穹的外上部。泪腺分泌的泪液具有湿润角膜和冲洗异物、杀菌等作用。

2. **泪道**　泪道包括泪点、泪小管、泪囊和鼻泪管。泪小管有上、下两条,各自起于上、下睑缘的泪点,行向内侧,末端汇合,开口于泪囊。泪囊为一膜性囊,位于泪囊窝内,上端为盲端,向下通鼻泪管。鼻泪管的下端开口于下鼻道。

（四）眼球外肌

眼球外肌共有7块,分布于眼球的周围。其中上睑提肌有提上睑的作用;其余六块是运动眼球的肌,它们分别称上直肌、下直肌、内直肌、外直肌、上斜肌和下斜肌(图9-7)。

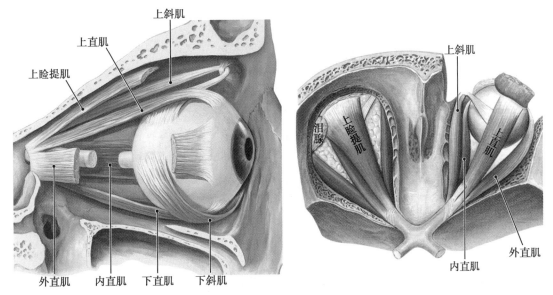

图9-7　眼球外肌

内直肌和外直肌分别使眼球转向内侧和外侧；上直肌使眼球转向上内；下直肌使眼球转向下内；上斜肌使眼球转向下外；下斜肌使眼球转向上外。眼球的正常运动，是以上六对肌协同作用的结果。

三、眼的血管

（一）动脉

眼的血液供应来自眼动脉。眼动脉是颈内动脉在颅内的分支，分布于眼球和眼副器等处。它最重要的分支是视网膜中央动脉。视网膜中央动脉穿行于视神经内，至视神经盘处分为四支，即视网膜鼻侧上、下动脉和视网膜颞侧上、下动脉，分布于视网膜（图9-8）。

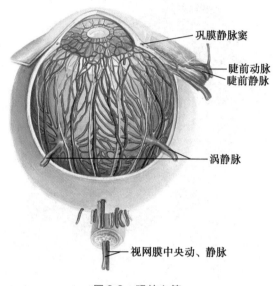

巩膜静脉窦
睫前动脉
睫前静脉
涡静脉
视网膜中央动、静脉

图9-8　眼的血管

（二）静脉

眼静脉收集眼球及眶内其他结构的静脉血，向后注入海绵窦，向前与内眦静脉及面静脉相交通。

第二节　前庭蜗器

前庭蜗器（vestibulocochlear organ）又称耳。耳按部位分为外耳、中耳和内耳三部分（图9-9）。外耳和中耳是收集及传导声波的装置，属于前庭蜗器的附属结构。内耳有位置觉和听觉感受器，是前庭蜗器的主体结构。

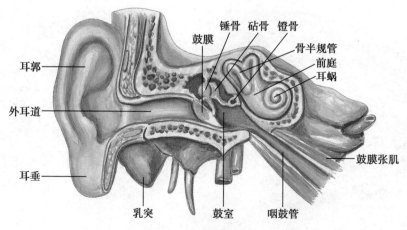
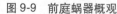

鼓膜　锤骨　砧骨　镫骨
耳郭　骨半规管
前庭
耳蜗
外耳道
鼓膜张肌
耳垂
乳突　鼓室　咽鼓管

图9-9　前庭蜗器概观

一、外耳

外耳包括耳郭、外耳道和鼓膜。

（一）耳郭

耳郭（auricle）主要由皮肤和弹性软骨构成（图9-9）。耳郭下部无软骨的部分称耳垂,有丰富的毛细血管,是临床常用的采血部位。耳郭外侧面有外耳门,外耳门前方的突起,称耳屏。耳郭有收集声波和判断声波来源方向的作用。

（二）外耳道

外耳道（external acoustic meatus）是从外耳门至鼓膜的弯曲管道,长2.0~2.5cm,分为外侧1/3的软骨部和内侧2/3的骨部。外耳道略呈"S"形,因此,检查鼓膜时,应将耳郭拉向后上方,使外耳道变直,才能看到鼓膜。小儿的外耳道较短窄,观察鼓膜时,须将耳郭拉向后下方。外耳道皮肤与深面的软骨膜和骨膜紧密相贴,因此,患外耳道疖肿时,疼痛剧烈。外耳道的皮肤内含有耵聍腺,其分泌物称耵聍,有保护作用,耵聍积存过多可影响听力。

（三）鼓膜

鼓膜（tympanic membrane）是位于外耳道与中耳之间一呈卵圆形半透明的薄膜,其位置倾斜,与外耳道的下壁构成45°角。鼓膜的中央部向内凹陷,称鼓膜脐。鼓膜的上1/4部称松弛部;下3/4部称紧张部。观察活体鼓膜时,可见紧张部的前下方有一个三角形的反光区,称光锥（图9-10）。当鼓膜异常时,光锥可变形或消失。

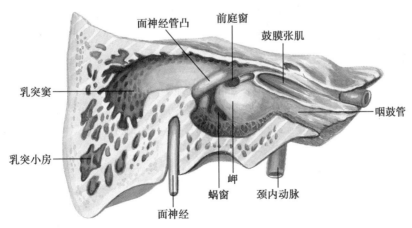

图9-10　鼓膜

二、中耳

中耳由鼓室、咽鼓管、乳突窦和乳突小房组成。

（一）鼓室

鼓室（tympanic cavity）位于鼓膜与内耳之间,是颞骨岩部内的不规则小腔,室壁内面衬有黏膜,鼓室的黏膜与乳突小房和咽鼓管的黏膜相延续（图9-11）。鼓室内有三对听小骨。

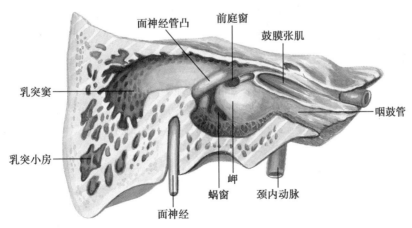

图9-11　鼓室

图片：鼓室
外侧壁

1. **鼓室壁**　鼓室由六个壁构成。

（1）上壁:即鼓室盖,与颅中窝相邻。

（2）下壁:为薄骨板,与颈内静脉相邻。

（3）前壁：与颈内动脉相邻,其上部有咽鼓管的开口。

（4）后壁：其上部有乳突窦的开口,开口稍下方有一锥形突起,称锥隆起,内藏镫骨肌。

（5）外侧壁：主要由鼓膜组成。

（6）内侧壁：即内耳的外侧壁。壁的中部隆凸,叫岬。岬的后上方呈卵圆形孔,称前庭窗;岬的后下方圆形孔,称蜗窗,在活体有膜封闭,称第二鼓膜。在前庭窗的后上方有一弓形隆起,称面神经管凸,内有面神经通过。

2. **听小骨**　每侧有三块,即锤骨、砧骨和镫骨(图 9-12)。

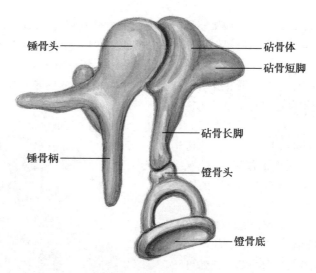

锤骨头　　　　　　　　　　　砧骨体
　　　　　　　　　　　　　　砧骨短脚

　　　　　　　　　　　　　砧骨长脚

锤骨柄　　　　　　　　　　　镫骨头

　　　　　　　　　　　　　镫骨底

图 9-12　听小骨

听小骨依次借关节相连,构成一条听骨链。锤骨居外侧,紧附于鼓膜内面;镫骨位于内侧,借韧带附着于前庭窗周缘;砧骨连于锤骨与镫骨之间。听骨链在声波传导中起重要的作用。炎症粘连时,听骨链因失去杠杆作用而导致传导性耳聋。

（二）咽鼓管

咽鼓管是连通咽腔与鼓室的管道,分骨部和软骨部两部分,管壁衬有黏膜。咽鼓管咽口平时处于闭合状态,当吞咽、打呵欠或尽力张口时开放,使鼓室与外界的气压保持平衡,有利于鼓膜的振动。小儿的咽鼓管较成人短而平直,管腔大,故小儿的咽部感染易经此蔓延至鼓室,引起中耳炎。

（三）乳突窦和乳突小房

乳突窦是介于鼓室和乳突小房之间的腔隙,向前开口于鼓室后壁上部,向后与乳突小房相通;乳突小房为颞骨乳突内许多含气的小腔,各腔互相连通,内衬黏膜并与鼓室和乳突窦黏膜相延续。

三、内耳

图片：内耳
模式图

内耳位于颞骨岩部内,由骨性隧道及其内部的膜性小管和小囊构成。内耳因管道弯曲盘旋,结构复杂,故又称迷路。分骨迷路和膜迷路(图 9-13)。骨迷路(bony labyrinth)是颞骨岩部骨质中的曲折隧道;膜迷路(membranous labyrinth)套在骨迷路内,为连续、封闭的膜性小管和小囊。二者之间的间隙内充满外淋巴,膜迷路内充满内淋巴,内、外淋巴不相流通。

由后向前,骨迷路可分为骨半规管、前庭和耳蜗;膜迷路可分为膜半规管、椭圆囊与球囊和蜗管。

（一）骨半规管和膜半规管

骨半规管是三个互相垂直的半环形骨性小管,分别称前半规管、后半规管和外侧半规管。每管有两个骨脚与前庭相连,其中一个骨脚在靠近前庭处膨大,称骨壶腹。前半规管、后半规管各有一个骨脚合并并与前庭相连,故前庭有五个骨半规管开口。

膜半规管是位于骨半规管内的膜性小管,与骨半规管的形态相似,每个膜半规管在骨壶腹内也各有一个膨大,称膜壶腹。每个膜壶腹的壁内面均有隆起的壶腹嵴。壶腹嵴是位置觉感受器,能感受头部旋转变速运动的刺激。

笔记

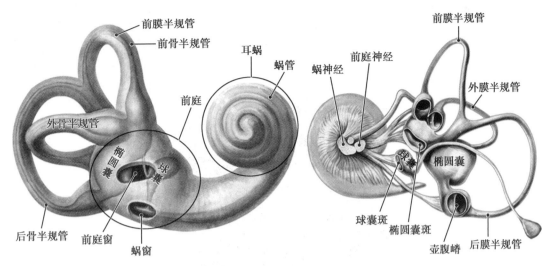

图 9-13 骨迷路和膜迷路结构模式图

（二）前庭和椭圆囊、球囊

前庭是内耳中部略膨大的骨性小腔,其外侧壁构成鼓室的内侧壁。椭圆囊和球囊是位于前庭内的两个相连通的膜性小囊,两囊壁内面分别有突入囊腔的椭圆囊斑和球囊斑,两囊斑均属于位置感受器,能感受头部位置和直线运动的刺激。

（三）耳蜗和蜗管

耳蜗外形似蜗牛壳,由骨性的蜗螺旋管环绕蜗轴旋转约两周半构成(图 9-14)。蜗螺旋管的管腔内套有膜性的蜗管,蜗管充满内淋巴。蜗管上方间隙为前庭阶,下方间隙为鼓阶,属骨迷路,充满外淋巴。前庭阶和鼓阶在耳蜗顶部借蜗孔相通,它们的另一端分别与前庭窗、蜗窗相接。

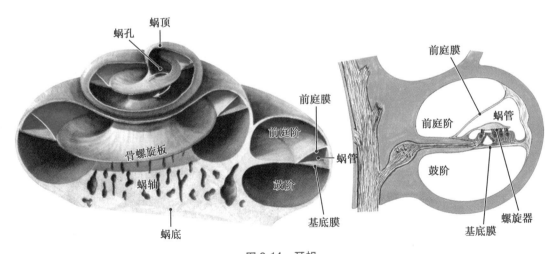

图 9-14 耳蜗

蜗管是蜗螺旋管内的一条膜性小管,位于前庭阶与鼓阶之间,横切面呈三角形,上壁为前庭膜,下壁为基底膜,基底膜上有螺旋器(Corti),螺旋器是听觉感受器,能感受声波的刺激并转化为神经冲动。

第三节 皮 肤

皮肤覆盖于身体表面,是人体最大的器官,约占体重的 16%,总面积 1.2~2.0m²。皮肤借皮下组织与深部的结构相连,具有保护、吸收、排泄、感觉、调节体温以及参与物质代谢等多种作用。

一、皮肤的结构

皮肤分为浅层的表皮和深层的真皮(图 9-15)。皮肤的厚度依部位不同而有差异,以背部、项部、手掌和足底最厚,腋窝、面部最薄,平均厚度为 1~4mm。

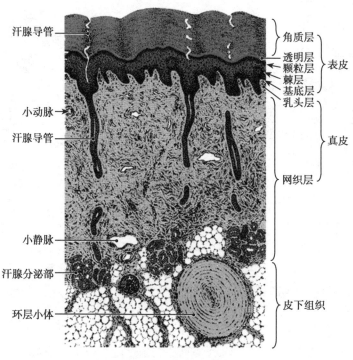

图 9-15 皮肤的结构

(一)表皮

表皮为角化的复层扁平上皮,表皮由两类细胞构成:角质形成细胞和非角质形成细胞,以角质形成细胞为主,非角质形成细胞数量少,散在分布于角质形成细胞间,包括:黑色素细胞、朗格汉斯细胞、梅克尔细胞。表皮典型结构一般可分五层,由深至浅依次为基底层、棘层、颗粒层、透明层和角质层。

1. **基底层** 基底层由一层矮柱状基底细胞构成,具有较强的分裂增殖能力,新生的细胞逐渐向表层推移,分化成表皮的各层细胞。黑色素细胞散在其中。

2. **棘层** 棘层由数层多边形细胞组成,细胞较大,表面有许多细小的棘状突起。

3. **颗粒层** 颗粒层由 3~5 层梭形细胞组成,细胞核和细胞器逐渐退化,细胞开始向角质细胞转化。

4. **透明层** 透明层由数层扁平的细胞组成,细胞核和细胞器已消失,细胞质呈均质透明状。

5. **角质层** 角质层由多层扁平的角质细胞构成,为干硬的死细胞,细胞内充满角蛋白。角质层具有抗酸碱、耐摩擦、阻挡有害物质侵入及防止体内物质丢失等作用。角质层的表层细胞连接松散,逐渐脱落形成皮屑。

(二)真皮

真皮位于表皮深面,由致密结缔组织构成,富有韧性和弹性,分为与表皮相连的乳头层和深部的网状层,二者间无明显界限。

1. **乳头层** 紧靠表皮,纤维细密,细胞较多。结缔组织呈乳头状突向表皮,扩大了表皮与真皮的接触面积,称真皮乳头,内含丰富的毛细血管和神经末梢。

2. **网状层** 位于乳头层深面,较厚,胶原纤维束交织成网,并有较多的弹性纤维,使皮肤具有韧性和弹性。此层内含有许多小血管、淋巴管和多种感受器(如感受触觉的触觉小体、感受痛觉的游离神经末梢、感受压觉的环层小体)以及皮脂腺、汗腺等。

皮内注射和皮下注射

　　皮内注射是将小量药液或生物制剂注射于表皮与真皮之间的技术。临床上多用于各种药物过敏试验（皮试）、预防接种等。依次穿过表皮的角质层、透明层、颗粒层、棘层和基底层，再进入表皮与真皮之间。部位选用：皮试常选用前臂掌侧，该处皮肤较薄，易于注射，且此处皮色较淡，便于观察局部反应；预防接种常选用三角肌下缘。

　　皮下注射是将少量药液或生物制剂注入于皮下组织内的技术。临床上对于需在一定时间内产生药效，又不能或不宜用口吸取给药的情况用皮下注射。依次穿过表皮、真皮，再穿入皮下组织内。部位选用三角肌下缘、上臂外侧、腹部、背部、大腿前内侧和外侧。

图片：皮内注射、皮下注射与肌肉注射模式图

二、皮肤的附属器

　　皮肤的附属器包括毛、皮脂腺、汗腺和指（趾）甲等（图9-16）。

（一）毛

　　人体皮肤除手掌和足底等处外，都有毛分布，露在皮肤外面的部分称毛干，埋入皮肤内的部分称毛根，毛根周围包有毛囊。毛囊和毛根下端都膨大，称毛球，是毛和毛囊的生长点。毛球基部有一深凹，结缔组织伸入其内形成毛乳头。毛乳头对体毛的生长有重要作用。毛囊的一侧附有一束连接真皮的斜行平滑肌束，称竖毛肌，收缩时，可使毛竖立。

（二）皮脂腺

　　皮脂腺位于毛与竖毛肌之间，其导管开口于毛囊。皮脂腺的分泌物称皮脂，有滋润皮肤和保护毛发作用。

（三）汗腺

　　汗腺分布广泛，全身的皮肤，除乳头和阴茎头等处外，都分布有汗腺，以手掌、足底

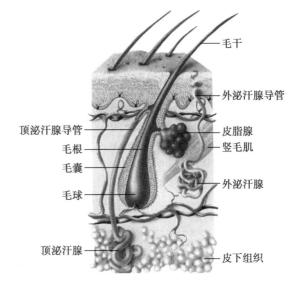

图 9-16　皮肤附属器模式图

和腋窝等处最多。汗腺由分泌部和导管两部分组成。汗腺的分泌物称汗液。汗液经导管排到皮肤表面，有湿润皮肤、排出代谢产物、调节体温和水盐平衡等作用。在腋窝、会阴等处的皮肤内含有大汗腺，它直接开口于毛囊上段，其分泌物较浓稠，经细菌作用后，可产生一种特殊的气味，俗称"狐臭"。

（四）指（趾）甲

　　为角质层增厚形成的板状结构。指甲的前部露出于体表称甲体；后部埋入皮内，称甲根。甲根深部的上皮为甲母质，是甲的生长点。甲体两侧和甲根浅面的皮肤皱襞，称甲襞。甲襞与甲体之间的沟，称甲沟。

三、皮下组织

　　皮下组织即浅筋膜，由疏松结缔组织和脂肪组织构成，不属于皮肤的结构，但其结缔组织纤维与真皮相连，并使皮肤有一定的活动性。皮下组织的厚度因个体、年龄、性别和部位不同有较大的差异，如腹部皮下组织最厚，脂肪组织丰富，眼睑的皮下组织薄而疏松，不含脂肪组织。皮下组织内有较大的血管、淋巴管和神经，毛囊、汗腺也常延伸到此层，还有全身的浅静脉在此走行、分布。皮下注射就是将药物注入此层。

图片：指甲纵切面模式图

笔记

本章小结

　　感觉器是专门感受特定刺激的器官,由感受器及其附属结构组成。眼由眼球和眼副器组成,眼球包括眼球壁(纤维膜、血管膜、视网膜)和内容物(房水、晶状体、玻璃体);眼的折光装置包括角膜、房水、晶状体、玻璃体;房水由睫状体产生,经眼后房-瞳孔-前房-虹膜角膜角-巩膜静脉窦汇入眼静脉,有维持眼压的功能。眼副器包括眼睑、结膜、泪器和眼外肌。耳由外耳(耳郭、外耳道、鼓膜)、中耳(鼓室、咽鼓管、乳突窦和乳突小房)和内耳(骨迷路、膜迷路)构成;听小骨包括锤骨、砧骨和镫骨;位置觉感受器包括壶腹嵴、椭圆囊斑和球囊斑,听觉感受器是螺旋器,位于基底膜上。皮肤是人体最大的器官,分表皮和真皮两层,表皮分五层(基底层、棘层、颗粒层、透明层和角质层);皮肤附属器包括毛、皮脂腺、汗腺和指(趾)甲。

(王中星)

扫一扫,测一测

思考题

1. 光线投射到视网膜经过哪些结构?
2. 试述房水的产生及循环途径。
3. 泪器由哪几部分组成? 鼻泪管开口于什么部位?
4. 试述内耳有哪些感受器? 它们位于何处? 分别接受哪些刺激?
5. 试述皮肤的组织学结构。

第十章 神经系统

学习目标

1. 掌握：神经系统的分部及常用术语；脊髓的位置、外形特点及内部结构；脑干、小脑、间脑的位置和外形；大脑半球的分叶及主要皮质功能区；内囊的概念、位置、结构特点及临床意义。

2. 熟悉：颈丛、臂丛、腰丛和骶丛的组成、位置及主要分支的走行和分布；交感神经和副交感神经的区别；感觉、运动传导通路的走行。

3. 了解：脑神经的数目、名称和连脑部位。

4. 学会在标本上对神经系统主要结构进行辨认。

5. 具备运用解剖学知识做好神经系统常见疾病卫生宣教工作的能力。

第一节 概　述

一、神经系统的分部

神经系统分为中枢神经系统和周围神经系统两部分（图 10-1）。中枢神经系统包括脑和脊髓，分别位于颅腔和椎管内；周围神经系统包括脑神经、脊神经和内脏神经。脑神经与脑相连，脊神经与脊髓相连，内脏神经通过脑神经和脊神经连于脑和脊髓。内脏神经分布于内脏、心血管、平滑肌和腺体。

二、神经系统的常用术语

（一）灰质和白质

在中枢神经系统内，神经元胞体和树突集中处色泽灰暗，称灰质（gray matter）；在中枢神经系统内，神经纤维集中处色泽白亮，称白质（white matter）。在大脑和小脑浅层的灰质又称皮质（cortex）；在大脑和小脑深层的白质又称髓质（medulla）。

（二）神经核和神经节

形态和功能相似的神经元胞体集中形成的团块，在中枢神经系统内，称神经核（nucleus）；在周围神经系统内，称神经节（ganglion）。

（三）纤维束和神经

在中枢神经系统内，起止和功能基本相同的神经纤维集合成束，称纤维束（fasciculus）；在周围神经系统内，由功能相同或不同的神经纤维聚集成束，并被结缔组织被膜包裹形成圆索状的结构，称神经（nerve）。

147

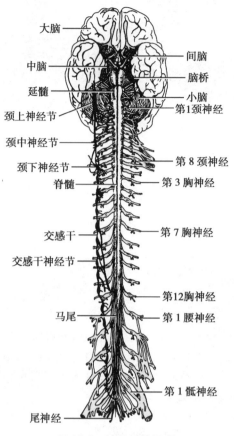

图 10-1 神经系统概观

大脑
中脑
延髓
颈上神经节
颈中神经节
颈下神经节
脊髓
交感干
交感干神经节
马尾
尾神经

间脑
脑桥
小脑
第1颈神经
第8颈神经
第3胸神经
第7胸神经
第12胸神经
第1腰神经
第1骶神经

（四）网状结构

在中枢神经系统内,由灰质和白质混杂相间而成,神经纤维纵横交织,灰质团块散在其中的结构,称网状结构。

第二节　中枢神经系统

一、脊髓

（一）脊髓的位置与外形

脊髓(spinal cord)位于椎管内,上端在枕骨大孔处与延髓相连,下端在成人平第1腰椎下缘;新生儿约平第3腰椎下缘。故临床上腰椎穿刺抽取脑脊液时,常选择在第3~4腰椎或第4~5腰椎棘突之间进行,不至于损伤脊髓。

脊髓呈前后略扁的圆柱形,长40~45cm,全长有两处膨大部,上部称颈膨大,下部称腰骶膨大。脊髓末端变细呈圆锥状,称脊髓圆锥(conus medullaris),其向下延续的细丝,称终丝。在脊髓圆锥下方,腰、骶、尾神经根围绕终丝形成马尾(图10-2)。

脊髓表面有六条纵行的沟裂。前面正中的深沟为前正中裂;后面正中的浅沟为后正中沟。在脊髓的两侧,还有左、右对称的前外侧沟和后外侧沟。

脊髓两侧连有31对脊神经,与每1对脊神经相连的一段脊髓,称一个脊髓节段。因此,脊髓有31个节段,即颈段8节、胸段12节、腰段5节、骶段5节和尾段1节。

（二）脊髓的内部结构

脊髓主要由灰质和白质构成,脊髓各节段中的内部结构大致相似,在横切面上,可见到中央有呈蝴蝶形或H形的灰质,灰质的周围为白质(图10-3)。

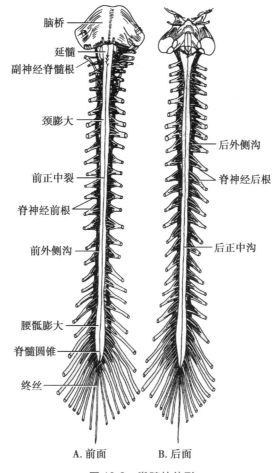

图 10-2　脊髓的外形

脑桥
延髓
副神经脊髓根
颈膨大
前正中裂
脊神经前根
前外侧沟
腰骶膨大
脊髓圆锥
终丝

后外侧沟
脊神经后根
后正中沟

A. 前面　　B. 后面

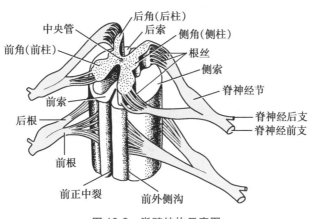

图 10-3　脊髓结构示意图

中央管
后角(后柱)
后索
侧角(侧柱)
前角(前柱)
根丝
侧索
脊神经节
前索
脊神经后支
脊神经前支
后根
前根
前正中裂
前外侧沟

1. **灰质**　纵贯脊髓全长,中央有一小管,称中央管。每一侧灰质分别向前方和后方伸出前角(柱)和后角(柱)。前角主要由运动神经元的胞体构成;后角主要由联络神经元胞体构成。在脊髓的第 1 胸节至第 3 腰节的前、后角之间还有向外侧突出的侧角(柱),内含交感神经元,是交感神经的低级中枢;此外,在脊髓的第 2~4 骶节相当于侧角的部位还有副交感神经元聚集,称骶副交感核,是副交感神经的低级中枢。

脊髓灰质炎

脊髓灰质炎,俗称"小儿麻痹症",是由脊髓灰质炎病毒感染引起的一种急性传染病,多见于 1~6 岁儿童,该病毒侵犯脊髓灰质前角运动神经元,造成该神经根支配的骨骼肌运动功能障碍,出现不同程度的肌肉瘫痪及萎缩,致残率高,但受损肢体感觉功能正常。该病没有特效药治疗,主要采取接种疫苗来预防,我国要求婴幼儿 2、3、4 月龄及 4 周岁各口服脊髓灰质炎活疫苗糖丸,每年的 12 月 4、5 日及下一年度的元月 4、5 日为全国脊髓灰质炎疫苗接种日。由于预防接种的广泛开展,从 2000 年起我国就被世界卫生组织确认为无脊髓灰质炎国家。

2. 白质 位于灰质的周围,每侧白质又被脊髓的纵沟分为三个索(图 10-3)。前正中裂和前外侧沟之间,称前索;后正中沟和后外侧沟之间,称后索;前、后外侧沟之间,称外侧索。各索主要由传导神经冲动的上、下行纤维束构成。其中上行的传导束(传导感觉)主要有薄束(fasciculus gracilis)和楔束(fasciculus cuneatus)、脊髓丘脑束(spinothalamic tract)等;下行传导束(传导运动)主要有皮质脊髓束(corticospinal tract)等(图 10-4)。

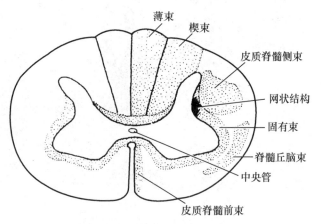

图 10-4 脊髓内纤维束的分布

(1) 薄束和楔束:上行于后索,薄束位于楔束的内侧,二者传导本体感觉(肌、腱和关节等处的位置觉、运动觉和振动觉)及精细触觉(辨别两点距离和物体的纹理粗细等)。薄束传导第 4 胸节以下的本体感觉,楔束则传导第 4 胸节以上的本体感觉。

(2) 脊髓丘脑束:上行于前索和外侧索的前半部,又分别称为脊髓丘脑前束和脊髓丘脑侧束,传导躯干、四肢的痛觉、温度觉及粗触觉冲动。

(3) 皮质脊髓束:起于大脑皮质躯体运动区的锥体细胞,包括皮质脊髓侧束和皮质脊髓前束,管理骨骼肌的随意运动。

(三) 脊髓的功能

1. 传导功能 脊髓是脑与躯干、四肢感受器和效应器联系的枢纽。脊髓内上、下行纤维束是实现传导功能的重要结构。

2. 反射功能 许多反射中枢位于脊髓灰质内,如腱反射、排便和排尿反射等。

二、脑

脑(brain)位于颅腔内,可分为端脑、间脑、小脑和脑干四个部分(图 10-5),脑干自上而下由中脑、脑桥和延髓组成。

(一) 脑干

脑干(brain stem)上接间脑,下在枕骨大孔处续于脊髓,背侧与小脑相连(图 10-6,图 10-7)。中脑内有一狭窄的管道,称中脑水管。延髓、脑桥和小脑之间有第四脑室。

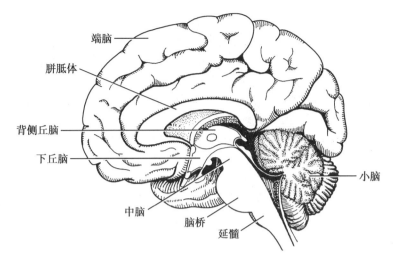

图 10-5 脑的正中矢状切面

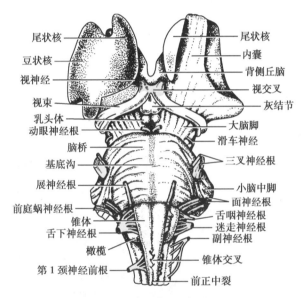

图 10-6 脑干外形(腹侧面)

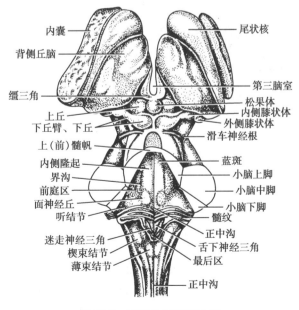

图 10-7 脑干外形(背侧面)

1. 脑干的外形

（1）腹侧面：延髓（medulla oblongata）位于脑干的最下部，腹侧面正中有与脊髓相续的前正中裂，其两侧各有一个纵行隆起，称锥体，锥体的下方形成锥体交叉。延髓向上借横行的延髓脑桥沟与脑桥（pons）分界。

脑桥腹侧面宽阔而膨隆，称脑桥基底部。基底部正中有一纵行浅沟，称基底沟，有基底动脉通过。脑干外侧逐渐变窄，借小脑脚与背侧的小脑相连。

中脑（midbrain）位于脑干的最上部，腹侧面有两个粗大的纵行柱状结构，称大脑脚，两脚之间的凹窝，称脚间窝。

（2）背侧面：延髓背侧面下部的后正中沟两侧可见两对隆起，内侧的称薄束结节，内有薄束核；外侧的称楔束结节，内有楔束核。在延髓背侧面的上部和脑桥背侧面共同形成菱形凹陷，称菱形窝。

中脑的背侧面有两对隆起，上方的一对称上丘，与视觉反射有关；下方的一对称下丘，与听觉反射有关。

脑神经共有 12 对，与脑干相连的有 10 对（见图 10-6，图 10-7），其中与中脑相连的有动眼神经和滑车神经；与脑桥相连的有三叉神经、展神经、面神经和前庭蜗神经；与延髓相连的有舌咽神经、迷走神经、副神经和舌下神经。

2. 脑干的内部结构　由灰质、白质和网状结构组成。

（1）灰质：脑干的灰质分散成许多团块状，称神经核。神经核主要有两种，其中与脑神经相连的，称脑神经核，分为脑神经运动核和脑神经感觉核（图 10-8）；另外是参与组成神经传导通路或反射通路的，称非脑神经核，主要包括薄束核、楔束核、红核和黑质等。

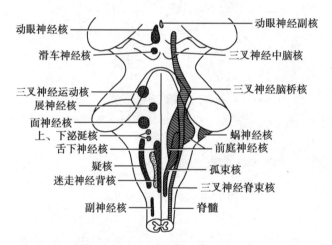

图 10-8　脑神经核在脑干背侧面的投影

（2）白质：主要由上、下行纤维束构成。上行纤维束主要有内侧丘系、脊髓丘系和三叉丘系等。下行纤维束主要有锥体束，又分为皮质核束和皮质脊髓束。

（3）网状结构：位于脑干的中央区域，网状结构接受来自所有感觉系统的信息，与中枢神经系统发生广泛联系。

3. 脑干的功能

（1）传导功能：大脑皮质与小脑、脊髓相互联系的上、下行纤维束都要经过脑干。

（2）反射功能：脑干内有许多反射中枢，如中脑内的瞳孔对光反射中枢；脑桥内的呼吸调整中枢和角膜反射中枢；延髓内的心血管活动中枢和呼吸中枢等。

（3）网状结构的功能：脑干网状结构有维持大脑皮质觉醒、调节骨骼肌张力和调节内脏活动等功能。

（二）小脑

1. 小脑的位置、外形　小脑（cerebellum）位于颅后窝内，在延髓和脑桥的背侧。小脑两侧膨大，称小脑半球，中间窄细，称小脑蚓。小脑半球下面近枕骨大孔处膨出部分，称小脑扁桃体（tonsil of cere-

bellum)(图10-9)。颅内压增高时,小脑扁桃体被挤入枕骨大孔,压迫延髓的心血管活动中枢和呼吸中枢等,可危及生命,临床上称小脑扁桃体疝或枕骨大孔疝。

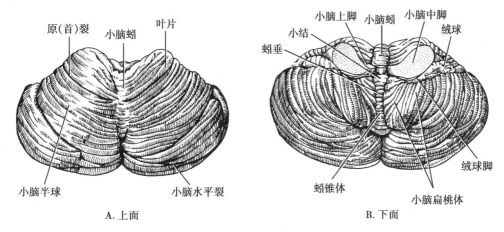

图 10-9 小脑的外形

2. **小脑的内部结构** 小脑表面被覆一层灰质,称小脑皮质;白质位于深面,称小脑髓质,小脑髓质内有数对灰质核团,称小脑核,主要有齿状核和顶核等。

3. **小脑的功能** 小脑蚓的主要功能是维持身体的平衡;小脑半球的主要功能是调节骨骼肌的紧张度,协调各肌群的随意运动。

4. **第四脑室** 第四脑室(fourth ventricle)是位于延髓、脑桥与小脑之间的腔隙,呈四棱锥状,其底即菱形窝,顶朝向小脑,向上借中脑水管与第三脑室相通,向下续脊髓中央管,后面和外侧借一个正中孔和两个外侧孔与蛛网膜下隙相通。

(三)间脑

间脑(diencephalon)位于中脑和端脑之间,主要由背侧丘脑和下丘脑组成。

1. **背侧丘脑(dorsal thalamus)** 又称丘脑,是间脑背侧的一对卵圆形灰质核团,背侧丘脑内部被"Y"形的内髓板(白质板)分成前群核、内侧核群和外侧核群三个核群。外侧核群腹侧部的后份,称腹后核,为躯体感觉中继核。背侧丘脑后部外下方,各有一对隆起,内侧的称内侧膝状体,与听觉冲动的传导有关;外侧的称外侧膝状体,与视觉冲动的传导有关。

2. **下丘脑(hypothalamus)** 位于背侧丘脑的前下方,其底面由前向后有视交叉、灰结节和乳头体。灰结节向下移行为漏斗,其末端连有垂体。下丘脑结构较复杂,内有多个核群,其中最重要的有视上核和室旁核,能分泌抗利尿激素和催产素,经漏斗运至神经垂体贮存(图10-10)。

下丘脑是调节内脏活动的高级中枢,对内分泌、体温、摄食、水平衡和情绪反应等起重要的调节作用。

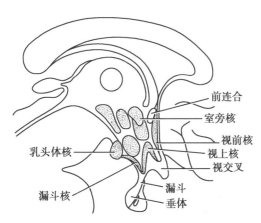

图 10-10 下丘脑的主要核团(内侧投影)

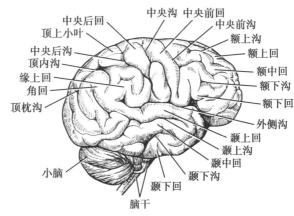

图 10-11 大脑半球上外侧面

3. **第三脑室**（third ventricle） 是位于两侧背侧丘脑和下丘脑之间的矢状位裂隙。第三脑室前借室间孔与左、右侧脑室相通，后借中脑水管与第四脑室相通。

（四）端脑（telencephalon）

由左、右大脑半球借胼胝体连接而成，两大脑半球之间隔有大脑纵裂，大脑半球与小脑之间隔有大脑横裂。

1. **大脑半球的外形及分叶** 大脑半球表面凹凸不平，凹陷处称大脑沟，沟之间的隆起称大脑回。每侧大脑半球分为上外侧面、内侧面和下面，并借三条叶间沟分为五个叶（图 10-11，图 10-12）。

（1）大脑半球的叶间沟：外侧沟在大脑半球的上外侧面，起于半球下面，行向后上方；中央沟也在大脑半球的上外侧面，自半球上缘中点斜向前下；顶枕沟位于半球内侧面后部，自前下斜向后上。

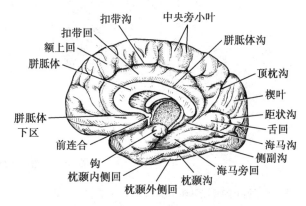

图 10-12 大脑半球内侧面

（2）大脑半球的分叶：大脑半球借三条叶间沟分为五个叶，其中额叶为外侧沟之上、中央沟之前的部分；顶叶为中央沟之后、顶枕沟之前的部分；颞叶为外侧沟以下的部分；枕叶位于顶枕沟的后方；岛叶位于外侧沟的深部。

2. **大脑半球重要的沟和回**

（1）上外侧面：额叶可见到与中央沟平行的中央前沟，两沟之间为中央前回（图 10-11）；在中央前沟的前方有与半球上缘平行的额上沟和额下沟，两沟的上、下方分别为额上回、额中回和额下回。在颞叶外侧沟的下壁上有数条斜行向内的短回，称颞横回；外侧沟的下方有与之平行的颞上、下沟，两沟的上、下方分别有颞上、中、下回。在顶叶，有与中央沟平行的中央后沟，两沟之间为中央后回；在外侧沟末端有一环行脑回，称缘上回；围绕在颞上沟末端的脑回，称角回。

（2）内侧面：在中央可见呈弓状的胼胝体（corpus callosum）（图 10-12）；围绕胼胝体的上方，有弓状的扣带回及位于扣带回中部上方的中央旁小叶，此叶由中央前、后回延续到内侧面构成；在枕叶，还可见到呈前后走向的距状沟；距状沟的前下方自枕叶向前伸向颞叶的沟为侧副沟。侧副沟内侧的脑回，称海马旁回，其前端弯向后上，称钩。扣带回、海马旁回和钩等结构组成边缘叶。

（3）下面：在额叶下面前端有一椭圆形结构，称嗅球；嗅球向后延续成嗅束，与嗅觉传导有关。

3. **大脑半球的内部结构** 大脑半球表层称大脑皮质；皮质的深面为髓质，髓质内近脑底埋藏着一些灰质团块，称基底核；大脑半球内部的空腔称侧脑室。

（1）大脑皮质及其功能定位：大脑皮质由大量的神经元及神经胶质细胞组成。在大脑皮质的不同部位，形成许多重要的区域，称大脑皮质的功能定位。

1）躯体运动区：位于中央前回和中央旁小叶的前部，管理对侧半身的骨骼肌运动。身体各部在此区的投影大致如倒置的人形（头面部不倒置）。若运动区某一局部损伤，相应部位的骨骼肌运动将会发生障碍。

2）躯体感觉区：位于中央后回和中央旁小叶的后部，接受背侧丘脑传来的对侧半身的感觉纤维。身体各部在此区的投影与躯体运动区相同。若躯体感觉区某一部位受损，将引起对侧半身相应部位的感觉障碍。

3）视区：位于枕叶内侧面距状沟两侧的皮质。

4）听区：位于颞横回。

5）语言区：在大脑皮质中与语言活动有关的代表区（表 10-1）。

（2）基底核（basal striatum）：为埋藏在大脑髓质内的灰质团块，包括尾状核、豆状核和杏仁体等。豆状核和尾状核合称纹状体，具有调节肌张力和协调各肌群运动等作用。杏仁体的功能与内脏活动和内分泌有关。

图片：岛叶

图片：大脑皮质的主要中枢

笔记

表 10-1　大脑皮质的语言代表区及功能障碍

语言代表区	中枢部位	损伤后语言障碍
运动性语言中枢	额下回后部	运动性失语(不会说话)
听觉性语言中枢	颞上回后部	感觉性失语(听不懂讲话)
书写中枢	额中回后部	失写症(丧失写字能力)
视觉性语言中枢	角回	失读症(不懂文字含义)

（3）大脑髓质：位于皮质的深面，由大量的神经纤维组成，可分为联络纤维、连合纤维及投射纤维三种。

1）联络纤维：是联系同侧大脑半球回与回或叶与叶之间的纤维。

2）连合纤维：是联系左、右两侧大脑半球的横行纤维，主要有胼胝体等。

3）投射纤维：是联系大脑皮质和皮质下结构的上、下行纤维，这些纤维大部分经过内囊。

内囊（internal capsule）：是位于背侧丘脑、尾状核与豆状核之间的上、下行纤维。在大脑水平切面上，内囊呈"><"形（图 10-13），可分为内囊前肢、内囊膝和内囊后肢三部分。内囊前肢位于豆状核与尾状核之间；内囊后肢位于豆状核与背侧丘脑之间，主要有皮质脊髓束、丘脑皮质束、视辐射和听辐射等通过；前、后肢结合处，称内囊膝，有皮质核束通过。一侧内囊损伤，可引起"三偏综合征"，即对侧半身的肢体运动障碍，对侧半身的感觉障碍及双眼对侧半视野偏盲。

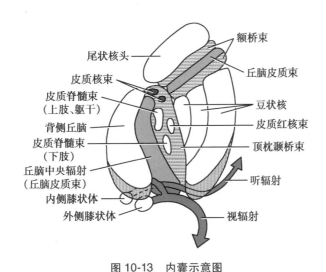

图 10-13　内囊示意图

图片：脑室投影图

图片：大脑半球内部结构

（4）侧脑室（lateral ventricle）：位于大脑半球内，左右各一，借室间孔与第三脑室相通，室腔内有脉络丛，可分泌脑脊液。

三、脑和脊髓的被膜、血管及脑脊液循环

（一）脑和脊髓的被膜

脑和脊髓的表面有三层被膜，由外向内依次为硬膜、蛛网膜和软膜。它们对脑和脊髓具有保护、营养和支持作用。

1. 硬膜

（1）硬脊膜（spinal dura mater）：为一层厚而坚硬的致密结缔组织膜，呈管状包绕脊髓。硬脊膜上端附着于枕骨大孔边缘，与硬脑膜延续，下端附于尾骨。硬脊膜与椎管之间的狭窄腔隙，称硬膜外隙，其内除有脊神经根通过外，还有疏松结缔组织、脂肪、淋巴管和静脉丛等。硬膜外隙不与颅内相通，且此间隙呈负压（图 10-14）。

（2）硬脑膜（cerebral dura mater）：由内、外两层构成，外层即颅骨的内膜，内层较坚硬。硬脑膜内层折叠成若干个板状突起，深入脑的各部裂隙中。重要的有（图10-15）：

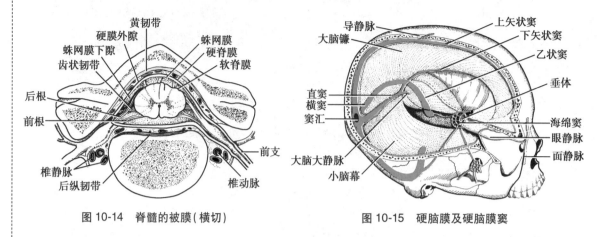

图 10-14　脊髓的被膜（横切）　　　　图 10-15　硬脑膜及硬脑膜窦

1）大脑镰（cerebral falx）：形如镰刀，深入大脑纵裂中。

2）小脑幕（tentorium cerebellum）：呈半月形，深入大脑横裂中。小脑幕前缘游离，称小脑幕切迹，切迹前邻中脑。颅内压增高时，可将小脑幕切迹压向前下方，压迫延髓生命中枢，危及生命。临床上称小脑幕切迹疝。

3）硬脑膜窦（sinuses of dura mater）：硬脑膜在某些部位两层分开，构成含静脉血的腔隙，称硬脑膜窦。主要有上矢状窦、下矢状窦、直窦、横窦、乙状窦和海绵窦等。海绵窦位于垂体窝两侧，为硬脑膜两层之间不规则的腔隙，其内有重要的血管和神经通过。

2. 蛛网膜　为半透明的薄膜，位于硬脊膜的深面，蛛网膜与软脊膜间的腔隙，称蛛网膜下隙（subarachnoid space），内含脑脊液。此隙在脊髓下端至第2骶椎之间扩大，称为终池（图10-16），内有马尾，临床上常在此进行腰椎穿刺。

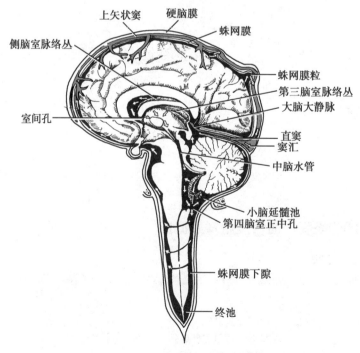

图 10-16　脑脊液循环示意图

蛛网膜在上矢状窦周围形成许多颗粒状突起,突入上矢状窦内,称蛛网膜粒。脑脊液通过蛛网膜粒渗入上矢状窦,这是脑脊液回流静脉的重要途径(图10-16)。

3. **软膜**　为富有血管的薄膜,紧贴脑和脊髓表面。在脑室附近,软脑膜的血管呈丛状并突入脑室内,形成脉络丛,脑脊液由此产生。

（二）脑和脊髓的血管

1. 脑的血管

（1）脑的动脉:主要来自颈内动脉和椎动脉,前者供应大脑半球前2/3和部分间脑,后者供应大脑半球后1/3、间脑后部、小脑和脑干。颈内动脉和椎动脉都发出皮质支和中央支,皮质支营养皮质和浅层髓质;中央支营养间脑、基底核和内囊等。颈内动脉的主要分支有大脑前动脉、大脑中动脉,分别布于大脑枕叶以前的内侧面和上外侧面。布于基底核和内囊的动脉以直角发自大脑中动脉(图10-17)。

图片:大脑半球内侧面的动脉

图片:大脑半球上外侧面的动脉

图片:脑底面的动脉

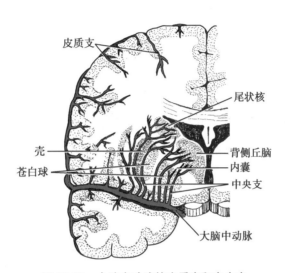

图10-17　大脑中动脉的皮质支和中央支

图中标注:皮质支、尾状核、壳、背侧丘脑、苍白球、内囊、中央支、大脑中动脉

知识拓展

内囊损伤

　　内囊处脑血栓形成、脑梗死及脑出血是造成内囊损伤的主要原因,该处既易出现血栓形成、又易出血的原因是因为供应其血液循环的动脉以直角发自大脑中动脉,其血流存在漩涡,当血压低、血流慢时易形成血栓;当长期血压高、动脉硬化可致血管瘤发生,最终破裂出血。内囊损伤后造成上、下行纤维及视辐射受损而出现"三偏征",即对侧半身的肢体运动障碍(下面部及上下肢瘫痪)、对侧半身的感觉障碍和双眼对侧半视野偏盲。由于听觉传导可达双侧听觉中枢,故一侧内囊损伤不会出现单侧或双侧听觉障碍。

（2）脑的静脉:脑的静脉不与动脉伴行,分浅静脉和深静脉两组,吻合丰富,静脉血主要由硬脑膜窦收集,最终汇入颈内静脉。

2. 脊髓的血管　脊髓的动脉来源于椎动脉、肋间后动脉和腰动脉发出的脊髓支,静脉分布大致与动脉相同,注入椎内静脉丛。

（三）脑脊液及其循环

脑脊液(cerebral spinal fluid)为无色透明液体,成人总量约150ml,由脑室脉络丛产生,其循环从侧脑室,经室间孔进入第三脑室,向下经中脑水管流到第四脑室,再经第四脑室正中孔和外侧孔流入蛛网膜下隙,通过蛛网膜粒渗入上矢状窦,最后注入颈内静脉(见图10-16)。脑脊液有营养、支持和保护等作用。脑的某些疾病可引起脑脊液成分的变化,通过检验脑脊液可协助诊断。

笔记

知识拓展

脑脊液的颜色与疾病

正常脑脊液为无色透明水样液体,在病毒性脑炎、轻型结核性脑膜炎、脊髓灰质炎和神经梅毒时脑脊液也为无色,但多混浊,欠清澈;脑脊液为红色见于脑出血或蛛网膜下隙出血,也可见于穿刺损伤;黄色见于陈旧性脑出血及蛛网膜下隙出血,各种黄疸,重症结核性脑膜炎,脑、脊髓内肿瘤等;乳白色见于化脓性脑膜炎(因白细胞增多所致);微绿色见于铜绿假单胞菌或甲型链球菌脑膜炎;褐色和黑色见于中枢神经系统黑色素瘤或黑色素肉瘤等。

第三节 周围神经系统

一、脊神经

脊神经(spinal nerves)共 31 对,从上到下分为颈神经 8 对、胸神经 12 对、腰神经 5 对、骶神经 5 对和尾神经 1 对。每对脊神经借运动性前根、感觉性后根与脊髓相连,并在椎间孔处汇合成脊神经,后根在近椎间孔处有一椭圆形膨大,称脊神经节(spinal ganglia)。每对脊神经既含感觉纤维又含运动纤维,都是混合性神经(见图 10-3)。

脊神经出椎间孔后分为前支和后支。后支细短,主要分布于项、背、腰和骶部的深层肌及皮肤。前支粗大,主要分布于躯干前外侧和四肢的肌、关节和皮肤等处,除胸神经前支外,分别组成颈丛、臂丛、腰丛和骶丛四对神经丛,由丛再发出分支布于相应区域。

(一)颈丛

颈丛(cervical plexus)由第 1~4 颈神经前支组成,位于胸锁乳突肌上部深面。其主要分支有皮支和膈神经。

皮支较粗大,位置表浅,由胸锁乳突肌后缘中点浅出至浅筋膜,布于耳郭、头后外侧、颈前外侧部和肩部等处的皮肤。临床上做颈浅部手术时,常在胸锁乳突肌后缘中点处进行阻滞麻醉。

膈神经(phrenic nerve)是混合性神经,经锁骨下动、静脉之间入胸腔至膈肌。其运动纤维支配膈;感觉纤维分布于心包、胸膜、肝、胆囊和膈下的腹膜(图 10-18)。

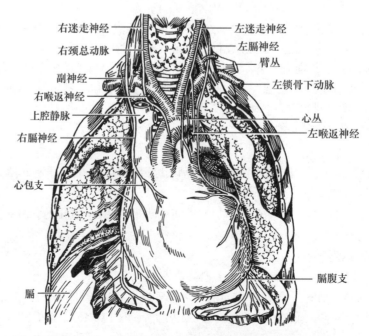

右迷走神经　　左迷走神经
右颈总动脉　　左膈神经
　　　　　臂丛
副神经　　左锁骨下动脉
右喉返神经
上腔静脉　　心丛
右膈神经　　左喉返神经
心包支
膈腹支
膈

图 10-18　膈神经

（二）臂丛

臂丛（brachial plexus）由第 5~8 颈神经的前支和第 1 胸神经的前支大部分纤维组成,经锁骨中点后方入腋窝,围绕腋动脉排列。臂丛的主要分支有以下(图 10-19):

1. **肌皮神经**（musculocutaneous nerve） 沿肱二头肌深面下行,肌支支配臂前群肌,皮支分布于前臂外侧的皮肤。

2. **正中神经**（median nerve） 沿肱二头肌内侧缘伴肱动脉下行至肘窝,在前臂正中下行于浅、深屈肌之间达手掌。肌支支配前臂桡侧大部分前群肌、鱼际肌等;皮支分布于手掌桡侧半、桡侧三个半指掌面及中、远节手指背侧面皮肤等。

3. **尺神经**（ulnar nerve） 伴肱动脉内侧下行至臂中部,再向下经尺神经沟入前臂,伴尺动脉内侧下行至手掌。肌支支配前臂尺侧小部分前群肌和小鱼际肌等;皮支分布于手掌尺侧半和尺侧一个半指掌面的皮肤,以及手背尺侧半和尺侧两个半指背面的皮肤等。

4. **桡神经**（radial nerve） 紧贴肱骨桡神经沟向外下行,至前臂背侧和手背。肌支支配臂及前臂后群肌;皮支分布于臂及前臂背侧面、手背桡侧半和桡侧两个半指近节背面的皮肤等。

5. **腋神经**（axillary nerve） 绕肱骨外科颈至三角肌深面,肌支支配三角肌等。

（三）胸神经前支

胸神经前支共十二对,除第 1 对的大部分和第 12 对的小部分分别参与臂丛和腰丛的组成外,其余均不形成神经丛。第 1~11 对胸神经前支均各自行于相应的肋间隙中,称肋间神经（intercostal nerves）。第 12 胸神经前支的大部分行于第 12 肋下缘,故称肋下神经。

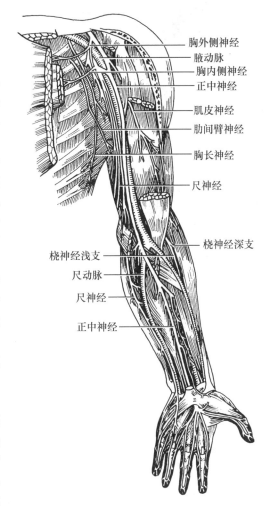

胸外侧神经
腋动脉
胸内侧神经
正中神经
肌皮神经
肋间臂神经
胸长神经
尺神经

桡神经深支

桡神经浅支
尺动脉
尺神经
正中神经

图 10-19 左上肢前面的神经

图片:肩和臂部的神经

图片:前臂和手的神经

胸神经的肌支支配肋间肌和腹肌的前外侧群,皮支分布于胸、腹部的皮肤以及胸膜和腹膜壁层。

（四）腰丛

腰丛（lumbar plexus）由第 12 胸神经前支的小部分、第 1~3 腰神经前支和第 4 腰神经前支的一部分组成,位于腰大肌深面。其主要分支有:

1. **股神经**（femoral nerve） 在腰大肌外侧下行,经腹股沟韧带深面,股动脉外侧进入股三角,肌支支配大腿前群肌;皮支分布于大腿前面和小腿内侧面的皮肤等(图 10-20)。

2. **闭孔神经**（obturator nerve） 于腰大肌内侧穿出,并沿小骨盆侧壁前行出骨盆腔,布于大腿内侧群肌和大腿内侧的皮肤(图 10-20)。

（五）骶丛

骶丛（sacral plexus）由腰骶干（第 4 腰神经前支的一部分和第 5 腰神经前支组成）及骶神经和尾神经的前支组成,位于骶骨和梨状肌前面。骶丛的重要分支有(图 10-21):

1. **臀上神经**（superior gluteal nerve） 经梨状肌上孔出盆腔,支配臀中肌和臀小肌等。

2. **臀下神经**（inferior gluteal nerve） 经梨状肌下孔出盆腔,支配臀大肌。

3. **阴部神经**（pudendal nerve） 经梨状肌下孔出盆腔,分布于外生殖器、会阴部的肌和皮肤。

4. **坐骨神经**（sciatic nerve） 是全身最粗大的神经,自梨状肌下孔出盆腔后,经臀大肌深面至大腿后部,在腘窝上方分为胫神经和腓总神经。坐骨神经沿途发出肌支支配大腿后群肌。

笔记

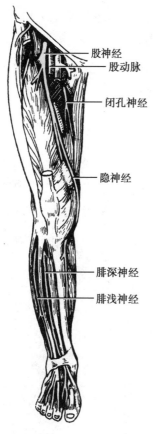

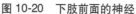

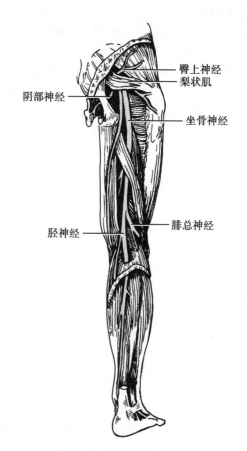

图 10-20　下肢前面的神经　　　　　　　图 10-21　下肢后面的神经

文档：神经
纤维的再生

（1）胫神经（tibial nerve）：为坐骨神经的延续，在腘窝下行至小腿后部，分布于小腿后群肌、足底肌以及小腿后面、足底和足背外侧的皮肤。

（2）腓总神经（common peroneal nerve）：沿腘窝外侧下行，绕腓骨头外下方达小腿前面分为腓浅神经和腓深神经（见图 10-20）。腓浅神经分布于小腿外侧群肌、小腿外侧和足背的皮肤；腓深神经穿经小腿肌前群至足背，分布于小腿前群肌、足背肌和第 1 趾间隙的皮肤。

二、脑神经

脑神经共十二对，用罗马字表示其顺序：Ⅰ嗅神经、Ⅱ视神经、Ⅲ动眼神经、Ⅳ滑车神经、Ⅴ三叉神经、Ⅵ展神经、Ⅶ面神经、Ⅷ前庭蜗（位听）神经、Ⅸ舌咽神经、Ⅹ迷走神经、Ⅺ副神经、Ⅻ舌下神经（图 10-22）。

脑神经的纤维成分可有躯体感觉纤维、躯体运动纤维、内脏感觉纤维和内脏运动纤维四种，每对脑神经的纤维成分可为其中之一种或多种。嗅神经、视神经和前庭蜗神经仅含感觉纤维，为感觉性脑神经；动眼神经、滑车神经、展神经、副神经和舌下神经仅含运动神经，为运动性脑神经；三叉神经、面神经、舌咽神经和迷走神经含感觉和运动纤维，为混合性脑神经。

（一）嗅神经

嗅神经（olfactory nerve）始于鼻腔嗅黏膜，形成嗅丝，穿过筛孔至端脑嗅球，传递嗅觉冲动。

（二）视神经

视神经（optic nerve）始于眼球的视网膜，构成视神经，穿过视神经管入间脑，传导视觉冲动。

（三）动眼神经

动眼神经（oculomotor nerve）发自中脑，经眶上裂出颅、入眶。其躯体运动纤维支配上直肌、下直肌、内直肌、下斜肌和提上睑肌五块眼球外肌；副交感纤维支配瞳孔括约肌和睫状肌，完成瞳孔对光反射等。

笔记

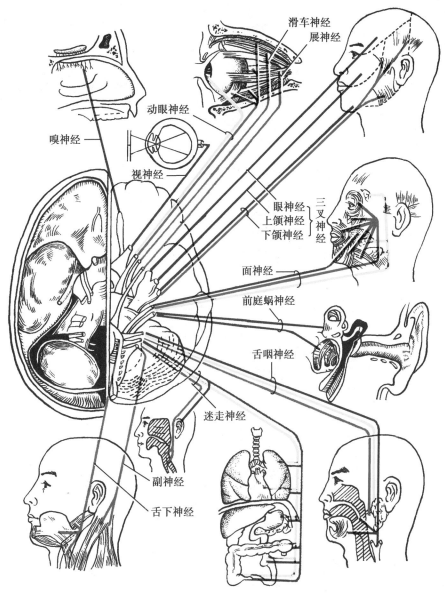

图 10-22 脑神经概观

图片：三叉神经

图片：三叉神经皮支分布区

图片：面神经在面部的分支

（四）滑车神经

滑车神经（trochlear nerve）发自中脑，经眶上裂出颅、入眶，支配上斜肌。

（五）三叉神经

三叉神经（trigeminal nerve）与脑桥相连，继而连于位于颞骨岩部的三叉神经节，该神经节的周围突发出眼神经、上颌神经和下颌神经三支。前两者为感觉神经，后者为混合神经，其间含有小部分躯体运动纤维。该神经的感觉支布于面部的皮肤、眼球、泪腺、结膜、鼻腔黏膜和口腔黏膜，下颌神经的躯体运动纤维支配咀嚼肌。

（六）展神经

展神经（abducent nerve）发自脑桥，经眶上裂出颅，支配外直肌。

（七）面神经

面神经（facial nerve）与脑桥相连，含四种纤维成分：内脏运动纤维分布于泪腺、下颌下腺和舌下腺；躯体运动纤维支配面部表情肌；内脏感觉纤维分布于舌前 2/3 黏膜的味蕾，感受味觉；躯体感觉纤维传导耳部皮肤的躯体感觉和面肌的本体感觉。

（八）前庭蜗神经

前庭蜗神经（vestibulocochlear nerve）起自内耳,经内耳门入颅,由前庭神经和蜗神经组成,分别传导平衡觉和听觉冲动。

（九）舌咽神经

舌咽神经（glossopharyngeal nerve）连于延髓,经颈静脉孔出颅,有四种纤维成分:内脏运动纤维管理腮腺的分泌;躯体运动纤维支配咽肌;内脏感觉纤维分布于咽、咽鼓管、鼓室、舌后1/3黏膜、味蕾和颈动脉窦等;躯体感觉纤维很少,分布于耳后皮肤。

（十）迷走神经

迷走神经（vagus nerve）连于延髓,经颈静脉孔出颅,含有四种纤维:内脏运动及感觉纤维主要分布到颈、胸和腹部结肠左曲以上脏器,控制平滑肌、心肌和腺体的活动并传导内脏感觉冲动;躯体运动纤维支配咽喉肌;躯体感觉纤维,主要分布到硬脑膜、耳郭和外耳道,传导一般感觉冲动。

（十一）副神经

副神经（accessory nerve）由延髓发出,经颈静脉孔出颅,支配胸锁乳突肌和斜方肌。

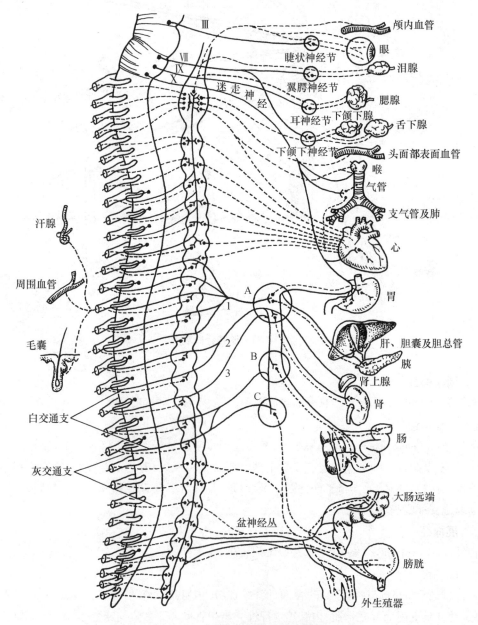

图 10-23 内脏运动神经概观示意图

（十二）舌下神经

舌下神经（hypoglossal nerve）由延髓发出，经舌下神经管出颅，支配舌肌。

三、内脏神经

内脏神经（visceral nerve）主要分布于内脏、心血管和腺体，包括内脏运动神经和内脏感觉神经。内脏运动神经又称植物性神经或自主神经，管理平滑肌、心肌的运动和腺体的分泌，包括交感和副交感两种纤维成分（图10-23）。内脏感觉神经分布于内脏黏膜、心血管壁内的感受器。

（一）交感神经

交感神经（sympathetic nerve）的低级中枢位于脊髓的第1胸节至第3腰节的侧角；交感神经的周围部包括交感神经节、节前纤维和节后纤维。

1. **交感神经节** 交感神经节根据位置的不同，可分为椎前节和椎旁节。椎旁节纵行排列于脊柱两侧，上至颅底，下至尾骨前方，每侧有22~24个节，节与节之间由神经纤维（节间支）相连，形成两条纵行的串珠状的神经节链，称交感干。椎前节位于脊柱前方，包括腹腔神经节、主动脉肾神经节和肠系膜上、下神经节等。

2. **交感神经纤维**

（1）节前纤维：由交感神经低级中枢发出的轴突构成，终止于椎旁节和椎前节。

（2）节后纤维：由交感神经节细胞发出的轴突构成，其终末端分布于效应器。

（二）副交感神经

副交感神经（parasympathetic nerve）的低级中枢位于脑干的副交感神经核和脊髓第2~4骶节段的骶副交感核；周围部包括副交感神经节和副交感神经纤维。

1. **副交感神经节** 位于器官附近或器官的壁内，称器官旁节或器官内节。

2. **副交感神经纤维**

（1）颅部副交感神经纤维：由脑干的副交感神经核发出节前纤维行于Ⅲ、Ⅶ、Ⅸ、Ⅹ四对脑神经中，在副交感神经节内转换神经元后，发出节后纤维分布于所支配的器官。

（2）骶部副交感神经纤维：由骶副交感核发出节前纤维组成盆内脏神经，在副交感神经节内转换神经元后，发出节后纤维分布于结肠左曲以下的消化管和盆腔脏器等。

（三）交感神经与副交感神经的主要区别

交感神经与副交感神经都是内脏运动神经，共同支配内脏器官，形成对内脏器官的双重支配，它们既相互统一，又相互拮抗，两者在形态结构和功能上各具特点（表10-2）。

表10-2 交感神经和副交感神经的区别

	交 感 神 经	副交感神经
低级中枢位置	脊髓胸1至腰3节侧角	脑干副交感核、脊髓骶副交感核
周围神经节	椎旁节和椎前节	器官旁节和器官内节
节前、节后纤维	节前纤维短、节后纤维长	节前纤维长、节后纤维短
分布范围	全身的血管及胸、腹、盆腔内脏的平滑肌、心肌、腺体、竖毛肌、瞳孔开大肌	部分胸、腹、盆腔内脏的平滑肌、心肌、腺体、瞳孔括约肌、睫状肌

第四节 脑和脊髓的传导通路

人体的各种感受器都能将接受的体内、外刺激转换成神经冲动，神经冲动经传入神经上行传入中枢神经系统的不同部位，再由中间神经元组成的上行传导通路传至大脑皮质，通过大脑皮质的分析与综合，产生相应的意识感觉。同时，大脑皮质发出适当的冲动，经另外一些中间神经元的轴突所组成的下行传导通路传出，最后经传出神经至效应器，做出相应的反应。因此，在神经系统内存在着上行和下行两大传导通路，即感觉传导通路和运动传导通路。

一、感觉传导通路

（一）躯干和四肢的本体感觉和精细触觉传导通路

本体感觉亦称深感觉，是指肌、肌腱及关节的位置觉、运动觉和振动觉。深感觉传导通路与皮肤的精细触觉(如辨别两点间距离、物体纹理等)传导通路相同,均由三级神经元组成(图10-24)。

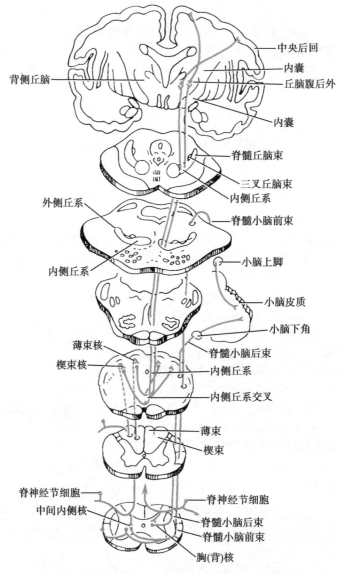

图 10-24　躯干和四肢的本体感觉和精细触觉传导通路

第1级神经元位于脊神经节内,其周围突随脊神经分布于躯干和四肢的骨骼肌、腱、关节以及皮肤的感受器,中枢突经脊神经后根进入脊髓,在脊髓的后索内组成薄束和楔束上行至延髓,分别止于延髓的薄束核和楔束核(第2级神经元);两核的轴突发出的纤维束形成内侧丘系交叉,交叉至对侧后组成内侧丘系上行,止于背侧丘脑腹后外侧核(第3级神经元);由此核发出投射纤维经内囊后肢上行至大脑皮质的中央后回上2/3及中央旁小叶后部。

(二)躯体和四肢的痛觉、温度觉和粗触觉传导通路

又称浅感觉传导通路,传导躯干和四肢的痛觉、温度觉和粗触觉。此传导通路也由三级神经元组成(图10-25)。

第1级神经元位于脊神经节内,其周围突随脊神经分布于躯干和四肢皮肤的感受器,中枢突随脊神经后根入脊髓后角(第2级神经元);其轴突组成的纤维交叉至对侧,形成脊髓丘脑前束(传导粗触觉)和脊髓丘脑侧束(传导痛、温觉)上行,至脑干合成脊髓丘系,向上止于背侧丘脑腹后外侧核(第3级神经元);由此核发出投射纤维,经内囊后肢上行至大脑皮质的中央后回上2/3及中央旁小叶后部。

(三)头面部的痛觉、温度觉和粗触觉传导通路

主要由三叉神经传入,传导头面部皮肤和黏膜的感觉冲动,由三级神经元组成(图10-25)。

动画:浅感觉传导通路

笔记

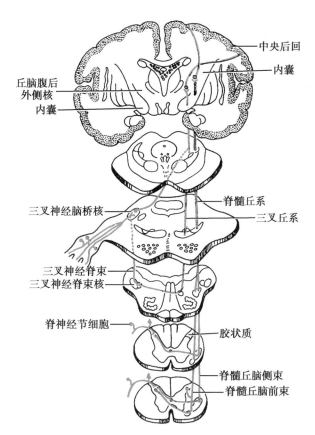

图 10-25 痛、温度觉和粗触觉传导通路

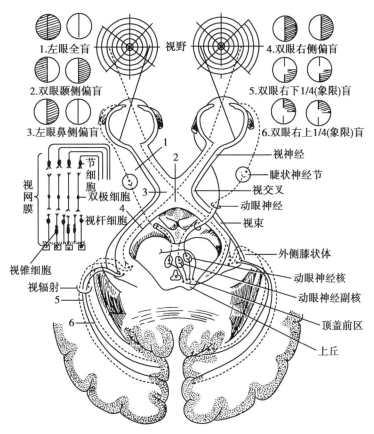

图 10-26 视觉传导通路及瞳孔对光反射通路

第1级神经元位于三叉神经节内,其周围突组成三叉神经感觉支,分布于头面部的皮肤和黏膜感受器,中枢突经三叉神经根进入脑干,止于三叉神经感觉核群(第2级神经元);该核的轴突纤维交叉至对侧组成三叉丘系上行,止于背侧丘脑腹后内侧核(第3级神经元);由此核发出投射纤维,经内囊后肢上行到中央后回下1/3的皮质。

(四)视觉传导通路

由三级神经元组成(图10-26)。视网膜的感光细胞接受光的刺激并产生神经冲动,经双极细胞(第1级神经元)传给节细胞(第2级神经元),节细胞的轴突组成视神经,经视神经管入颅形成视交叉,并向后延续为视束。在视交叉中,只有来自鼻侧半视网膜的纤维交叉,而颞侧半视网膜的纤维不交叉。视束向后行止于外侧膝状体(第3级神经元),由它发出的纤维组成视辐射,经内囊后肢上行,终止于枕叶距状沟两侧的皮质。

二、运动传导通路

运动传导通路包括锥体系和锥体外系。

(一)锥体系

锥体系主要管理骨骼肌的随意运动。锥体系由上、下两级神经元组成,上运动神经元的胞体位于大脑皮质内的锥体细胞;下运动神经元的胞体分别位于脑干或脊髓内。锥体系包括皮质脊髓束和皮质核束。

1. **皮质脊髓束** 上运动神经元的胞体位于中央前回上2/3和中央旁小叶前部的皮质内,其轴突组成皮质脊髓束下行,经内囊后肢、中脑、脑桥至延髓锥体,在锥体的下端,大部分纤维左、右交叉形成锥体交叉,交叉后的纤维沿脊髓外侧索下行,形成皮质脊髓侧束,沿途逐节止于脊髓各节段的前角运动神经元。小部分未交叉的纤维,在同侧脊髓前索内下行,形成皮质脊髓前束,分别止于双侧的脊髓前角运动神经元(只到达胸节)。下运动神经元为脊髓前角运动神经元,其轴突组成脊神经的前根,随脊神经分布于躯干和四肢的骨骼肌(图10-27)。

2. **皮质核束(corticonuclear tract)** 上运动神经元的胞体位于中央前回下1/3的皮质内,由其轴突组成皮质核束,经内囊膝下行至脑干,大部分纤维止于双侧的脑神经躯体运动核,但面神经核(支配面肌)的下部和舌下神经核(支配舌肌)只接受对侧皮质核束的纤维。下运动神经元的胞体位于脑干的躯体运动核内,其轴突随脑神经分布到头、颈、咽和喉等处的骨骼肌(图10-28)。

(二)锥体外系

椎体外系是指锥体系以外的控制和影响骨骼肌运动的纤维束,其结构复杂,包括大脑皮质、纹状体、红核、黑质、小脑和脑干网状结构等。其主要功能是调节肌张力,维持肌群的协调性运动,与锥体系配合共同完成人体的各种随意运动。

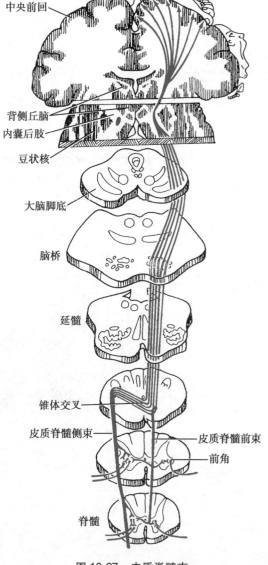

中央前回
背侧丘脑
内囊后肢
豆状核
大脑脚底
脑桥
延髓
锥体交叉
皮质脊髓侧束
皮质脊髓前束
前角
脊髓

图 10-27 皮质脊髓束

笔记

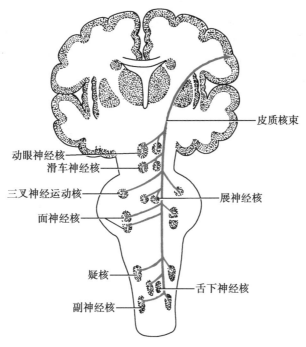

皮质核束

动眼神经核
滑车神经核
三叉神经运动核
面神经核
展神经核
疑核
舌下神经核
副神经核

图 10-28 皮质核束

本章小结

中枢神经包括脑和脊髓,周围神经包括脑神经、脊神经和内脏神经。脊髓表面有颈膨大和腰骶膨大及六条平行的纵沟,内部由灰质和白质构成,其主要功能为传导和反射。脑分端脑、间脑、小脑和脑干四部分,脑干自上而下由中脑、脑桥和延髓组成,延髓内有生命中枢。间脑包括背侧丘脑和下丘脑等,是内脏活动的高级中枢。小脑半球下面有小脑扁桃体,颅高压时,可形成脑疝而危及生命。端脑分额、顶、颞、枕、岛五叶,在大脑皮质表面有许多沟、回及重要的皮质机能区,髓质深面有基底核,背侧丘脑、尾状核与豆状核之间为内囊,是上、下行传导通路的交通要道,该处损伤可出现对侧半肢体"三偏征"。脑和脊髓的被膜有硬膜、蛛网膜和软膜三层,脑的动脉来自颈内动脉和椎动脉。脊神经除胸神经前支外,分别组成颈丛、臂丛、腰丛和骶丛。脑神经中Ⅰ、Ⅱ、Ⅷ为感觉神经,Ⅲ、Ⅳ、Ⅵ、Ⅺ、Ⅻ为运动神经,其他为混合神经。内脏运动神经包括交感神经和副交感神经。脑和脊髓的传导通路包括感觉传导通路和运动传导通路。

(花 先)

扫一扫,测一测

思考题

1. 简述脊髓的位置、外形及腰椎穿刺的部位。
2. 试述内囊的位置和分部。一侧内囊损伤后可出现什么体征?
3. 试述脑脊液的产生及循环途径。

4. 支配上肢的神经有哪些？

5. 支配大腿肌群的神经有哪些？各来自哪个神经丛？

6. 试述交感神经和副交感神经的特点。

7. 简述躯干、四肢本体感觉和浅感觉传导通路三级神经元胞体的位置。

8. 简述锥体系的组成及作用。

学习目标

1. 掌握：内分泌系统的组成，甲状腺、甲状旁腺、肾上腺、垂体的位置与形态及所分泌的激素。
2. 熟悉：甲状腺、甲状旁腺、肾上腺和垂体的微细结构。
3. 了解：内分泌腺分泌激素的功能；松果体的位置与形态。
4. 学会在人体标本上辨认内分泌各器官的位置与形态。
5. 具有运用内分泌系统的解剖学知识解决实际问题的能力，可进行有关内分泌系统疾病的宣教。

内分泌系统（endocrine system）是由内分泌腺、内分泌组织和内分泌细胞组成的信息传递系统，其主要功能是对机体的生长发育、新陈代谢以及生殖活动等进行调节。内分泌腺无导管，其分泌的激素直接进入血液循环。内分泌腺包括垂体、甲状腺、甲状旁腺、肾上腺、性腺和松果体等（图 11-1）。内分泌组织以细胞团的形式分散于机体的其他器官或组织内，如胰腺内的胰岛、睾丸内的间质细胞和卵巢内的卵泡和黄体等。内分泌细胞是指消化道、呼吸道等散在的具有内分泌功能的细胞。

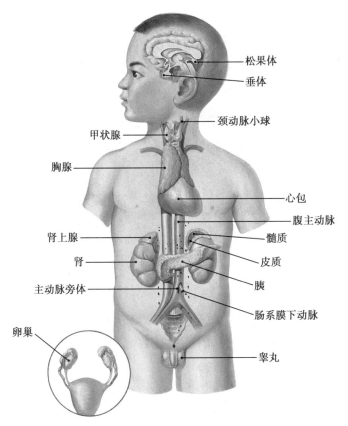

图 11-1　内分泌系统概况

第一节 垂 体

一、垂体的位置和形态

垂体（hypophysis）又称脑垂体（图 11-2），位于颅底的垂体窝内，椭圆形，上端借漏斗连于下丘脑。垂体的前上方与视交叉相邻，当垂体发生肿瘤时，可压迫视交叉，引起双眼视野颞侧半偏盲。垂体的实质由腺垂体和神经垂体两部分组成（图 11-2）。

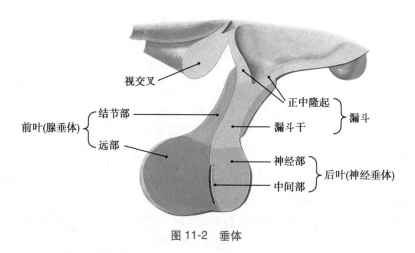

图 11-2 垂体

二、垂体的组织结构

（一）腺垂体

腺垂体是垂体的主要部分，约占垂体的 75%。其腺细胞排列成团状或索状，在 HE 染色切片上，按染色性质分为嗜酸性细胞、嗜碱性细胞和嫌色细胞三种（图 11-3）。

1. **嗜酸性细胞** 数量较多，约占远侧部细胞的 40%，呈圆形或椭圆形，胞质嗜酸性。嗜酸性细胞分泌生长激素和催乳素。

2. **嗜碱性细胞** 数量较少，约占远侧部细胞 10%，呈椭圆形或多边形，胞质嗜碱性。嗜碱性细胞可分泌促甲状腺激素、促性腺激素和促肾上腺皮质激素。

3. **嫌色细胞** 数量最多，约占远侧部细胞的 50%，体积小，胞质少，着色浅，细胞界限不清。

（二）神经垂体

神经垂体主要由无髓神经纤维和神经胶质细胞组成，含有丰富的有孔毛细血管，不含腺细胞，无分泌功能，只是储存和释放下丘脑所产生的抗利尿激素和催产素（图 11-2）。

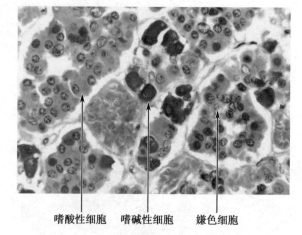

嗜酸性细胞　嗜碱性细胞　嫌色细胞

图 11-3 腺垂体的远侧部

文档：肢端肥大症

第二节 甲 状 腺

一、甲状腺的位置和形态

甲状腺（thyroid gland）位于颈前部，舌骨下肌群深面，略呈"H"形，质地柔软，分为左、右两个侧叶，中间以峡部相连(图11-4、图11-5)。约半数人自甲状腺峡部向上伸出一个长短不一的锥状叶,甚至长达舌骨。侧叶贴于喉下部和气管上部的两侧面,峡部一般位于第2~4气管软骨的前方。甲状腺借筋膜形成的韧带固定于喉软骨上,故吞咽时甲状腺可随喉上下移动。

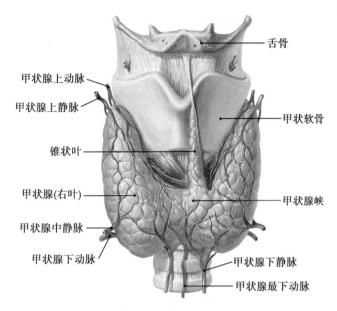

图 11-4　甲状腺正面观

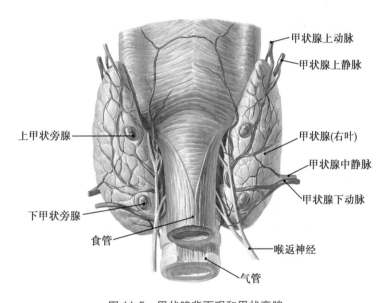

图 11-5　甲状腺背面观和甲状旁腺

二、甲状腺的组织结构

甲状腺表面包有薄层结缔组织被膜,它伴随血管伸入腺实质内,将甲状腺分成许多界限不明显的小叶,每个小叶内有20~40个滤泡,滤泡构成甲状腺的实质。滤泡间有少量结缔组织、丰富的毛细血管及滤泡旁细胞,构成甲状腺的间质(图11-6)。

(一)甲状腺滤泡

甲状腺滤泡大小不等,呈圆形、椭圆形或不规则形,主要由单层立方形的滤泡上皮细胞围成,腔内充满胶质(图11-6)。胶质是由上皮细胞分泌的、碘化的甲状腺球蛋白,在 HE 染色切片上,呈均质状,

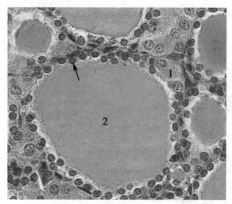

文档:克汀病

↑滤泡上皮细胞;1.滤泡旁细胞;2.胶质

图 11-6 甲状腺的微细结构

嗜酸性。滤泡上皮细胞可因其功能状态不同而变化。甲状腺功能旺盛时,细胞变高呈柱状,腔内胶质减少;功能低下时,滤泡上皮细胞变矮,甚至呈扁平状,腔内胶质增多。

滤泡上皮细胞能合成和分泌**甲状腺激素**,甲状腺激素的主要功能是促进机体的新陈代谢和生长发育。

（二）滤泡旁细胞

滤泡旁细胞数量较少,位于滤泡之间的结缔组织内或滤泡壁上,在 HE 染色切片上,细胞呈卵圆形,胞体较大,胞质染色淡（图 11-6）。滤泡旁细胞分泌降钙素。降钙素的主要作用是增进成骨细胞的活性,减少破骨细胞的数量并抑制其活动,使血钙浓度降低,与甲状旁腺素共同维持血钙的平衡。

知识拓展

地方性甲状腺肿与甲状腺功能亢进症

地方性甲状腺肿是以缺碘、甲状腺激素分泌相对不足等原因所致的代偿性甲状腺肿大,不伴有明显的甲状腺功能亢进或减退,病程初期甲状腺多为弥漫性肿大,以后可发展为多结节性肿大。

甲状腺功能亢进症简称"甲亢",是由于甲状腺合成释放过多的甲状腺激素,促进机体氧化还原反应,代谢亢进需要机体增加进食;胃肠活动增强,出现便次增多;虽然进食增多,但氧化反应增强,机体能量消耗增多,患者表现体重减少;产热增多,病人表现怕热出汗;甲状腺激素增多刺激交感神经兴奋,临床表现心悸、心动过速、失眠、情绪易激动,甚至焦虑。甲亢患者长期没有得到合适治疗,可引起甲亢性心脏病。

第三节 甲 状 旁 腺

一、甲状旁腺的位置和形态

甲状旁腺(parathyroid gland)　甲状旁腺分上下两对,呈棕黄色,近扁椭圆形,黄豆大小,位于甲状腺左、右侧叶的后面,也可埋于甲状腺实质中(见图 11-5)。

二、甲状旁腺的组织结构

甲状旁腺表面包有薄层结缔组织被膜,实质内腺细胞排列成索状或团状。甲状旁腺的腺细胞分**主细胞**和**嗜酸性细胞**两种。

1. 主细胞　主细胞数量多,是构成甲状旁腺的主要细胞,细胞呈圆形或多边形,胞体较小,界限清楚,胞质着色浅,核圆形,居中(图 11-7)。主细胞分泌**甲状旁腺素**,主要增强破骨细胞的活性,使骨质溶解并能促进肠和肾小管吸收钙,使血钙升高。甲状旁腺功能亢进时,可致骨质疏松,容易发生骨折。甲状腺手术时,如误摘甲状旁腺,致使血钙浓度降低,可引起肌肉抽搐,甚至

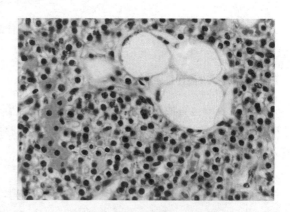

图 11-7 甲状旁腺的微细结构

死亡。

2. **嗜酸性细胞**　嗜酸性细胞数量较少,单个或成群分布于主细胞之间。细胞呈多边形,体积较大,胞质内充满嗜酸性颗粒,胞核较小,染色深,功能还不明确(见图11-7)。

第四节　肾　上　腺

一、肾上腺的位置和形态

肾上腺(adrenal gland)位于肾的上方,左、右各一,呈淡黄色,左肾上腺近似半月形,右肾上腺呈三角形(图11-8)。肾上腺位于腹膜后,两肾的上方,与肾共同包裹在肾筋膜和肾脂肪囊内。

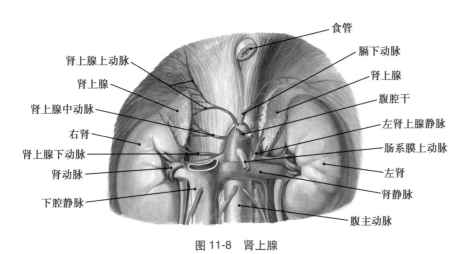

图11-8　肾上腺

二、肾上腺的组织结构

肾上腺表面包有一层结缔组织被膜,实质由周围的皮质和中央的髓质两部分构成。

（一）肾上腺皮质

肾上腺皮质由皮质细胞、血窦和少量结缔组织组成。根据皮质细胞的形态和排列特征,由外向内分成三个带:**球状带**、**束状带**和**网状带**。三个带之间无明显的分界(图11-9)。

1. **球状带**　较薄,位于被膜下方。细胞聚积成许多球团,细胞较小,呈锥形,核小染色深,胞质较少,含少量脂滴。球状带细胞分泌盐皮质激素,主要是醛固酮等,能促进肾远曲小管和集合管对钠离子的重吸收和钾离子的排出,对调节机体内电解质和水平衡起着十分重要的作用。

2. **束状带**　最厚,细胞较大,呈多边形,排列成单行或双行的细胞索。胞核圆形,较大,着色浅。胞质内有大量脂滴,在制作切片中脂滴被溶解,故 HE 染色细胞呈空泡状。束状带细胞分泌糖皮质激素,主要是皮质醇(如氢化可的松)。糖皮质激素的主要作用是促进蛋白质和脂肪分解并转变成糖,有抗炎和抑制免疫反应的作用。

3. **网状带**　位于皮质最深面。细胞索相互吻合成网。细胞较小,核小,着色深,胞质呈嗜酸性,内含较多脂褐素和少量脂滴。网状带细胞主要分泌雄激素和少量雌激素。

（二）肾上腺髓质

肾上腺髓质主要由排列成索或团的髓质细胞组成,其间为血窦和少量结缔组织,髓质细胞呈多边形,如用含铬盐的固定液固定标本,胞质内可见黄褐色颗粒,因而髓质细胞常称嗜铬细胞。另外,髓质内还有少量交感神经细胞,胞体较大,散在分布。髓质细胞根据分泌颗粒内所含激素不同,分为**肾上腺素细胞**和**去甲肾上腺素细胞**,分别分泌肾上腺素和去甲肾上腺素,前者使心率加快,后者可使血压增高(图11-9)。

文档:库欣综合征

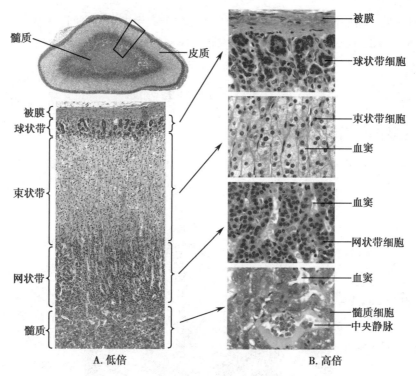

被膜
球状带
束状带
网状带
髓质

髓质
皮质

被膜
球状带细胞

束状带细胞
血窦

血窦
网状带细胞

血窦
髓质细胞
中央静脉

A. 低倍　　　　　　　　　　　　B. 高倍

图 11-9　肾上腺的微细结构

第五节　松　果　体

　　松果体(pineal body)是似松子样的小体,位于背侧丘脑的后上部,借柄附于第三脑室顶的后部(见图 11-1)。该腺体儿童时期较发达,7 岁后逐渐萎缩,成年后多有钙盐沉积。

　　松果体主要分泌褪黑素,可抑制性器官的发育,防止儿童性早熟。同时还有增强机体免疫力、促进睡眠、抗肿瘤、抗衰老等作用。

本章小结

　　内分泌系统由内分泌腺、内分泌组织和内分泌细胞组成。垂体位于垂体窝内,包括腺垂体和神经垂体,腺垂体由嗜酸性细胞、嗜碱性细胞和嫌色细胞组成,分泌生长激素、催乳激素、促甲状腺激素、促肾上腺皮质激素、促性腺激素;神经垂体储存、释放抗利尿激素和催产素。甲状腺位于颈前部,随吞咽而上下移动,由甲状腺滤泡和滤泡旁细胞构成,可分泌甲状腺素和降钙素。甲状旁腺位于甲状腺左、右侧叶的后面,其主细胞分泌甲状旁腺素。肾上腺位于双肾上端,分皮质和髓质,前者可分泌盐皮质激素、糖皮质激素和性激素;后者可分泌去甲肾上腺素和肾上腺素。松果体主要分泌褪黑素,可抑制性器官的发育。

（刘梅梅）

扫一扫,测一测

思考题

1. 简述内分泌系统的组成。
2. 腺垂体分泌哪些激素？
3. 神经垂体释放哪些激素？
4. 简述甲状腺的形态和位置。
5. 肾上腺皮质可分为哪几个带？分别分泌何种激素？

笔记

第十二章　胚胎学概要

学习目标

　　1. 掌握:受精、植入的概念;胚泡的结构;三胚层的形成;胎盘的结构和功能;先天畸形的发生原因。

　　2. 熟悉:生殖细胞的发育和成熟;二胚层胚盘的形成;三胚层的分化;胎膜的组成及其功能。

　　3. 了解:蜕膜形成;胚体的形成;双胎与多胎。

　　4. 学会运用胚胎学知识解释胚胎发育规律以及先天畸形的形成原因。

　　5. 具有进行优生优育知识宣教的能力,具有维护健康、关爱生命的意识。

　　人体胚胎学(human embryology)是研究人体出生前的发生、发育及其规律的科学,研究内容包括生殖细胞发生、受精、胚胎发育、胚胎与母体的关系及先天畸形等。人胚胎在母体内发育是一个连续而复杂的过程,历时38周(约266天)。可分为两个时期:①胚期:从受精卵形成到第8周末,包括受精、卵裂、胚层形成和器官原基的建立。至此期末,胚体初具人形。②胎期:从第9周至出生,此期胎儿逐渐长大,各器官的结构和功能逐渐完善。

第一节　人体胚胎的发生和早期发育

一、生殖细胞的成熟

　　生殖细胞(germocyte)又称配子,包括精子和卵子。在其发生过程中经过两次减数分裂形成单倍体,染色体数目为23条,其中22条是常染色体,1条是性染色体。

　　精子在睾丸内发育至形态成熟,后转运至附睾达到功能成熟。卵细胞在卵巢内发生发育,排出的次级卵母细胞处于第二次减数分裂的中期,在受精时才完成分裂而变为成熟的卵子。若未受精,卵细胞则不能成熟,于排卵后12~24h内退化。

二、受精与卵裂

　　成熟的精子与卵子结合形成受精卵的过程,称受精(fertilization)。受精部位多在输卵管壶腹部。精子的穿越激发了次级卵母细胞完成第二次减数分裂,精子的核和卵细胞的核逐渐膨大并相互靠近,核膜消失,染色体混合,形成二倍体的受精卵,又称合子(图12-1)。

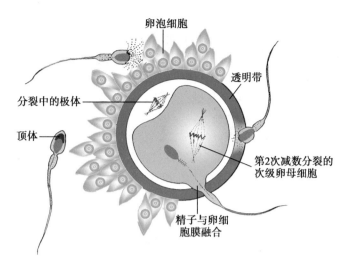

图 12-1　受精过程示意图

受精恢复了染色体数目,决定了新个体的性别,受精卵核型为 46,XX 时,胚胎为女性;若为 46,XY 时,胚胎为男性。受精卵在细胞分裂的同时逐步向子宫腔方向运行。受精卵外包透明带,细胞在分裂间期无生长过程,随着细胞数目的增加,细胞体积逐渐变小,这种特殊的有丝分裂,称卵裂(cleavage)。卵裂产生的子细胞,称卵裂球。受精后第 3 天,形成一个含 12~16 个卵裂球的实心细胞团,称桑葚胚(图 12-2)。

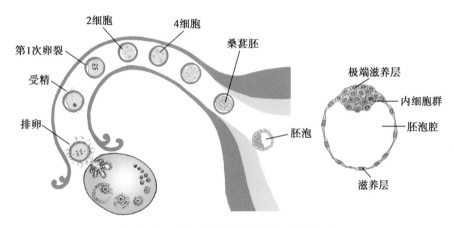

图 12-2　排卵、受精与卵裂过程及胚泡结构

三、胚泡、植入与蜕膜形成

卵裂球很快增至 100 个左右,细胞间开始出现小的腔隙,后来融合成一个大腔,称胚泡腔。此时,实心的桑椹胚变为中空的泡状,称胚泡(blastocyst)。胚泡壁为一层扁平细胞,称滋养层;腔内一侧的细胞团称内细胞群,内细胞群的细胞即为胚胎干细胞,将来分化为胚胎的各种组织结构和器官系统。覆盖在内细胞群外面的滋养层,称极端滋养层(见图 12-2)。

图片:植入过程示意图

胚胎干细胞

胚胎干细胞是从胚泡的内细胞群或胎儿原始生殖细胞中经分离、体外分化培养得到的具有发育全能性的一类干细胞。具有体外培养无限增殖、自我更新和多向分化的特性。胚胎干细胞成为早期胚胎发生、组织分化、基因表达调控等发育生物学基础研究的理想模型和工具,也是进行动物胚胎工程开发和用于治疗各种疾病、修复受损伤的组织和器官的重要途径,具有广泛的应用前景。

胚泡埋入子宫内膜功能层的过程称植入(implantation),又称着床。植入于受精后第5~6天开始,第11~12天完成。胚泡第4天到达子宫腔,透明带变薄、消失,外露的极端滋养层与子宫内膜接触,并分泌蛋白酶将子宫内膜溶解出一个缺口,胚泡逐渐埋入子宫内膜功能层,当胚泡全部埋入子宫内膜后,缺口修复,植入完成。植入部位通常在子宫体或底部。胚泡在子宫以外部位植入,称宫外孕,常见于输卵管,也可发生于腹膜腔、肠系膜、卵巢等处(图12-3)。

植入后,分泌期子宫内膜进一步增厚,血液供应更加丰富,腺体分泌更旺盛,基质细胞变肥大并含丰富的糖原和脂滴,子宫内膜的这些变化称蜕膜反应。发生了蜕膜反应的子宫内膜,称**蜕膜**。依据胚与蜕膜的关系,蜕膜分三部分:位于胚深部的蜕膜称基蜕膜,覆盖在胚宫腔侧的为包蜕膜,其余部分的蜕膜称壁蜕膜。壁蜕膜与包蜕膜之间为子宫腔(图12-3)。

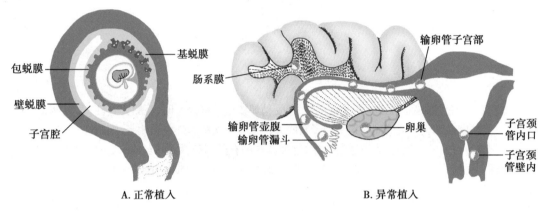

A. 正常植入　　　　　　　　　　B. 异常植入

图 12-3　植入部位示意图

四、三胚层的形成与分化

(一)二胚层胚盘的形成

植入的同时,内细胞群细胞增殖、分化为两层,邻近滋养层的一层柱状细胞称**上胚层**;靠近胚泡腔一侧的一层立方形细胞称**下胚层**。随后,在上胚层细胞与滋养层之间出现一腔隙,称**羊膜腔**,上胚层构成了羊膜腔的底。下胚层周边的细胞向腹侧生长、延伸,形成**卵黄囊**,下胚层构成了卵黄囊的顶。上胚层和下胚层紧密相贴,逐渐形成一圆盘状结构,称**胚盘**(embryonic disc),又称二胚层胚盘。胚盘是人体发生的原基(图12-4)。此时,胚泡腔内出现松散分布的星状细胞和细胞外基质,充填于细胞滋养层和卵黄囊、羊膜囊之间,形成**胚外中胚层**。

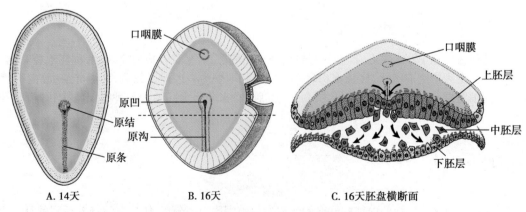

A. 14天　　　　　　　　B. 16天　　　　　　　　C. 16天胚盘横断面

图 12-4　胚盘,示原条、中胚层的形成

(二)三胚层胚盘的形成

第3周初部分上胚层细胞迅速增殖,在胚盘一端中轴汇聚,形成一条细胞索,称**原条**。原条的出现,决定了胚盘的头尾端和左右侧,出现原条的一端为尾端。原条的头端略膨大,为**原结**

（见图 12-4A）。继而在原条的中线出现浅沟,原结的中心出现浅凹,分别称**原沟**和**原凹**（见图 12-4B）。原沟深部的细胞在上、下胚层之间向周边扩展迁移,一部分细胞在上、下胚层间形成一个夹层,称**胚内中胚层**,即**中胚层**（见图 12-4C）;另一部分细胞进入下胚层,并逐渐全部置换了下胚层的细胞,形成的新细胞层称**内胚层**。在内胚层和中胚层出现后,原上胚层改称为**外胚层**。此时的胚体由内胚层、中胚层和外胚层构成,称三胚层胚盘。原凹底部的细胞向头端迁移,在内、外胚层之间形成一条单独的细胞索,称脊索,原条和脊索构成了胚盘的中轴,对早期胚胎起支持作用。

（三）三胚层的分化和胚体形成

1. **外胚层的分化**　在脊索诱导下,脊索背侧的外胚层中间部分细胞增厚形成神经板,神经板两侧边缘隆起形成神经褶,中央沿长轴下陷形成神经沟;外胚层其余部分称表面外胚层。第 3 周末,神经沟加深并愈合形成神经管,将来发育成中枢神经系统。在神经褶愈合的过程中,它的一些细胞迁移到神经管背侧形成两条纵行细胞索,称神经嵴,是周围神经系统的原基。神经管两侧的表面外胚层在其背侧愈合,将分化为表皮及其附属结构、釉质、角膜上皮、晶状体、内耳迷路和腺垂体等（图 12-5）。

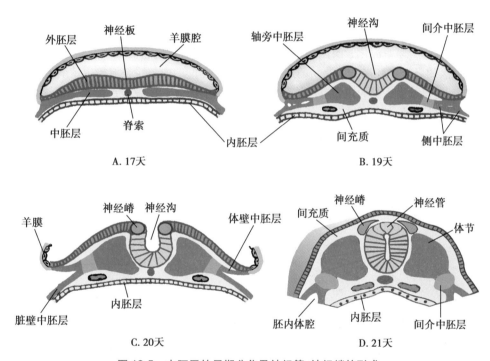

图 12-5　中胚层的早期分化及神经管、神经嵴的形成

2. **中胚层的分化**　中胚层位于脊索的两侧,随着外胚层的发育和分化,中胚层从内侧向外侧依次分化为轴旁中胚层、间介中胚层和侧中胚层（见图 12-5B）。轴旁中胚层细胞迅速增殖,随即横裂为块状细胞团,称**体节**（见图 12-5D）,第 5 周末共形成 42～44 对体节,随后将分化为背部的真皮、大部分中轴骨（如脊柱、肋骨）及骨骼肌。间介中胚层分化为泌尿生殖系统的主要器官。侧中胚层组织中出现腔隙,称胚内体腔,将侧中胚层分为体壁中胚层和脏壁中胚层（见图 12-5C）。体壁中胚层分化为腹膜壁层以及体壁的骨、肌、结缔组织等;脏壁中胚层包于原始消化管的外侧,分化为腹膜脏层以及消化、呼吸系统器官管壁的平滑肌和结缔组织等。胚内体腔依次分隔形成心包腔、胸膜腔和腹膜腔。在中胚层分化过程中,间充质细胞将分化成结缔组织、肌组织和心、血管等。

3. **内胚层的分化**　当胚胎逐渐由盘状卷折成桶状时,内胚层被包入胚体形成原始消化管,又称原肠,是消化系统与呼吸系统上皮的原基。

4. **胚体形成**　早期胚为扁平的盘状结构,原条、脊索、神经管和体节相继形成并位于中轴线上,是促使胚体变成圆柱体的因素之一。第 4 周初由于体节及神经管生长迅速,胚盘中央部的生长速度远较边缘快,致使扁平的胚盘向羊膜腔内隆起,胚盘的边缘向腹侧卷折,同时头、尾两端逐渐向腹侧脐部卷折并合拢,外胚层包于体表,内胚层卷入胚体内,至第4周末胚体由圆盘状变为"C"形的圆柱状,并突入羊膜腔内。随后,上肢芽和下肢芽逐渐出现并发育成上下肢,颜面部形成并发育,至第8周末胚体初具人形。

五、胎膜与胎盘

胎膜与胎盘是胚胎发育过程中的附属结构,对胚胎起保护、营养、呼吸和排泄等作用,胎盘有内分泌功能。胎儿娩出后,胎膜和胎盘一并排出,总称衣胞。

（一）胎膜

胎膜(fetal membrane)包括绒毛膜、羊膜、卵黄囊、尿囊和脐带。

1. 绒毛膜　胚泡植入子宫内膜后,滋养层逐渐增厚并分化为两层,继而向外周发出一些不规则有分支的绒毛,绒毛之间的间隙内充满母体血,胚胎借绒毛汲取母血中的营养物质,并排出代谢产物。胚外中胚层形成后,胚外中胚层与滋养层紧密相贴形成绒毛膜板。绒毛膜板及绒毛统称**绒毛膜**。胚胎早期,绒毛分布均匀;第8周后,基蜕膜侧的绒毛因营养丰富而生长旺盛,形成丛密绒毛膜,与基蜕膜共同构成胎盘。包蜕膜侧的绒毛因营养不良而退化,称平滑绒毛膜。

2. 羊膜　为半透明薄膜,由单层羊膜上皮和薄层胚外中胚层构成。羊膜腔内充满羊水,为胚胎的发育提供适宜的微环境,并具有保护胎儿免受外力损伤、防止粘连的作用。

3. 卵黄囊　位于原始消化管腹侧,人胚卵黄囊不发达,退化早,它的出现只是生物进化过程的重演。卵黄囊壁上的胚外中胚层产生原始的造血干细胞,尾侧壁的内胚层是原始生殖细胞的发生部位。

4. 尿囊　是卵黄囊尾侧的内胚层向体蒂内长入的一个盲管。尿囊根部参与形成膀胱顶部,其余部分卷入脐带内并退化,尿囊壁的胚外中胚层组织以后演变为脐动脉和脐静脉。

5. 脐带　是胎儿与胎盘间物质运输的通道,内有两条脐动脉和一条脐静脉以及黏液组织。胎儿出生时,脐带长约55cm。脐带过短可影响胎儿娩出或分娩时引起胎盘过早剥离而出血过多。脐带过长可能缠绕胎儿颈部或其他部位,影响胎儿发育甚至导致胎儿死亡(图12-6)。

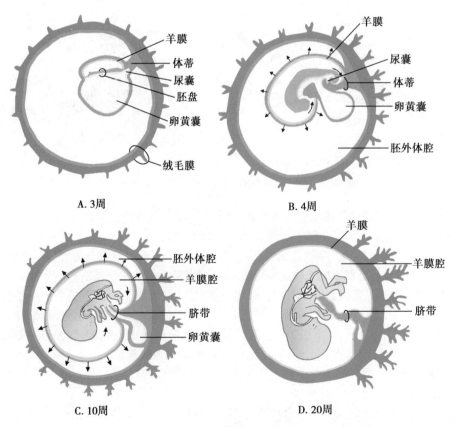

A. 3周　　　　　　　　　　　　　　B. 4周

C. 10周　　　　　　　　　　　　　D. 20周

图 12-6　胎膜的演变

（二）胎盘

1. 胎盘的结构　胎盘是由胎儿的<u>丛密绒毛膜</u>与母体的<u>基蜕膜</u>共同组成的圆盘形结构。足月胎儿的胎盘重约500g，直径15～20cm，中央厚，周边薄。胎盘的胎儿面光滑，表面覆有羊膜，脐带附于中央或稍偏；胎盘的母体面粗糙。

2. 胎盘的血液循环和胎盘膜　胎盘内有母体和胎儿两套血液循环，两者的血液在各自的封闭管道内循环，互不相混，但可进行物质交换。胎儿血与母体血在胎盘内进行物质交换所通过的结构，称**胎盘膜**或**胎盘屏障**。早期胎盘膜较厚，随着胎儿的发育长大逐渐变薄，更有利于胎血与母血间的物质交换。

3. 胎盘的功能

（1）物质交换和屏障作用：选择性物质交换是胎盘的主要功能。胎盘膜具有屏障作用，可以阻挡母血中的大分子物质进入胎儿血液，但此屏障功能是有限的，某些药物、病毒和激素可以透过胎盘屏障进入胎儿体内，影响胎儿发育，故孕妇需谨慎用药。

（2）内分泌功能：胎盘形成后逐步取代黄体，对妊娠的维持起重要作用。胎盘分泌的激素主要有：①人绒毛膜促性腺激素：促进黄体的生长发育，维持妊娠；还能抑制母体对胎儿、胎盘的免疫排斥作用。人绒毛膜促性腺激素于妊娠早期开始分泌，常作为早孕的诊断指标之一。②人胎盘催乳素：既能促进母体乳腺的生长发育，又能促进胎儿的代谢和生长发育。③孕激素和雌激素：维持继续妊娠。

图片：胎盘的结构与血液循环模式图

第二节　双胎、多胎与连体双胎

一、双胎

双胎（twins）又称孪生，双胎的发生率约占新生儿的1%。双胎有两种。

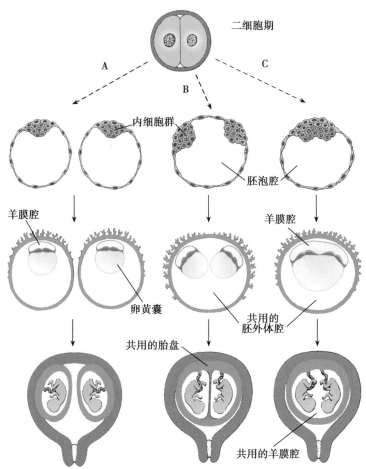

A. 形成两个卵裂球；B. 形成两个内细胞群；C. 形成两个原条与脊索

图 12-7　双胎形成示意图

1. **双卵双胎** 又称假孪生,是来自两个受精卵的双胎,占双胎的大多数。它们性别相同或不同,相貌和生理特性的差异如同一般的同胞兄妹。

2. **单卵双胎** 又称真孪生,指来自一个受精卵的双胎,故此种双胎儿的遗传基因完全一样。单卵双胎的发生有以下情况:①形成两个卵裂球,由两个卵裂球各自发育成一个胎儿。②形成两个内细胞群,两个内细胞群各自发育成一个胎儿。③形成两个原条与脊索,诱导形成两个神经管,分别发育为两个胎儿。这类孪生儿于同一个羊膜腔内发育,两个胎儿可能局部联接,形成联胎(见图12-7)。

二、多胎

一次分娩出生两个以上的新生儿,称多胎。多胎形成的原因与孪生相同,有单卵多胎、多卵多胎及混合多胎等三种类型。四胎以上十分罕见,多胎不易存活。多胎自然发生率极低,但近年随着临床应用促性腺激素治疗不孕症以及试管婴儿技术的应用,其发生率有所增高。

三、联胎

联胎(conjoined twins)是指两个未完全分离的单卵双胎。当一个胚盘出现两个原条并分别发育为两个胚胎时,若两原条靠近,胚体形成时发生局部联接,则导致连体双胎。连体双胎有对称型和不对称型两类。对称型指两个胚胎大小差不多,根据联接的部位可分为头联体、臀联体、胸膜联体等。不对称型指双胎大小差异较大,小者常发育不全,形成寄生胎;如果小而发育不全的胚胎被包裹在大的胎体内则称胎中胎。

第三节 先 天 畸 形

先天畸形是由于胚胎发育紊乱所致的出生时即可见的形态结构异常。器官内部的结构异常或生化代谢异常,则在出生后一段时间或相当长时间内才显现。故将形态结构、功能、代谢和行为等方面的先天性异常,统称出生缺陷。

先天畸形的发生原因包括遗传因素、环境因素和两者的相互作用,多数的先天畸形是遗传因素和环境因素相互作用的结果。遗传因素主要包括染色体数目的异常和染色体结构异常。能引起先天畸形的环境因素统称为**致畸因子**,主要包括生物性致畸因子、物理性致畸因子、致畸性药物、致畸性化学物质等。在胚前两周受到致畸因子作用后,胚通常死亡而很少发展为畸形。胚期第3~8周,胚体内细胞增殖分化活跃,易受致畸因子的干扰而发生畸形,所以此时期称**致畸敏感期**。由于各器官的发生与分化时间不同,故致畸敏感期也不尽相同。

图片:人体主要器官的致畸敏感期

本章小结

人体胚胎经历266天发育成熟。成熟的精子和卵结合成受精卵,受精卵的细胞分裂称为卵裂,卵裂形成的细胞称为卵裂球。受精后第3天形成的实心细胞团称为桑椹胚,继而形成胚泡,第4天胚泡运行至子宫腔,透明带消失并逐渐植入子宫内膜。受精后第2周,胚泡的内细胞群逐渐分化形成上、下两个胚层的二胚层胚盘;第3周,上胚层细胞逐渐分化为包含外、中、内三个胚层的胚盘;随后,三胚层逐渐分化成人体各器官的原基。胚泡的滋养层逐渐发育成胎盘和胎膜,为胚体发育提供营养和保护,并产生维持妊娠的多种激素。胚胎在发育过程中可以形成双胎或多胎,受到致畸因子影响也可能形成畸形。

(马永臻)

扫一扫,测一测

思考题

1. 简述胚泡的结构。
2. 简述三胚层胚盘的形成。
3. 简述胎盘的功能。
4. 简述先天畸形的发生原因。

笔记

学习目标

1. 掌握：跨膜物质转运的方式；易化扩散的特点；静息电位和动作电位的概念和形成机制；神经-肌接头处兴奋传递的过程。

2. 熟悉：受体的概念和特点；阈电位的概念；动作电位的特点和传导方式；骨骼的肌收缩形式。

3. 了解：出胞和入胞的概念；细胞的跨膜信号转导途径；组织兴奋性的周期性变化；影响骨骼肌收缩的因素。

4. 学会运用细胞膜物质转运功能相应知识分析细胞膜跨膜电位，进而理解人体心电和脑电等其他生物电活动。

5. 具备以细胞的功能为基础，学习其他系统各器官生理功能的意识，为后继学习打下扎实的基础。

第一节　细胞膜的跨膜物质转运功能

图片：人工脂双层对小分子的通透性

　　细胞膜的脂质双分子层是一个天然屏障，各种离子和水溶性分子都很难穿越细胞膜脂质双分子层的疏水区，使细胞内液与细胞外液溶质的成分和浓度显著不同。然而，细胞在新陈代谢过程中需要不断地通过细胞膜与内外环境进行物质交换，称为跨膜物质转运，这是细胞的基本功能之一。细胞膜对物质的转运具有选择性，以保持细胞内外环境的稳定。根据转运的机制和物质不同，物质跨膜转运的方式主要包括被动转运、主动转运、出胞和入胞。

一、被动转运

　　被动转运（passive transport）是指小分子物质或离子顺着浓度梯度或电位梯度进行的跨膜转运，不需要细胞额外消耗能量。根据物质的转运过程是否需要细胞膜上蛋白质的帮助，又可将被动转运分为单纯扩散和易化扩散。

（一）单纯扩散

　　单纯扩散（simple diffusion）是小分子脂溶性的物质从膜的高浓度一侧向低浓度一侧跨膜转运的方式。例如 CO_2、O_2、NH_3、乙醇、甘油、尿素和大部分药物等，都可以通过单纯扩散方式实现跨膜转运。水分子虽然是极性分子，但因分子小且不带电，也能以单纯扩散的方式转运。

　　单纯扩散是一种单纯的物理过程，不需要膜蛋白帮助，也不消耗细胞代谢产生的能量，只要膜两

笔记

侧存在浓度差,小分子脂溶性的物质就可以顺浓度差进行扩散,直到膜两侧浓度达到平衡为止。

影响单纯扩散的因素主要包括物质在膜两侧的浓度差和膜对物质的通透性。浓度差是物质扩散的动力,物质在膜两侧的浓度差愈大,扩散的量也越多。通透性指物质通过细胞膜的难易程度。脂溶性高、分子量小、不带电荷的非极性物质容易穿越脂质双分子层,即通透性较大,其单位时间被转运的量也就较多。另外,物质所在溶液的温度愈高、膜有效面积愈大,转运速率也愈快。

(二)易化扩散

易化扩散(facilitated diffusion)是在膜蛋白的帮助(或介导)下,非脂溶性或脂溶性很小的小分子物质或带电离子顺浓度梯度和/或电位梯度进行的跨膜转运。易化扩散和单纯扩散一样也不需要细胞代谢提供生物能量。根据参与的膜蛋白不同,易化扩散可分为经载体的易化扩散和经通道的易化扩散两种。

1. **经载体的易化扩散** 由载体蛋白介导的易化扩散称为经载体的易化扩散。葡萄糖、氨基酸、核苷酸等营养物质进入细胞就是通过这种方式实现的。载体蛋白是贯穿脂质双分子层的整合蛋白,它与溶质的结合位点随构型的改变而交替暴露于膜的两侧。例如,当细胞外氨基酸的浓度比细胞内高时,氨基酸就与载体蛋白上相应的位点结合,这一结合引起膜蛋白的构型变化,把结合的氨基酸转运到细胞内,并与之分离;随后载体蛋白恢复原有的构型,进行新一轮的转运(图 13-1)。

经载体的易化扩散有以下特点:

(1)结构特异性:载体蛋白有较高的结构特异性,表现在某种载体仅能识别和结合具有特定化学结构的物质。以葡萄糖(六碳糖)为例,在浓度差相同的情况下,右旋葡萄糖(人体内可利用的葡萄糖)的跨膜转运量远远超过左旋葡萄糖;木糖(五碳糖)则几乎不能被转运。这是因为载体的结合位点与被转运物质之间具有严格的化学结构上的适配性。

(2)饱和现象:因为细胞膜上载体蛋白以及载体蛋白的结合位点数量有限,所以当被转运物质浓度超过一定限度,占据全部载体结合位点时,转运量就不再增加,出现了饱和现象。

(3)竞争性抑制:如果某一载体对 A 和 B 两种结构相似的物质都有转运能力,A、B 两种物质就会竞争性地与同一载体上的位点结合,如果 A 物质转运增加,B 物质的转运就会减少,出现了竞争性抑制。这也与载体蛋白以及载体蛋白的结合位点数量有限有关。

2. **经通道的易化扩散** 由通道蛋白介导的易化扩散称为经通道的易化扩散。由于经通道转运的物质几乎都是离子,因而这类通道也称离子通道。通道是一类贯穿脂质双分子层、中央带有亲水性孔道的膜蛋白。当通道处于关闭状态时没有离子通过;通道开放时离子可经孔道从膜的高浓度一侧向低浓度一侧扩散(图 13-2)。离子通过时无需与通道蛋白结合,能以极快的速度跨越细胞膜。

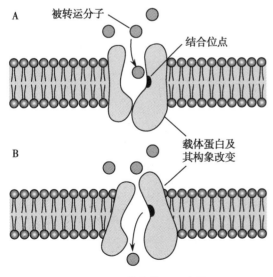

图 13-1　载体转运示意图
A. 被转运物质在高浓度一侧与载体蛋白上的特异性结合位点结合;B. 载体蛋白质构象发生变化,使被转运物质朝向低浓度的一侧,并与物质分离。

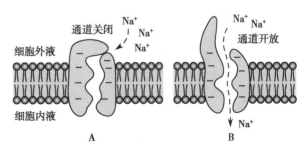

图 13-2　通道转运示意图
A. 通道蛋白的闸门关闭时离子不能通过;B. 通道蛋白的闸门开放时,离子顺浓度差通过通道蛋白中央的亲水性孔道。

经通道的易化扩散具有以下特点：

（1）离子选择性：每种通道只对一种或几种离子有较高的通透能力，而对其他离子的通透性很小或不通透。根据转运的离子不同，通道可分别称为钠通道、钾通道、钙通道等，体现了离子选择性。但通道蛋白的选择性没有载体蛋白转运的要求严格，如有的钠通道还可以转运少量 Ca^{2+}。当通道开放时被转运物质顺电-化学梯度通过，关闭时物质转运停止。离子扩散速率的大小，受膜两侧的离子浓度差和电场力的影响。

（2）门控特性：通道蛋白具有可移动的"闸门"样结构，由它控制通道的开关，这就是门控特性。只有当某种离子通道开放时，细胞膜才具备了对特定离子的通透性。在静息状态下，多数"闸门"处于关闭状态，只有受到刺激时才引起"闸门"开放。根据对不同刺激的敏感性，离子通道可分为电压门控通道、化学门控通道和机械门控通道三类。分别由细胞膜两侧的电位差、化学物质（如神经递质）和机械因素（如牵拉）等控制"闸门"的开关。

图片：离子通道的门控通道示意图

知识拓展

水 通 道

细胞膜上除离子通道外，还存在水通道。膜脂质对水的通透性很低，如果水分子只是以单纯扩散的方式通过细胞膜，扩散速度很慢。可是，某些细胞对水的转运速率惊人。例如，红细胞每秒允许百倍于自身容积的水通过其质膜，若将红细胞置于低渗溶液中，水会很快进入细胞内，使之膨胀破裂而发生溶血；肾小管、集合管、呼吸道以及肺泡等处的上皮细胞对水的转运能力也很强。在这些细胞的细胞膜上，存在着大量对水高度通透且总是开放的水通道。由于细胞膜水通道的发现，PeterAgree 被授予 2003 年诺贝尔化学奖。

二、主动转运

主动转运（active transport）是指某些物质在膜蛋白的帮助下消耗细胞代谢产生的能量，逆浓度差或逆电位差的跨膜转运过程。根据膜蛋白在转运物质时是否需要三磷酸腺苷（adenosine triphosphate，ATP）直接提供能量，主动转运又分为原发性主动转运和继发性主动转运两种。

（一）原发性主动转运

离子泵直接利用 ATP 分解释放的能量，将离子逆浓度差或逆电位差跨膜转运的过程就是原发性主动转运。离子泵也是一种膜蛋白，它具有 ATP 酶的活性，可将 ATP 水解为二磷酸腺苷（adenosine diphosphate，ADP），并利用高能磷酸键断裂所释放的能量来完成离子的跨膜转运。离子泵通常以转运的离子种类命名，如同时转运 Na^+ 和 K^+ 的钠-钾泵、转运 Ca^{2+} 的钙泵、转运 H^+ 的质子泵等。

钠-钾泵是哺乳动物细胞膜上普遍存在的离子泵，是目前研究最多最深入的离子泵。钠-钾泵简称钠泵，需要在细胞内 Na^+ 和细胞外 K^+ 共同参与下才具有 ATP 酶活性，故又称 Na^+-K^+ 依赖式ATP 酶（图 13-3）。钠泵是由 α 和 β 两个亚单位组成的二聚体蛋白质，α 亚单位具有 Na^+、K^+ 和ATP 的结合位点，还具有 ATP 酶的活性。当细胞内 Na^+ 浓度增加或者细胞外 K^+ 浓度增加时，钠泵就被激活，每分解一分子 ATP，可以将 3 个 Na^+ 泵出细胞外，同时将 2 个 K^+ 泵入细胞内。钠泵的活动，使 Na^+ 和 K^+ 在细胞内外分布不均衡，即细胞外

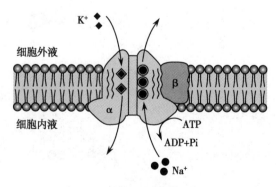

图 13-3 钠泵主动转运示意图

Na^+ 浓度高，而细胞内 K^+ 浓度高。遗传性球形红细胞增多症患者，由于红细胞膜的异常会引起 Na^+ 内流明显增加，从而激活钠泵，导致 ATP 消耗过多。据此，临床检验中有一项自身溶血试验及纠正试验，在红细胞孵育时加入 ATP，观察溶血可否被纠正，该项目对遗传性球形红细胞增多症有较大的诊断

价值。

激活后的钠泵,逆浓度差将细胞内 Na^+ 转运到细胞外,并将细胞外的 K^+ 转运到细胞内。一般细胞将代谢所产生能量的 20%～30% 用于钠泵的活动,可见钠泵的活动有着重要的生理意义:①建立和维持的细胞内外 Na^+ 和 K^+ 的浓度差,是细胞生物电活动的前提条件;②维持细胞内液的正常渗透压和细胞容积的相对稳定;③钠泵活动造成的细胞内高 K^+ 为胞质内许多代谢反应所必需;④建立 Na^+ 的跨膜浓度梯度,为继发性主动转运提供势能储备;⑤钠泵活动的生电效应可直接影响膜电位,钠泵活动增强,膜内电位的负值增大。

(二)继发性主动转运

有些物质在进行逆电-化学梯度跨膜转运时,所需要的能量不是直接来自 ATP 的分解,而是利用原发性主动转运(如钠泵)所形成的离子浓度梯度,这种间接利用 ATP 能量的主动转运就是继发性主动转运。因为转运体同时结合并转运两种或两种以上的物质,所以继发性主动转运又称联合转运。

根据物质转运方向与 Na^+ 顺浓度梯度转运方向是否一致,可将继发性主动转运分为同向转运和逆向转运两种(图 13-4)。例如,葡萄糖在小肠黏膜上皮细胞和近端肾小管上皮细胞的转运过程属于同向转运,都是由 Na^+-葡萄糖同向转运体和钠泵的耦联活动完成。钠泵的活动使小肠黏膜上皮细胞内低 Na^+,在细胞顶端膜内外形成了 Na^+ 浓度差。膜上的同向转运体则利用 Na^+ 的浓度势能,将肠腔中 Na^+ 和葡萄糖分子一起转运至细胞内。氨基酸在小肠的吸收是通过 Na^+-氨基酸同向转运体以同样方式进行。

图片:小肠上皮细胞质膜上的多种转运体

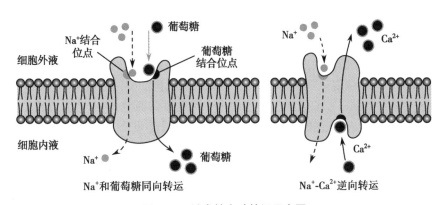

图 13-4　继发性主动转运示意图

逆向转运又称交换,完成这一过程的膜蛋白称为交换体,这些蛋白可利用 Na^+ 的浓度梯度提供的势能将细胞内的物质转出细胞。例如,肾近端小管上皮细胞的 H^+ 分泌属于逆向转运,由 Na^+-H^+ 交换体和钠泵的耦联活动完成。心肌细胞上的 Na^+-Ca^{2+} 交换具有特别重要的意义,因为在兴奋-收缩耦联过程中流入细胞内的 Ca^{2+},大部分是经 Na^+-Ca^{2+} 交换排出,以维持胞质内低游离 Ca^{2+} 的状态。

三、出胞与入胞

一些大分子物质或物质团块进出细胞时并不能直接穿过细胞膜,而是由膜包裹形成囊泡再完成转运,故称为膜泡运输(vesicular transport)。膜泡运输是一个主动过程,需要消耗能量,也需要多种蛋白质的参与。膜泡运输包括出胞和入胞两种形式。

(一)出胞

出胞(exocytosis)指细胞将大分子物质以分泌囊泡的形式由细胞内转运到细胞外的过程。例如,蛋白性分泌物在粗面内质网合成后,运到高尔基复合体形成分泌囊泡,囊泡向细胞膜内侧移动,与细胞膜发生融合、破裂,释放出分泌物(图 13-5)。由于囊泡的膜为细胞膜的组成部分,所以出胞过程能增加细胞膜的表面积。内分泌细胞分泌激素、腺细胞分泌酶原颗粒和黏液、神经末梢释放神经递质等过程都属于出胞。由于激素、酶等经出胞作用进入血液、脑脊液、尿液及羊水等体液中,所以临床上可以通过检测不同体液中激素和酶的浓度变化来诊断相关疾病。

笔记

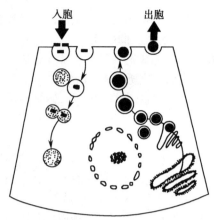

入胞 出胞

图 13-5 出胞和入胞示意图

（二）入胞

入胞(endocytosis)指细胞外的大分子物质或物质团块等被细胞膜包裹后以囊泡的形式进入细胞的过程(图 13-5)。与出胞相反,入胞过程可使细胞膜面积减小。根据摄入物的不同,入胞又分为两种类型,即吞噬和吞饮。

1. **吞噬** 是摄入团块或颗粒状固体物质的过程。吞噬发生时,物质团块首先与细胞膜接触,引起该处细胞膜内陷或伸出伪足,将物质包裹起来,然后膜融合、离断后进入细胞内,形成直径较大的吞噬泡。吞噬泡与溶酶体融合后,溶酶体中的蛋白水解酶将吞入的物质消化分解。吞噬主要发生在巨噬细胞和中性粒细胞,作用是消除异物和病原微生物、清除衰老和死亡的细胞等。

2. **吞饮** 是液体或大分子物质被摄入细胞的过程。吞饮的机制与吞噬相似,只是形成的吞饮泡很小,直径为 0.1~0.2μm,只有吞噬泡的十分之一。吞饮是体内大分子物质如蛋白质分子进入细胞的唯一途径。

第二节　细胞的生物电现象

细胞在生命活动中伴有的电现象称为细胞的生物电(bioelectricity)。临床上用作诊断的心电图、脑电图、肌电图就是分别在体表记录到的心脏、大脑皮层和肌肉的生物电活动,它们是在细胞水平生物电的基础上发生总和的结果。细胞的生物电发生在细胞膜的两侧,所以称为跨膜电位(transmembrane potential),简称膜电位。细胞的跨膜电位包括细胞处于静息状态时的静息电位和受刺激后产生的动作电位。

知识拓展

医学检验用电极

生命的基本活动是生命物质与其周围环境不断进行的物质交换。为了解生命活动过程,有众多生化参数需要检测。传统检验方法从血样采集到得出完整的化验报告,一般需要 30min 或更长的时间,所提供的只是患者血液生化指标的一个历史值。为了适于患者护理及手术监测的需要,现代医院的血样检验已转向非集中式的临床测试。这些检测手段的实现,主要依赖于医学检验用电极的进步。在医学临床诊断中,为了获取机体的生物电信号,通常是选用适当的电极与机体接触,从机体内引出这种自发的或诱发的电信号,这类电极称为生物医学电极。应用较广泛的医学检验电极包括氢电极、参比电极、氯离子选择电极和氧分压电极等。

一、静息电位

（一）静息电位的测定及有关概念

静息电位(resting potential,RP)指细胞在静息状态下存在于细胞膜内外两侧的电位差。静息电位可用示波器进行观察测量(图 13-6)。如果规定细胞膜外表面的电位为零,则细胞内电位为负值,通常用细胞内记录法,那么静息电位以细胞内电位的负值大小来表示。不同细胞的静息电位数值不同,一般都在-100~-10mV 之间。如哺乳类动物骨骼肌细胞的静息电位约为-90mV,神经纤维为-90~-70mV,红细胞约为-10mV 等。负值越大表示膜两侧的电位差越大,即静息电位越大。例如从-70mV变成-90mV,称为静息电位增大,反之则称为静息电位减小。

笔记

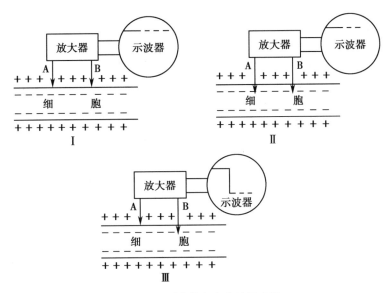

图 13-6 测定静息电位的示意图

Ⅰ.电极 A 与电极 B 均置于细胞外表面;Ⅱ.电极 A 与电极 B 均置于细胞内;Ⅲ.电极 B 插入细胞内,电极 A 置于细胞外表面,显示细胞膜呈内负外正的极化状态。

通常把静息电位存在时,细胞膜两侧内负外正的稳定状态称为极化(polarization)。如果膜电位向负值增大的方向变化,称为超极化。膜电位向负值减小的方向变化,称为去极化。去极化到零电位后膜电位进一步变为正值,出现膜电位的翻转,变为内正外负,称为反极化。细胞膜去极化后,又恢复到原来静息时的极化状态水平,称为复极化。

（二）静息电位产生机制

静息电位形成的基本原因是离子的跨膜扩散。离子的跨膜扩散有两个条件:①细胞内外离子分布不均衡(表 13-1),细胞内 K^+ 浓度高,细胞外 Na^+ 浓度高;②细胞膜在静息时对 K^+ 通透性大,对 Na^+ 和 Cl^- 通透性很小,对有机负离子几乎不通透。

表 13-1 哺乳动物骨骼肌细胞内外主要离子的浓度和平衡电位

离子	细胞内（mmol/L）	细胞外（mmol/L）	细胞内外浓度比	平衡电位（mV）
Na^+	12	145	1:12	+65
K^+	155	4	39:1	−95
Cl^-	4.2	116	1:29	−89
有机负离子	155	—	—	—

在上述条件下,细胞内 K^+ 将顺浓度差向细胞外扩散。K^+ 本身带正电荷,所以随着 K^+ 的外流导致膜外正电荷增多,膜内负电荷相对增多,将使膜两侧产生内负外正的电场力。K^+ 的外流并不能无限地进行下去,因为随着 K^+ 的不断外流,内负外正的电场力将愈来愈大,最终将阻止 K^+ 的进一步外流。当浓度差形成的驱动力和电位差形成的电场力达到平衡时,就不再有 K^+ 的跨膜净移动。此时,由 K^+ 外流所造成的膜两侧的电位差也稳定于某一数值,这个电位差就是 K^+ 的电-化学平衡电位,简称 K^+ 平衡电位。

静息状态下细胞膜还有少量的 Na^+ 和 Cl^- 内流,钠泵也在活动,都在一定程度上参与了静息电位的形成。

综上所述,静息电位是静息状态下存在于细胞膜两侧稳定的电位差,主要是由 K^+ 外流形成的电-化学平衡电位。

视频:静息电位的测定和产生机制

笔记

二、动作电位

（一）动作电位的概念和波形

动作电位（action potential，AP）是指细胞在静息电位基础上接受有效刺激后产生的一个迅速的可向远处传播的电位变化。以神经细胞为例（图 13-7），当受到一个有效刺激时，膜电位迅速从静息状态的-70mV 上升到+30mV，构成动作电位的上升支（去极相）；随后膜电位迅速下降，即恢复到接近静息电位的水平，构成动作电位的下降支（复极相）。两者共同构成的尖峰状电位变化，称为锋电位（spike potential）。锋电位是动作电位的主要成分，也是动作电位的标志，持续约 1ms。其中 0mV 以上的部分称为超射，此时膜电位处于反极化状态。在锋电位之后，出现的低幅而缓慢的膜电位波动，称为后电位，又包括膜电位仍小于静息电位的负后电位和大于静息电位的正后电位两部分。后电位持续较长时间，结束后膜电位才恢复到稳定的静息电位水平。

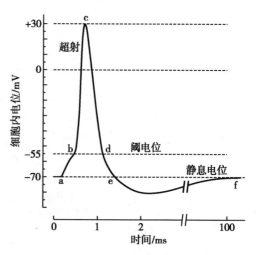

图 13-7　神经纤维动作电位模式图
ab. 膜电位逐渐去极化到达阈电位水平；bc. 动作电位快速去极相；cd. 动作电位快速复极相；bcd. 锋电位；de. 负后电位；ef. 正后电位。

（二）动作电位产生机制

1. 动作电位上升支的形成机制　动作电位上升支形成的前提条件是：①细胞膜两侧存在 Na^+ 浓度差，细胞外 Na^+ 浓度高于细胞内；②细胞膜在受刺激发生兴奋时钠通道开放，对 Na^+ 通透性增大。

当细胞受到有效刺激后，首先引起膜上部分兴奋性高的电压门控钠通道被激活而开放，于是少量 Na^+ 顺浓度差和电位差向膜内扩散。Na^+ 的内流使细胞膜出现去极化，当膜电位去极化达到某一数值时会引起钠通道大量开放，此时的膜电位值称为阈电位（threshold potential，TP）。一般来说，阈电位比静息电位小 10~20mV。去极化达到阈电位水平是细胞产生动作电位的必要条件。当细胞膜去极化达到阈电位水平时，对 Na^+ 的通透性突然增大，引起 Na^+ 的再生性内流，膜内负电位迅速转为正电位。由于 Na^+ 内流而造成的内正外负的电场力将阻止 Na^+ 的进一步内流。当浓度差形成的驱动力和电位差形成的电场力达到平衡时，Na^+ 内流停止，达到 Na^+ 的平衡电位。

细胞受到有效刺激时产生动作电位，因此不是任何刺激都能触发细胞产生动作电位。能使细胞产生动作电位的最小刺激强度，称为阈强度（thresholdintensity）或阈值（threshold value）。相当于阈强度的刺激称为阈刺激（thresholdstimulus），大于或小于阈强度的刺激分别称为阈上刺激或阈下刺激。所谓有效刺激，指的就是能使细胞产生动作电位的阈刺激或阈上刺激。阈值是衡量组织兴奋性高低的最常用指标，阈值和兴奋性呈反比关系，阈值增大表示组织兴奋性下降。

2. 动作电位下降支的形成机制　动作电位下降支形成的前提条件是：①细胞膜两侧存在 K^+ 浓度差，细胞内 K^+ 浓度高于细胞外；②动作电位上升达到顶点时，钠通道失活关闭，而钾通道开放。

当去极化完毕后，钠通道失活关闭，此时电压门控的钾通道开放，K^+ 顺电-化学梯度快速外流，膜内电位迅速下降，回到静息电位水平，形成动作电位下降支。

动作电位之后，膜电位虽然恢复到静息电位水平，但膜内 Na^+ 浓度增加，而膜外 K^+ 浓度增加，这种细胞内外离子浓度的改变，激活了钠泵。钠泵将进入细胞内的 Na^+ 泵出，将细胞外的 K^+ 泵入，为下一次细胞兴奋做好准备。

综上所述，动作电位上升支的产生由 Na^+ 迅速大量内流形成；动作电位下降支的产生由 K^+ 外流形成；离子不均衡分布状态的恢复需要钠泵的活动。

（三）组织兴奋性的周期性变化

动作电位是可兴奋组织或细胞受刺激时共有的特征性表现，因此兴奋性是细胞接受刺激后产生动作电位的能力。可兴奋组织或细胞发生兴奋后，其兴奋性将经历一系列有规律的变化（图 13-8），可分为绝对不应期(absolute refractory period)、相对不应期(relative refractory period)、超常期(supernormal period)和低常期(subnormal period)。

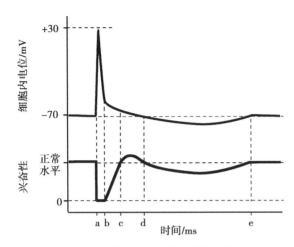

图 13-8　动作电位与兴奋性变化的时间关系
ab. 锋电位(上图)/绝对不应期(下图);bc. 负后电位的前部分/相对不应期;cd. 负后电位的后部分/超常期;de. 正后电位/低常期。

1. 绝对不应期　此期细胞的阈值无限大,兴奋性降低到零,任何强大的刺激都不会引起细胞再次兴奋。

2. 相对不应期　此期兴奋性逐渐恢复,但仍低于正常,需要阈上刺激才可能引起细胞再次兴奋。

3. 超常期　此期阈值减小,兴奋性略高于正常,给予阈下刺激就可能引起细胞再次兴奋。

4. 低常期　兴奋性低于正常,这段时间内要使细胞兴奋,刺激强度必须大于阈值。此后,细胞的兴奋性恢复到原来静息状态的正常水平。

以上兴奋性的周期性变化主要是由钠通道状态变化引起的,钠通道存在三种功能状态,即静息态、激活态和失活态。组织细胞在兴奋的绝对不应期内无论给予多大强度的刺激,都不可能产生动作电位,绝对不应期的时程一般情

况下与动作电位锋电位时程相当。所以,动作电位不会出现叠加现象,绝对不应期的长短决定了组织细胞两次兴奋的最短时间间隔。

（四）动作电位的传导

动作电位在同一细胞上的传播称为传导(conduction)。如果发生在神经纤维上,传导的动作电位又称为神经冲动。

动作电位的传导机制用局部电流学说来解释(图 13-9)。在无髓神经纤维,如果给予一个阈刺激或阈上刺激,产生的动作电位使局部细胞膜发生短暂的电位倒转,此时兴奋部位出现内正外负的反极化状态,而与它相邻的静息部位仍处于内负外正的极化状态,由此造成兴奋部位和邻近静息部位之间产生电位差。于是膜外的正电荷由静息部位移向兴奋部位,而膜内的正电荷则由兴奋部位移向安静部位,从而出现局部电流。由于局部电流的作用,使安静部位随即暴发动作电位。这样的过程沿着膜连续进行下去,很快使全部细胞膜都依次暴发动作电位,表现为兴奋在整个细胞上的传导。

在有髓神经纤维,轴突的外面包有一层具有绝缘作用的髓鞘。局部电流只能在兴奋的朗飞

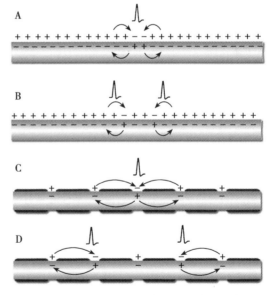

图 13-9　动作电位在神经纤维上的传导示意图
A、B. 动作电位在无髓神经纤维上依次传导;C、D. 动作电位在有髓神经纤维上跳跃式传导。

结与邻旁安静的朗飞结之间形成,所以兴奋传导是从一个朗飞结跳跃到下一个朗飞结,故称为跳跃式传导。跳跃式传导的速度更快也更"节能"。

（五）动作电位的特点

动作电位具有以下特点:

1. "全或无"现象　如果给细胞施加阈刺激或阈上刺激,膜去极化能达到阈电位水平,从而暴发动作电位。对于单一细胞来说,一旦产生动作电位,其形状和幅度将保持不变,不会因刺激强度的增

大而持续增大,此为"全";如果给予细胞阈下刺激,膜去极化不能达到阈电位水平,就不会暴发动作电位,此为"无"。简言之,动作电位要么不产生,要产生就是最大幅度。

2. 不衰减性传导 动作电位产生后不会局限于受刺激的局部,而是迅速沿细胞膜向周围扩布,直到整个细胞都依次产生相同的电位变化。在此传导过程中,动作电位的波形和幅度始终保持不变。

3. 脉冲式 细胞在发生一次兴奋后,其兴奋性会出现一系列变化。在绝对不应期内,细胞对任何强大的刺激不再发生反应。因此,连续刺激产生的多个动作电位总有一定间隔而不会叠加,呈现脉冲式。

(六)局部电位

单个阈下刺激不能引发动作电位,但它对膜电位仍有一定的影响。我们把阈下刺激引起阈电位水平以下的局部去极化称为局部兴奋或局部电位(local excitation)。

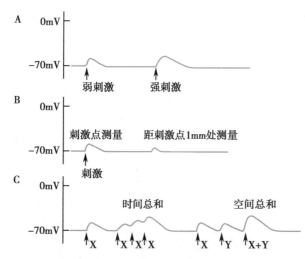

图 13-10 局部电位及其时间、空间总和
A. 等级性电位;B. 衰减性传导;C. 总和现象:在同一部位施加刺激 X,在另一部位施加刺激 Y。

局部电位与动作电位相比,具有以下特点:

1. 等级性电位 局部电位不是"全或无"的,其幅度随刺激强度的增大而增大,随刺激持续时间的延长而增大(图 13-10A)。

2. 衰减性传导 局部电位在细胞膜上呈电紧张性扩布,其幅度随扩布距离增加而衰减,直至最后消失(图 13-10B)。

3. 总和现象 如果在细胞膜同一部位给予连续刺激,则先后产生的局部电位可发生叠加,称为时间总和;如在相邻的部位同时给予刺激,所引起的局部电位在彼此的电紧张传播范围内可发生叠加,称为空间总和(图 13-10C)。如果局部电位总和起来,能导致膜去极化到阈电位水平,就可暴发动作电位。

第三节 细胞的跨膜信息传递

机体为适应内、外环境变化所完成的任何生命活动,需要许多细胞相互协调、相互配合,这就使各种细胞之间形成复杂的信息传递机制。这是机体实现各种功能活动以及进行调节的重要基础。机体内细胞之间的信息传递往往是由特殊的信号分子,如激素、神经递质、细胞因子等化学物质介导的。这些物质并不直接进入细胞,却能引起细胞功能的改变,这是因为细胞膜具有跨膜信号转导功能。信号转导(signaltransduction)是生物活性物质通过受体或离子通道的作用而激活或抑制细胞功能的过程,亦即信号从细胞外转入细胞内的过程。信号转导过程的完成,需要生物活性物质首先作用于细胞膜上的受体,才能引起细胞功能的相应改变。

一、受体的概念

受体(receptor)是指存在于细胞膜上或细胞内,能识别并结合特异性化学物质,进而引起细胞产生特定生物学效应的特殊蛋白质。按照分布部位的不同,受体可分为膜受体、胞质受体和核受体,通常所说的受体主要指膜受体,凡能与受体发生特异性结合的化学物质则称为配体。

受体与配体的结合具有下列特点:

1. 高特异性 受体分子的立体构型是决定这一特点的关键,受体可通过与配体分子中反应基团的定位和空间结构互补,准确识别配体并与其特异性地结合。一个配体可以与几种受体结合。

2. 高亲和力 受体与配体的结合力极强,极低浓度的配体与受体结合后,即可产生显著的生物学效应。对不同的受体和配体而言,亲和力的大小差异很大。

3. **饱和性** 随着配体浓度的升高,受体与配体完全结合后,就不再结合其他配体。这是细胞控制其对细胞外信号反应程度的一种方式。受体的数量相对恒定及受体对配体的较高亲和力是受体饱和性产生的基础。虽然不同的受体或同一种受体在不同类型细胞中的数量差异较大,但某一特定的受体在特定细胞内的数量,却相对恒定。

4. **可逆性** 受体与配体的结合与解离处于可逆的动态平衡中。受体与配体以氢键、离子键和范德华键等非共价键结合,在细胞发生效应后,两者解离,配体被灭活,受体可再次被利用。

5. **可调节性** 受体与配体的结合可受多种因素的影响,主要涉及受体的数目及受体与配体的亲和力,常见的调节机制为受体的磷酸化与去磷酸化。

受体异常与疾病

受体的数量、结构和功能异常会导致机体产生疾病。受体基因突变,致使受体缺乏或结构异常引起遗传性受体病。如 2 型糖尿病,即非胰岛素依赖性糖尿病,就是一种常见的遗传性受体疾病。其发病机制是遗传因素导致胰岛素受体数量减少或功能异常,使细胞对胰岛素的敏感性降低,耐受力增强,由胰岛素激发的细胞内信号转导过程不能正常进行,细胞糖代谢出现障碍,最终导致糖尿病。机体自身代谢紊乱则可引发继发性受体疾病,如肥胖可降低胰岛素受体的功能,引发糖尿病;心功能不全可使心肌细胞的受体数量减少。机体自身产生受体的抗体可导致自身免疫性受体疾病,如促甲状腺激素受体抗体是导致毒性弥漫性甲状腺肿的主要病因。

二、受体的功能

膜受体在细胞的跨膜信号转导过程中发挥重要作用。信号转导的结果即生物效应,可以是对靶细胞功能的影响,或者是对靶细胞代谢、分化和生长发育的影响,甚至是对靶细胞形态结构和生存状态等方面的影响。根据膜受体的结构和功能特点,细胞主要通过三种路径完成其跨膜信号转导功能,即 G 蛋白耦联受体介导的信号转导、离子通道型受体介导的信号转导和酶联型受体介导的信号转导。

(一) G 蛋白耦联受体介导的信号转导

G 蛋白耦联受体介导的信号转导过程复杂,涉及 G 蛋白耦联受体、G 蛋白、G 蛋白效应器、第二信使等一系列存在于膜上和膜内的信号分子。首先,G 蛋白耦联受体与细胞外的信号分子(第一信使)发生特异性结合,激活位于细胞膜内侧面的 G 蛋白;活化的 G 蛋白进一步激活膜上的 G 蛋白效应器;效应器酶又可进一步催化生成第二信使,将细胞外信号分子携带的信息转导至细胞内,后者通过蛋白激酶系统影响细胞内生理过程(图 13-11)。

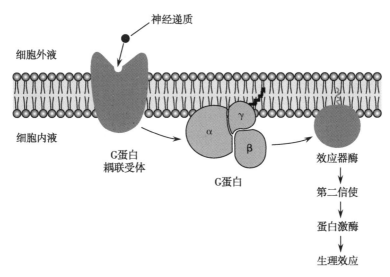

图 13-11 G 蛋白耦联受体介导的信号转导示意图

G 蛋白为鸟苷酸结合蛋白的简称,是连接膜受体与细胞内效应器的膜蛋白,存在于细胞膜内侧。G 蛋白耦联受体是指激活后作用于与之耦联的 G 蛋白,然后引起一系列反应而完成跨膜信号转导的一类受体。典型的 G 蛋白耦联受体包括肾上腺素能 α 受体、肾上腺素能 β 受体和胆碱能 M 受体等。G 蛋白效应器包括效应器酶、膜离子通道以及膜转运蛋白等。效应器酶的作用是催化生成(或分解)第二信使物质。激素、神经递质、细胞因子等信号分子称为第一信使,作用于细胞膜后产生的细胞内信号分子称为第二信使(second message)。较重要的第二信使除环-磷酸腺苷外,还包括三磷酸肌醇、二酰甘油、环-磷酸鸟苷和 Ca^{2+} 等。

(二)离子通道受体介导的信号转导

离子通道受体是一种同时具有受体和离子通道功能的膜蛋白,属于化学门控通道。这类受体与配体结合后,受体蛋白的分子构型发生改变,引起通道快速开放和离子的跨膜流动,导致效应细胞的膜电位变化,引起细胞产生生理效应,从而实现化学信号的跨膜转导,因而这一途径称为离子通道型受体介导的信号转导。终板膜上的乙酰胆碱受体是这类通道蛋白质的典型代表。

尽管电压门控通道和机械门控通道不称为受体,但它们也能将接受的物理信号转换为细胞膜电位变化,具有与化学门控通道类似的信号转导功能,故也可归入离子通道型受体介导的信号转导中。与离子通道型受体不同的只是接受的是电信号和机械信号,但它们也通过离子通道的活动和跨膜离子电流将信号转导到细胞内。

离子通道受体介导的信号转导的特点是路径简单,速度快,从递质结合到产生电效应的时间仅约0.5ms,这与神经电信号的快速传导是相适应的。

(三)酶联型受体介导的信号转导

酶联型受体是指细胞膜上一些既有受体作用又有酶活性的蛋白质,受体的膜外侧面有配体的结合位点,起受体作用;受体的膜内侧面具有催化酶的作用,通过这种双重作用来完成信号转导功能。酶联型受体主要有以下三种:

1. **酪氨酸激酶受体** 这类受体在膜外侧有结合配体的位点,伸入胞质的一端具有酪氨酸激酶活性,能够使底物在酪氨酸残基上发生磷酸化。大部分生长因子是这类受体结合的主要配体。

2. **酪氨酸激酶结合型受体** 这类受体与上述酪氨酸激酶受体不同的是,其本身没有酶的活性,而是在激活后才在细胞内侧与胞质中的酪氨酸激酶结合,并使之激活。通常激活该类受体的配体主要是由巨噬细胞和淋巴细胞产生的各种细胞因子和一些肽类激素,如促红细胞生成素、干扰素和白细胞介素等。

3. **鸟苷酸环化酶受体** 这类受体在膜外侧有配体结合位点而膜内结构具有鸟苷酸环化酶活性。一旦配体与受体结合,激活的鸟苷酸环化酶可使胞质内的三磷酸鸟苷生成环-磷酸鸟苷,后者是一种特定第二信使。心房钠尿肽和脑钠尿肽是鸟苷酸环化酶受体的重要配体,可刺激肾脏排泄钠和水,并使血管平滑肌舒张。

第四节 骨骼肌细胞的收缩功能

一、骨骼肌的收缩原理

骨骼肌受躯体运动神经的支配,属于随意肌。当运动神经元产生的神经冲动到达运动神经末梢时,经过骨骼肌神经-肌接头(又称运动终板),才能把兴奋传递给骨骼肌,再通过兴奋-收缩耦联的机制引起骨骼肌的收缩。

(一)骨骼肌神经-肌接头的兴奋传递过程

躯体运动神经的轴突末梢失去髓鞘的包裹,稍微膨大并嵌入到骨骼肌细胞膜的凹陷中,形成了神经-肌接头(图 13-12)。神经-肌接头的结构包括接头前膜、接头后膜和接头间隙。接头前膜是轴突末梢细胞膜,膜内侧的轴浆内含有许多囊泡,称为突触小泡。每个突触小泡中约含 1 万个乙酰胆碱(acetylcholine,ACh)分子。接头后膜是与前膜对应并凹陷的肌细胞膜,也称终板膜。终板膜形成许多褶皱,增加了与前膜的接触面积,利于兴奋的传递。在褶皱上密集分布着 ACh 受体,即 N_2 型 ACh 受体阳

笔记

离子通道。在接头间隙和接头后膜表面还分布有胆碱酯酶,能把 ACh 分解成胆碱和乙酸。接头间隙中充满了细胞外液,所以神经-肌接头的活动容易受内环境变化的影响。

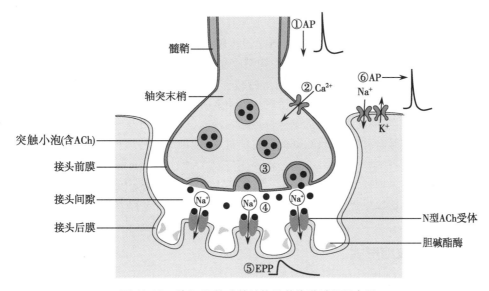

图 13-12 神经-肌接头的结构及其传递过程示意图
①神经冲动下传至轴突末梢;②接头前膜 Ca^{2+} 内流;③神经递质 ACh 释放至接头间隙;④终板膜 Na^+ 内流;⑤终板膜产生终板电位;⑥肌细胞膜暴发动作电位。

神经冲动沿神经纤维到达轴突末梢,使接头前膜发生去极化,引起前膜上钙通道的开放,Ca^{2+} 顺电-化学梯度向轴突末梢内跨膜流动。内流的 Ca^{2+} 能降低轴浆的黏滞性,使突触小泡更容易以出胞方式"倾囊"释放神经递质 ACh。ACh 在接头间隙扩散到终板膜,与终板膜上的 ACh 受体结合,化学门控通道开放,出现 Na^+ 内流和少量 K^+ 外流,从而引起终板膜去极化,这一电位变化称为终板电位(end-plate potential,EPP)。终板电位属于局部电位,可以扩布到邻近普通的肌细胞膜,引起钠通道开放,Na^+ 内流产生去极化,如能达到阈电位水平即可爆发动作电位。肌细胞上的动作电位再通过局部电流传遍整个肌膜,引起骨骼肌细胞的兴奋。这样,神经纤维上的神经冲动就经过神经-肌接头把兴奋传递给了所支配的骨骼肌。此过程可以简单地概括为电-化学-电的变化过程。ACh 与受体作用后,迅速被存在于接头间隙和终板膜的胆碱酯酶水解,使终板电位及时终止,避免持续作用引起肌肉痉挛,保证了兴奋传递的正常进行。

图片:骨骼肌神经-肌接头的结构和兴奋传递的主要步骤

 知识拓展

骨骼肌神经-肌接头与临床

有些临床疾病就是在骨骼肌神经-肌接头处兴奋传递的某一环节出现了问题,而影响了正常的肌肉活动。如误食了被肉毒杆菌污染的食物,会引起患者肌肉麻痹,其原因是肉毒杆菌产生的毒素阻止了运动神经末梢 ACh 的释放;有机磷农药可以抑制胆碱酯酶,使 ACh 大量堆积在接头间隙,造成肌肉痉挛;如果自身产生抗体破坏 N_2 型 ACh 受体阳离子通道,可导致重症肌无力。临床上可以通过检测血清中 ACh 受体的抗体,来辅助诊断重症肌无力。

(二)骨骼肌的兴奋-收缩耦联

骨骼肌细胞的兴奋表现为细胞膜上的动作电位,不能直接引起骨骼肌的收缩,两者之间存在一个耦联过程。将骨骼肌细胞的电兴奋和机械收缩联系起来的中介过程,称为兴奋-收缩耦联(excitation-contraction coupling)。实现兴奋-收缩耦联的基本结构是三联体,起关键作用的物质是 Ca^{2+}。

骨骼肌兴奋-收缩耦联包括三个基本过程。①骨骼肌细胞膜上的动作电位沿肌膜和横小管膜扩布

至三联体处,激活横管膜上的L型钙通道;②L型钙通道的分子构型改变,激活终池膜上的钙通道,终池中 Ca^{2+} 大量释放入肌质,引发肌肉收缩;③肌质内 Ca^{2+} 浓度升高激活了肌质网膜上的钙泵,肌质中 Ca^{2+} 被回收至终池,肌肉舒张。

图片:横桥周期示意图

(三)骨骼肌收缩原理

肌细胞的收缩原理目前公认的是肌丝滑行学说。肌丝滑行的基本过程:当终池内的 Ca^{2+} 进入肌质后,与细肌丝的肌钙蛋白结合,引起肌钙蛋白构型改变,牵拉原肌球蛋白发生位移,暴露出肌动蛋白与粗肌丝横桥的结合位点。这时,横桥与肌动蛋白结合,激活横桥的 ATP 酶,分解 ATP 释放能量,引发横桥向 M 线方向的摆动。横桥一次摆动后便与肌动蛋白解离,再次将 ATP 水解后复位。如果这时肌质内的 Ca^{2+} 浓度仍较高,肌动蛋白上的结合位点继续暴露,横桥就再与细肌丝上的下一个结合位点结合。横桥与肌动蛋白结合、摆动、复位,如此往复的过程,使细肌丝持续向 M 线方向滑行,伸入粗肌丝内,肌节逐渐缩短,表现为肌肉收缩。

当肌质中的 Ca^{2+} 被泵回终池使肌质内 Ca^{2+} 降低时,Ca^{2+} 与肌钙蛋白分离,原肌球蛋白恢复构型。肌动蛋白上与横桥结合的位点再次被原肌球蛋白掩盖,横桥与肌动蛋白分离,细肌丝从粗肌丝滑出,肌纤维回到舒张状态。

二、骨骼肌的收缩形式

(一)骨骼肌的收缩形式

根据肌肉收缩的外在表现,可将骨骼肌收缩分为等长收缩和等张收缩。按刺激频率对肌肉收缩的影响,分为单收缩和强直收缩。

1. **等长收缩和等张收缩** 肌肉收缩时长度不变而张力增加的收缩称为等长收缩(isometriccontraction)。等长收缩是在阻力较大,肌肉收缩产生的张力不足以克服阻力时出现的收缩形式。人在站立时,为了持续性抵抗重力,维持姿势而产生的有关肌肉收缩为等长收缩。肌肉收缩时张力不变而长度增加的收缩称为等张收缩(isotoniccontraction)。等张收缩是当肌肉收缩产生的张力足以克服阻力时,肌肉开始缩短,而张力不再增加。当人体要改变肢体的位置,完成某个动作时,四肢的骨骼肌表现出明显的等张收缩。

2. **单收缩和强直收缩** 骨骼肌受到一次短促的有效刺激,引起一次迅速的机械收缩,称为单收缩(twitch)。当骨骼肌受到连续有效刺激时,相邻的单收缩会互相复合,出现强直收缩。强直收缩又可分为不完全强直收缩和完全强直收缩(图 13-13)。如果刺激的频率相对较低,后一次收缩过程叠加在前一次收缩过程的舒张期,所产生的收缩总和称为不完全强直收缩(incomplete tetanus),记录的收缩曲线为锯齿状;如果提高刺激频率,后一次收缩过程叠加在前一次收缩过程的收缩期,所产生的收缩总和称为完全强直收缩(complete tetanus),收缩曲线平滑而连续。

在生理条件下,支配骨骼肌的传出神经总是发出连续的冲动,所以骨骼肌的收缩几乎都是强直收缩。即使在安静状态下,运动神经也经常发放低频率的冲动,使骨骼肌产生一定程度的强直收缩,这种微弱而持续的收缩称为肌紧张(详见第二十一章)。

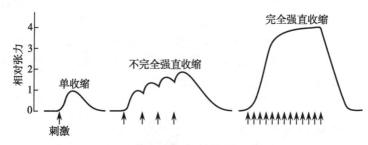

图 13-13 骨骼肌收缩的频率效应总和

(二)影响骨骼肌收缩的因素

1. **前负荷** 肌肉在收缩前所承受的负荷,称为前负荷(preload)。由于肌肉具有一定的弹性,在前负荷作用下,肌肉可被牵拉至一定长度,即肌肉的初长度。肌肉收缩存在一个最适初长度,在此初长度下收缩,可以产生最大的张力,大于或小于此初长度,肌肉收缩产生的肌张力都会下降。使肌肉处于最适初长度的前负荷称为最适前负荷。

2. 后负荷 肌肉在收缩开始后所承受的负荷,称为后负荷(afterload)。后负荷是肌肉收缩的阻力或做功对象,它影响肌肉收缩产生的张力和速度。而且,肌肉在后负荷作用的情况下收缩,总是先有张力的增加以克服后负荷,然后才有长度的缩短。当后负荷增加,肌肉收缩产生的张力会相应增加,缩短的速度和程度则会减小;当后负荷增加到一定程度时,肌肉做功全部用于产生张力,这时肌肉不能缩短,而张力达到最大,这时的收缩为等长收缩。

3. 肌肉收缩能力 肌肉收缩能力(contractility)是指与负荷无关的、决定肌肉收缩效能的肌肉本身的内在特性。如果肌肉收缩能力提高,在相同的前、后负荷的情况下,收缩产生的张力和缩短的速度及程度都会提高,使肌肉做功效率增加。肌肉收缩能力主要取决于兴奋-收缩耦联期间胞质中 Ca^{2+} 浓度和横桥 ATP 酶活性。许多神经递质、激素、病理因素和药物,都可以通过影响上述环节来调节和影响肌肉收缩能力。如交感神经兴奋、肾上腺素、咖啡因等药物可增加肌肉的收缩力,而缺氧、酸中毒时肌肉的收缩力减弱。

本章小结

    细胞的基本功能包括跨膜物质转运功能、生物电现象、信号转导功能和肌细胞的收缩功能等。细胞的跨膜物质转运依据是否需要消耗能量、转运物质的分子大小和是否具有脂溶性,可分为被动转运、主动转运以及入胞和出胞。被动转运包括单纯扩散和易化扩散。细胞生物电包括静息电位和动作电位两种基本形式。静息电位是细胞在静息状态下存在于膜内外的电位差,是一切电活动的基础。动作电位是细胞受到有效刺激后产生的一个迅速可向远处传播的电位变化,是可兴奋细胞兴奋的共同表现形式。受体是细胞内或细胞膜上具有接受和传递信息功能的蛋白质。受体通过识别和结合配体,触发整个信号转导过程。骨骼肌的收缩包括神经-肌接头处的兴奋传递、兴奋-收缩耦联和肌丝滑行三个过程。

(杜 娟)

扫一扫,测一测

思考题

1. 跨膜物质转运的主要方式有几种?各有什么特点?
2. 何为受体?受体的主要功能是什么?
3. 简述静息电位和动作电位的产生机制。
4. 简述骨骼肌神经-肌接头处兴奋传递的过程和兴奋-收缩耦联的过程。

第十四章　血液

血液是由多种成分组成的红色黏稠混悬液,在心血管系统内循环流动,运输 O_2、CO_2、营养物质、激素及代谢产物等;血液具有防御和保护功能,血液中的白细胞能防御细菌、病毒等对机体的侵害;血液中的凝血因子、血小板发挥生理性止血作用,而抗凝因子保障血流畅通;血液具有调节功能,血液中存在多组 pH 缓冲物质,可调节酸碱平衡;血液还参与体温的调节,在维持机体内环境稳态中具有非常重要的作用。

当血液总量或组织、器官的血量不足时,可引起各器官功能障碍、结构损伤甚至坏死。很多疾病都能引起血液组成成分或理化性质发生特征性变化。因此,血液检验在临床诊断和治疗上具有重要的意义。

第一节　血液的组成及理化性质

一、血液的组成

血液由血浆(blood plasma)和混悬于血浆中的血细胞(blood cell)组成。血浆和血细胞合在一起称为全血。将采取的新鲜血液加抗凝剂离心后,可见血液分为三层(图 14-1):上层淡黄色透明液体为血浆,占总体积的 50%~60%;下层为深红色不透明的红细胞,占总体积的 45%~50%;中间灰白色的薄层为白细胞和血小板,约占总容积的 1%。离体后的血液自然凝固而形成血块,血块收缩析出的淡黄色透明液体称为血清。血清与血浆的主要区别,在于血清中不含纤维蛋白原和凝血发生时消耗掉的一些凝血因子。在临床上血浆主要用于血浆化学成分测定和凝血试验,血清主要用于生化检验、血型鉴定和免疫测定等检测。

血细胞在全血中所占的容积百分比,称为血细胞比容(hematocrit)。由于血液中的有形成分主要

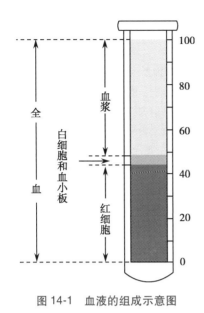

图 14-1　血液的组成示意图

是红细胞,故也称为红细胞比容。正常成年男性的血细胞比容为 40%~50%,女性为 37%~48%,新生儿为 55%。血细胞比容反映了全血中血细胞数量和血浆容量的相对关系,红细胞增多(如红细胞增多症等)或血浆减少(如严重烧伤等)均可引起比容值升高;红细胞减少(如贫血等)或血浆量增多(如妊娠后期、输液过多等)均可引起比容值降低。血细胞比容主要用于贫血和红细胞增多症的诊断、血液稀释和血液浓缩变化的测定、计算红细胞平均体积和红细胞平均血红蛋白浓度等。

血浆是由 91%~92% 的水和 8%~9% 的溶质组成,溶质包括血浆蛋白质、电解质、激素、代谢产物和营养物质等。水的含量与循环血量的相对恒定密切相关,血浆中的营养物质和代谢产物均溶解于水中而被运输,水还能运输热量,参与体温调节。血浆蛋白是血浆中多种蛋白质的总称,主要包括白蛋白(又称清蛋白)、球蛋白和纤维蛋白原。正常成人的血浆蛋白含量 60~80g/L,其中白蛋白为 40~50g/L,球蛋白为 20~30g/L,纤维蛋白原仅为 2~4g/L,白蛋白/球蛋白(A/G)的比值为(1.5~2.5):1。白蛋白和大多数球蛋白主要由肝脏产生,肝脏疾病时常引起 A/G 比值下降,甚至倒置。

血液的组成如下:

$$
血液
\begin{cases}
血浆(50\%\sim60\%)
\begin{cases}
水(91\%\sim92\%) \\
溶质(8\%\sim9\%)
\begin{cases}
血浆蛋白:白蛋白、球蛋白、纤维蛋白原 \\
电解质:Na^+、K^+、Ca^{2+}、Cl^-、HCO_3^- 等 \\
其他:激素、代谢产物、葡萄糖等
\end{cases}
\end{cases} \\
血细胞(40\%\sim50\%)
\begin{cases}
红细胞 \\
白细胞 \\
血小板
\end{cases}
\end{cases}
$$

血浆蛋白具有形成血浆胶体渗透压,运输物质,缓冲血浆 pH,参与血液凝固、抗凝、纤溶、免疫、营养等多种生理功能(表 14-1)。血浆中除了蛋白质以外的含氮化合物总称为非蛋白含氮化合物,主要有尿素、尿酸、肌酸、肌酐、氨基酸等,临床上把这些物质所含的氮统称为非蛋白氮(non protein nitrogen,NPN),其中血浆尿素氮(blood urea nitrogen,BUN)占 1/3~2/3。血液中的尿素、尿酸、肌酸、肌酐等是蛋白质和核酸的代谢产物,不断由肾排出,临床上测定血液中 NPN 和 BUN 的含量可了解体内蛋白质代谢状态和肾的排泄功能。血浆电解质中含量最多的是 Na^+ 和 Cl^-,电解质的主要生理作用是形成并维持血浆晶体渗透压、调节酸碱平衡和维持神经与肌肉的兴奋性等。

表 14-1　血浆蛋白的正常值及主要功能

蛋白质	血浆中浓度(g/L)	主要功能
白蛋白	40~50	形成胶体渗透压;转运 Ca^{2+}、脂肪酸及其他亲脂物质
α_1-球蛋白	2~4	转运脂质、甲状腺素、肾上腺皮质激素;胰蛋白酶和糜蛋白酶的抑制物
α_2-球蛋白	4~9	氧化酶功能,纤溶酶抑制物、结合游离的血红蛋白
β-球蛋白	6~11	转运脂质和铁;补体蛋白质
γ-球蛋白	13~17	循环抗体
纤维蛋白原	2~4	血液凝固;血小板聚集

二、血量

人体内血液的总量称为血量(blood volume)。血量包括心血管系统内快速流动的循环血量和小部分滞留于肝、肺、腹腔静脉和皮下静脉丛内的储存血量。机体在剧烈运动、情绪激动或大量失血时,储存血量可参与血液循环,以补充循环血量。正常成年人的血量占体重的7%~8%,相当于每公斤体重有70~80ml血液。

相对稳定的血量有助于维持正常的血压和血流,保证组织的足够灌流。少量失血(不超过全身血量的10%)时,由于心脏活动增强,血管收缩和贮血库中血液释放等功能的代偿,循环血量可得到补充。水和电解质由于组织液回流加速,1~2h内得到恢复;血浆蛋白质由肝加速合成,24h左右得到恢复;红细胞恢复较慢,约1个月内可完全恢复。因此,健康成人一次献血200~300ml是不会损害身体的。中等失血(达全身血量20%)时,机体代偿功能将不能维持血压于正常水平,出现血压下降、脉搏细速、四肢冰冷、眩晕等症状。严重失血(达全身血量30%以上)时,如不及时进行抢救,可危及生命。

三、血液的理化特性

（一）颜色

血液的颜色来源于红细胞内的血红蛋白。动脉血中,红细胞含氧合血红蛋白较多,呈鲜红色;静脉血中,红细胞含去氧血红蛋白较多,呈暗红色。血浆呈淡黄色,来源于血红蛋白的代谢产物。空腹血浆清澈透明,进食后因摄入较多的脂类食物,血浆中悬浮着脂蛋白微滴而变得混浊,从而影响血浆一些成分检测的准确性。因此,临床上做某些血液化学成分分析检测时,要求空腹采血,以避免食物对检测结果产生影响。

（二）比重

正常人全血比重为1.050~1.060,红细胞比重为1.090~1.092,血浆比重为1.025~1.030。全血比重主要取决于红细胞的数量,红细胞比重主要取决于血红蛋白的含量,而血浆比重主要取决于血浆蛋白的含量。利用红细胞和血浆比重的差异,可进行血细胞比容和红细胞沉降率的测定,以及红细胞与血浆的分离。测定全血或血浆比重可间接估算红细胞数或血浆蛋白的含量。

（三）黏滞性

液体的黏滞性是由其内部分子或颗粒之间的摩擦而产生。通常以水的黏滞性为1,临床上常用黏度仪来测血液的黏滞性。全血的黏滞性为4~5,主要取决于红细胞的数量;血浆的黏滞性为1.6~2.4,主要取决于血浆蛋白的含量。血液黏滞性增高,常见于冠心病、高血压病、脑血栓形成、高脂血症、糖尿病、恶性肿瘤等;长期生活在高原地带的人,红细胞数增多,血液的黏滞性增大;大面积烧伤患者,血浆由创面大量渗出,血液浓缩,黏滞性增大;黏滞性降低主要见于各种原因所致的贫血和低蛋白血症。血液的黏滞性是形成血流阻力的重要因素之一。

（四）渗透压

渗透压是指溶液中溶质分子通过生物半透膜吸引水分子的能力。渗透压的大小与溶质的颗粒数目成正比,与溶质的种类以及分子的大小无关。通常用压力(mmHg)或浓度(mOsm)作为渗透压的单位。

正常人的血浆渗透压由血浆晶体渗透压(crystal osmotic pressure)和血浆胶体渗透压(colloid osmotic pressure)两部分组成。正常人的血浆渗透压约300mOsm/L,相当于770kPa(5790mmHg),其中血浆晶体渗透压为298.5mOsm/L,相当于766.7kPa(5765mmHg);血浆胶体渗透压为1.5mOsm/L,相当于3.3kPa(25mmHg)。

1. **血浆晶体渗透压**　血浆晶体渗透压由血浆中的电解质(80%来自Na^+和Cl^-)、葡萄糖等晶体物质形成。由于晶体物质分子量小,溶质颗粒数较多,晶体渗透压约占血浆总渗透压的99.6%。血浆晶体渗透压对维持血细胞内外水的平衡以及血细胞的正常形态起重要作用。红细胞膜是选择性半透膜,大部分晶体物质不易自由通过,而水分子能自由通过,在红细胞内和血浆中形成渗透压梯度,分别形成红细胞晶体渗透压和血浆晶体渗透压(图14-2)。当红细胞晶体渗透压与血浆晶体渗透压基本相等时,红细胞保持正常的形态和功能。当红细胞晶体渗透压不变,血浆晶体渗透压降低时,血浆中的水分渗入红细胞,红细胞体积增大,增大到一定程度时红细胞发生破裂血红蛋白逸出,这种现象称为溶血;反之,血浆晶体渗透压增高时,红细胞内的水分就向外渗出至血浆,使红细胞发生皱缩。

2. **血浆胶体渗透压**　血浆胶体渗透压由血浆蛋白形成。在血浆蛋白中,白蛋白分子量小,分子数量最多,血浆胶体渗透压的 75%~80% 来源于白蛋白。胶体渗透压仅占血浆总渗透压的 0.4%。血浆晶体物质分子小,能够自由透过毛细血管壁,使毛细血管内外两侧的晶体渗透压基本相等,因此对血管内外水分的分布不发生显著影响。而蛋白质分子量大,难以通过毛细血管壁,一般血浆中蛋白质浓度高于组织液,所以血浆胶体渗透压高于组织液胶体渗透压。血浆胶体渗透压的生理作用在于促进组织液中水分渗入毛细血管,以维持血管内外的水平衡(图 14-2)。如果机体营养不良、肝病、肾病等导致血液中蛋白质含量减少,血浆胶体渗透压降低,血管内吸引水分的力量减弱,过多水分从毛细血管进入组织间隙而形成水肿。

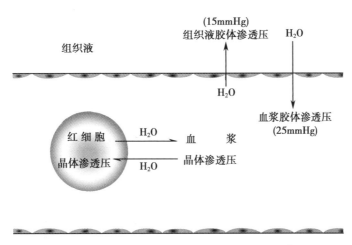

图 14-2　血浆晶体渗透压与胶体渗透压作用示意图

图片:不同晶体渗透压溶液对红细胞形态的影响

3. **等渗溶液**　通常以血浆的正常渗透压为标准,凡与血浆渗透压相等的溶液称为等渗溶液,如 0.9%NaCl 溶液(即生理盐水)和 5% 葡萄糖溶液等;凡高于血浆渗透压的溶液称为高渗溶液;凡低于血浆渗透压的溶液,则称为低渗溶液。临床上给患者输液时,一般应输入等渗溶液,特殊情况需要输入高渗溶液或低渗溶液,输入量也不宜过多,以免影响细胞的形态和功能。

（五）酸碱度

正常人血浆呈弱碱性,pH 为 7.35~7.45。人体新陈代谢过程中产生的酸性或碱性物质不断进入血液,但血浆 pH 却能维持在正常范围内,这主要靠三个方面的调节作用:①血液中的缓冲系统(如血浆中的 $NaHCO_3/H_2CO_3$、蛋白质钠盐/蛋白质、Na_2HPO_4/NaH_2PO_4;红细胞中的血红蛋白钾盐/血红蛋白、氧合血红蛋白钾盐/氧合血红蛋白、K_2HPO_4/KH_2PO_4、$KHCO_3/H_2CO_3$ 等)缓冲调节体内过多的酸或碱,其中 $NaHCO_3/H_2CO_3$ 是血液中最重要的缓冲对;②肺的呼吸作用,通过呼出 CO_2 进行调节;③肾的排泄作用,通过排酸来调节。如果进入血液的酸碱物质过多,超出了机体的缓冲能力,血浆 pH 即发生变化。血浆 pH 低于 7.35 时,称为酸中毒;高于 7.45 时,称为碱中毒;如果血浆 pH 低于 6.9 或高于 7.8 时,将危及生命。

第二节　血　细　胞

血细胞包括红细胞、白细胞和血小板,它们均起源于造血干细胞。造血干细胞主要存在于骨髓、外周血(含脐带血)以及胎儿肝脏中,具有自我复制与多向分化的能力,使其成为某些疾病(如白血病、再生障碍性贫血等恶性血液病)和大剂量细胞毒性制剂或放射线导致严重造血损伤治疗中的一种重要的有效措施。临床上采集造血干细胞的途径多为骨髓、外周血和脐带血。

一、红细胞

（一）红细胞的功能

红细胞(erythrocyte 或 red blood cell,RBC)是血液中数量最多的一种血细胞,因含有大量的血红蛋白(hemoglobin,Hb)而呈红色,成熟的红细胞没有细胞核。生理情况下,红细胞数量和血红蛋白含量随性别、年龄、生活环境和机体功能状态不同而有一定差异。如:儿童低于成人(但新生儿高于成人);高原居民高于平原居民;妊娠后期因血浆量增多而导致红细胞数量和血红蛋白浓度相对减少。

临床上将外周血中红细胞的数量、血红蛋白含量及红细胞比容低于正常,或其中一项明显低于正常的现象称为贫血(anemia)。通过红细胞和血红蛋白的各项检测,可为贫血和红细胞增多症的诊断提供科学依据,并可进行病情监测,进而指导治疗和判断预后。

红细胞的主要功能是运输O_2和CO_2,并能缓冲血液酸碱度的变化。红细胞的运输功能主要与血红蛋白有关,血红蛋白只有存在于红细胞内时才具有携带O_2和CO_2的功能,如果红细胞破裂或溶解,血红蛋白被释放到血浆中,即失去正常功能。当血红蛋白与一氧化碳结合形成一氧化碳血红蛋白,或分子中Fe^{2+}被氧化为Fe^{3+},形成高铁血红蛋白时,其携带O_2和CO_2的功能亦丧失。

(二)红细胞的生理特性

1. 可塑变形性 血液循环中的红细胞在通过比它直径小的毛细血管和血窦孔隙时,发生变形卷曲,通过后再恢复其正常形态,红细胞的这一特性称为可塑变形性(图14-3)。可塑变形性是红细胞生存所需的最重要特性。红细胞的变形能力取决于红细胞的几何形状、红细胞内的黏度和红细胞膜的弹性。衰老的红细胞和遗传性球形红细胞可塑变形能力较差,难以通过直径比其小的脾血窦,进而被脾血窦中的巨噬细胞吞噬;血红蛋白发生变性或细胞内血红蛋白浓度过高时,可因红细胞内的黏度增大而降低红细胞的变形能力。红细胞弹性下降时红细胞的变形能力也会降低。

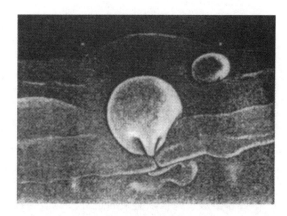

图14-3 红细胞挤过脾窦的内皮细胞裂隙(大鼠)

2. 悬浮稳定性 生理状态下,红细胞能相对稳定地悬浮于血浆中而不易下沉的特性称为红细胞的悬浮稳定性。红细胞呈双凹圆碟形,表面积与体积比值较大,使红细胞与血浆之间的摩擦力较大,并且血液在血管内不断流动形成层流,因此红细胞能较稳定地分散悬浮于血浆中而不易下沉。通常以红细胞在第一小时末下沉的距离来表示红细胞的沉降速度,称为红细胞沉降率(erythrocyte sedimentation rate,ESR),简称血沉。用魏氏法检测的正常值,成年男性为0~15mm/h,女性为0~20mm/h。血沉越快,表示红细胞的悬浮稳定性越差。如果红细胞彼此之间以凹面相贴重叠在一起,称为红细胞叠连。在某些疾病,如活动性肺结核、风湿热、晚期癌症等可出现红细胞叠连。红细胞叠连之后,其表面积与总体积的比值减小,与血浆的摩擦力也减小,血沉加快。红细胞易于发生叠连的原因在于血浆成分的变化,而不在于红细胞本身。通常血浆中白蛋白和卵磷脂含量增多,血沉减慢;而球蛋白、纤维蛋白原和胆固醇增多,则使血沉加速。

图片:红细胞叠连

3. 渗透脆性 红细胞在等渗溶液中才能维持其正常的形态和大小;在高渗溶液中,红细胞内水分外渗而发生皱缩;在低渗溶液中,水分将进入红细胞内,使之膨胀,膨胀至一定程度时红细胞破裂,发生溶血。实验显示,将红细胞置于0.9%NaCl溶液中红细胞保持正常的形态和大小;若将红细胞置于0.6%~0.8%NaCl溶液中,红细胞会膨胀变形;若置于0.40%~0.45%NaCl溶液中,有部分红细胞破裂溶血;若置于0.30%~0.35%NaCl溶液中,则全部红细胞发生破裂溶血。这说明红细胞膜对低渗溶液有一定的抵抗力,其大小用渗透脆性(osmotic fragility)来表示。渗透脆性越大,表示其对低渗溶液的抵抗力越小,越容易发生破裂溶血。生理情况下,新生的红细胞对低渗溶液的抵抗力大,渗透脆性小,不易发生溶血;而衰老的红细胞对低渗溶液的抵抗力小,渗透脆性大,容易发生溶血。有些疾病可影响红细胞的渗透脆性,如遗传性球形红细胞增多症患者的红细胞渗透脆性变大。故测定红细胞的渗透脆性有助于某些疾病的临床诊断。

(三)红细胞的生成与破坏

1. 红细胞的生成

(1)生成部位:红细胞的发育和成熟是一个连续而又分阶段的过程,即由红骨髓内的造血干细胞

笔记

分化为红系定向祖细胞,再经原红细胞、早幼红细胞、中幼红细胞、晚幼红细胞和网织红细胞的阶段成为成熟的红细胞。当骨髓造血功能增强时,释放入血的网织红细胞大量增加,临床上常用检测外周血网织红细胞计数来了解骨髓造血功能的情况。电离辐射、某些药物(如氯霉素、抗癌药物)、化学毒物以及病毒感染等因素可引起骨髓造血干细胞及造血微环境损伤,导致骨髓造血功能降低,从而引起全血细胞减少,这类贫血称为再生障碍性贫血。

(2) 生成原料:红细胞的主要成分是血红蛋白,合成血红蛋白的主要原料是铁(Fe^{2+})和蛋白质。

成人每天需要 20~30mg 铁用于红细胞的生成。铁的来源有两部分:一部分为内源性铁,由衰老的红细胞在体内破坏后释放出来,每天约 25mg,绝大部分以铁蛋白的形式储存于肝、骨髓和巨噬细胞系统,供造血需要时重复应用,相当于日需铁量的 95%;另一部分为外源性铁,由食物供给,每天为 1~2mg,外源性铁多为 Fe^{3+},须在胃酸作用下转变为 Fe^{2+} 才能被吸收。当内源性铁丢失增多或铁经消化道的吸收量减少,或机体对铁的需要量相对增多时可引起机体缺铁,从而导致缺铁性贫血,也称小细胞低色素性贫血。如偏食、营养不良可造成铁摄入不足;生长较快的婴幼儿、青春期、妇女妊娠期和哺乳期时需铁量增加;慢性腹泻、胃炎及胃酸缺乏以及胃大部分切除可引起铁吸收障碍;月经过多、妊娠失血、泌尿系统失血以及各种出血性疾病等可引起铁丢失过多,导致缺铁性贫血。

造血所需的蛋白质来自于食物,正常膳食能保证蛋白质的供给,并且红细胞可优先利用体内的氨基酸来合成血红蛋白,故因单纯缺乏蛋白质而发生贫血者较为少见。但因某种原因引起蛋白质供给不足,可致红细胞生成减慢,寿命缩短而引起贫血,称为营养不良性贫血。

(3) 成熟因子:叶酸是红细胞发育过程中合成 DNA 必需的辅酶,叶酸在体内需转化成四氢叶酸后才能参与 DNA 的合成,叶酸的转化需维生素 B_{12} 的参与。当机体内叶酸或维生素 B_{12} 缺乏时,红细胞核内 DNA 合成障碍,红细胞分裂增殖速度减慢甚至停滞而引起巨幼红细胞性贫血,又称大细胞性贫血。食入的维生素 B_{12} 容易被小肠内水解酶破坏,胃液中的内因子能与维生素 B_{12} 结合形成复合物,保护维生素 B_{12} 不被消化液破坏,并促进其在回肠被吸收。当胃大部分切除或萎缩性胃炎时,内因子分泌减少,可导致维生素 B_{12} 吸收障碍,亦可引起巨幼红细胞性贫血。

(4) 红细胞生成的调节:正常情况下,人体内红细胞的数量能保持相对恒定。当机体所处环境或功能发生变化时,红细胞生成的数量和速度将根据机体的需要进行调整。红细胞的生成主要受促红细胞生成素和雄激素的调节。

1) 促红细胞生成素:促红细胞生成素(erythropoietin,EPO)是一种主要由肾产生的糖蛋白,能促进红系祖细胞的增殖和分化、血红蛋白的合成及骨髓释放网织红细胞。任何引起肾氧供应不足的因素,如肾血流量减少、贫血、缺氧均可使肾合成和分泌促红细胞生成素增加,促进红细胞生成增多,从而提高血液运输氧的能力,以满足组织对氧的需要。例如高原居民、长期从事体力劳动或体育锻炼的人以及肺心病患者,其红细胞数量较多,就是由于组织缺氧的刺激,使肾组织合成促红细胞生成素增加所致。严重肾疾患会伴发贫血,称为肾性贫血。目前,临床上已成功将重组人的促红细胞生成素应用于治疗慢性肾衰竭贫血、恶性肿瘤贫血和再生障碍性贫血等。

2) 雄激素:主要作用于肾,促进促红细胞生成素的合成,使骨髓造血功能增强,血液中红细胞数量增多;雄激素还能直接刺激红骨髓造血,使红细胞生成增多。这可能是青春期后男性红细胞数和血红蛋白量高于女性的原因之一。

2. 红细胞的破坏　正常情况下,每天约有 0.8% 的红细胞更新。成熟红细胞无核,不能合成新的蛋白质,故对其自身结构无法更新、修补。

红细胞的破坏主要有血管内破坏和血管外破坏两条途径。衰老的红细胞因可塑性减弱和脆性增加,在血流湍急处可因机械冲撞而破损,属于血管内破坏;在通过微小孔隙时,因变形能力减退,容易滞留在肝、脾等处被巨噬细胞吞噬消化,属于血管外破坏。在血管内破坏的红细胞释放出的血红蛋白与血浆中的触珠蛋白结合,被肝摄取。严重溶血时,血浆中血红蛋白浓度过高,超过了触珠蛋白的结合能力,未能与触珠蛋白结合的血红蛋白将经肾由尿排出,称为血红蛋白尿。巨噬细胞吞噬红细胞后,将血红蛋白消化,释放铁、氨基酸和胆红素,其中铁和氨基酸可被重新利用,胆红素转变为胆色素随粪或尿排出体外。脾功能亢进时,可使红细胞破坏增加,引起脾性贫血。

促红细胞生成素、雄激素与兴奋剂

国际奥林匹克运动委员会规定:"竞技运动员使用任何形式的药物和以非正常量或通过不正常途径摄入生理物质,企图以人为的或不正常的方式提高竞技能力即被认为使用了兴奋剂。"促红细胞生成素和雄激素均属禁用的兴奋剂,违规使用副作用严重。促红细胞生成素能够刺激骨髓造血功能,及时有效地增加红细胞的数量,从而提高血液的携氧能力,大剂量使用可增加训练耐力和训练负荷。雄激素能促进蛋白质的合成,加速肌肉增长,提高肌肉力量,并能刺激红骨髓造血。雄激素的衍生物是目前使用范围最广、频度最高的一类兴奋剂,也是药检中的重要对象,国际奥委会只是禁用了一些主要品种,但其禁用谱一直在不断扩大。

二、白细胞

白细胞(leukocyte 或 white blood cell,WBC)在血液中一般呈球形,在组织中则有不同程度的变形。正常人血液中白细胞数目可因机体处于不同功能状态而发生变化,如餐后、剧烈运动、疼痛、情绪激动、月经期、妊娠及分娩期白细胞数量均有增加。在各种急慢性炎症、组织损伤或白血病等情况下,白细胞总数和分类计数可发生特征性变化,在临床工作中有重要的参考价值。

(一)白细胞的功能

白细胞的主要功能是通过吞噬作用和免疫反应,实现对机体的防御和保护作用。白细胞所具有的变形、游走、趋化、吞噬和分泌等特性是执行防御功能的生理基础(表14-2)。

表14-2 我国健康成人血液白细胞分类、正常值及主要功能

分类	正常值($\times 10^9$/L)	百分比(%)	主要功能
粒细胞			
中性粒细胞	2.04~7.0	50~70	吞噬消化细菌和衰老的红细胞
嗜酸性粒细胞	0.02~0.5	0.5~3	抑制过敏反应物质、参与蠕虫的免疫反应
嗜碱性粒细胞	0.0~0.1	0~1	参与过敏反应、释放肝素抗凝
无粒细胞			
淋巴细胞	0.8~4.0	20~40	参与细胞免疫和体液免疫
单核细胞	0.12~0.8	3~8	吞噬抗原、诱导特异性免疫反应

1. 粒细胞 粒细胞中含有特殊的染色颗粒,用瑞氏染料染色可分辨出三种粒细胞,即中性粒细胞、嗜酸性粒细胞和嗜碱性粒细胞。

(1)中性粒细胞:中性粒细胞是血液中主要的吞噬细胞,其变形运动和吞噬能力很强,可吞噬细菌、衰老的红细胞、抗原-抗体复合物和坏死的细胞等,在非特异性免疫中发挥十分重要的作用。当细菌入侵机体时,中性粒细胞被细菌产生的趋化因子吸引到炎症部位,吞噬细菌和异物。中性粒细胞内含有大量的溶酶体酶,能够分解吞噬的细菌和组织碎片,使入侵的细菌被包围在组织局部,防止其在体内扩散。死亡的中性粒细胞与被溶解的组织碎片以及细菌等一起形成脓液。

中性粒细胞增多,常见于各种急性细菌感染,如肺炎、阑尾炎、扁桃体炎以及急性出血和溶血等。当血液中中性粒细胞减少时,机体容易发生感染。临床上白细胞总数增多和中性粒细胞百分率增高,往往提示为急性化脓性细菌感染。

(2)嗜酸性粒细胞:嗜酸性粒细胞缺乏溶菌酶,其吞噬能力很弱,基本无杀菌能力。但能限制肥大细胞和嗜碱性粒细胞引起的过敏反应,并参与对蠕虫的免疫反应。当机体发生过敏反应或蠕虫感染时,常伴有嗜酸性粒细胞增多。

（3）嗜碱性粒细胞：嗜碱性粒细胞的嗜碱性颗粒内含有肝素、组胺、嗜酸性粒细胞趋化因子和过敏性慢反应物质等多种生物活性物质。肝素具有很强的抗凝作用；组胺和过敏性慢反应物质可使小血管扩张，毛细血管和微静脉的通透性增加，支气管和肠道平滑肌收缩，引起哮喘、荨麻疹等各种过敏反应症状；嗜酸性粒细胞趋化因子能吸引嗜酸性粒细胞，并聚集于局部以限制嗜碱性粒细胞在过敏反应中的作用。

2. **淋巴细胞** 淋巴细胞参与特异性免疫功能，按其发生和功能可分为 T 淋巴细胞和 B 淋巴细胞两大类，血液中淋巴细胞 80%～90% 属于 T 淋巴细胞。T 淋巴细胞主要参与细胞免疫，B 淋巴细胞主要参与体液免疫。

3. **单核细胞** 单核细胞体积较大，与其他血细胞相比，含有较多的非特异性酯酶，可以消化某些细菌的脂膜（如结核分枝杆菌）。单核细胞在血液中吞噬能力极弱，进入肝、脾、肺、淋巴结等组织，转变为巨噬细胞后，其吞噬能力大为提高。激活的单核-巨噬细胞能合成和释放多种细胞因子，如集落刺激因子、干扰素、肿瘤坏死因子及白细胞介素等，参与细胞的生长调控。单核-巨噬细胞还在特异性免疫应答的诱导和调节中起关键作用。

（二）白细胞的生成与破坏

白细胞也起源于骨髓中的造血干细胞。白细胞的生成需一定量的蛋白质、叶酸、维生素 B_{12} 和维生素 B_6 等。白细胞寿命较短，粒细胞在外周血液中的寿命不到一天；单核细胞在血液中的寿命为几小时到几天，但进入组织后可生存数月；T 细胞的寿命可长达一年以上，B 细胞在血液中生存一至数天。衰老白细胞大部分由肝、脾内的巨噬细胞吞噬分解，小部分穿过消化道和呼吸道黏膜而被排出。

文档：白血病

三、血小板

血小板（thrombocyte 或 platelet）是从骨髓中成熟的巨核细胞胞质裂解脱落下来的具有生物活性的小块胞质，无细胞核。通常血小板数量随时间和生理状态的不同有 6%～10% 的变化，午后较清晨高；冬季较春季高；高原居民较平原居民高；月经前减低、月经后增高；剧烈运动后和妊娠中晚期升高；静脉血中血小板数量较毛细血管血液中的高 10%。血小板数量超过 $1000\times10^9/L$，称为血小板过多，易发生血栓，导致心肌梗死、脑血管栓塞等血栓性疾病；血小板低于 $100\times10^9/L$ 时称为血小板减少；血小板数量减少到 $50\times10^9/L$ 以下时，可产生出血倾向，导致皮肤、黏膜出血，出现瘀点或瘀斑，称为血小板减少性紫癜。

（一）血小板的生理特性

血小板具有黏附、聚集、释放、吸附、收缩等多种生理特性。

1. **黏附** 当血管内皮受损暴露出内膜下的胶原组织时，血小板便黏着于胶原组织上，这种现象称为血小板的黏附。血小板黏附是生理性止血过程中十分重要的起始步骤。若血小板黏附功能受损，有可能出现出血倾向。

2. **聚集** 血小板之间相互黏附在一起的现象称为血小板聚集，引起血小板聚集的因素称为致聚剂。生理性致聚剂主要有 ADP、肾上腺素、5-羟色胺、组胺、胶原和凝血酶等；病理性致聚剂主要有细菌、病毒和药物等。血小板聚集通常分为两个时相，第一聚集时相发生迅速，聚集后还可解聚，称为可逆性聚集；第二聚集时相发生缓慢，聚集后不能再解聚，称为不可逆性聚集。血小板聚集是形成血小板栓子的基础。血小板无力症（血小板细胞膜糖蛋白异常引起的一种遗传性出血病）或纤维蛋白缺乏均可引起血小板聚集障碍。

3. **释放** 血小板受刺激后，将其颗粒中的物质排出的过程称为释放。释放的物质主要有 ADP、5-羟色胺、儿茶酚胺、血小板因子Ⅲ等。ADP 可使血小板聚集，形成松软的血小板血栓，堵住破损的血管；5-羟色胺、儿茶酚胺可使小动脉收缩，减慢血流，有助于止血；血小板因子Ⅲ可以参与凝血过程。

血小板的黏附、聚集与释放几乎同时发生，许多由血小板释放的物质可进一步促进血小板的活化、聚集，加速止血过程。

4. **吸附** 血小板能吸附许多凝血因子于其表面，并为血液凝固过程提供磷脂表面，使血液凝血和生理性止血过程得以发生和进行。当血管破损时，大量血小板可黏附、聚集于血管破损处，使局部凝血因子浓度升高，有利于血小板发挥其生理止血的功能。

图片：生理性止血过程示意图

视频：生理性止血

5. 收缩　血小板内的收缩蛋白发生收缩作用,可使血凝块硬化,形成坚实的止血栓,使止血更加牢固。若血小板数量减少或功能下降时,可使血块回缩不良,临床上可根据体外血凝块回缩试验估计血小板数量和功能是否正常。

（二）血小板的生理功能

1. 参与生理性止血　正常情况下,小血管受损破裂出血时,通常经数分钟后出血自然停止的现象,称为生理性止血。生理性止血包括血管收缩、血小板血栓形成和血液凝固等过程。血小板在生理性止血过程中的作用有以下几方面：①血小板释放5-羟色胺和儿茶酚胺等缩血管物质,使受损血管收缩,血流减慢,裂口缩小,有利于出血停止；②黏附、聚集形成较松软的血小板血栓,暂时堵塞小的出血口；③修复小血管受损的内皮细胞；④血小板为凝血因子提供磷脂表面,同时血小板膜表面还吸附有许多凝血因子,加速凝血过程。临床上把血管破损（常用采血针刺破指尖或耳垂）,血液自行流出到自然停止所需的时间,称为出血时间,正常值为 1~3min。测定出血时间可以了解生理性止血过程是否正常。生理性止血功能过强时易出现血栓,而生理性止血功能减退时有可能出现出血倾向。

2. 促进血液凝固　血小板可释放多种血小板因子,如纤维蛋白原激活因子（PF_2）、血小板磷脂表面（PF_3）、抗肝素因子（PF_4）等,使凝血酶原的激活速度加快。另外,血小板还能吸附多种凝血因子,促进凝血过程发生。血液流出血管至出现纤维蛋白细丝所需的时间称为凝血时间,其正常值为 2~8min（玻片法）。测定凝血时间,可以了解凝血因子是否缺乏或减少。

3. 维持血管内皮的完整性　血小板对毛细血管内皮细胞具有营养、支持和修复的作用。血小板可随时沉着于血管壁,以填补血管内皮细胞脱落时留下的空隙,并与内皮细胞融合,促进内皮的修复,维持毛细血管内皮完整性,防止红细胞逸出。

（三）血小板的生成与破坏

血小板由红骨髓生成。红骨髓中的原始细胞先分化为巨核细胞,巨核细胞的胞质逐渐被分隔成许多小块,这些小块脱落下来就成为血小板。血小板的寿命为 7~14 天,但只在最初两天具有生理功能。衰老的或破碎的血小板绝大部分被脾、肝和肺组织的巨噬细胞吞噬和破坏。此外,血小板在发挥其生理功能时被消耗,如在维持血管内皮的完整过程及生理性止血活动中,血小板聚集后,其本身将解体并释放出全部活性物质。

第三节　血液凝固和纤维蛋白溶解

一、血液凝固

血液由流动状态变成不能流动的凝胶状态的过程,称为血液凝固（blood coagulation）,简称凝血。它是一系列循序发生的酶促反应过程,最终使血浆中可溶性纤维蛋白原变为不溶性纤维蛋白多聚体,并网罗血细胞而形成血凝块。血凝块在血小板的作用下发生回缩并析出淡黄色透明的血清。

图片：凝血块的扫描电镜图

（一）凝血因子

血浆与组织中直接参与血液凝固的物质,统称为凝血因子（blood coagulation factor）。世界卫生组织按其被发现的顺序用罗马数字编号命名（表 14-3）。现公认的凝血因子共有 12 种,即凝血因子 I ~ XIII（其中因子 VI 事实上是活化的 V a,因而被取消）,因子 XIII 以后被发现的凝血因子,经过多年验证,认为对于凝血功能无决定性的影响,不再列入凝血因子的编号。此外,还有前激肽释放酶、高分子激肽原以及来自血小板的磷脂等也直接参与凝血过程。

这些凝血因子中,除因子 IV 是 Ca^{2+} 外,其余的凝血因子均为蛋白质,多数以无活性的酶原形式存在,在参与凝血的过程中需被激活,被激活的凝血因子习惯上在其右下角用字母"a"来标记。因子 III 又称组织因子,存在于血管壁和血管外的组织,其他凝血因子均存在于血浆中。此外,多数凝血因子在肝脏合成,其中因子 II、VII、IX 和 X 的合成还需要维生素 K 参与,因此,肝功能损害或维生素 K 缺乏,都会导致凝血过程障碍而发生出血倾向。

笔记

表 14-3 按国际命名法编号的凝血因子

因子	同义名	合成部位
I	纤维蛋白原	肝细胞
II	凝血酶原	肝细胞(需 VitK)
III	组织因子	内皮细胞
IV	Ca^{2+}	—
V	前加速素	内皮细胞和血小板
VII	前转变素	肝细胞(需 VitK)
VIII	抗血友病因子	肝细胞
IX	血浆凝血激酶	肝细胞(需 VitK)
X	斯图亚特因子	肝细胞(需 VitK)
XI	血浆凝血激酶前质	肝细胞
XII	接触因子	肝细胞
XIII	纤维蛋白稳定因子	肝细胞和血小板

(二)凝血的过程

血液凝固的基本过程包括三个阶段:即凝血酶原激活物形成、凝血酶形成和纤维蛋白形成(图 14-4)。

1. 凝血酶 原激活物形成凝血酶原激活物是 Xa 与因子 V、Ca^{2+}、PF$_3$(血小板第三因子,为血小板膜上的磷脂)形成的复合物的总称,它的形成首先需要激活因子X。根据因子X激活的途径可将凝血分成内源性凝血和外源性凝血两条途径(图 14-5)。

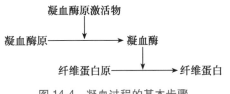

图 14-4 凝血过程的基本步骤

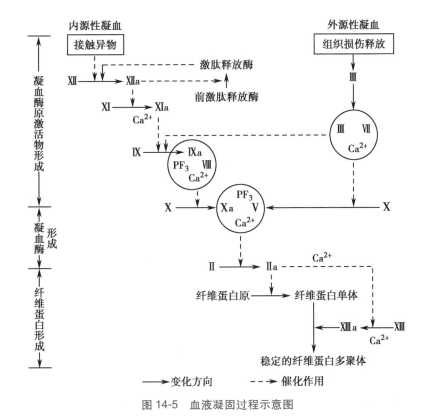

图 14-5 血液凝固过程示意图

（1）内源性凝血途径：是指完全依靠血浆内的凝血因子逐步使因子Ⅹ激活的途径。当血浆中的因子Ⅻ接触到受损血管内膜下的胶原纤维时被激活，变为活化的因子Ⅻa，Ⅻa可激活前激肽释放酶使之成为激肽释放酶，后者反过来又能激活因子Ⅻ，通过这一正反馈过程形成大量Ⅻa，Ⅻa的主要功能是将因子Ⅺ激活成Ⅺa。Ⅺa在Ca^{2+}的参与下再激活因子Ⅸ，Ⅸa与因子Ⅷ、PF_3及Ca^{2+}组成因子Ⅷ复合物，该复合物能将因子Ⅹ激活为Ⅹa。因子Ⅷ是一个辅助因子，本身虽不能激活因子Ⅹ，但能使Ⅸa激活因子Ⅹ的作用提高20万倍。

血友病

血友病是一类因遗传性凝血因子缺乏所导致的严重凝血功能障碍。甲型血友病最常见，又称经典型血友病或第Ⅷ因子缺乏症。患者凝血过程非常缓慢，微小的创伤也可导致出血不止，皮肤出血可形成皮下血肿，关节、肌肉出血累及膝关节时，可导致跛行，不经治疗者往往造成关节永久性畸形，严重者可因颅内出血而致死；乙型血友病缺乏因子Ⅸ；丙型血友病缺乏因子Ⅺ。三者均为内源性凝血途径激活因子Ⅹ的反应受阻，血液难以凝固。甲型血友病和乙型血友病为性染色体隐性遗传，男性发病，女性传递；丙型血友病为常染色体不完全隐性遗传，男女均可患病。甲型血友病除遗传方式发病，还可由基因突变所致，另外，还可能是继发于肝硬化、肝炎、肿瘤转移、某些血液病以及系统性红斑狼疮等，这些继发而来的血友病称为获得性血友病。目前血友病主要通过补充相应的凝血因子来预防或治疗出血症状。

（2）外源性凝血途径：由因子Ⅲ启动。当组织损伤血管破裂时，组织释放因子Ⅲ到血液中，与血浆中的因子Ⅶ、Ca^{2+}形成复合物，从而激活因子Ⅹ生成Ⅹa。因子Ⅲ为磷脂蛋白，广泛存在于血管外组织中，尤其是在脑、肺和胎盘组织中特别丰富。

2. 凝血酶　形成在凝血酶原激活物的作用下，凝血酶原（因子Ⅱ）被水解为凝血酶（因子Ⅱa）。凝血酶是一种多功能的凝血因子，主要作用是分解纤维蛋白原，使纤维蛋白原（四聚体）转变为纤维蛋白单体。

3. 纤维蛋白　形成纤维蛋白原在凝血酶的作用下能迅速被催化分解成纤维蛋白单体。同时，凝血酶在Ca^{2+}参与下还能激活因子ⅩⅢ，ⅩⅢa使纤维蛋白单体聚合成牢固的不溶于水的纤维蛋白多聚体。后者交织成网，将血细胞网罗其中形成血凝块，完成凝血过程。

在生理性止血过程中，既有内源性凝血途径的激活，也有外源性凝血途径的激活，两者相互促进，同时进行。近年来的研究和临床观察表明，缺乏内源性凝血途径的启动因子Ⅻ和前激肽释放酶、激肽原的患者，几乎没有出血症状；而缺乏外源性凝血途径的Ⅶ因子的患者，会产生明显的出血症状。故目前认为，外源性凝血途径在体内生理性凝血反应的启动中起关键作用，而内源性凝血途径则在凝血过程的维持和巩固中发挥重要作用，组织因子（因子Ⅲ）被认为是凝血过程的启动因子。

凝血过程是一种正反馈，每步促反应都有放大效应，一旦触发，就会迅速连续进行，形成"瀑布"样反应链，一直到完成为止。Ca^{2+}（因子Ⅳ）在多个凝血环节上起促凝血作用，而且它易于处理，因此在临床上可用于促凝血（加Ca^{2+}）或抗凝血（除去Ca^{2+}）。

临床上血浆凝血酶原时间（plasma prothrombin time，PT）是在体外模拟外源性凝血的全部条件，测定血浆凝固所需的时间。凝血酶原时间的长短可反映外源性凝血途径以及内源性凝血和外源性凝血共同途径的凝血因子，如凝血酶原、纤维蛋白原和因子Ⅴ、Ⅻ、Ⅹ有无异常，也可用于口服抗凝药物剂量的检测。而活化部分凝血酶时间（activation of partial thrombin time，APTT）是在体外模拟内源性凝血的全部条件，测定血浆凝固所需的时间。活化部分凝血酶时间可以反映内源性凝血因子是否异常，是筛检止血、凝血功能最基本的常用试验。纤维蛋白原的含量或功能的异常均可导致凝血障碍，临床上检测纤维蛋白原的含量是诊断出血性疾病与血栓性疾病的常用检查项目。

（三）抗凝和促凝

正常情况下，血液在心血管内循环流动而不发生凝固，即使当组织损伤而发生生理性止血时，凝血也只限于受损伤的局部,并不蔓延到其他部位。这主要是因为:①正常情况下血管内膜光滑完整,因子Ⅻ不易被激活,血小板也不易发生黏附;②血流速度快,即使局部有少量的凝血因子被激活,也会被快速的血流带走,使早期凝血过程不会发生;③正常人血浆中存在多种抗凝血物质,如抗凝血酶Ⅲ、肝素和蛋白C系统;④体内存在着纤维蛋白溶解系统。抗凝和促凝可以从阻止血液凝固(抗凝)和促进与延缓血液凝固的因素考虑。

1. **抗凝血物质** 抗凝血物质可分为生理性抗凝物质和体外抗凝剂,生理性抗凝物质主要包括抗凝血酶Ⅲ、蛋白C系统和肝素。

(1) 抗凝血酶Ⅲ:抗凝血酶Ⅲ是肝细胞和血管内皮细胞分泌的一种丝氨酸蛋白酶抑制物,能与凝血酶结合形成复合物而使其失活,还能封闭因子Ⅶa、Ⅸa、Ⅹa、Ⅺa、Ⅻa的活化中心,使这些因子失活达到抗凝作用。正常情况下,抗凝血酶Ⅲ的直接抗凝作用慢而弱,不能有效地抑制凝血,但它与肝素结合后,其抗凝作用可显著增加。

(2) 蛋白C系统:蛋白C系统主要包括蛋白质C、凝血酶调节蛋白、蛋白质S和蛋白质C的抑制物。蛋白质C是由肝合成的维生素K依赖因子,以无活性的酶原形式存在于血浆中。激活后的蛋白质C能够灭活因子Ⅴa和Ⅷa,削弱因子Ⅹa的作用,促进纤维蛋白溶解,因而具有抗凝作用。

(3) 肝素:肝素主要是由肥大细胞和嗜碱性粒细胞产生的一种酸性黏多糖,存在于大多数组织中,尤以肝、肺组织中最多。肝素与抗凝血酶Ⅲ结合,使其与凝血酶的亲和力增强,从而使凝血酶失活,肝素还能抑制凝血酶原的激活过程;阻止血小板的黏附、聚集与释放反应;促使血管内皮细胞释放凝血抑制物和纤溶酶原激活物,增强对凝血过程的抑制和对纤维蛋白的降解。因此,肝素是一种很强的体内、外抗凝物质,并已在临床实践中广泛应用。

2. **促进和延缓血液凝固的方法** 某些理化因素可促进或延缓血液凝固。为防止患者在手术中大出血,常在术前注射维生素K,以促进肝脏大量合成凝血酶原等凝血因子,起到加速血液凝固的作用。在手术或机体因创伤而出血时,需要防止出血与促进血液凝固,常用温热生理盐水纱布压迫手术部位或创面,血液与纱布粗糙面接触,可加速因子Ⅻ的激活并促进血小板黏附、聚集和释放血小板因子,同时温热又能加速凝血的酶促反应,故可加速血液凝固。

生理实验和临床工作中常用枸橼酸钠(又称柠檬酸钠)、EDTA盐(乙二胺四乙酸盐)、草酸盐等抗凝剂体外抗凝。枸橼酸钠、EDTA盐均能与血浆中的Ca^{2+}结合成不易解离的络合物,血钙浓度降低或消失而使血液不能凝固;草酸盐可与Ca^{2+}结合成草酸钙沉淀,去掉Ca^{2+}从而达到抗凝的目的。临床上还常采用光滑的器皿取血或盛血,或将血液置于低温环境中以延缓血液凝固。

二、纤维蛋白溶解

纤维蛋白溶解(fibrinolysis),简称纤溶,是指纤维蛋白在纤维蛋白溶解酶的作用下被降解液化的过程。纤溶的基本过程分为两个阶段,即纤溶酶原的激活和纤维蛋白的降解。参与纤溶过程的物质构成纤溶系统,包括纤溶酶原、纤溶酶、纤溶酶原激活物和纤溶抑制物(图14-6)。

(一)纤溶酶原

纤溶酶原是一种主要由肝合成的糖蛋白。当血液凝固时,纤溶酶原大量吸附在纤维蛋白网上,在纤溶酶原激活物的作用下被激活成纤溶酶。纤溶酶有很强的蛋白水解作用,能将纤维蛋白分解成很多可溶性的小分子肽,统称为纤维蛋白降解产物。

(二)纤溶酶原激活物

纤溶酶原激活物能使纤溶酶原激活成纤溶酶,广泛存在于血浆、组织、排泄物和体液中,根据其来源不同可分为三类。①血管激活物,由小血管内皮细胞合成,当血管内出现血凝块时可大量释放。②组织激活物,存在于很多组织中,如子宫、前列腺、肾上腺、甲状腺、肺等处含量较丰富,组织损伤时释放,故这些器官手术时不易止血并容易发生术

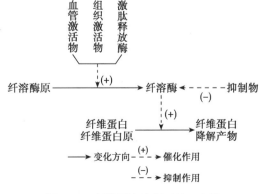

图14-6 纤维蛋白溶解系统示意图

209

后渗血现象。妇女月经血不容易凝固与子宫内膜含有丰富的纤溶酶原激活物有关。肾合成和分泌的尿激酶也属于纤溶酶原激活物，现已从尿液中提取出来，作为血栓溶解剂应用于临床。③依赖于因子Ⅻ的激活物，如血浆中的前激肽释放酶，被Ⅻa激活后生成的激肽释放酶就可激活纤溶酶原。

（三）纤维蛋白的降解

在纤溶酶的作用下，纤维蛋白和纤维蛋白原被分解为许多可溶性小肽，总称为纤维蛋白降解产物。纤维蛋白降解产物通常不再发生凝固，其中部分小肽还有抗凝作用。

（四）纤溶抑制物

血液中能抑制纤溶的物质有两类：一类为抗纤溶酶，它是一种 α-球蛋白，能与纤溶酶结合形成复合物，从而使纤溶酶失去活性；另一类是激活物的抑制物，它能与纤溶酶原激活物结合形成不稳定的复合物，使它们失去活性。

凝血与纤溶是两个既对立又统一的功能系统。正常情况下，它们之间保持动态平衡，使机体既能实现有效地止血，又可防止血凝块堵塞血管，从而维持血液的正常流动。如果二者的平衡被打破，将导致血栓形成或出血倾向，给机体造成危害。

第四节　血型与输血

一、血型

血型（blood group）通常是指红细胞膜上特异性抗原（凝集原）的类型。根据红细胞膜上凝集原的有无与不同，国际输血协会（ISBT）认可的血型系统有 23 个，如 ABO、Rh、P、MNSs、Lutheran 等，其中与临床关系最密切的是 ABO 血型系统和 Rh 血型系统。

（一）ABO 血型系统

ABO 血型是根据红细胞膜上所含特异性凝集原的有无与不同进行分型的。ABO 血型系统中有 A、B 两种凝集原，根据红细胞膜上是否存在凝集原 A 与凝集原 B 而将血液分为 A 型、B 型、AB 型和 O 型四种血型。红细胞膜上只含 A 凝集原者称为 A 型，只含 B 凝集原者称为 B 型，同时含有 A、B 两种凝集原者称为 AB 型，不含 A、B 两种凝集原者称为 O 型。而在血清中则含有两种与上述凝集原相对应的凝集素（抗体），即抗 B 凝集素和抗 A 凝集素。A 型含抗 B 凝集素，B 型含抗 A 凝集素，AB 型既不含抗 A 又不含抗 B 凝集素，O 型既含抗 A 又含抗 B 凝集素。ABO 血型系统中各血型凝集原和凝集素的分布见表 14-4。

当 A 凝集原与抗 A 凝集素相遇或 B 凝集原与抗 B 凝集素相遇时，红细胞会聚集成簇，这种现象称为红细胞凝集反应。一旦发生凝集反应，在补体的参与下凝集的红细胞破裂而发生溶血。与血液凝固不同，红细胞凝集反应的本质是抗原-抗体反应，是免疫反应的一种形式；而血液凝固的本质是酶促反应，是不溶性纤维蛋白网罗血细胞形成凝血块的过程。当人体输入血型不相容的血液时，在血管内可发生凝集反应，凝集成簇的红细胞可以堵塞毛细血管，溶血产生的大量血红蛋白会损害肾小管，同时常伴发过敏反应危及生命。

表 14-4　ABO 血型系统中的凝集原和凝集素

血型	红细胞膜上的凝集原	血清中的凝集素
A	A	抗 B
B	B	抗 A
AB	A 和 B	无
O	无	抗 A 和抗 B

临床上 ABO 血型的鉴定原理是用已知的标准血清来鉴定未知的凝集原。临床上常用已知的抗A、抗 B 标准血清，分别与被鉴定者的血液相混合，根据其发生凝集反应的结果来判断被鉴定者红细胞膜上所含的凝集原类别，并确定血型。被鉴定者的血液与抗 A、抗 B 标准血清混合后抗 A 侧凝集、抗 B

侧不凝集者为 A 型;抗 B 侧凝集、抗 A 侧不凝集者为 B 型;抗 A、抗 B 侧均凝集者为 AB 型;抗 A、抗 B 侧均不凝集者为 O 型。

现已发现,ABO 血型系统还存在多个亚型,其中与临床关系密切的是 A 型中的 A_1 和 A_2 两个亚型。A_1 亚型红细胞膜上含 A 和 A_1 凝集原,血清中只含抗 B 凝集素;A_2 亚型红细胞膜上只含 A 凝集原,血清中含抗 A_1 和抗 B 两种凝集素。同样,AB 型血型中也有 A_1B 和 A_2B 两种主要亚型。虽然在我国汉族人中 A_2 型和 A_2B 型分别只占 A 型和 AB 型人群的 1% 以下,但由于 A_1 型红细胞可与 A_2 型血清中的抗 A_1 凝集素发生凝集反应,而且 A_2 型和 A_2B 型红细胞比 A_1 型和 A_1B 型红细胞的抗原性弱得多,在与抗 A 凝集素反应时,易把 A_2 型和 A_2B 型误认为 O 型和 B 型。因此,在输血前检验时应高度关注血型亚型的存在。

图片:血型的鉴定

（二）Rh 血型系统

Rh 血型系统是人类红细胞血型系统中最复杂的系统,已发现人类红细胞膜上有 40 多种 Rh 凝集原,与临床关系密切的有 D、E、C、c、e 五种凝集原,其中以 D 凝集原的抗原性最强。故把红细胞膜上含有 D 凝集原的称为 Rh 阳性,不含 D 凝集原的称为 Rh 阴性。我国汉族人口中 99% 的人是 Rh 阳性,只有 1% 的人为 Rh 阴性。但有些少数民族中,Rh 阴性者的比例比汉族高,如苗族为 12.3%,塔塔尔族为 15.8%。

Rh 血型系统的特点是在人类血清中不存在与 Rh 凝集原起反应的天然的抗 Rh 凝集素,它是后天经致敏才能获得的免疫抗体。当 Rh 阳性人的红细胞进入 Rh 阴性人的体内,通过体液性免疫,产生抗 Rh 凝集素。所以,Rh 阴性受血者第一次接受 Rh 阳性血液时,不会发生红细胞凝集反应,但会产生抗 Rh 凝集素,再次输入 Rh 阳性血液时,输入的红细胞即可发生凝集现象。

此外,ABO 血型系统的抗体一般为 IgM,分子量大,不能通过胎盘;而 Rh 血型系统的抗体主要是 IgG,分子量较小,可以透过胎盘。因此,当 Rh 阴性的母亲第一胎怀有 Rh 阳性的胎儿时,Rh 阳性胎儿的红细胞可在分娩时进入母体,使母体产生抗 Rh 凝集素。由于抗 Rh 凝集素出现缓慢,故第一胎通常不会发生新生儿溶血。但若 Rh 阴性母亲再次怀有 Rh 阳性胎儿时,母体内的抗 Rh 凝集素可透过胎盘进入胎儿血液,导致胎儿红细胞发生凝集,出现新生儿溶血,严重时可导致胎儿死亡。因此,对多次妊娠均造成死胎的孕妇,特别是少数民族地区的妇女,应引起高度重视。

图片:新生儿溶血症发病机制

二、输血

在临床工作中,输血是一种重要的抢救和治疗措施。如果输血不当或发生差错,就会给患者造成严重损害,甚至死亡。为了保证输血的安全和提高输血的效果,必须遵守输血的基本原则:供血者的红细胞不能被受血者血浆中的凝集素所凝集,即供血者红细胞膜上的凝集原不与受血者血浆中的凝集素发生凝集反应。

（一）坚持同型输血

输血前必须鉴定血型,保证供血者与受血者的 ABO 血型相合。对于生育年龄的妇女和需要反复输血的患者,还必须使供血者与受血者的 Rh 血型相合,避免受血者在被致敏后产生抗 Rh 凝集素,导致输血反应。

（二）进行交叉配血实验

为了保证输血的安全,即使已知供血者和受血者的 ABO 血型相同,输血前也必须进行交叉配血试验。即将供血者的红细胞与受血者的血清相混合,称为主侧;同时将受血者的红细胞与供血者的血清相混合,称为次侧(图 14-7)。若两侧配血试验均未发生凝集则为配血相合,可以输血;若主侧有凝集反应,不管次侧结果如何,均为配血不合,绝对不能输血;若仅次侧发生凝集而主侧未凝集,则为配血基本相合,只能应急情况下输血,输血时应少量缓慢,并严密观察,如有输血反应,则应立即停止。交叉配血试验,可以避免由于亚型和血型不同等原因而引起的输血凝集反应。

图 14-7　交叉配血试验

（三）成分输血和自体输血

随着医学和科学技术的进步,血液成分分离机的广泛应用以及分离

笔记

技术的不断提高,输血疗法已从原来的输全血发展为成分输血。成分输血是把人血中的各种不同成分,如红细胞、粒细胞、血小板和血浆,分别制备成高纯度或高浓度的制品,再输注给患者。因为不同的患者对输血有不同的要求,严重贫血患者主要是红细胞数量不足,故适宜输注浓缩的红细胞悬液;而出血性疾病的患者,可根据疾病的情况输注浓缩的血小板或含凝血因子的新鲜血浆;大面积烧伤的患者主要是由于创面渗出引起血浆大量丢失,适宜输入血浆或血浆代用品。成分输血可增强治疗的针对性,提高疗效,减少不良反应,且能节约血源。

自体输血是采用患者自身血液成分,以满足本人手术或紧急情况下需要的输血疗法。可在手术前定期反复采血储存,需要时回输给患者;也可在手术过程中无菌收集出血,经适当处理后再回输给患者。自体输血扩大了血源,又避免了因异体输血传播艾滋病、乙肝等血液传染性疾病的潜在危险,以及因异体输血出现的不良反应及并发症,是一种值得推广的安全的输血方式。

本章小结

血液由血浆和血细胞组成。血浆渗透压包括晶体渗透压和胶体渗透压两部分,血浆晶体渗透压主要使红细胞维持正常的形态和功能,血浆胶体渗透压主要维持血管内外的水平衡。常用的等渗溶液有 0.9% NaCl 溶液(即生理盐水)和 5% 葡萄糖溶液。红细胞生成的部位、原料、成熟因子、调节及破坏等环节发生异常,都可能出现贫血。白细胞的主要功能是通过吞噬及免疫反应,实现对机体的保护和防御。血小板具有黏附、聚集、释放、吸附和收缩等多种特性,有参与生理性止血、促进凝血和维持血管内皮的完整性的生理作用。血液凝固包括凝血酶原复合物形成、凝血酶形成和纤维蛋白形成三个过程。血型是指红细胞膜上特异性凝集原的类型,ABO 血型鉴定原理是用已知的凝集素(抗 A、抗 B 标准血清)来鉴定未知的凝集原。在人类的血清中不存在 Rh 血型的天然抗体,经后天致敏才能获得。输血前必须鉴定血型,进行交叉配血实验。

(张 量)

扫一扫,测一测

思考题

1. 血清与血浆有何区别?
2. 何谓血浆晶体渗透压和血浆胶体渗透压?各有何生理意义?
3. 从红细胞生成的部位、原料、成熟因子及生成调节的各个环节,分析临床常见贫血的原因。
4. 简述血液凝固的基本步骤,举例加速和延缓血液凝固的方法。
5. 输血的原则是什么?为什么重复输同一型血时也要做交叉配血试验?
6. 简述 Rh 血型系统的特点及临床意义。

学习目标

1. 掌握:心动周期的概念;心输出量的概念及其影响因素;心室肌细胞和窦房结P细胞的生物电现象;心肌细胞的自律性、传导性、兴奋性及收缩性的主要特点;动脉血压的概念、形成、正常值和影响因素;压力感受性反射的基本过程;肾上腺素和去甲肾上腺素对心血管活动的体液调节。

2. 熟悉:循环系统的功能;心脏射血和充盈过程中心室的压力、容积、瓣膜和血流方向的变化;第一、第二心音的特点及形成原因;中心静脉压的概念及意义;微循环的功能及调节;组织液的生成及影响因素;冠脉循环、肺循环和脑循环的生理特点。

3. 了解:正常心电图波形及意义;动脉脉搏;静脉血压及其影响因素;微循环的组成、血流通路;心脏和血管的神经支配及其作用;影响冠脉血流量的因素。

4. 学会正常心音的听诊和血压的测定方法以及观察神经和体液因素对心血管活动的调节。

5. 具有运用所学知识解释心音的改变和动脉血压异常原因的能力。

循环系统主要由心脏和血管组成。在人体生命过程中,心脏不停地跳动,推动血液在心血管系统中按一定的方向循环流动,称为血液循环(blood circulation)。心脏是推动血液流动的动力器官,血管是血液流动的通道和物质交换的场所。血液循环可分为体循环和肺循环两部分,两者共同构成一个完整的循环功能系统。血液循环的主要功能是运输营养物质和代谢产物,维持内环境的相对稳定,保证新陈代谢的正常进行。血液循环一旦发生障碍,内环境稳态就会遭到破坏,进而发生各器官功能失常和机体新陈代谢障碍,严重者可危及生命。

图片:心脏的泵血功能示意图

第一节　心脏的功能

心脏的主要功能是泵血。在生命活动过程中,心脏不断交替进行着收缩和舒张活动,心脏收缩时把血液射入动脉,为血液流动提供能量,同时通过动脉系统将血液分配到全身各组织;心脏舒张时通过静脉系统使血液回流到心脏。通过心脏的这种节律性活动以及由此而引起瓣膜的规律性开启和关闭,推动血液沿单一方向循环流动。

一、心脏的泵血功能

(一)心动周期和心率

心房或心室每收缩和舒张一次所经历的时间,称为心动周期(cardiac cycle)。心脏收缩期射血和舒张期血液充盈活动是在一个心动周期中完成的。

每分钟心脏跳动的次数称为心率（heart rate）。正常成人在安静状态下心率为 60～100 次/min，平均为 75 次/min。心率是临床常用的生理指标，受年龄、性别和其他因素的影响。心动周期时程与心率成反比关系。按照平均心率 75 次/min 计算，则每个心动周期持续 0.8s。在一个心动周期中，左、右心房先收缩，持续约 0.1s，然后心房舒张，持续约 0.7s。当心房进入舒张期时，左、右心室开始收缩，持续时间约为 0.3s，随后心室舒张，约 0.5s。在心室舒张期的前 0.4s 期间，心房也处于舒张状态，把心房和心室都处于舒张的这一时期称为全心舒张期（图 15-1）。

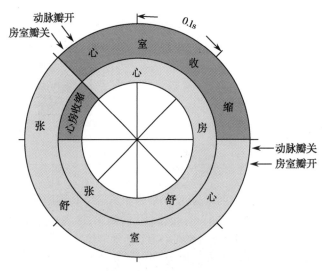

图 15-1 心动周期示意图

一个心动周期中，心房和心室的舒张期均长于收缩期，这样能使心脏得到充分的休息，进而保证心脏长期工作不发生疲劳；同时使心脏有足够的时间得到静脉回流血液的充盈，保证其下次射血功能的实现。当心率加快时，心动周期时间会缩短，收缩期和舒张期都相应缩短，但舒张期缩短更为明显。所以，在临床实践中，各种病因引起的患者心率过快，都会导致心脏休息时间和充盈量的减少，严重会导致心力衰竭，所以必须采取相应措施予以纠正。

（二）心脏的泵血过程

在心脏的射血功能中心室起主要作用，所以通常心动周期都是指心室的周期性收缩和舒张活动。左、右心室泵血过程相似，而且几乎同时进行，现以左心室为例，阐述一个心动周期中，心室的射血和充盈过程（图 15-2）。

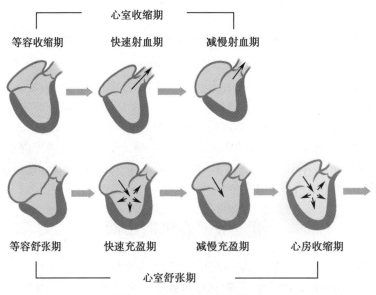

图 15-2 心脏泵血过程示意图

1. **心室收缩期与射血功能** 心室收缩期可进一步分为等容收缩期、快速射血期和减慢射血期。

（1）等容收缩期：在心室舒张的晚期，心房收缩将血液挤入心室，使心室得到进一步的血液充盈。随即心房舒张，心室开始收缩。左心室收缩，心室内压力立即升高，当室内压高于房内压时，室内血液反流推动房室瓣关闭。但此时室内压尚低于主动脉压，主动脉瓣仍处于关闭状态，室内容积不变，心室成为一个封闭的腔。从房室瓣关闭到主动脉瓣开启这段时间,心室的收缩虽使室内压升高,但心室容积不变,称为等容收缩期(isovolumic contraction period),历时约 0.05s。

（2）快速射血期:当心室收缩使室内压升高至超过主动脉压时,主动脉瓣开放,心室射血。此时室内压上升达最大值,致室内血液快速地射入主动脉,室内容积迅速缩小,称为快速射血期(rapid ejection period),历时约 0.1s。快速射血期射血量最多,速度快,约占总射血量的 2/3。

（3）减慢射血期:在射血后期,心室内容积缩小和室内压下降,而主动脉内容积增大和压力增高。此时,心室内血液在心室收缩提供的动能作用下,进一步缓慢进入动脉,称为减慢射血期(reduced ejection period),历时约 0.15s。此期心室射出的血量占收缩期射血量的 1/3,室内容积达到最小。

2. 心室舒张期与充盈过程　心室舒张期可分为等容舒张期、快速充盈期、减慢充盈期和心房收缩期。

（1）等容舒张期:心室收缩结束即转入舒张过程。心室舒张,室内压下降,当室内压低于主动脉压时,主动脉内血液向心室方向反流而推动主动脉瓣关闭。但此时室内压仍高于房内压,房室瓣处于关闭状态时,心室又形成一个封闭的腔。从主动脉瓣关闭到房室瓣开启前的这一段时间内,心室舒张而心室内容积不变,称为等容舒张期(isovolumic relaxation period),历时 0.06~0.08s。

（2）快速充盈期:等容舒张期末,室内压低于房内压时,房室瓣开放,心房和大静脉中的血液随室内压降低形成的"抽吸"作用快速流入心室,心室容积迅速增大,称为快速充盈期(rapid filling period),历时约 0.11s。此期进入心室的血量占总充盈量的 2/3。

（3）减慢充盈期:随着心室内血液充盈量的增多,房室之间的压力差逐渐减小,血液流入心室的速度减慢,室内容积缓慢增大,称为减慢充盈期(reduced filling period),历时约 0.22s。

（4）心房收缩期:在心室舒张的最后 0.1s 心房开始收缩,使心房内的血液顺压力梯度进入心室,心室进一步充盈。心室充盈完成后又开始下一次收缩与射血过程。

由心房收缩增加的心室充盈量仅占心室总充盈量的 10%~30%。故临床上心房纤颤的患者,尽管心室充盈量减少,但不致引起心输出量明显减少。

总之,心室肌的收缩和舒张是造成室内压变化,导致心房和心室之间以及心室和主动脉之间形成压力梯度的根本原因。而压力梯度又是推动血液在心房、心室以及主动脉之间流动的主要动力。在收缩期,心室收缩提供的动力完成了射血功能,实现了全身组织器官的血液灌流,保证了组织细胞功能活动的正常进行;而在舒张期,心室舒张是心室血液充盈的主要动力,使心室得到足够的血液充盈。由于心脏瓣膜的结构特点和启闭活动,保证了血液只能沿一个方向流动。现将心动周期中各时相的左心室内压力、瓣膜活动、心室容积及血流方向的变化归纳为表 15-1。

表 15-1　心动周期中左心室内压力、瓣膜活动、心室容积及血流方向的变化

心动周期分期		压力比较	瓣膜活动		心室容积	血流方向
		左心房:左心室:主动脉	房室瓣	主动脉瓣		
心缩期	等容收缩期	房内压<室内压<动脉压	关	关	不变	——
	快速射血期	房内压<室内压>动脉压	关	开	减小	心室→动脉
	减慢射血期					
心舒期	等容舒张期	房内压<室内压<动脉压	关	关	不变	——
	快速充盈期	房内压>室内压<动脉压	开	关	增大	心房→心室
	减慢充盈期					
	心房收缩期	房内压>室内压<动脉压	开	关	增大	心房→心室

（三）心音

在心动周期中,心肌收缩、瓣膜启闭、血流速度的改变以及血流对心血管壁的冲击等因素引起的机械振动,通过心脏周围组织的传导,用听诊器在胸壁上听到的声音,称为心音(heart sound)。在一个心动周期中有四个心音,分别称为第一、第二、第三和第四心音。使用听诊器一般只能听到第一心音

和第二心音,在某些健康儿童和青年人也可听到第三心音,第四心音在心音图上可能出现。

1. 第一心音 是由于房室瓣突然关闭引起心室内血流和室壁的振动,以及心室射血引起的大血管壁振动产生的。在心尖搏动处即胸前壁第5肋间左锁骨中线内侧听得最清楚,其特点是音调较低,持续时间较长。第一心音标志着心室进入收缩期,其强弱可反映房室瓣的功能状态及心肌收缩力的强弱。

2. 第二心音 是由于主动脉瓣和肺动脉瓣关闭,血流冲击大动脉根部及心室内壁引起的振动产生的。在胸骨旁左侧第2肋间听得最清楚,其特点是音调较高,持续时间较短。第二心音标志着心室进入舒张期,其强弱可以反映主动脉和肺动脉压力的高低。

3. 第三心音 发生在心室快速充盈期末,是由于心室从快速充盈转入减慢充盈时,血流速度突然减慢,引起心室壁和瓣膜振动产生的。

4. 第四心音 出现在心室舒张的晚期,是心房收缩时血液流入心室引起的振动产生的,故又称心房音。

文档:心脏杂音

心脏的某些异常活动可产生杂音或异常心音。因此,听取心音或记录心音图对于心脏病的诊治具有重要意义。

(四)心脏泵血功能的评价

心脏的主要功能是不断地射出血液以适应机体新陈代谢的需要。临床评定心功能的方法和指标较多,因此,在临床实践中应对多种指标进行综合分析,才能得出正确的评价。下面介绍几种常用的重要指标。

1. 每搏输出量和射血分数 一侧心室每次收缩时射出的血量称为每搏输出量(stroke volume),简称搏出量。正常成人在安静状态下,左心室舒张末期的容积约为125ml,而每搏输出量为60~80ml,故在收缩期末,心室内仍剩余一部分血液。搏出量占心室舒张末期容积的百分比称为射血分数(ejection fraction)。安静状态时,健康成人的射血分数为55%~65%。正常情况下,搏出量与心室舒张末期容积是相适应的。心交感神经兴奋时,心室收缩力增强,搏出量增多,射血分数增加。在心室收缩功能减弱和心室异常扩大的情况下,搏出量可能与正常无明显差别,但由于心室舒张末期充盈量增加,射血分数可明显下降。因此,射血分数比搏出量能更准确地反映心脏的射血功能,是临床判定心功能的重要指标之一。

2. 每分输出量和心指数 一侧心室每分钟射出的血量称为每分输出量,简称心输出量(cardiac output),等于搏出量与心率的乘积。健康成年男性静息状态下,心率平均75次/min,搏出量为60~80ml,心输出量为4.5~6.0L/min。左、右两侧心室的输出量基本相等。女性的心输出量比同体重男性的约低10%。青年人的心输出量高于老年人;剧烈运动时,心输出量可高达25~35L/min。

对于不同身材的个体测量心功能时,若以心输出量作为指标进行比较,显然是不全面的。因为不同身高和体重的个体,其单位时间内的能量代谢不同,对心输出量的要求也不同。研究表明,心输出量与体表面积成正比。以每平方米体表面积计算的心输出量称为心指数(cardiac index)。体表面积的大小可用身高和体重计算出来。在空腹和安静状态下测定的心指数称为静息心指数。例如,中等身材成年人的体表面积为1.6~1.7m²,安静时心输出量为5~6L/min,故静息心指数为3.0~3.5L/(min·m²)。由于不同年龄的人代谢水平不一致,心指数也不同。10岁左右的少年静息心指数达4L/(min·m²),以后随年龄增长而逐渐下降,到80岁时静息心指数仅约为2L/(min·m²)。在运动、情绪激动、妊娠和进食时,心指数均有不同程度的增高。心指数是临床上常用来评定心功能的指标之一。

3. 心脏做功量 心脏是血液循环的动力来源,心脏向动脉内射血要克服动脉压所形成的阻力才能完成。在不同动脉压的条件下,心脏射出相同血量所消耗的能量或做功量是不同的。当动脉压升高时,心脏射出相同的血量,必须加强收缩,做更大的功,否则射出的血量将减少。反之,在动脉压降低时,心脏做同样的功,可以射出更多的血液。可见,用心脏做功量作为评价心功能的指标,比单用心脏射血量作为评价心功能的指标更为合理。

心室收缩一次所做的功,称为每搏功(stroke work)。心室每分钟所做的功称为每分功(minute work),它是搏出功与心率的乘积。由于心室射血是一个动态变化过程,故实际工作中用平均动脉血压代替左心室收缩期内压,用平均左心房压代替心室舒张末期充盈压,因此,每搏功可以用下式计算:

笔记

左心室每搏功(J)=搏出量(L)×(平均动脉血压-平均左心房压)(mmHg)×13.6×9.807×(1/1000)

左右心室搏出量基本相等,但肺动脉的平均血压仅为主动脉平均血压的1/6,故右心室做功量只有左心室做功量的1/6。

人工心脏起搏器

人工心脏起搏是用人造的脉冲电流刺激心脏,代替心脏的起搏点引起心脏跳动的治疗方法。起搏器由脉冲发生器、电极及导线组成。它能按一定形式的人工脉冲电流刺激心脏,使心脏产生有节律地收缩,不断泵出血液以供应人体的需要。临床上根据起搏时间的长短,将人工心脏起搏大致分为临时性起搏和永久性起搏两大类。临时性起搏主要用于心脏病的检查、手术中的心脏保护、短期内可以恢复的心律失常;永久性起搏适用于难以恢复的病变。永久性起搏器重18~30g,是外壳由金属钛铸造而成的精密仪器,连同起搏电极一起埋藏于患者体内,故又称为"埋藏式心脏起搏器",是目前广泛采用的永久起搏方式。

4. **心力储备** 心输出量随人体代谢需要而增加的能力称为心力储备(cardiac reserve)。正常成年人静息时心输出量为5.0~6.0L/min,剧烈运动时可以提高到25.0~30.0L/min,表明健康人的心脏具有相当大的储备能力。心力储备包括搏出量储备和心率储备。

(1)搏出量储备:包括收缩期储备和舒张期储备。心室收缩期射血量增加,称为收缩期储备;心室舒张期充盈量增加,称为舒张期储备。正常成人安静时心室舒张末期容积约为125ml,搏出量约为70ml,心室射血期末心室内剩余血量约为55ml。当心室作最大程度收缩时,心室内剩余血量可减少到不足20ml。因此,充分动用收缩期储备,可以使搏出量增加35~40ml。由于心肌延展性较小,心室舒张末期容积只能增加到140ml左右,因此,舒张期储备量仅为15ml左右。

(2)心率储备:健康成人安静时心率平均为75次/min,在剧烈活动时可以增快至160~180次/min,使心输出量增加2.0~2.5倍。一般情况下,动用心率储备是提高心输出量的主要途径。

心力储备能较全面地反映心脏的功能状况。训练有素的运动员,心肌纤维增粗,心肌收缩力增强,心收缩期储备增加;同时,由于心肌收缩力增强,可使心室收缩和舒张的速度都明显加快,因此心率储备也增加,心输出量可以增大到静息时的7~8倍。缺乏体育锻炼的人,虽然在安静状态下心输出量能满足代谢的需要,但因心力储备较小,一旦进行剧烈运动,心输出量就不能满足机体代谢的需要而表现为心慌气短、头晕目眩等现象。

(五)影响心输出量的因素

心输出量能随人体不同的生理状态而发生相应的变化,心输出量等于搏出量和心率的乘积,因此凡能影响二者的因素都能影响心输出量。

1. **影响搏出量的因素** 搏出量取决于心肌的收缩强度和速度。因此,凡是影响心肌收缩强度和速度的因素都能影响搏出量。在心率不变的情况下,搏出量的多少取决于前负荷、后负荷和心肌收缩能力的大小。

(1)前负荷:心室肌收缩前所承受的负荷,称为前负荷,即心室舒张末期的容积。它决定了心室肌在收缩前的初长度。在一定范围内,心室舒张末期容积增大,压力升高,心肌初长度增加,收缩力增强,使搏出量增多,心输出量增加。通常,心室射血量与静脉回心血量相平衡,从而维持心室舒张末期容积和压力在正常范围。如果因某种原因造成静脉回心血量超过射血量,则充盈压将增高,机体可通过增加搏出量使之与静脉回流量重新达到平衡。心肌收缩强度随心肌初长度的改变而发生的适应性反应称为异长自身调节。

静脉回心血量是影响心肌前负荷的主要因素。当静脉回心血量增多,心室舒张末期容积增加,通过异长自身调节使搏出量增大,增强其射血功能,这对维持正常心脏的泵血功能具有重要意义。但当前负荷过大,如静脉血快速、大量地回流心脏时,心肌初长度超过一定限度,心肌收缩力反而减弱。因此,在静脉输液时,应严格控制补液的速度和量,防止心力衰竭的发生。

（2）后负荷：心室收缩时所遇到的阻力，称为后负荷，即大动脉血压。在心肌初长度和心肌收缩力不变的情况下，动脉血压升高，心室的等容收缩期延长，射血期缩短，心室肌射血速度和幅度减小，搏出量减少，心室内剩余血量增多。若静脉回心血量不变，可导致舒张末期容积增大，通过异长自身调节机制使心肌收缩强度增大，搏出量恢复到正常水平。生理情况下，由于神经体液因素的调节，前、后负荷与心肌收缩力一般均相匹配，后负荷的增加常伴有心肌收缩力的增强，使心输出量同机体各种代谢活动相适应。临床上，高血压患者若动脉血压持续处于高水平，机体必须增强心肌收缩力，才能维持正常的心输出量，时间过久，心室肌将因收缩活动长期加强而逐渐肥厚，最终可导致心力衰竭。

（3）心肌收缩能力：心肌不依赖于前负荷和后负荷而能改变其力学活动的一种内在特性，称为心肌收缩能力。在相同前负荷条件下，心肌收缩能力越强，搏出量越多，两者呈正变关系。正常情况下，心肌的收缩能力受神经和体液因素的影响。在运动和情绪激动时，交感神经-肾上腺髓质系统兴奋，肾上腺素和去甲肾上腺素释放增加，心肌收缩能力增强，搏出量增加，加之此时心率加快，故心输出量明显增多。在安静时，体内迷走神经兴奋，乙酰胆碱释放增多，使心肌收缩能力减弱，心输出量减少。

2. **心率对心输出量的影响**　健康成人在安静状态下的心率为 $60 \sim 100$ 次/min。在一定范围内，心率加快可使心输出量增加。但心率过快，超过 $160 \sim 180$ 次/min 时，心室舒张期明显缩短，心舒期充盈量显著下降，因此搏出量急剧减少，从而导致心输出量减少。如果心率过慢，低于 40 次/min，心室舒张期明显过长，此时心室充盈量达到极限，尽管搏出量有所增加，但因心率过慢，心输出量仍然减少。

生理条件下，心率受神经和体液因素的调节，如交感神经兴奋或循环血中肾上腺素和去甲肾上腺素水平升高，可使心率加快。此外，心率还受体温、代谢和环境等多种因素的影响，体温每升高 $1℃$，心率每分钟可增加 $12 \sim 18$ 次。

二、心肌细胞的生物电现象

心脏的活动是以心肌细胞的生物电现象为基础的。心肌细胞依据其生物电特点分为两类：一类是非自律细胞，即普通的心肌细胞，主要包括心房肌和心室肌细胞，因具有收缩功能，也称为工作细胞。另一类为自律细胞，主要包括窦房结、房室交界区、房室束、左右束支和浦肯野细胞，这类细胞能自动产生节律性兴奋，主要功能是产生和传播兴奋，控制心脏活动的节律。心肌细胞在不同的功能状态下，显示出不同的生物电现象。下面只介绍具有代表性的心室肌、窦房结和浦肯野细胞的跨膜电位及其形成机制。

（一）心室肌细胞的跨膜电位

正常心室肌细胞的静息电位约为$-90mV$，其形成机制与神经和骨骼肌细胞一样，主要是 K^+ 外流所形成的 K^+ 平衡电位。

心室肌细胞动作电位的主要特征是去极化迅速，复极过程复杂，持续时间长，动作电位的上升支和下降支不对称。通常可分为 0、1、2、3、4 共五个时期（图 15-3）。

1. **去极化过程**　心室肌细胞的去极化过程又称为动作电位的 0 期。心室肌细胞在适当的外来刺激作用下，膜电位由静息状态时的$-90mV$ 迅速上升到$+30mV$ 左右，即膜电位由原来的极化状态变成反极化状态，形成动作电位的上升支。

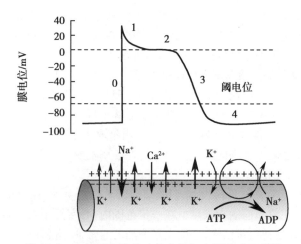

图 15-3　心室肌细胞的动作电位和离子流动示意图

产生机制是：心室肌细胞开始兴奋时，细胞膜上 Na^+ 通道部分开放，少量 Na^+ 内流，膜电位升高；当膜电位升高达阈电位（$-70mV$）水平时，细胞膜上大量 Na^+ 通道开放，出现再生性的 Na^+ 内流，从而引起膜上 Na^+ 通道开放的数量增多，Na^+ 内流的速率加快；当膜电位迅速升高达$+30mV$ 左右时，Na^+ 内流停止。心室肌细胞动作电位 0 期的特点是去极化时间短（$1 \sim 2ms$），速度快。Na^+ 通道激活快、失活也快，因此又称为快通道。

文档：心脏
支架

笔记

2. 复极化过程 心室肌细胞的去极化达+30mV时,膜电位开始缓慢地向极化状态恢复的过程称为复极化。复极化由动作电位1~3期的电位变化构成。

（1）1期:动作电位去极化达峰值后,出现的快速短暂的复极化过程,膜电位由+30mV迅速降至0mV,历时约10ms,又称快速复极初期。其机制是K⁺通道激活,K⁺外流所致。由于0期和1期膜电位变化迅速,在记录的动作电位图形上呈尖峰状,两者合称为锋电位。

（2）2期:当1期复极到0mV左右时,膜电位变化缓慢,可长达100~150ms,记录的动作电位波形平坦,故又称为缓慢复极期或平台期。其机制是:在膜去极化达-40mV左右时,膜上的Ca^{2+}通道已开始激活,在2期开始时,膜上Ca^{2+}通道处于全面激活状态,Ca^{2+}内流;膜上K⁺通道激活,K⁺外流。由于Ca^{2+}内流和K⁺外流的电荷量相当,使膜电位停滞在0mV左右;随后Ca^{2+}通道逐渐失活至内流停止,K⁺外流逐渐增加,进入复极3期。与Na^+通道比较,Ca^{2+}通道激活慢,失活也慢,称为慢通道。平台期是心室肌细胞动作电位时程较长的主要原因,也是它区别于骨骼肌和神经细胞动作电位的主要特征。

（3）3期:2期结束后,复极化速度加快,膜电位由0mV迅速下降到-90mV,历时100~150ms,称之为快速复极末期。此期主要是由于膜上K⁺通道的通透性逐渐增大,K⁺外流进行性增加所致。

从0期去极化开始到3期复极化结束的这段时间,称为动作电位的时程,心室肌细胞通常为200~300ms。

3. 静息期 又称4期。此时膜电位虽已恢复到-90mV,并稳定在静息电位水平,但细胞膜仍进行着活跃的离子转运过程,以恢复细胞内外离子的正常浓度梯度,从而维持心室肌细胞的正常兴奋性。细胞膜上的Na^+-K^+泵将细胞内Na^+泵出和细胞外K⁺泵入,同时动作电位期间进入细胞的Ca^{2+},多数通过细胞膜上的Na^+-Ca^{2+}交换体,Ca^{2+}会逆浓度梯度转运到细胞膜外,以恢复细胞内、外各种离子的正常浓度梯度,从而保持心肌细胞的正常兴奋性。

（二）窦房结P细胞的跨膜电位

窦房结内的自律细胞为P细胞,属慢反应自律细胞。其动作电位有以下特点:①0期去极化速度慢、振幅较低,膜电位仅上升到0mV左右;②没有明显的复极1期和2期;③3期复极化最大复极电位约为-70mV;④4期膜电位不稳定,当自动去极化达到阈电位(-40mV)水平时,爆发一次动作电位;⑤4期自动去极化速度快,在单位时间内产生兴奋的频率较高。

1. 去极化过程 0期去极化是由Ca^{2+}内流所致。由于Ca^{2+}通道激活慢,失活也慢,故0期去极化速度较慢,持续时间可长达7ms。

2. 复极化过程 窦房结P细胞复极化过程是动作电位的3期。0期去极化达到0mV左右时,Ca^{2+}通道逐渐失活关闭,Ca^{2+}内流减少;另一方面,在复极化的初期,K⁺通道被激活开放,K⁺外流逐渐增加,使细胞膜逐渐复极化并达到最大复极电位。

3. 自动去极化过程 当复极电位达-70mV时,K⁺外流进行性衰减,这是导致窦房结细胞4期自动去极化的最重要的离子基础;同时Na^+和Ca^{2+}内流逐渐增加,三种因素共同作用,使膜电位缓慢上升,因此出现4期自动去极化(图15-4)。

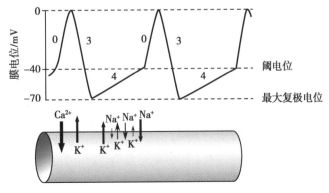

图15-4 窦房结P细胞的动作电位和离子流动示意图
注:在4期,K⁺外流进行性递减,Na^+内流进行性递增。

（三）浦肯野细胞的跨膜电位

浦肯野细胞属快反应自律细胞,最大复极电位是-90mV,浦肯野细胞的跨膜电位同心室肌细胞的动作电位相似,但不同点是:①2 期电位历时较短;②3 期复极结束时膜电位所达的最低值称为最大复极电位;③4 期膜电位不稳定,具有自动去极化的能力。

浦肯野细胞动作电位 0~3 期的形成机制与心室肌细胞基本相同。4 期自动去极化是由 Na^+ 内流逐渐增强和 K^+ 外流逐渐衰减所致。4 期自动去极化的速度较窦房结 P 细胞的慢,其单位时间产生兴奋的频率较低(图 15-5)。

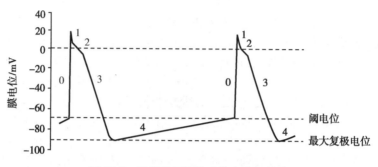

图 15-5　浦肯野细胞的动作电位示意图

（四）心电图

心脏各部位在兴奋过程中均出现相应的生物电活动,这种电位变化形成的电流可通过组织和体液传播到机体表面。将心电图机测量电极置于体表的一定部位记录到的心脏生物电变化曲线称为心电图(electrocardiogram,ECG)。心电图反映的是心脏在一个心动周期中兴奋的产生、传播及恢复过程中的生物电变化。

1. 心电图的导联　记录心电图时,引导电极安放的位置及与心电图机连接的方法称为心电图导联。临床常用的导联有 12 个,包括标准肢体导联(I 导联、II 导联、III 导联)、加压单极肢体导联(aVR、aVL 和 aVF 导联)以及单极胸导联(V_1 ~ V_6 导联)。标准肢体导联反映心脏电活动在两个肢体之间呈现出的电位差;加压单极肢体导联反映心脏电活动在某一肢体呈现的电变化。单极胸导联反映心脏活动在胸壁某一点呈现的电位变化。

2. 正常心电图的波形及意义　心电图的记录纸上有由横线和纵线画出的长和宽均为 1mm 的小方格,纵格代表电压,每小格为 0.1mV,横格代表时间,每小格为 0.04s。根据电极安置部位和记录电极连接方式的不同,可以记录到不同的心电图。以下主要以标准 II 导联为例,介绍心电图各波、各段及间期组成(图 15-6)。

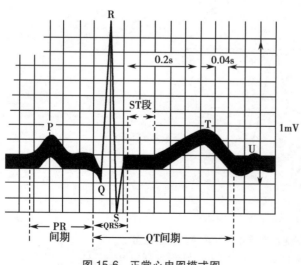

图 15-6　正常心电图模式图

（1）P 波:反映左、右两心房的去极化过程。波形小而圆钝,历时 0.08 ~ 0.11s,波幅不超过 0.25mV。当心房肥厚时,P 波时间和波幅超过正常。

（2）QRS 波群:反映左、右两心室的去极化过程。典型的 QRS 波群包括三个紧密相连的电位波动,第一个向下的波称为 Q 波,即后向上的波称为 R 波,R 波之后出现的向下的波称为 S 波。这三个波在不同导联记录的心电图上不一定都出现。QRS 波群历时 0.06 ~ 0.10s,代表兴奋在心室内的传播时间。当心肌肥厚或心室内兴奋传导异常时,QRS 波群发生改变。如 QRS 波群增宽,反映心室内传导阻滞。

（3）T波:反映两心室复极化的过程。时程0.05~0.25s,波幅为0.1~0.8mV。在R波为主的导联中,T波方向应与R波相一致,T波波幅不低于R波的1/10。若出现T波低平、双向或倒置,常为心肌缺血、炎症、血中离子浓度发生改变的表现。

（4）PR间期(或PQ间期):是指从P波的起点到QRS波起点之间的时程,持续0.12~0.20s,通常与基线在同一水平。代表窦房结产生的兴奋通过心房、房室交界和房室束传到两心室并使心室开始兴奋所需要的时间。当发生房室传导阻滞时,PR间期延长。

（5）QT间期:是指从QRS波群起点到T波终点的时程。代表两心室开始去极化到复极化结束所经历的时间。QT间期的长短与心率成反变关系,心率愈快,QT间期愈短。

（6）ST段:是指从QRS波群的终点到T波起点之间的线段。表明心室各部分均已进入去极化状态,彼此之间电位差很小。正常时ST段应与基线平齐。慢性心肌缺血或损伤时,可出现ST段压低或抬高。

心电图可以用于各种心律失常、心室肥大、心房肥大、心肌梗死、心肌缺血等病症的检查,对心脏基本功能及其病理研究方面具有重要的参考价值。

三、心肌的生理特性

心肌细胞的生理特性包括自律性、兴奋性、传导性和收缩性,其中前三种特性是以心肌细胞膜的生物电活动为基础,又称为电生理特性。而心肌的收缩性则是以心肌细胞内的收缩蛋白的功能活动为基础,因而是心肌细胞的一种机械特性。

（一）自律性

心肌细胞在没有外来刺激的条件下,具有自动地发生节律性兴奋的能力或特性称为自动节律性(autorhythmicity),简称自律性。具有自动节律性的细胞称为自律细胞。每分钟内能够自动产生兴奋的次数,即自动兴奋的频率,是衡量自律性高低的指标。

正常成人在安静状态下,心脏不同部位的自律细胞兴奋的频率分别为:窦房结约100次/min,房室交界区约50次/min,浦肯野细胞约25次/min。正常情况下,由于窦房结的自律性最高,单位时间发生兴奋的频率最快,因而成为控制心脏活动的正常起搏点(normal pacemaker)。由窦房结发出兴奋控制全心所表现出的节律性活动,称为窦性心律。其他部位的自律组织虽有起搏能力,但由于自律性低,通常受控于窦房结的节律之下,只起传导兴奋的作用,而不表现出其自身的自律性,故称为潜在起搏点(latent pacemaker)。潜在起搏点存在的意义是在正常起搏点发生病变时,可以作为备用起搏点以继续保持心脏的活动。在病理情况下,潜在起搏点发出兴奋控制全心所表现的节律性活动称为异位心律。

自律性是通过4期自动去极化使膜电位从最大复极电位达到阈电位所引起的。因此,4期自动去极化的速度,最大复极电位和阈电位的水平均是影响自律性的因素。

（二）兴奋性

兴奋性(excitability)是指心肌细胞受刺激后产生动作电位的能力或特性。

1. 兴奋性的周期性变化　心肌细胞在发生一次兴奋的过程中,其兴奋性的变化可以分为以下几个时期(图15-7)。

（1）绝对不应期和有效不应期:从心肌细胞动作电位的0期去极化到3期复极化至-55mV,由于Na⁺通道处于完全失活状态,膜的兴奋性等于零,对任何强度的刺激都不产生反应,这段时间称为绝对不应期。从复极化-55mV到-60mV这段时间内,少量Na⁺通道开始复活而处于备用状态,给予足够强的刺激可引起少量Na⁺通道开放,产生局部去极化,但不能

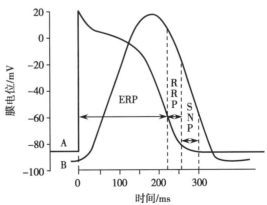

A.动作电位;B.心肌收缩曲线;ERP:有效不应期;RRP:相对不应期;SNP:超常期

图15-7　心肌细胞在一次兴奋过程中的兴奋性变化与收缩之间的关系

221

产生动作电位，这一时期称为局部反应期。由于从动作电位的 0 期开始到 3 期膜电位恢复到-60mV 这段时间内，给予任何强度的刺激都不能使心肌细胞再次产生动作电位，故称这段时间为有效不应期（effective refractory period，ERP）。

（2）相对不应期：膜电位从复极化-60mV 至-80mV 这段时间，若给予心肌细胞一个阈上刺激，可使心肌细胞产生动作电位，这段时间称为相对不应期（relative refractory period，RRP）。在此期内，只有部分 Na^+ 通道由失活转为备用状态，受到刺激后，Na^+ 通道开放的数量较少，Na^+ 内流的速率慢，所以兴奋性低于正常，只有阈上刺激才能使其产生兴奋。并且产生动作电位去极化的幅度小于正常，兴奋传导速度也较慢。

（3）超常期：膜电位从复极-80mV 至-90mV 这段时间，给予阈下刺激可以使心肌细胞产生动作电位，这段时间称为超常期（supranormal period，SNP）。由于此期 Na^+ 通道基本恢复至备用状态，而此时膜电位距阈电位的差距较小，故兴奋性高于正常。但是，因膜电位的绝对值较正常静息电位小，使 0 期去极化的速度和幅度以及兴奋传导的速度仍低于正常。

2. **兴奋性周期性变化的意义** 可兴奋细胞在一次兴奋的过程中，其兴奋性均会发生周期性变化。心肌细胞兴奋性变化的特点是：有效不应期较长，相当于心脏整个收缩期和舒张的早期（图 15-7），因此，心脏在整个收缩期内，任何强度的刺激都不能产生兴奋和收缩，必须待舒张开始后才可能再接受刺激而产生新的收缩，故不会发生完全强直性收缩，这就使心脏收缩和舒张得以交替进行，从而保证心脏射血功能的正常进行。

正常情况下，心脏的活动受窦房结产生和传出的兴奋控制。如果在心室的有效不应期之后，下一次窦房结兴奋到达前，心室受到一次外来的刺激，就会提前产生一次兴奋和收缩，称之为期前兴奋（premature excitation）或期前收缩（premature systole）。在临床上，频繁或多发的期前收缩可以由心脏的炎症或缺血引起。正常人由于过度疲劳、饮入过多的咖啡和浓茶等也可引起偶发性期前收缩。期前收缩也有其有效不应期。如果窦房结发出的兴奋紧接在期前收缩之后到达，则恰好落在心室期前收缩的有效不应期内，就不能引起心室产生收缩，而出现一次兴奋和收缩的"脱失"，因此，在一次期前收缩之后往往出现一段较长时间的心室舒张期，称之为代偿间歇（compensatory pause）（图 15-8）。

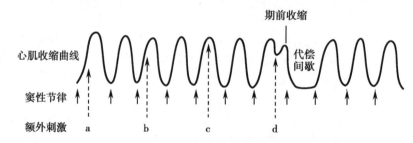

图 15-8 期前收缩和代偿间歇

额外刺激 a、b、c 落在有效不应期内，刺激 d 落在相对不应期内引起期内收缩和代偿间歇。

知识拓展

期 前 收 缩

期前收缩是指起源于窦房结以外的异位起搏点自律性增高，提前发出刺激引起的心脏搏动，亦称早搏，是最常见的心律失常之一。可分为房性、房室交界性和室性三种，其中以室性期前收缩最常见。期前收缩可见于正常人，情绪激动、精神紧张、饱餐、过度吸烟、饮酒等均可引起发作；亦可见于冠心病、风湿性心脏病、高血压性心脏病、心肌病等器质性心脏病。

期前收缩可无症状，亦可有心悸或心跳暂停感。频发的期前收缩可致乏力、头晕等症状，原有心脏病者可因此而诱发或加重心绞痛或心力衰竭。心脏听诊时可发现在规则的心律中出现提早的心跳，Holter（24h 动态心电图）可详细记录期前收缩发生的时间、规律、性质等。

（三）传导性

心肌细胞具有传导兴奋的能力,称为传导性(conductivity)。兴奋传导不仅发生在同一心肌细胞上,而且能在心肌细胞之间进行。相邻心肌细胞之间以闰盘相连接,而闰盘处缝隙连接属于低电阻区,通透性高,兴奋能够以局部电流的形式通过这些低电阻区直接传给相邻的细胞,实现心肌的同步收缩和舒张。

1. 心脏内兴奋传导的途径和速度 正常情况下,由窦房结产生的兴奋首先通过心房肌传到左、右心房,引起心房的兴奋和收缩。同时沿心房肌细胞组成的"优势传导通路"传到房室交界区,再经房室束及左束支、右束支、浦肯野细胞至心内膜心室肌,兴奋由心内膜向心外膜传播,最后引起左、右心室的兴奋和收缩。心脏不同部位的心肌细胞传导速度存在差异:普通心房肌细胞的传导速度较慢,约为 0.4m/s,心房"优势传导通路"的传导速度较快,为 1.0~1.2m/s,因此窦房结的兴奋可沿此通路迅速传导至房室交界区。房室交界区的传导速度很慢,其中结区最慢,仅为 0.02m/s,称为房室延搁(atrio-ventricular delay)。心室肌的传导速度为 1.0m/s,浦肯野细胞的传导速度为 4.0m/s。

图片:优势传导通路

2. 心脏内兴奋传导的特点和意义

（1）兴奋在房室交界区的传导速度缓慢,有大约 0.1s 的房室延搁,使心室在心房收缩完毕之后才开始收缩,保证心室有足够的血液充盈和完成射血功能。

（2）兴奋在心室传导速度最快,兴奋一旦达到浦肯野纤维网,几乎同时传遍整个心室,保证两心室同步产生兴奋和收缩,保证心室射血功能的完成。

（四）收缩性

心肌细胞能在动作电位的触发下产生收缩,称为收缩性。心肌细胞的收缩机制同骨骼肌细胞的相似,但心肌细胞的结构和电生理特性与骨骼肌的不完全相同,故收缩有其自身的特点。

1. 不发生强直收缩心肌细胞 在一次兴奋过程中的有效不应期较长,相当于整个收缩期和舒张早期。在有效不应期内,任何强度的刺激均不能使心肌细胞产生收缩,因此,正常情况下,心脏不会发生完全强直收缩,表现为节律性的收缩和舒张,以实现其射血功能。

2. 同步收缩心肌细胞之间的闰盘区 电阻很低,使左、右心房和左、右心室分别成为一个功能合胞体。另外心脏内还有特殊传导系统,可加速兴奋的传导。故心肌细胞一旦兴奋后,可使整个心房和整个心室的所有心肌细胞先后发生同步收缩。只有当心肌发生同步收缩时,心脏才能有效地完成强大的泵血功能。心肌的同步收缩也称"全或无"式收缩。

3. 对细胞外液 Ca^{2+} 的依赖性 大心肌细胞的肌质网不发达,贮存的 Ca^{2+} 量少,在收缩过程中依赖于细胞外液中的 Ca^{2+} 内流。在一定范围内增加细胞外液 Ca^{2+} 浓度,可使心肌的收缩力增强;反之,当细胞外液的 Ca^{2+} 浓度降低,可使心肌的收缩力减弱。当细胞外液 Ca^{2+} 浓度降低到一定程度时,心肌细胞虽然兴奋,但不能收缩,称为"兴奋-收缩脱耦联"。

4. "绞拧"作用 心室肌较厚,一般分为浅、中、深三层。部分心肌纤维呈螺旋状走行。心肌纤维的这种排列方式,使之在收缩时产生"绞拧"作用,收缩合力使心尖做顺时针方向旋转,以最大程度地减小心室的容积而将更多的血液射入动脉。

第二节 血管生理

血管系统与心脏一起构成一个相对密闭的管道系统,无论是体循环还是肺循环,心室内射出的血液都必须通过血液的流动实现运输和分配血液以及与组织细胞进行物质交换等重要的生理功能。

一、各类血管的功能特点

各类血管因管壁结构和所在部位的不同,而有不同的功能特点。

1. 弹性贮器血管 指主动脉和肺动脉主干及其最大的分支,其管壁坚厚,富含弹性纤维,有较大的弹性和可扩张性。当左心室收缩射血时,主动脉压升高,一方面推动血液向前流动,另一方面使主动脉扩张,容量增大,贮存一定量的血液;心室舒张期,被扩张的大动脉弹性回缩,将射血期贮存在大动脉的血液推向外周,因此大动脉又称为弹性贮器血管。

2. **分配血管**　指中动脉,即从弹性贮器血管以后到分支为小动脉之前的动脉管道,其功能是将血液输送到各器官组织,故称为分配血管。

3. **阻力血管**　指小动脉和微动脉,其管径小,管壁富含平滑肌,是外周血流阻力的主要部位,故称为阻力血管。其平滑肌的舒缩可改变血管的口径和阻力,进而改变所在器官、组织的血流量。

4. **交换血管**　指真毛细血管,其管壁薄,通透性大,数量多,是血液与组织液之间进行物质交换的场所,故又称为交换血管。

5. **容量血管**　指静脉血管,其管径较大且管壁较薄,在外力作用下可扩张,故其容量大。安静时60% ~ 70%的循环血量贮存在静脉内,故称为容量血管。

二、血流动力学

血液在心血管系统中流动的力学称为血流动力学。血流动力学主要研究血流量、血流的压力和阻力以及三者之间的相互关系。

(一)血流量

单位时间内通过血管某一截面的血量,称为血流量或容积速度。血流量(Q)与血管两端的压力差(△P)成正比,与血流阻力(R)成反比,即 Q = △P/R。

在机体闭合的血管系统中,每一截面的血流量都是相等的,即等于心输出量。以体循环为例,上式中的 Q 就是心输出量,R 为血流阻力,△P 为主动脉压与右心房压之差。由于右心房压接近于零,△P 则接近于主动脉血压(P)。因此,上式可以写成 Q = P/R。在整体内供应不同器官的动脉血压基本相同,故血流阻力是决定器官血流量的主要因素。

血液在血管内流动时,血流速度与血流量成正比,与血管横截面积成反比(图15-9)。主动脉总的横截面积最小,因此主动脉内的血流最快,为 180 ~ 220mm/s;毛细血管总的横截面积最大,毛细血管内的血流最慢,为 0.3 ~ 0.7mm/s。

(二)血流阻力

血液在血管内流动时所遇到的阻力,称为血流阻力,来自血液与血管壁之间以及血液内部各种成分之间的摩擦。血流阻力与血管半径(r)的 4 次方成反比、与血液黏滞度(η)和血管长度(L)成正比,用下式表示:$R = 8\eta L/\pi r^4$。

由于血管长度和血液黏滞度变化很小,因此,血流阻力主要取决于血管口径。神经和体液等因素通过改变血管的口径而引起血流阻力的变化。在体循环的血流阻力中,小动脉和微动脉是形成血流阻力的主要部位,其舒缩活动对血流阻力的影响最大。

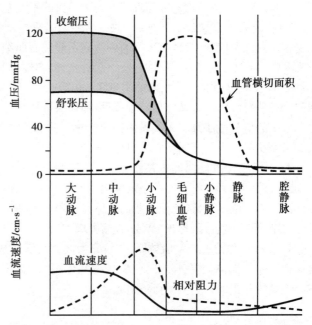

图 15-9　血管系统各段的血压、血管横切面积与血流速度示意图

(三)血压

血压(blood pressure,BP)是指血管内流动的血液对单位面积血管壁产生的侧压力,即压强。通常以毫米汞柱(mmHg)或千帕(kPa)为测量单位(1mmHg = 0.133kPa)。大静脉和心房的压力较低,常以厘米水柱(cmH₂O)为单位(1cmH₂O = 0.098kPa)。存在于动脉、毛细血管和静脉内的血压分别称为动脉血压、毛细血管血压和静脉血压。

三、动脉血压

动脉血压(arterial blood pressure)是指血液对单位面积动脉管壁的侧压力,动脉血压一般指主动脉压。因大动脉和中等动脉内的血压变化很小,故通常用肱动脉血压来代表动脉血压。

（一）动脉血压的形成机制

循环系统中有足够的血液充盈,是动脉血压形成的前提。心室收缩射血产生的动力和血液流动所遇到的外周阻力两者相互作用是形成动脉血压的根本因素。循环系统中血液的充盈程度可用循环系统平均充盈压表示,该压力是形成血压的基础。

在心室收缩期,左心室泵出的血液因受外周阻力的作用,只有1/3的血液向外周流动,其余2/3血液暂时贮存在主动脉和大动脉内,蓄积的血液使主动脉和大动脉扩张,血压升高,此期的血压为收缩压。同时左心室收缩所释放的能量以势能的形式贮存于被扩张的血管中。可见,收缩压的形成是由心室射血提供的血流动力与外周阻力共同作用的结果。当心室进入舒张期,动脉瓣关闭,射血停止,被扩张的大动脉和主动脉管壁弹性回缩,贮存的势能又转化为血流的动能,使心缩期贮存的血液继续流向外周,使动脉血压在心室舒张期内仍能维持在较高的水平,此期的血压为舒张压。可见主动脉和大动脉的弹性贮器作用,可使心室收缩期射出血液的同时,收缩压不致过高,从而减轻心脏的负担;其弹性回缩,贮存的部分势能转化为动能,使舒张压不致过低;同时将间断的心室射血变为动脉内连续的血流(图15-10)。

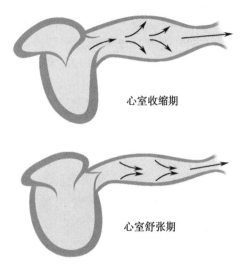

心室收缩期

心室舒张期

图15-10　主动脉管壁弹性作用示意图

（二）动脉血压的正常值

心室收缩,动脉血压升高,达到最高点的数值,称为收缩压(systolic pressure);心室舒张,动脉血压下降至最低点的数值为舒张压(diastolic pressure)。收缩压与舒张压的差值称为脉搏压(pulse pressure),简称脉压。在一个心动周期中,每一瞬间动脉血压的平均值称为平均动脉压(mean arterial pressure),约等于舒张压与1/3脉压之和。我国健康青年人在安静状态时的收缩压为100~120mmHg,舒张压为60~80mmHg,脉压为30~40mmHg。动脉血压习惯以收缩压/舒张压表示,如120/80mmHg。安静时舒张压≥90mmHg或收缩压≥140mmHg,可以视为高血压;舒张压≤60mmHg或收缩压≤90mmHg,可以视为低血压。

动脉血压是心血管功能活动的重要指标,也是衡量整体功能状态的一个重要标志。血压稳定是推动血液循环和保证各组织和器官得到足够血液灌注的重要条件之一。只有全身各组织器官得到充足的血液灌注,整体的生命活动才能正常进行。血压过低可使各组织器官血液供应不足,特别是脑、心、肾等重要器官可因缺血而造成严重后果。血压过高,心室肌后负荷增加,可导致心室扩大,甚至心力衰竭。同时,过高的血压还可能引起血管壁的损伤,如脑血管破裂造成脑出血。

图片:血压测定示意图

人体血压的变化

动脉血压存在个体和年龄的差异。随着年龄的增长,血压会逐渐升高;收缩压升高比舒张压升高更明显。遗传因素、运动、情绪、体重以及内外环境变化也会影响血压。此外,正常人血压还存在昼夜波动的日节律。一般表现为两个高峰和两个低谷,早上6:00~10:00为第一个高峰,随后下降,中午12:00~14:00为第一个低谷,下午14:00~20:00为第二个高峰,全天的最高血压值多处于此阶段,以后逐渐下降,凌晨1:00~3:00为全天最低血压,即第二个低谷。目前诊断高血压靠临床随测的数据,没有考虑到血压的波动性,而进行24h动态血压监测就能及时发现这部分患者。

（三）影响动脉血压的因素

在生理情况下,动脉血压的变化是多种因素综合作用的结果。凡是参与动脉血压形成的因素,都能影响动脉血压,下面分析影响因素时,都假定其他因素恒定不变。

1. 搏出量 心室收缩力增强,搏出量增加,心室收缩期射入动脉内的血量增多,血液对管壁压力增大,使收缩期动脉血压明显升高。由于收缩压升高使血液流向外周的速度加快,在心舒末期存留在动脉内的血量增加并不多,舒张压升高不明显,故脉压增大。当心室收缩力减弱,搏出量减少时,则主要表现为收缩压的降低。因此,收缩压的高低主要反映搏出量的多少。

2. 心率 心率的变化主要影响舒张压。心率加快,心室舒张期缩短,此期由大动脉流向外周的血量减少,使动脉内贮存的血量增多,舒张压升高。由于心室舒张期贮存在动脉内的血量增多,在搏出量相对不变时,收缩压也有所升高,但升高的幅度不如舒张压,故脉压减小。相反,心率减慢时,舒张压降低的幅度比收缩压降低的幅度要大,脉压加大。

3. 外周阻力 如果心输出量不变而外周阻力增大时,心舒期内血液流向外周的速度减慢,因而舒张压明显增高。由于心缩期内动脉血压升高使血流速度加快,动脉内增多的血液相对较少,因而收缩压升高不如舒张压明显,故脉压减小。当外周阻力减小时,舒张压的降低也较收缩压明显,故脉压加大。一般情况下,舒张压的高低主要反映外周阻力的大小。临床上常见的高血压多是由于小动脉和微动脉弹性降低使外周阻力增大所致,故以舒张压升高为主。

4. 大动脉的弹性贮器作用 弹性贮器作用主要是缓冲血压,使收缩压不至于过高,舒张压不至于过低。老年人大动脉管壁弹性减小,缓冲血压的功能减弱,导致收缩压升高而舒张压降低,脉压明显加大。但这种情况在临床上并不多见,因为老年人在大动脉管壁弹性减小的同时多伴有小动脉和微动脉的硬化,使外周阻力增大,故收缩压和舒张压都升高,只是收缩压比舒张压升高得更明显。

5. 循环血量的变化 循环血量与血管容量之间保持适当的比例是维持循环系统平均充盈压的基本条件。当大失血使循环血量减少时,若血管容量不变,会导致循环系统平均充盈压下降,回心血量减少,心输出量减少,动脉血压降低。如果循环血量不变,血管容量增大,也将导致动脉血压降低。

在不同的生理或病理情况下,上述各种因素可同时影响动脉血压。因此,实际测得的动脉血压的变化,往往是各种因素相互作用的综合结果。

（四）动脉脉搏

动脉血压随心室的收缩和舒张活动呈周期性波动,伴随这种周期性血压变化所引起的动脉血管的扩张和回缩,称为动脉脉搏(arterial pulse),简称脉搏。用手指可以在皮肤表浅摸到脉搏,桡动脉是临床上最常用的检测部位。左心室收缩时将血液快速射入主动脉,接近左心室的一段主动脉内压力急剧上升,使这段血管管壁向外扩张。这段血管回缩时把能量传给下一段血管内的血液,又引起下一段血管管壁向外扩张。如此逐段传递下去,就形成了沿血管壁波浪式向前传播的脉搏波。可见,脉搏波的传播并非血液在血管内流动所引起的,而是沿血管的管壁传播的一种行波,故脉搏波的传播速度比血流速度要快得多。脉搏的频率和节律能反映心率和心律;脉搏的强弱、紧张度高低与心肌收缩力、动脉血压及管壁弹性密切相关。因此,脉搏在一定程度上可以反映心血管的功能状态。

四、静脉血压和静脉血流

静脉是汇集毛细血管的血液回流入心脏的通道,因其易于扩张、容量大,故在血液贮存方面也起着重要作用。静脉的收缩和舒张可以使其容积发生较大变化,从而调节回心血量和心输出量,以适应人体不同生理状态的需要。

（一）静脉血压

当体循环的血液流经微动脉和毛细血管到达微静脉时,血压已降低至 $15 \sim 20mmHg$。右心房作为体循环的终点,血压接近零。

1. 中心静脉压 右心房和胸腔内大静脉的血压,称为中心静脉压(central venous pressure,CVP),正常值为 $4 \sim 12cmH_2O$。中心静脉压的高低取决于心脏射血能力和静脉回心血量之间的相互关系。心脏射血能力强,能将静脉回心的血液及时泵入动脉,使中心静脉压维持在正常水平。反之,心脏射血能力减弱(如心力衰竭),搏出量减少,右心房和腔静脉淤血,中心静脉压升高。另一方面,在心脏射血

文档:中心静脉压测定及临床意义

能力不变时,静脉回心血量增多或回流速度过快(如输液过多或过快),中心静脉压也会升高。因此,中心静脉压是判断心血管功能的重要指标,也可以作为控制补液速度和补液量的监测指标。

2. **外周静脉压**　各器官静脉的血压称为外周静脉压。通常以人体平卧时的肘静脉压为代表,正常值为5~14cmH$_2$O。当心功能减弱导致中心静脉压升高时,静脉血回流减慢,滞留于外周静脉内的血液增多,外周静脉压增高。外周静脉压可作为判断心功能的参考指标。

(二)影响静脉回流的因素

单位时间内静脉回心血量取决于外周静脉压与中心静脉压之差,以及静脉对血流的阻力。凡能改变三者中的任一因素,均能影响静脉回心血量。

1. **循环系统**　平均充盈压循环系统平均充盈压是反映血管系统充盈程度的重要指标,对静脉回心血量有较大的影响。当循环血量增加或血管容量减小时,循环系统平均充盈压升高,静脉回心血量增多;反之,当循环血量减少或血管容量增大时,循环系统平均充盈压降低,静脉回心血量减少。

2. **心肌收缩力**　心肌收缩力增强时,搏出量增多,心室舒张期室内压降低,对心房和大静脉内血液的"抽吸"作用增强,使中心静脉压降低,外周静脉回心的血流速度加快,回心血量增多。反之,心肌收缩力减弱,静脉回心的血流速度减慢,回心血量减少。如右心衰竭时,由于右心室收缩力降低,中心静脉压升高,体循环的静脉回流减慢,患者可出现颈静脉怒张、肝充血肿大、下肢水肿等体征;左心衰竭时,因左心房和肺静脉内压升高,则出现肺淤血和肺水肿。

3. **骨骼肌的挤压作用**　当骨骼肌收缩时,可对肌肉内和肌肉间的静脉产生挤压作用,使静脉回流加快;同时静脉内的瓣膜使血流只能向心脏方向流动而不能倒流。因此,骨骼肌和静脉瓣一起对静脉血的回流起着"泵"的作用,称为"肌肉泵"或"静脉泵"。当下肢肌肉进行节律性的活动,如步行或跑步时,"肌肉泵"的作用就能很好地发挥。长期站立工作的人,不能充分发挥"肌肉泵"的作用,易引起下肢静脉淤血,严重的可形成下肢静脉曲张。

4. **呼吸运动**　呼吸运动也可影响静脉血流。吸气时胸廓扩大,胸膜腔负压增加,胸腔内的大静脉和右心房被牵引而扩张,中心静脉压降低,外周静脉回流加快,回心血量增加。呼气时胸膜腔负压减小,静脉回流入心的血量也相应减少。因此,呼吸运动对静脉回流也起着"呼吸泵"的作用。

5. **重力和体位**　由于静脉管壁薄、易于扩张,且静脉内压力较低,因此静脉血压与静脉血流也易受重力和体位的影响。人体平卧位时,全身静脉大体与心脏处于同一水平,重力对静脉血压和静脉血流的影响较小。当机体由持久的下蹲位突然转为直立时,因重力关系,心脏以下静脉血管扩张,其内的血液充盈量增加而使静脉回流量减少,心输出量减少,血压降低,可出现头晕和眼花的症状,这种变化称为体位性低血压。在健康人,由于心血管的压力感受性反射而使症状较轻或不易被察觉。长期卧床的患者,静脉壁的紧张性降低,可扩张性较大,如果由平卧位突然转为直立,则可因大量的血液淤滞于下肢,回心血量过少而发生昏厥。

五、微循环

微循环(microcirculation)是指微动脉和微静脉之间的血液循环。在这里,血液和组织液之间进行物质交换,使内环境维持相对稳定,以保证组织细胞的新陈代谢得以正常进行。

(一)微循环的组成和三条通路的功能

不同部位的组织和器官,由于结构和功能不同,其微循环的组成稍有差异。典型的微循环是由微动脉、后微动脉、毛细血管前括约肌、真毛细血管、通血毛细血管、动-静脉吻合支和微静脉七部分组成(图15-11)。

微循环包括三条结构和功能不同的通路。

1. **迂回通路**　血液经微动脉、后微动脉、毛细血管前括约肌和真毛细血管网汇集到微静脉,称为迂回通路。此通路迂回曲

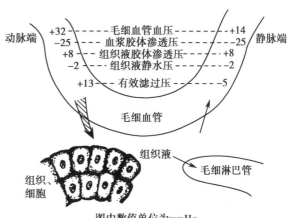

图 15-11　组织液生成与回流示意图

折,穿行于组织细胞间,血流速度缓慢,加之真毛细血管数量多、管壁薄、通透性大,这就使得血液能与组织细胞之间进行充分的物质交换,故又称为"营养通路"。

2. 直捷通路 血液从微动脉、后微动脉和通血毛细血管进入微静脉,称为直捷通路。此通路管径短而直,血流阻力较小,流速较快。主要功能是使一部分血液迅速经微循环进入静脉,以保证循环血量的相对恒定。

3. 动-静脉短路 血液从微动脉经动-静脉吻合支直接进入微静脉,称为动-静脉短路。因其途径短、血管壁较厚、血流速度快,故不能进行物质交换,其功能是参与体温的调节。这类通路在皮肤内较多,通常处于关闭状态。当环境温度升高时,人体需要大量散热,动-静脉短路开放,使皮肤血流量增加,有利于体热的散发。

(二)微循环的调节

微循环血流主要受局部收缩和舒张血管物质浓度变化的影响,神经和体液因素的调节作用相对较小。

1. 局部代谢产物的调节 安静状态下,组织代谢水平低,局部代谢产物积聚较慢,在缩血管活性物质的影响下,后微动脉和毛细血管前括约肌收缩,使大部分毛细血管网关闭;关闭一段时间后,将因CO_2和乳酸等局部代谢产物积聚而开放;继之代谢产物随血流清除,毛细血管网又关闭。如此周而复始,导致不同部分的毛细血管网交替开放和关闭。这种由于局部代谢产物的浓度变化,引起后微动脉和毛细血管前括约肌发生的交替收缩和舒张,称为血管的舒缩活动。当机体活动加强时,毛细血管网大量开放,血液和组织细胞间物质交换增加,以适应组织代谢的需要。

2. 神经和体液因素的调节 微动脉和微静脉均受交感缩血管神经支配。微动脉的神经分布密度大于微静脉,所以交感神经兴奋时,微动脉较微静脉收缩更为强烈,主要引起前阻力增大,器官血流量减少。后微动脉和毛细血管前括约肌的舒缩活动主要受体液因素的调节,全身性体液物质,如肾上腺素和去甲肾上腺素、血管紧张素等,可使其收缩;局部代谢产物如CO_2和乳酸可使其舒张。

据估计,安静时骨骼肌中只有20%~35%的真毛细血管处于开放状态。体内大部分毛细血管经常处于关闭状态对维持循环血量和动脉血压的稳定具有重要意义。

(三)血液和组织液之间的物质交换

血液和组织液间通过毛细血管壁进行物质交换,其交换的方式主要有三种。

1. 扩散 扩散是毛细血管内外物质交换的主要方式。脂溶性物质如O_2和CO_2,可以直接通过毛细血管壁的内皮细胞进行扩散。水溶性物质,如Na^+、Cl^-、葡萄糖和尿素等,则通过毛细血管壁上的孔隙进行扩散。血液流经毛细血管的时间虽然短暂,但各种物质的交换仍能充分地进行。

2. 滤过和重吸收 滤过是毛细血管内液体向组织间隙移动的现象;反之,液体由组织间隙回流入毛细血管的现象称为重吸收。在滤过与重吸收的过程中,液体中能够通过毛细血管壁的溶质分子也随之移出或进入毛细血管,起到物质交换的作用。通过滤过和重吸收方式进行的物质交换,只占总的物质交换的小部分,但这种方式在组织液的生成和回流过程中具有重要作用。

3. 入胞和出胞 毛细血管的内皮细胞能将其一侧的大分子,如血浆蛋白,通过入胞作用转运到细胞内,形成吞饮小泡后被运送至细胞内的另一侧,通过出胞作用排出到细胞外的交换方式。

六、组织液与淋巴液的生成和回流

存在于组织和细胞间隙内的液体称为组织液,绝大部分呈胶冻状,不能自由流动,是组织细胞和血液之间进行物质交换的媒介。组织液需不断地更新,才能保证组织细胞新陈代谢的正常进行。在有效滤过压的驱动下,血浆中的某些成分经毛细血管壁进入组织细胞间隙的过程,称为组织液的生成;组织液经毛细血管壁重吸收入毛细血管内的过程,称为组织液的回流。组织液中除蛋白质浓度明显低于血浆外,其他成分与血浆相同。淋巴液来自组织液,经淋巴管系统回流入静脉。

(一)组织液的生成和回流

1. 组织液的生成和回流的机制 组织液是血浆成分通过毛细血管壁滤出而形成的。毛细血管壁的通透性是组织液形成的结构基础,有效滤过压是组织液生成的动力。

组织液生成与回流的机制取决于四种力量的对比,即毛细血管血压、血浆胶体渗透压、组织液静水压和组织液胶体渗透压(见图15-11)。其中毛细血管血压和组织液胶体渗透压是促使毛细血管内液体向外滤过的力量,即组织液生成的力量;血浆胶体渗透压和组织液静水压则是促使组织液向毛细血管内回流的力量。滤过的力量和重吸收力量之差称为有效滤过压(effective filtration pressure,EFP),用下式表示:

$$有效滤过压 = (毛细血管血压 + 组织液胶体渗透压) - (血浆胶体渗透压 + 组织液静水压)$$

以图15-11所示的各种压力数值为例,可见在毛细血管动脉端的有效滤过压为正值(10mmHg),液体从毛细血管内滤出,组织液生成;而在毛细血管静脉端的有效滤过压为负值(-8mmHg),液体被重吸收入毛细血管,即组织液回流。总的来说,流经毛细血管的血浆一部分在动脉端滤出形成组织液,其中约90%的滤出液在静脉端被重吸收回血液,余下10%左右的液体则进入毛细淋巴管生成淋巴液,再由淋巴系统流回血液,使组织液的生成和回流处于动态平衡。

2. 影响组织液生成的因素 在正常情况下,组织液的生成与回流保持动态平衡,使血液量和组织液量能够维持相对恒定。如果这种动态平衡受到破坏,发生组织液生成过多或重吸收减少,可导致液体在组织间隙潴留,形成水肿。凡是能影响有效滤过压、毛细血管壁的通透性以及淋巴液回流的因素,都能影响组织液的生成与回流。

(1)毛细血管血压:毛细血管血压是促进组织液生成,阻止组织液回流的主要因素。在其他条件不变的情况下,毛细血管血压增高,有效滤过压增大,可使组织液生成增多,回流减少,而引起水肿。例如右心衰竭可引起右心室射血减少,中心静脉压升高,静脉回流障碍,使毛细血管血压升高,引起全身水肿。发生炎症的部位,由于微动脉扩张使毛细血管前阻力减小,毛细血管血压增高,组织液生成增多,发生局部水肿。

(2)血浆胶体渗透压:血浆胶体渗透压是由血浆蛋白质分子形成的,在某些肝脏疾病和肾脏疾病患者,血浆蛋白合成减少或随尿排出,可使血浆胶体渗透压降低,导致有效滤过压增大,组织液生成过多而引起水肿。

(3)毛细血管通透性:蛋白质不易通过正常毛细血管壁。当毛细血管通透性异常增大时,如过敏、烧伤等情况,部分血浆蛋白渗出毛细血管,使病变部位组织液胶体渗透压升高,组织液生成过多,发生局部水肿。

(4)淋巴液回流:正常情况下,由毛细血管滤出的液体约有10%通过生成淋巴液回流入血。当局部淋巴管病变或被肿物压迫(如丝虫病),使淋巴回流受阻时,会使组织液回流减少而引起局部水肿。

(二)淋巴液的生成与回流

组织液进入淋巴管,即成为淋巴液。淋巴液的成分大致与组织液相近,淋巴液在淋巴系统内流动为淋巴循环。

1. 淋巴液生成与回流的机制 毛细淋巴管是一端封闭的盲端管道,在毛细淋巴管的起始端,相邻内皮细胞的边缘相互覆盖,形成向管腔内开放的单向活瓣。组织液及其中的蛋白质及其代谢产物、漏出的红细胞、侵入的细菌以及经消化吸收的小脂肪滴都可通过这种活瓣进入毛细淋巴管。组织液只能流入,但不能倒流。组织液和毛细淋巴管之间的压力差是促进组织液进入淋巴管的动力。淋巴液在毛细淋巴管形成后汇入淋巴管,途中经过淋巴结并在这里获得淋巴细胞,最后经胸导管和右淋巴导管分别流入静脉。因此,淋巴系统是组织液向血液循环回流的一个重要辅助系统。

2. 淋巴循环的生理意义

(1)回收蛋白质:这是淋巴回流最重要的生理作用。组织液中的蛋白质不能逆浓度差进入毛细血管,但易进入毛细淋巴管。每天组织液中有75~100g蛋白质由淋巴液回收到血液中,这对保持血浆和组织液间胶体渗透压的相对稳定是非常重要的。

(2)调节血浆和组织液之间的液体平衡:淋巴液回流的速度虽然缓慢,但可调节血浆和组织液之间的液体平衡,维持体液的正常分布。淋巴回流受阻,可导致组织液积聚在组织间隙,产生水肿。

(3)运输脂肪及其他营养物质:经小肠吸收的营养物质可由小肠绒毛的毛细淋巴管吸收而流入血液。人体80%~90%的脂肪是由小肠绒毛的毛细淋巴管吸收。

(4)防御屏障作用:淋巴液在回流过程中经过淋巴结时,淋巴结内具有吞噬功能的巨噬细胞可清除从组织间隙进入淋巴液的红细胞、细菌等异物。同时淋巴结所产生的淋巴细胞和浆细胞还参与机体的免疫反应,起防御屏障作用。

第三节 心血管活动的调节

人体在不同生理状况下,各器官组织的新陈代谢情况不同,对血流量的需要也就不同。机体通过神经调节和体液调节使心血管活动发生相应的变化,维持正常的血压,从而满足各器官组织在不同情况下对血流量的需要,保证其功能活动的正常进行。

一、神经调节

心和血管接受自主神经的支配。神经系统对心血管活动的调节,是通过各种心血管反射活动实现的。

(一) 心血管的神经支配

1. 心的神经支配

(1) 心交感神经及其作用:支配心脏的交感神经节前纤维起自第 1~5 脊髓胸段中间外侧柱的神经元,节后纤维组成心脏神经丛,支配窦房结、房室交界、房室束、心房肌和心室肌。心交感神经节后纤维末梢释放的递质为去甲肾上腺素。去甲肾上腺素与心肌细胞膜上的 β_1 受体结合后,可使心肌细胞膜对 Ca^{2+} 的通透性增大,促进 Ca^{2+} 内流,使心率增快、房室交界区兴奋传导加速、心肌收缩力增强、心输出量增多。

(2) 心迷走神经及其作用:心迷走神经的节前纤维起自延髓迷走神经背核和疑核内,在迷走神经干中下行,在心内神经节换元后,发出节后纤维支配窦房结、心房肌、房室交界、房室束,只有少量神经纤维支配心室肌。心迷走神经节后纤维末梢释放的递质是乙酰胆碱,与心肌细胞膜上的 M 受体结合后,可使心肌细胞膜对 K^+ 的通透性增大,促进 K^+ 外流,使心率减慢,房室传导减慢,心肌收缩力减弱,心输出量减少。

综上所述,心交感神经和心迷走神经对心脏的作用是相互对抗的。在通常情况下,心迷走神经的活动占优势;在机体处于运动状态期间,心交感神经的活动占优势。

2. 血管的神经支配

(1) 交感缩血管神经纤维:交感缩血管神经的节前纤维起自脊髓胸、腰段灰质侧角,节后神经分布到血管平滑肌。节后神经元末梢释放的递质为去甲肾上腺素。去甲肾上腺素主要与血管平滑肌上的 α 受体结合,引起血管平滑肌收缩,外周阻力增加,血压升高。

人体内的多数血管只接受交感缩血管神经的单一支配。但其分布密度不同,皮肤血管的交感缩血管神经纤维分布最密,骨骼肌和内脏的血管次之,脑血管和冠状动脉分布最少。在同一器官中,动脉分布密度高于静脉,血管愈细密度越高,但毛细血管前括约肌几乎没有神经支配。

(2) 交感舒血管神经纤维:这类神经纤维主要分布于骨骼肌血管,其节后神经纤维末梢释放的递质为乙酰胆碱。与 M 受体结合后使血管舒张,血流量增加。这类纤维在安静时并无紧张性活动,只有当情绪激动或剧烈运动时才发放冲动,使骨骼肌血管舒张,为肌肉活动提供充足的血流量。

(3) 副交感舒血管神经纤维:这类神经纤维主要分布于脑、唾液腺、胃肠道的腺体和外生殖器等少数器官的血管。其节后神经纤维末梢释放的递质为乙酰胆碱,与血管平滑肌细胞膜上的 M 受体结合,引起血管舒张,血流量增加。副交感舒血管神经纤维只对局部血流起调节作用,对循环系统总的外周阻力影响很小。

(二) 心血管中枢

中枢神经系统中与控制心血管活动有关的神经元集中的部位称为心血管中枢。控制心血管活动的神经元广泛分布于中枢各个部位,但其基本中枢位于延髓。

1. 延髓心血管中枢
在延髓的腹外侧部有心交感神经中枢和交感缩血管中枢,分别发出神经纤维控制脊髓内心交感神经和交感缩血管神经元的活动。延髓迷走神经的背核和疑核有心迷走神经中枢,发出神经纤维控制迷走神经元的活动。在正常情况下,延髓心血管中枢经常发放一些神经冲动,即保持一定的紧张性,称为心交感紧张、交感缩血管紧张和心迷走紧张。人在安静时心迷走紧张占优势,使窦房结的自律性受到一定控制,心率保持在 75 次/min 左右。交感缩血管中枢的紧张性活动,通过交感缩血管神经纤维传出冲动,使血管处于适当的收缩状态,维持一定的外周阻力。

2. 延髓以上部位的心血管中枢　在延髓以上的脑干以及大脑和小脑中,都存在与心血管活动有关的神经元,它们根据机体不同的功能状态,对心血管活动和机体其他功能之间进行复杂整合,满足机体的需要。所以延髓以上部位直至大脑皮层是心血管活动的高级中枢。

(三)心血管反射

心血管系统的活动随机体的功能状态不同而发生相应的变化,主要是通过各种心血管反射来实现的。

1. 颈动脉窦和主动脉弓压力感受性反射　在颈动脉窦和主动脉弓血管壁的外膜下有丰富的感觉神经末梢,对血管内压力变化敏感,称为压力感受器。

当动脉血压突然升高时,动脉血管壁扩张,压力感受器因受牵张刺激而产生神经冲动,因此压力感受器实际上是血管壁上的一种牵张感受器。感受器发放的冲动分别经窦神经(加入舌咽神经)和主动脉神经(加入迷走神经)传入延髓,同时与高位中枢发生联系,使心迷走中枢的紧张性增高,心交感中枢和交感缩血管中枢的紧张性降低,通过相应的传出神经调节心血管活动,结果使心率减慢,心收缩力减弱,心输出量减少;血管舒张,外周阻力降低,动脉血压下降。由于此反射是动脉血压升高时,通过对压力感受器的刺激,反射性地使血压下降的过程,故又称为减压反射(depressor reflex)。相反,当动脉血压降低时,对颈动脉窦和主动脉弓压力感受器的刺激减弱,传入中枢的冲动减少,通过中枢的整合作用后,使动脉血压回升到正常范围。

压力感受性反射是典型的负反馈调节,且具有双向的调节能力,其生理意义是当机体在心输出量、外周阻力、血量等发生突然变化时,对动脉血压进行快速、准确的调节,维持动脉血压的相对恒定。

2. 心肺感受器反射　在心房、心室和肺循环大血管壁内存在许多对机械刺激和化学刺激敏感的感受器,称为心肺感受器。其传入神经纤维走行于迷走神经干内。心肺感受器的适宜刺激有两类,一类是对血管壁的机械牵张,另一类是化学物质,如前列腺素、缓激肽等。生理情况下,心房壁的牵拉刺激主要是由血容量增多引起,故心房壁的牵张感受器又称容量感受器。

大多数心肺感受器受刺激时引起的效应是心交感神经和交感缩血管神经的紧张性减弱,心迷走神经的紧张性加强,从而导致心率减慢,心输出量减少,外周阻力减小,动脉血压下降。

3. 颈动脉体和主动脉体化学感受性反射　颈动脉体和主动脉体分别位于颈动脉分叉处和主动脉弓区域。当动脉血液中 O_2 分压降低、CO_2 分压升高和 H^+ 浓度升高时,可刺激颈动脉体和主动脉体的化学感受器使之产生神经冲动,冲动沿窦神经和迷走神经传入到延髓,使延髓内呼吸中枢和心血管中枢的活动发生变化。通常情况下,化学感受性反射的主要效应是使呼吸运动加深加快,对心血管的活动影响较小,只有在低氧、窒息、失血、动脉血压过低和酸中毒等情况下才明显调节心血管的活动,其主要意义在于对体内血液进行重新分配,优先保证脑和心等重要器官的供血。

二、体液调节

体液调节是指血液和组织液中所含的某些化学物质对心血管活动的调节作用。有些体液因素是由内分泌腺分泌的激素,通过血液运输到全身,广泛作用于心血管系统;有些体液因素是在局部组织中形成,主要作用于局部的血管平滑肌,对局部的血流量起调节作用。

(一)肾上腺素和去甲肾上腺素

肾上腺素(epinephrine,E)和去甲肾上腺素(norepinephrine,NE)都属于儿茶酚胺类物质。循环血液中的肾上腺素和去甲肾上腺素主要来自肾上腺髓质,其中肾上腺素约占 80%,去甲肾上腺素约占 20%。由交感神经节后纤维末梢释放的去甲肾上腺素大部分在局部发挥作用,但也有一小部分进入血液循环。肾上腺素和去甲肾上腺素对心血管的作用,与交感神经兴奋的作用基本一致,不同之处是两者对心肌细胞膜和血管平滑肌细胞膜上受体的结合力存在差异。

肾上腺素对心肌的作用较强,可使心率加快,心肌收缩力加强,心输出量增加;对血管的作用则因作用部位不同而异,作用于皮肤和肾脏等器官血管使其收缩,作用于骨骼肌和冠状血管则使其舒张,所以肾上腺素对总外周阻力影响不大。可见肾上腺素可在不增加外周阻力的情况下增加心输出量,故临床被用作强心药。去甲肾上腺素收缩血管的作用较强,可以使除了冠状动脉以外的所有小动脉强烈收缩,导致外周阻力增加,血压明显升高,所以临床上常作为升压药使用。

(二)肾素-血管紧张素系统

当肾血流量不足或血浆中 Na^+ 浓度降低时,可刺激肾近球细胞合成和分泌一种酸性蛋白水解酶,称为肾素(renin)。肾素进入血液,将血浆中的血管紧张素原转变为血管紧张素Ⅰ(angiotensin Ⅰ)。血管紧张素Ⅰ在经过肺循环时,在血管紧张素转换酶作用下,生成血管紧张素Ⅱ(angiotensin Ⅱ),血管紧张素Ⅱ在血浆和组织中的血管紧张素酶A的作用下转变为血管紧张素Ⅲ(angiotensin Ⅲ),将这一整个系统称为肾素-血管紧张素系统。在血管紧张素的众多成员中,血管紧张素Ⅱ的作用最明显,其主要作用有:①直接使全身微动脉收缩,血压升高;使静脉收缩,回心血量增加。②促进交感神经末梢释放去甲肾上腺素。③作用于中枢神经系统,使交感缩血管中枢紧张性加强,同时刺激机体产生渴觉并导致饮水行为。④使肾上腺皮质球状带释放醛固酮,从而促进肾小管对 Na^+ 和水的重吸收,血量增多。由于肾素、血管紧张素和醛固酮之间存在着密切的关系,因此称为肾素-血管紧张素-醛固酮系统。该系统在维持动脉血压的长期稳定中具有重要意义。

(三)血管升压素

血管升压素(vasopressin,VP)是由下丘脑视上核和室旁核的神经元合成,经下丘脑-垂体束运送至神经垂体贮存,当机体需要时释放入血。血管升压素在肾远曲小管和集合管可促进水的重吸收,使尿量减少,故又称抗利尿激素(antidiuretic hormone,ADH)。血管升压素作用于血管平滑肌细胞膜上的受体后,能引起全身绝大多数血管收缩,血压升高。近年来研究表明,血管升压素在生理浓度范围内,通过压力感受性反射对维持正常血压稳定和血管紧张性具有重要作用。在禁水、失血、失水等情况,血管升压素释放增加,不仅保持体内细胞外液容量,而且对维持动脉血压也都有重要作用。

(四)血管内皮生成的血管活性物质

血管内皮细胞可以合成、释放多种血管活性物质,引起血管平滑肌舒张或收缩。血管内皮合成的舒血管物质主要有内皮舒张因子和前列环素。目前认为内皮舒张因子就是一氧化氮(NO),它能激活血管平滑肌细胞内的鸟苷酸环化酶,使 cGMP 浓度升高,降低游离的 Ca^{2+} 浓度,使血管舒张。内皮细胞还可以合成多种收缩血管物质,其中内皮素是已知最强烈的缩血管物质,它与血管平滑肌上特异受体结合后,加强血管平滑肌收缩,给动物注射内皮素可引起持续时间较长的升压效应。

(五)激肽释放酶-激肽系统

激肽(kinin)是一类具有舒血管作用的多肽,常见的有缓激肽和血管舒张素。在血浆和某些腺体(汗腺、唾液腺和胰腺等)细胞中含有无活性的激肽释放酶,随腺体分泌将其释放到腺体周围的组织液中并在那里被激活,能使所在器官中的激肽原生成血管舒张素。血管舒张素在氨基肽酶作用下脱去一个氨基酸则变为缓激肽。

血管舒张素和缓激肽有强烈的舒张血管作用,并能增加毛细血管壁的通透性,是已知最强烈的舒血管物质,能使局部组织的血流量增加。循环系统中的血管舒张素和缓激肽也参与对动脉血压的调节,可使血管舒张,血压降低。

(六)心房钠尿肽

心房钠尿肽(atrial natriuretic peptide,ANP)主要是由心房肌细胞合成和释放的一类多肽,具有强烈的利尿和利钠作用,并能使血管平滑肌舒张,血压降低,还能使肾素、血管紧张素Ⅱ和醛固酮的分泌减少,使血管升压素的合成和释放受抑制。在血容量和血压升高时,心房肌释放心房钠尿肽,产生利尿和利钠效应,与血管升压素共同调节体内的水盐平衡。

第四节 器官循环

体内各器官的血流量,一般与该器官的动、静脉压之间的压力差和阻力血管的舒缩状态有关。由于各器官的结构和功能不同,器官血管的分布也各有特点,本节主要讨论心、肺、脑的循环特点。

一、冠脉循环

冠脉循环是营养心脏的血液循环。供应心脏血液的左、右冠状动脉由升主动脉根部发出,其主干走行于心脏的表面,小分支常以垂直于心脏表面的方向穿入心肌,并在心内膜下层分支成网。多数人的左冠状动脉主要供应左心室的前部,由冠状窦回流入右心房;右冠状动脉主要供应左心室的后部和右心室,经较细的心前静脉回流入右心房。心脏的毛细血管网极为丰富,毛细血管数和心肌纤维数的比例为1∶1,因此心肌与冠脉血液之间的物质交换迅速。

（一）冠脉循环的生理特点

1. **血压较高,血流量大**　冠状动脉直接开口于主动脉根部,且血流途径短,故血压高,血流快,循环周期只需几秒即可完成。在安静状态下,正常成人冠脉血流量为每100g心肌60~80ml/min,总的冠脉血流量约为225ml/min,占心输出量的4%~5%,而心脏的重量只占体重的0.5%。冠脉血流量的大小取决于心肌的活动水平,体力劳动时冠脉血流量可达静息时的4倍。充足的冠脉血流量是心泵功能的基本保证,一旦冠脉血流量不足,则可导致心肌缺血,心功能出现严重障碍。

2. **摄氧率高,耗氧量大**　心肌富含肌红蛋白,摄氧能力很强。动脉血流经心脏后,其中65%~70%的氧被心肌摄取,心肌摄氧率比骨骼肌摄氧率高约一倍,从而满足心肌对氧的需求。另一方面,由于心肌耗氧量大,血液经过冠脉毛细血管后,冠状静脉血液中的氧含量就较低,即动脉血和静脉血中含氧量相差很大。因此,当机体活动增强、耗氧量增多时,心肌提高从单位血液中摄取氧的潜力较小,此时主要通过冠脉血管的扩张来增加血流量,以满足心肌对氧的需求。冠脉循环供血不足时,极易出现心肌缺氧的现象。

3. **血流量受心肌收缩的影响**　由于冠脉血管的大部分分支深埋于心肌内,心肌的节律性收缩将压迫血管,影响冠脉血流,尤其对左冠脉血流的影响更为显著。在左心室等容收缩期,由于心肌收缩的强烈压迫,左冠状动脉血流急剧减少,甚至出现血液倒流;在左心室快速射血期,主动脉血压急剧升高,冠脉血压也随之升高,冠脉血流量增加;到减慢射血期,主动脉血压有所下降,冠脉血流量再次减少。在等容舒张期,心肌对冠脉血管压迫骤然解除,对血流的阻力急剧减小,此时主动脉血压仍较高,故冠脉血流量突然增加,到舒张早期冠脉血流量最大,然后随主动脉血压下降而逐渐回降。总之,在整个心动周期中,心舒期冠脉血流量大于心缩期。心率加快时,由于心动周期缩短主要是心舒期缩短,故冠脉血流量也减少。由此可见,动脉舒张压的高低和心舒期的长短是影响冠脉血流量的重要因素。右心室肌肉比较薄弱,收缩时对血流的影响不如左心室明显,在安静情况下,右心室收缩期的血流量和舒张期的血流量相差不多,或甚至多于后者。

（二）冠脉血流量的调节

对冠脉血流量进行调节的各种因素中,最重要的是心肌本身的代谢水平。交感和副交感神经也支配冠脉血管平滑肌,但它们的调节作用是次要的。

1. **心肌代谢水平对冠脉血流量的调节**　心肌收缩的能量来源几乎完全依靠有氧代谢。实验证明,冠脉血流量和心肌代谢水平成正比,当心肌耗氧量增加或心肌组织中的氧分压降低时,都可引起冠脉舒张,血流量增加。心肌组织中氧分压降低使冠脉血管舒张是由于某些代谢产物引起的,在各种代谢产物中,腺苷起主要作用。当心肌代谢增强而使局部组织中氧分压降低时,心肌细胞中ATP分解为ADP和AMP,后者进一步分解产生腺苷。腺苷对小动脉有强烈的舒张作用。心肌的其他代谢产物,如H^+、CO_2、乳酸、缓激肽、前列腺素E等也有舒张冠脉的作用。

2. **神经调节**　冠状动脉受交感神经和迷走神经的双重支配。刺激交感神经,可使冠脉先收缩后舒张。初期出现的冠脉收缩是由于交感神经激活冠脉平滑肌的α肾上腺素能受体,使血管收缩;而后期出现冠脉舒张,则因交感神经兴奋,激活心肌的β肾上腺素能受体,使心率加快、心肌收缩加强、耗氧量增加、代谢产物增多所造成的继发反应。平时缩血管作用往往被强大的继发性舒血管作用所掩盖,因此交感神经兴奋常引起冠脉舒张。迷走神经对冠状动脉的直接作用是使其舒张,但迷走神经兴奋时又使心率减慢,心肌代谢率降低,这些因素可抵消迷走神经对冠状动脉的直接舒张作用。

3. **体液调节**　肾上腺素和去甲肾上腺素可通过增强心肌代谢活动和耗氧量使冠脉血流量增加;也可直接作用于冠脉血管的α或β肾上腺素能受体,引起冠脉血管收缩或舒张。甲状腺激素增多时,心肌代谢增强,耗氧量增加,可使冠脉舒张,冠脉血流量增加。大剂量血管升压素和血管紧张素Ⅱ都能使冠状动脉收缩,冠脉血流量减少。

二、肺循环

肺循环的功能是使右心室射出的血液通过肺泡壁进行气体交换,然后进入左心房;体循环中的支气管循环是供给气管、支气管以及肺的营养需要。两种循环在末梢部分有少量吻合,使部分支气管静脉血可通过吻合支直接进入肺静脉内,结果使主动脉的动脉血中掺入少量未经肺泡进行气体交换的静脉血,估计这部分血量占心输出量的1%～2%。

(一)肺循环的生理特点

1. 血流阻力小、血压低　肺动脉的分支短而粗,管壁薄,易于扩张,总横截面积大,且肺血管全部被胸内负压所包绕,故肺循环的血流阻力很小。右心室的收缩力远较左心室弱,肺动脉压为主动脉压的1/6～1/5,平均肺动脉压约为13mmHg(1.7kPa),肺毛细血管的平均压力为7mmHg(0.9kPa)。因此,肺循环是一个低阻力、低血压系统,易受心功能的影响。在左心衰竭时,肺静脉压及肺毛细血管血压升高,可导致液体积聚在肺泡或肺的组织间隙中而形成肺水肿。

2. 血容量变化大　肺部平静时的血容量约为450ml,占全身总血量的9%。用力呼气时,肺的血容量可减少至200ml左右;而在深吸气时则可增加到约1000ml。因其容量大,变化范围也大,故肺循环有"贮血库"的作用。当机体失血时,肺循环可将一部分血液转移至体循环,起代偿作用。肺循环的血容量还受呼吸周期的影响,吸气时增多,呼气时减少,并对左心室输出量和动脉血压发生影响。肺循环血量变化引起心输出量的变化,体循环的动脉血压随呼吸周期出现的这种血压波动,称为动脉血压的呼吸波。

(二)肺循环血流量的调节

1. 神经调节　肺血管受交感神经和迷走神经的双重支配。刺激交感神经可产生缩血管作用,肺血管阻力增大;刺激迷走神经则可引起轻度舒血管作用,肺血管阻力稍有降低。

2. 肺泡气的氧分压　急性或慢性低氧都能使肺部血管收缩,血流阻力增大。当肺泡氧分压降低时,肺泡周围的微动脉收缩,局部血流阻力增大,血流量减少,这有利于较多的血液流经通气充足的肺泡,进行有效地气体交换。长期居住高海拔地区的人,由于氧分压过低,引起肺微动脉广泛收缩,导致肺血流量阻力增大,产生肺动脉高压,这种长期右心室负荷增加是造成右心室肥厚的主要原因。

3. 血管活性物质对肺血管的影响　肾上腺素、去甲肾上腺素、血管紧张素 II、血栓素 A_2、前列腺素 $F_{2\alpha}$ 等都能使肺循环的微动脉收缩;而前列环素、乙酰胆碱等则可引起肺血管舒张。

三、脑循环

脑的血液供应来自颈内动脉与椎动脉。大脑半球的前2/3脑区由颈内动脉供血,大脑半球的后1/3脑区及小脑和脑干由椎动脉供血。脑静脉注入静脉窦,主要通过颈内静脉注入腔静脉。脑循环主要是为脑组织供氧、供能、排出代谢产物以维持脑的内环境恒定。

(一)脑循环的特点

1. 脑血流量大、耗氧量多　正常成年人在安静情况下,每100g脑组织的血流量为50～60ml/min。整个脑循环的总血流量约为750ml/min。可见,脑的重量虽仅占体重的2%,但血流量却占心输出量的15%左右。在安静情况下,脑组织的耗氧量约占全身耗氧量的20%。脑对缺氧或缺血极为敏感,脑血流中断数秒可导致意识丧失,中断5～6min将出现不可逆性脑损伤。

2. 脑血流量变化　小脑位于骨性颅腔内,容积较为固定。除脑组织外,颅腔内还有脑血管和脑脊液,由于脑组织和脑脊液均不可压缩,故脑血管舒缩受到相当的限制,血流量的变化较小。

3. 存在血-脑脊液屏障和血-脑屏障　在毛细血管血液和脑脊液之间存在限制某些物质自由扩散的屏障,称为血-脑脊液屏障。在毛细血管血液和脑组织之间也存在类似的屏障,称为血-脑屏障。脂溶性物质(如 O_2、CO_2 等)和某些麻醉药物容易通过血-脑脊液屏障和血-脑屏障,但对水溶性物质来说则通透性不同,如葡萄糖、氨基酸通透性大,而甘露醇、蔗糖和许多离子则通透性低,甚至不能通过。血-脑屏障和血-脑脊液屏障的存在,对保持脑组织内环境理化因素的相对稳定和防止血液中的有害物质进入脑组织具有重要意义。

(二)脑血流的调节

1. 脑血管的自身调节　由于脑血管的舒缩受到限制,故脑的血流量主要取决于脑的动-静脉的压力差和脑血管的血流阻力。影响脑血流量的主要因素是颈动脉压。动脉血压降低或颅内占位性病变等引起的颅内压升高,都可引起脑血流量减少。当平均动脉压在 60~140mmHg 范围内变动时,通过脑血管的自身调节即可保持脑血流量的相对恒定。平均动脉压低于 60mmHg 时,脑血流量明显减少,引起脑功能障碍。平均动脉压高于 140mmHg 时,脑血流量显著增加,容易导致脑水肿。

2. CO_2 和 O_2 分压对脑血流量的影响 血液 CO_2 分压升高时,可引起脑血管扩张,血流量增加。因此,脑力劳动时,CO_2 产生增加,脑血流量增多,维持脑的正常功能;过度通气时,CO_2 呼出过多,动脉血 CO_2 分压过低,脑血流量减少,可引起头晕等症状。脑血管对 O_2 分压很敏感,低氧能使脑血管舒张;而 O_2 分压升高可引起脑血管收缩。

3. 神经调节 脑血管主要接受交感缩血管纤维和副交感舒血管纤维的支配,另外,脑血管还有血管活性肠肽等神经肽纤维末梢分布,但神经因素在脑血管活动调节中所起的作用很小。切断支配脑血管的神经后,脑血流量无明显变化。在多种心血管反射中,脑血流量一般变化都很小。

本章小结

　　循环系统主要由心脏和血管两部分组成。心脏在一个心动周期中,通过节律性舒缩造成心室内压力的变化和瓣膜的启闭,推动血液在心血管内不停地流动。影响心输出量的因素有前负荷、后负荷、心肌收缩能力和心率。心室肌细胞属于非自律细胞,其动作电位的主要特征是复极时程长;而窦房结 P 细胞属于自律细胞,4 期自动去极化是其形成自律性的基础。心肌细胞的生理特性包括自律性、兴奋性、传导性和收缩性。

　　动脉血压的形成基础是循环系统中有足够的血液充盈,两个基本因素是心脏射血和外周阻力。影响动脉血压的因素有每搏输出量、心率、外周阻力、大动脉的弹性贮器作用和循环血量的变化。微循环是血液和组织液进行物质交换的部位。颈动脉窦和主动脉弓压力感受性反射对波动性压力变化比较敏感,生理意义在于经常性地监视动脉血压的波动,使血压稳定在正常范围。临床上把肾上腺素用作强心药,去甲肾上腺素用作升压药。影响冠脉血流量的因素主要是心肌代谢水平。

（苏莉芬）

扫一扫,测一测

思考题

1. 在心室收缩期中,心室内压、瓣膜、血流和容积的变化如何?
2. 影响心输出量的因素有哪些?
3. 简述心室肌细胞动作电位的产生机制。
4. 心肌的生理特性有什么?
5. 心肌细胞在一次兴奋过程中,兴奋性将发生怎样的周期性变化?
6. 兴奋在心脏内是如何传导的? 有何特点和意义?
7. 影响动脉血压的因素有哪些?
8. 患者突然从卧位到立位时,为什么会突然出现头晕甚至昏厥?
9. 试述组织液生成及其影响因素。
10. 试述压力感受性反射过程及生理意义。

学习目标

1. 掌握:肺通气的动力;胸膜腔负压的形成及生理意义;肺弹性阻力和肺表面活性物质的作用及生理意义;影响肺换气的因素;氧解离曲线的生理意义;呼吸运动的化学感受性反射。

2. 熟悉:呼吸的基本过程;肺通气功能的评价指标;气体交换的过程和运输。

3. 了解:非弹性阻力;呼吸中枢和呼吸节律的形成;呼吸的机械感受性反射。

4. 学会肺活量功能测定的方法。

5. 具有运用本章知识分析不同生理状态下呼吸运动如何改变的能力。

在新陈代谢过程中,机体需要不断地消耗 O_2,排出 CO_2,这种机体与外界环境之间进行的气体交换过程称为呼吸(respiration)。人体的呼吸过程由三个相互衔接且同时进行的环节组成(图 16-1)。①外呼吸,包括肺通气(肺与外界环境之间的气体交换)和肺换气(肺泡与肺毛细血管之间的气体交换);②气体在血液中的运输;③内呼吸,又称为组织换气,指血液与组织细胞之间的气体交换。

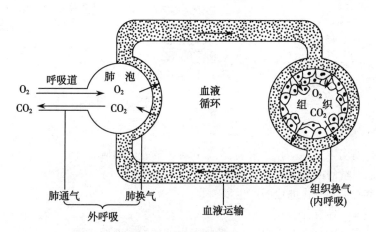

图 16-1　呼吸全过程示意图

呼吸是机体最基本的生命活动之一,呼吸一旦停止,生命便将终止。通过呼吸可维持机体内环境中 O_2 和 CO_2 含量的相对稳定,以保证组织细胞新陈代谢的正常进行。呼吸过程的任何一个环节发生障碍,均可导致组织缺 O_2 和/或 CO_2 蓄积,引起内环境紊乱,影响细胞的代谢和功能,尤其是脑、心、肾的正常活动,严重时将危及生命。

第一节　呼吸的生理过程

一、肺通气

肺与外界环境之间的气体交换过程,称为肺通气(pulmonary ventilation)。机体通过呼吸道、肺、胸廓等器官实现肺通气。呼吸道是气体进出肺的通道,同时对吸入的气体具有加温、加湿、过滤、清洁以及引起防御反射等保护功能;肺泡是气体进行交换的场所;胸廓的节律性运动是实现肺通气的动力来源。气体能否进出肺取决于推动气体流动的动力和阻止气体流动的阻力的相互作用,只有动力克服阻力,才能实现肺通气。

(一)肺通气的动力

大气与肺泡之间的压力差是气体进出肺的动力。通常情况下,大气压恒定,因而气体能否进出肺主要取决于肺内压的变化。肺内压的变化主要是由肺的扩张和缩小引起。而肺本身并不具有主动张缩的功能,其容积的大小完全依赖于胸廓的改变而变化。胸廓扩大则肺容积增大,从而使肺内压下降;胸廓缩小则肺容积减小,从而使肺内压升高。故大气与肺泡之间的压力差是肺通气的直接动力,呼吸肌的收缩和舒张引起的节律性呼吸运动是肺通气的原动力。

1. **呼吸运动**　呼吸肌的收缩和舒张所引起的胸廓节律性地扩大和缩小称为呼吸运动(respiratory movement),包括吸气运动和呼气运动。参与呼吸运动的吸气肌主要有膈肌和肋间外肌,呼气肌主要有肋间内肌和腹壁肌群(图16-2)。此外,还有一些肌肉(如斜角肌、胸锁乳突肌等)只在用力呼吸时才参与呼吸运动,称为辅助呼吸肌。

(1)吸气运动:吸气肌收缩,使胸廓容积增大,肺内压降低,引起吸气过程。膈肌位于胸腔和腹腔之间,呈穹窿状向上隆起,构成胸腔底部。膈肌收缩,膈顶下移,使胸腔的上下径增大,胸腔和肺容积增大。同时肋间外肌收缩,使胸骨和肋骨上提,肋弓外展,从而增大胸腔的前后径和左右径,产生吸气。在平静呼吸中肋间外肌所起的作用较膈肌为小。

(2)呼气运动:平静呼吸时,肋间外肌和膈肌舒张,肋骨、胸骨和膈顶均回位,从而使胸腔和肺容积缩小,肺内压升高,高于大气压,肺内气体排出,完成呼气过程。

(3)呼吸的类型:根据参与活动的呼吸肌的主次、多少和用力程度不同,呼吸运动可呈现不同的呼吸形式。①平静呼吸和用力呼吸:安静状态下的呼吸运动称为平静呼吸(eupnea),正常成人呼吸频率为12~18次/min。在平静呼吸时,吸气是由膈肌和肋间外肌的收缩产生的,而呼气是由膈肌和肋间

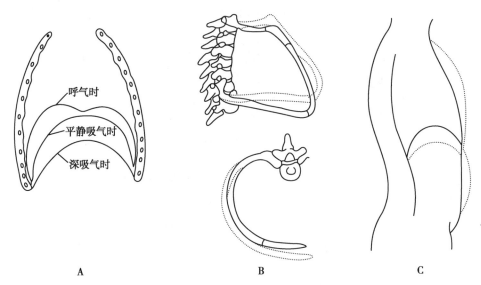

A　　　　　　　　　B　　　　　　　　　C

图16-2　呼吸时膈肌、肋骨及胸腹运动
A. 膈运动;B. 肋骨运动;C. 胸腹运动
实线表示呼气时位置;点线表示吸气时位置。

外肌的舒张所致,故吸气过程是主动的,呼气过程是被动的。机体活动增强时,如运动或劳动,呼吸运动加深加快,称为用力呼吸(labored breathing)。用力吸气时,除膈肌和肋间外肌加强收缩外,也有辅助吸气肌(如胸锁乳突肌、胸大肌等)参与收缩,使胸廓进一步扩大,胸腔和肺容积明显增大,肺内压大幅度下降,与大气压之间差值更大,从而吸入更多气体;用力呼气时,除膈肌和肋间外肌舒张外,也有呼气肌(肋间内肌和腹肌)参与收缩,使胸廓进一步缩小,胸腔和肺容积明显减小,肺内压大幅度升高,与大气压之间差值更大,从而呼出更多气体。因此,用力吸气和呼气均为主动过程。在某些病理情况下,即使用力呼吸仍不能满足人体需要,患者会出现呼吸加深、加快及鼻翼扇动等现象,同时还产生胸部困压喘不过气的感觉,临床上称为呼吸困难(dyspnea)。②腹式呼吸和胸式呼吸:腹式呼吸(abdominal breathing)是指以膈肌舒缩为主,引起腹壁起伏明显的呼吸运动。胸式呼吸(thoracic breathing)是指以肋间外肌舒缩为主,引起胸壁起伏明显的呼吸运动。正常成人胸式呼吸和腹式呼吸同时存在,称为混合式呼吸。当胸部或腹部活动受限时,才会单独出现某一种形式的呼吸。如胸膜炎、胸腔积液、婴儿等使胸廓运动受限,常呈腹式呼吸;腹腔有巨大肿块、严重腹水、妊娠后期等,膈肌升降受限,多呈胸式呼吸。

2. 肺内压 肺内压(intrapulmonary pressure)是指肺泡内的压力。在呼吸运动过程中,肺内压随肺容积的变化而发生周期性变化。吸气时,肺容积增大,肺内压下降,低于大气压(1~2mmHg),外界空气进入肺泡。随着肺内气体的增加,肺内压升高,到吸气末,肺内压与大气压相等,气体停止流动,吸气停止;呼气时,肺容积减小,肺内压升高,高于大气压,肺内气体排出体外。随着肺泡内气体的减少,肺内压下降,到呼气末,肺内压又与大气压相等,呼气停止。可见,肺泡气与大气之间的压力差是肺通气的直接动力。利用这一原理,人为改变肺内压,建立肺内压与大气压之间的压力差,从而实现肺通气,称为人工呼吸(artificial respiration)。

人 工 呼 吸

人工呼吸是临床上抢救呼吸骤停患者时,根据肺通气的原理,人为地建立肺内压与大气压之间的压力差来暂时维持肺通气,以纠正人体缺氧,促进自主呼吸的恢复。人工呼吸的方法很多,如用人工呼吸机进行正压通气、简便易行的口对口人工呼吸、节律性地举臂压背或挤压胸廓等,但以口对口式人工呼吸最为方便和有效。医院抢救时还可使用结构更复杂、功能更完善的呼吸机。在实施人工呼吸时,应首先清除呼吸道的异物、痰液等,来保持呼吸道顺畅,否则人工呼吸对肺通气将是无效的。人工呼吸适用于某些意外事故中,如窒息、煤气中毒、药物中毒、呼吸肌麻痹、溺水、触电及心脑血管意外等疾病的抢救。

3. 胸膜腔内压 胸膜腔是一密闭的潜在腔隙,其间没有气体,仅有少量浆液。浆液的存在不仅起润滑作用,减轻呼吸运动时两层胸膜之间的摩擦,而且由于液体分子的内聚力,使胸膜腔的脏层与壁层紧紧贴附在一起,不易分开,以保证在呼吸运动过程中肺随胸廓的运动而运动。

胸膜腔内的压力称为胸膜腔内压(intrapleural pressure)。可通过直接法,用与检压计相连接的针头刺入胸膜腔测定;也可通过测定食管内压的变化来间接了解呼吸过程中胸膜腔内压力的变化(图16-3)。测量结果表明,正常成人平静呼吸过程中,胸膜腔内压始终低于大气压(即为负压)。

正常情况下,胸膜腔通过脏层胸膜受到两种方向相反的力的影响,一是使肺泡扩张的肺内压,二是使肺泡缩小的肺回缩压。胸膜腔内压就是这两种方向相反的力的代数和,即:

$$胸膜腔内压=肺内压-肺回缩压$$

在吸气末与呼气末,肺内压等于大气压,所以

$$胸膜腔内压=大气压-肺回缩压$$

若以大气压为0计,则

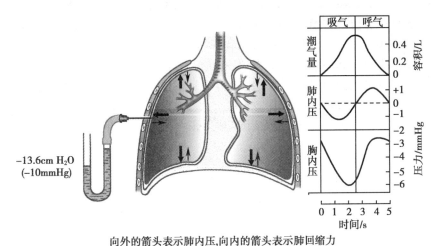

向外的箭头表示肺内压,向内的箭头表示肺回缩力

图 16-3 呼吸时肺内压、胸膜腔内压及呼吸气量的变化

胸膜腔内压=-肺回缩压

可见,胸膜腔内压的大小主要是由肺的回缩压所决定的,其值也随呼吸运动的变化而变化。吸气时,肺扩张,肺的弹性回缩力增大,胸膜腔负压增大;呼气时,肺缩小,肺的弹性回缩力减小,胸膜腔负压减小。

胸膜腔负压的存在具有重要生理意义:①维持肺的扩张状态,并使肺能随胸廓的扩张而扩张;②加大胸膜腔内腔静脉和胸导管的内外压力差,促进静脉血和淋巴液的回流。

胸膜腔的密闭性是胸膜腔负压形成的前提条件。如果胸膜腔破裂受损,与大气相通,气体将顺压力差进入胸膜腔造成气胸。此时胸膜腔负压减小,甚至消失,肺因其本身的回缩力而塌陷,造成肺不张,这时尽管呼吸运动仍在进行,肺却不能随胸廓运动而张缩,从而影响肺通气功能。严重的气胸不仅影响肺通气功能,也影响循环功能,甚至危及生命。

综上所述,呼吸肌的舒缩是肺通气的原动力,肺与外界大气之间的压力差是实现肺通气的直接动力。而胸膜腔负压能保证肺始终处于扩张状态,并随胸廓的运动而张缩。

（二）肺通气的阻力

肺通气阻力是指气体在进出肺的过程中遇到的阻力,分为弹性阻力和非弹性阻力两类。前者约占通气总阻力的70%,是平静呼吸时的主要阻力;后者约占通气总阻力的30%。临床上肺通气功能障碍大多是由于肺通气阻力增大所致。

1. 弹性阻力 弹性组织在外力作用下变形时所产生的对抗变形的力,称为弹性阻力。肺和胸廓都是弹性体,其弹性阻力难测定,常用顺应性来表示。顺应性是指在外力作用下,弹性组织的可扩张性。容易扩张者,顺应性大,弹性阻力小;不易扩张者,顺应性小,弹性阻力大,可见顺应性与弹性阻力成反变关系。肺通气的弹性阻力来自胸廓和肺,一般情况下主要来自肺。

（1）肺弹性阻力:肺弹性阻力有两个来源,一是肺泡表面液体层所形成的表面张力产生的回缩力,约占肺弹性阻力的2/3;二是肺组织弹性纤维产生的弹性回缩力,约占肺弹性阻力的1/3。

肺泡表面张力和肺泡表面活性物质:在肺泡内表面覆盖着一薄层液体,与肺泡内气体形成液-气界面,此界面上液体分子之间相互吸引,从而产生了一种使液体表面尽量缩小的力量,这就是肺泡表面张力。它使肺泡表面积缩至最小,形成了肺的回缩力,即为肺泡扩张的阻力,会对呼吸带来以下负面影响:①阻碍肺泡扩张,增加吸气的阻力;②通过对肺泡间质产生"抽吸"作用,使肺泡间质静水压降低,组织液生成增加,导致肺泡内液体积聚,从而产生肺水肿;③使相通的大小肺泡内压不稳定。根据Laplace定律,$P=2T/r$（P为肺泡内的压力,T为肺泡表面张力,r为肺泡半径）。若大小肺泡表面张力相等,则小肺泡,压力大;大肺泡,压力小。如果肺泡之间彼此相通,则小肺泡内的气体将流入大肺泡,引起小肺泡塌陷,而大肺泡则过度膨胀甚至破裂（图16-4A、B）。但上述情况在正常生理条件下并不会发生,这正是因为肺泡内存在肺泡表面活性物质的缘故。

文档:气胸

图片:肺的表面张力

图片:由肺泡Ⅱ型上皮细胞合成和分泌的肺表面活性物质

笔记

肺泡表面活性物质(alveolar surfactant)是由肺泡Ⅱ型细胞合成和分泌,主要成分是二棕榈酰卵磷脂,分布在肺泡壁液-气界面,其作用是降低肺泡液-气界面的表面张力。大肺泡的表面活性物质密度较小,分布稀疏,降低肺泡表面张力的作用较弱;而小肺泡的表面活性物质密度较大,分布密集,降低肺泡表面张力的作用较强。肺泡表面活性物质具有重要生理意义:①降低吸气时的阻力,使肺容易扩张,吸气更省力,保证肺通气的顺利进行;②通过减小表面张力对肺泡间质液体的"抽吸"作用,减少肺部组织液的生成,防止肺水肿的发生;③有助于稳定大小肺泡的容积,防止大肺泡扩张,小肺泡塌陷(图16-4C)。新生儿可因缺乏肺泡表面活性物质,表面张力增大,发生肺不张,造成呼吸窘迫综合征导致死亡。

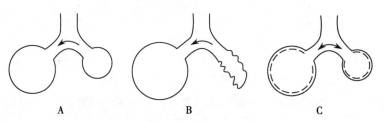

图 16-4　肺泡表面活性物质使连通的大小肺泡容积维持相对稳定
A. 气体从小肺泡流入大肺泡;B. 大肺泡膨胀,小肺泡萎缩;C. 大小肺泡压力趋于稳定。

新生儿呼吸窘迫综合征

在妊娠6~7个月,胎儿肺泡Ⅱ型细胞开始分泌肺泡表面活性物质,到分娩前达到高峰。故有些早产儿,常由于肺泡Ⅱ型细胞未发育成熟,肺泡表面活性物质缺乏,使肺泡表面张力过大,易发生肺不张和肺水肿。临床表现为出生后不久,即发生呼吸窘迫综合征,出现进行性呼吸困难和呼吸衰竭,导致死亡。临床上可通过抽取羊水检查肺泡表面活性物质的含量,来预测新生儿发生这种疾病的可能性,以采取相应措施加以预防。如果缺乏肺泡表面活性物质,可通过延长妊娠时间使肺泡Ⅱ型上皮细胞发育成熟、用药物(糖皮质激素)来促进其合成或者出生后即刻给予外源性肺泡表面活性物质进行替代治疗。

(2)肺弹性回缩力:主要是由肺自身的弹性纤维产生的。当肺扩张时,弹性纤维被牵拉会产生回缩力。在一定范围内,肺扩张程度越大,弹性回缩力越大,肺弹性阻力也越大;反之,就越小。肺气肿时,弹性纤维被破坏,弹性回缩力降低,弹性阻力减小,致使呼气末肺内存留的气量增大,导致肺通气效率降低,进而出现呼吸困难。因此,不论肺弹性阻力增大还是减小,均不利于肺通气。

(3)胸廓弹性阻力:胸廓弹性阻力是指呼吸运动时,胸廓受牵引产生的弹性回缩力,即回位力。胸廓的弹性回缩力既可以是吸气的动力,也可以是吸气的阻力,视胸廓的位置而定。当胸廓处于自然位置(肺容量相当于肺总量的67%)时,胸廓的回位力等于零(图16-5A);当胸廓小于自然位置(肺容量小于肺总量的67%)时,胸廓的回位力向外,是吸气的动力,呼气的阻力(图16-5B);当胸廓大于自然位置(肺容量大于肺总量的67%)时,胸廓的回位力向内,是吸气的阻力,呼气的动力(图16-5C)。

2. 非弹性阻力　包括气道阻力、惯性阻力和黏滞阻力,其中气道阻力占非弹性阻力的80%~90%,是非弹性阻力的主要成分。惯性阻力和黏滞阻力较小。

气道阻力与气流速度、气流形式和气道口径的大小有关。如其他条件不变,流速快,阻力大;流速慢,阻力小。气流形式有层流和湍流,层流阻力小,湍流阻力大。气道阻力与气道半径的4次方成反比,当气道口径减小时,气道阻力明显增大。当气管内有异物、黏液、渗出物或肿瘤时,可通过清除异物、排痰或减轻黏膜肿胀等方法,降低气道阻力。

整个呼吸道内的阻力分布是不均匀的。大气道(气道口径>2mm)特别是主支气管以上的气道,由于总横截面积小,气流速度快,且管道弯曲,易形成涡流,这是产生气道阻力的主要部位。小气道(气

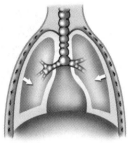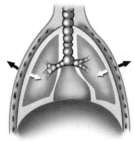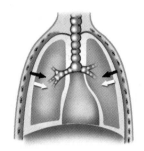

A. 平静吸气末　　　　　　　B. 平静呼气末　　　　　　　C. 深吸气时

图 16-5　不同情况下肺与胸廓弹性阻力关系

道口径<2mm）总横截面积约为大气道的 30 倍，因此气流速度慢，且以层流为主，故形成的阻力较小。但是，当小气道平滑肌收缩时，小气道阻力则成为气道阻力的重要成分。临床上，小气道是呼吸系统易发生病变的部位之一，由于小气道纤毛减少或消失，气流速度慢，吸入气中尘埃或微生物易在黏膜上沉积而造成损伤。

呼吸道平滑肌受自主神经支配。交感神经兴奋，平滑肌舒张，气道口径扩大，阻力变小；副交感神经兴奋，则使之收缩，阻力增大。临床上支气管哮喘患者发作时，因支气管平滑肌痉挛，气道阻力明显增大，表现为呼吸困难，可用支气管解痉药物缓解。

另外，一些体液因素也影响气道平滑肌的舒缩，如组胺、5-羟色胺、缓激肽等可使平滑肌强烈收缩，导致气道阻力增加；而儿茶酚胺则使平滑肌舒张，气道阻力减小。

文档：支气管哮喘

（三）肺通气功能的评价

肺通气是呼吸运动的一个重要环节，肺容积（pulmonary volume）和肺容量（pulmonary capacity）是评价肺通气功能的指标。在不同状态下，气体量有所不同。

1. 肺容积和肺容量　肺容积是指肺内气体的容积，包括潮气量、补吸气量、补呼气量和余气量。肺容量是指肺容积中两项或两项以上的联合气量，包括深吸气量、功能余气量、肺活量和肺总量。在呼吸运动中，肺容量随出入肺的气体量而变化（图 16-6）。

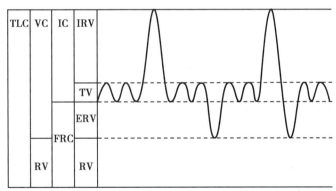

ERV. 补呼气量；FRC. 功能余气量；IC. 深吸气量；IRV. 补吸气量；
RV. 余气量；TLC. 肺总量；TV. 潮气量；VC. 肺活量

图 16-6　肺容积和肺容量示意图

（1）潮气量：每次呼吸时吸入或呼出的气体量称为潮气量（tidal volume，TV）。正常成人平静呼吸时为 0.4~0.6L，平均 0.5L。用力呼吸时，潮气量增大。

（2）补吸气量和深吸气量：平静吸气末，再尽力吸气所能吸入的气体量称为补吸气量（inspiratory reserve volume，IRV）。正常成人为 1.5~2.0L。补吸气量的大小反映吸气的储备量。平静呼气末做最大吸气所能吸入的气体量，称为深吸气量（inspiratory capacity，IC），为潮气量和补吸气量之和，是衡量肺通气潜力的一项重要指标。

（3）补呼气量：平静呼气末，再尽力呼气所能呼出的气体量称为补呼气量（expiratory reserve volume,ERV)。正常成人为 0.9~1.2L。该气量的大小可反映呼气的储备量。

（4）余气量和功能余气量：最大呼气末，肺内存留不能再呼出的气体量称为余气量(residual volume,RV)，正常成人为 1.0~1.5L。支气管哮喘和肺气肿的患者，因肺通气功能不良导致呼吸困难而余气量增大。平静呼气末肺内存留的气体量称为功能余气量(functional residual capacity,FRC)，即余气量与补呼气量之和，正常成人约为 2.5L。肺气肿患者因肺弹性回缩力降低致使功能余气量增大；而肺纤维化患者，肺弹性阻力增大，功能余气量减小。

（5）肺活量和用力呼气量：最大吸气后，再尽力呼气，所能呼出的最大气体量称为肺活量(vitalcapacity,VC)，它是潮气量、补吸气量与补呼气量之和。正常成年男性约为 3.5L，女性约为 2.5L。肺活量的大小反映一次呼吸时肺所能达到的最大通气量，可作为肺通气功能的指标之一。由于测定时没有时间限制，临床上通气功能有障碍的患者，可通过延长呼气时间，使肺活量仍可能在正常范围内。

用力呼气量(forced expiratory volume,FEV)又称时间肺活量(timed vital capacity,TVC)，指在做一次最深吸气后，用力以最快速度呼气，测定一定时间内所能呼出的气体量，并计算其所占肺活量的百分数。正常成人第 1s、2s、3s 末的时间肺活量，分别为 83%、96%、99%，其中第 1s 末的时间肺活量意义最大，低于 60% 属于不正常。时间肺活量可作为评价肺通气功能的较好指标。临床上肺组织弹性回缩力降低或阻塞性肺疾患，如肺气肿、支气管哮喘等，时间肺活量极大降低。因此，时间肺活量可反映肺的动态呼吸功能。

（6）肺总量：肺所能容纳的最大气体量称为肺总量(total lung capacity,TLC)。它是肺活量和余气量之和，其大小因性别、年龄、身材、运动锻炼和体位改变而差异较大，正常成人男性约为 5L，女性约为 3.5L。

2. 肺通气量　肺通气量为单位时间内吸入或呼出肺的气体量。

（1）每分通气量与最大随意通气量：每分通气量(minute ventilation volume)是指每分钟吸入或呼出肺的气体量，是潮气量与呼吸频率的乘积。正常成人平静呼吸时，呼吸频率为 12~18 次/min，潮气量约为 0.5L，则每分通气量为 6.0~9.0L。每分通气量随性别、年龄、身材和活动量的不同而有所差异。机体劳动或运动时，每分通气量增大。最大随意通气量(maximal voluntary ventilation,MVV)是指最大限度地进行深而快呼吸时，每分钟所能吸入或呼出的最大气体量，它反映单位时间内充分发挥全部通气能力所能达到的通气量，是评价一个人能进行多大运动量的一项重要生理指标。

（2）无效腔与肺泡通气量：每次吸入的气体，有一部分停留在鼻或口到终末细支气管之间的呼吸道内，这部分气体不能参与肺泡与血液之间的气体交换，称为解剖无效腔(anatomical dead space)，其容积约为 0.15L。进入肺泡内的气体，也可因血流在肺内分布不均而未能与血液进行气体交换，未能发生气体交换的这部分肺泡容量称为肺泡无效腔(alveolar dead space)。解剖无效腔与肺泡无效腔合称生理无效腔(physiological dead space)。健康人平卧时，生理无效腔等于或接近于解剖无效腔。

由于无效腔的存在，肺通气量中有一部分气体不能进行气体交换，所以肺通气量并不等于实际能与血液进行气体交换的气体量。因此，为了计算真正有效的气体交换，应以肺泡通气量为准。肺泡通气量(alveolar ventilation volume)是指每分钟吸入肺泡且能有效与血液进行气体交换的新鲜气体量。其计算公式为：肺泡通气量=(潮气量-无效腔气量)×呼吸频率。

由于解剖无效腔的容积是个常数，所以肺泡通气量主要受潮气量和呼吸频率的影响。当呼吸深度和频率改变时，对肺通气量和肺泡通气量影响不同(表 16-1)。

表 16-1　不同呼吸频率和潮气量时的每分通气量和肺泡通气量

呼吸频率 （次/min）	潮气量 （ml）	每分通气量 （ml/min）	肺泡通气量 （ml/min）
16	500	8000	5600
8	1000	8000	6800
32	250	8000	3200

由此可见，深而慢的呼吸比浅而快的呼吸肺通气效率高。

图片:无效腔示意图

笔记

二、气体交换和运输

（一）呼吸气体的交换

呼吸气体的交换包括肺换气和组织换气两个过程。

1. 气体交换的原理　呼吸过程中 O_2 和 CO_2 的交换是以单纯扩散的方式进行的,气体的分压差是气体交换的动力。气体总是从分压高处向分压低处扩散。气体扩散速率是指单位时间内气体扩散的容积,它与气体的分压差、溶解度、温度和扩散面积成正比,与扩散距离和气体分子量的平方根成反比。安静状态下, O_2 和 CO_2 在海平面空气、肺泡气、血液和组织中的分压见表16-2。

表16-2　海平面空气、肺泡气、血液和组织中 O_2 和 CO_2 的分压(mmHg)

	空气	肺泡	动脉血	静脉血	组织
PO_2	159	104	100	40	30
PCO_2	0.3	40	40	46	50

由此可见,分压差不仅是气体交换的动力,还决定了气体扩散的方向和气体扩散的速率。

2. 肺换气　肺换气是指肺泡与肺毛细血管血液之间的气体交换。

（1）肺换气的过程:如表16-2所示,肺泡的 PO_2(104mmHg)高于静脉血的 PO_2(40mmHg),肺泡的 PCO_2(40mmHg)低于静脉血的 PCO_2(46mmHg)。当静脉血流经肺毛细血管时,在分压差的作用下, O_2 由肺泡向血液扩散, CO_2 则由血液向肺泡扩散,结果使静脉血变成动脉血(图16-7)。实际上, O_2 和 CO_2 在血液和肺泡间的扩散速度非常快,仅需 0.3s 即可达到平衡。通常血液流经肺毛细血管的时间约 0.7s,因此,当血液流经肺血管全长约 1/3 时,已基本完成肺换气过程,可见,肺换气有很大储备能力。

（2）影响肺换气的因素:影响肺换气的因素有呼吸膜的厚度和面积、通气/血流比值等。①呼吸膜的厚度和面积:在肺部,肺泡与血液进行气体交换必须通过呼吸膜。气体扩散量与呼吸膜的厚度成反比,与呼吸膜的面积成正比。正常呼吸膜由六层结构组成(图16-8),总厚度不到 $1\mu m$,有的部位仅 $0.2\mu m$,故通透性很大,气体易于扩散通过。正常人的肺约有 3 亿多个肺泡,总扩散面积约 $70m^2$。平静呼吸时,能进行气体交换的面积约为 $40m^2$,用力呼吸时,随着肺毛细血管开放数量和开放程度的增加,扩散面积可增至约 $70m^2$。呼吸膜越厚,气体交换的量越少;呼吸膜的面积越大,气体交换的量就越多。病理情况下,当肺炎、肺纤维化、肺水肿等使呼吸膜厚度增加或肺不张、肺气肿、肺实变等使呼吸膜面积减小时,气体交换效率将减小。②通气/血流比值:由于肺换气是发生在肺泡与血液之间,要达到高效率的气体交换,肺泡既要有充足的通气量,又要有足够的血液量供给,它们之间应有一个适当的比值。每分钟肺泡通气量(V)与每分钟肺血流量(Q)的比值,称为通气/血流比值(ventilation/perfusion ratio),简称 V/Q 比值(图16-9)。正常成人安静时,每分钟肺泡通气量约为 4.2L,

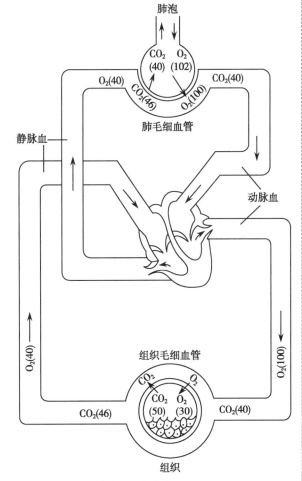

图中数字为气体分压(mmHg)

图 16-7　气体交换示意图

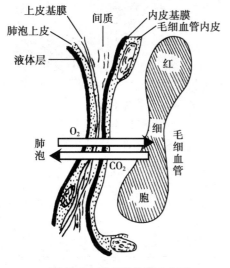

上皮基膜 间质 内皮基膜
肺泡上皮 毛细血管内皮
液体层 红
O₂
肺泡 CO₂ 细 毛细血管
胞

图 16-8 呼吸膜结构示意图

每分钟肺血流量约为 5L,通气/血流比值为 0.84,此时,肺换气效率最高。当比值>0.84,意味着肺通气过度或肺血流量相对不足,有部分肺泡气体未能与血液气体进行充分交换,致使肺泡无效腔增大;当比值<0.84,则意味着肺通气不足,部分血液流经通气不良的肺泡,混合静脉血中的气体未得到充分更新,没有变成动脉血就流回心脏,形成了功能性动-静脉短路。因此,无论比值增大或减小,均可使肺换气效率降低,气体交换的量减少,导致机体缺 O_2 和 CO_2 潴留。

3. 组织换气 细胞在代谢过程中不断消耗 O_2,同时产生 CO_2,所以组织内 PO_2(30mmHg)较动脉血中 PO_2(100mmHg)低,而 PCO_2(50mmHg)较动脉血 PCO_2(40mmHg)高(见表 16-2)。当动脉血流经组织时,在分压差的作用下,O_2 由血液向组织扩散,CO_2 则由组织向血液扩散,结果使动脉血变成静脉血(见图 16-7)。影响组织换

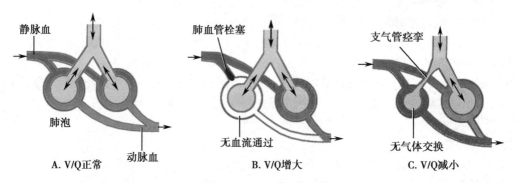

静脉血 肺血管栓塞 支气管痉挛

肺泡 动脉血 无血流通过 无气体交换

A. V/Q正常 B. V/Q增大 C. V/Q减小

图 16-9 通气/血流(V/Q)比值示意图

气的因素主要有组织代谢水平、毛细血管血流量、毛细血管通透性及其开放数量和气体扩散距离等。

（二）气体在血液中的运输

在呼吸过程中,肺换气和组织换气之间,是通过血液运输 O_2 和 CO_2 来完成的。O_2 和 CO_2 在血液中的运输方式有物理溶解和化学结合两种形式,但以化学结合形式为主(表 16-3)。

表 16-3 血液中 O_2 和 CO_2 的含量(ml/100ml 血液)

	动脉血			静脉血		
	物理溶解	化学结合	合计	物理溶解	化学结合	合计
O_2	0.31	20.0	20.31	0.11	15.2	15.31
CO_2	2.53	46.4	48.93	2.91	50.0	52.91

虽然物理溶解的气体量很少,但气体必须先溶解于血液才能实现化学结合,而结合的气体,也必须先分解为溶解状态,才能逸出血液。二者之间处于动态平衡。

1. 氧的运输 物理溶解的 O_2 量很少,每 100ml 血液中仅溶解 0.3ml,约占血液运输 O_2 总量的 1.5%。化学结合的形式是氧合血红蛋白(HbO_2),是氧运输的主要形式,约占 98.5%。

（1）血红蛋白与 O_2 的结合

$$O_2 + Hb \underset{O_2分压低时(组织)}{\overset{O_2分压高时(肺)}{\rightleftharpoons}} HbO_2$$

此反应有以下特征:①1 分子 Hb 可以结合 4 分子 O_2;②反应迅速、可逆,不需酶的催化,反应方向

主要受 PO_2 的影响。当血液流经 PO_2 高的肺部时,Hb 与 O_2 结合,形成 HbO_2,将 O_2 运走;当血液流经 PO_2 低的组织时,HbO_2 迅速解离为 Hb 和 O_2;③血红蛋白和 O_2 结合,其中的 Fe^{2+} 仍保持二价铁形式,因此该反应为氧合反应,而不是氧化反应。

在 100ml 血液中,Hb 所能结合的最大 O_2 量称为 Hb 氧容量(oxygen capacity),主要取决于血液中 Hb 的浓度和 PO_2。在 100ml 血液中血红蛋白实际结合的 O_2 量称为 Hb 氧含量(oxygen content),主要受血 PO_2 的影响。Hb 氧含量占氧容量的百分比称为 Hb 氧饱和度(oxygen saturation)。在常压下,血浆中溶解的 O_2 极少,可忽略不计。因此,通常把 Hb 氧容量、Hb 氧含量和 Hb 氧饱和度视为血氧容量、血氧含量和血氧饱和度。正常情况下,动脉血 PO_2 较高,Hb 结合 O_2 量多,血氧含量接近血氧容量,血氧饱和度约为98%;静脉血 PO_2 较低,Hb 结合 O_2 量少,血氧饱和度约为75%。HbO_2 呈鲜红色,而 Hb 呈紫蓝色。当血液中 Hb 含量达 5g/100ml(血液)以上时,皮肤、甲床或黏膜呈暗紫色,称为发绀(cyanosis)。发绀通常表示机体缺氧,但也有例外。如某些严重贫血患者,因其血液中 Hb 含量大幅减少,人体虽缺 O_2,但由于 Hb 达不到 5g/100ml(血液),也不出现发绀。此外,由于 CO 与 Hb 的亲和力是 O_2 的 250 倍,因此,当 CO 中毒时,形成大量 HbCO,使 Hb 失去结合 O_2 的能力,也可造成机体缺 O_2,但此时患者并不出现发绀,而是出现特有的樱桃红色。

（2）氧解离曲线:表示血液 PO_2 与 Hb 氧饱和度之间关系的曲线,称氧解离曲线(oxygen dissociation curve)。该曲线呈近似 S 形,表示不同 PO_2 时 O_2 与 Hb 结合的情况,是 Hb 变构效应所致(图 16-10)。根据氧解离曲线的形态特征和功能意义,可将氧解离曲线分为三段。

氧解离曲线的特点及意义:①曲线上段相当于 PO_2 在 $60\sim100$mmHg 之间的 Hb 氧饱和度,较平坦,是 Hb 和 O_2 结合的部分。表明在此范围内,PO_2 的变化对 Hb 氧饱和度的影响不大。如当 PO_2 为100mmHg 时,Hb 氧饱和度约为98%;当 PO_2 降至80mmHg 时,Hb 氧饱和度约为96%;当 PO_2 降至60mmHg 时,Hb 氧饱和度仍保持约 90% 的高水平。因此,即使吸入气或肺泡气 PO_2 有所下降,如在高原、高空或某些呼吸系统疾病时,但只要 PO_2 不低于60mmHg,血氧饱和度仍可保持在 90% 以上,血液可携带足够的 O_2,不致发生明显的低氧血症。②曲线中段相当于 PO_2 在 $40\sim60$mmHg 之间的 Hb 氧饱和度,较陡直,是 HbO_2 释放 O_2 的部分。表明在此范围内,PO_2 稍有下降,Hb 氧饱和度就明显降低,较多的

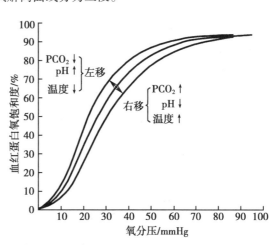

图 16-10　氧解离曲线及其主要影响因素

文档:CO 中毒

视频:氧的运输

O_2 将从 HbO_2 中解离出来。其生理意义是血液流经组织时可释放适量的 O_2,以保证安静状态下组织代谢的需 O_2 量。③曲线下段相当于 PO_2 在 $15\sim40$mmHg 之间的 Hb 氧饱和度,最陡峭,也是 HbO_2 与 O_2 解离的部分。表明 PO_2 稍下降,HbO_2 便可释放出大量的 O_2。反映了血液有很大的释 O_2 储备,能满足组织活动增强的需要。

影响氧解离曲线的因素主要有血液 pH、PCO_2、温度、2,3-二磷酸甘油酸(2,3-DPG)等。当 pH 降低、PCO_2 升高、温度升高及 2,3-二磷酸甘油酸浓度升高时,均可使 Hb 和 O_2 的亲和力降低,曲线右移,释放更多的 O_2 供组织代谢利用;相反,pH 升高、PCO_2 降低、温度降低及 2,3-二磷酸甘油酸浓度降低均可使 Hb 和 O_2 的亲和力升高,曲线左移。这对机体有重要的生理意义。例如,当人体剧烈运动或劳动时,组织代谢增强,局部温度升高,CO_2 及酸性代谢产物增加,致使氧解离曲线右移,以促进更多的 HbO_2 解离,从而满足机体对 O_2 的需要。

2. CO_2 的运输　血液中物理溶解的 CO_2 较少,每升静脉血中仅有 30ml,约占总运输量的 5%。化学结合是主要形式,其中以 HCO_3^- 形式运输的约占 88%,以氨基甲酸血红蛋白形式运输的约占 7%。

（1）碳酸氢盐:血液流经组织时,CO_2 从组织扩散入血,大部分进入红细胞内,在碳酸酐酶的作用下,迅速与 H_2O 结合生成 H_2CO_3,并解离为 HCO_3^- 和 H^+,反应迅速、可逆。其中 H^+ 和 Hb 结合生成 HHb,以缓冲酸的增加;HCO_3^- 顺浓度梯度通过红细胞膜扩散到血浆中,与 Na^+ 结合生成 $NaHCO_3$,它是

血液中重要的碱储备,在酸碱平衡中起重要作用。由于HCO_3^-进入血浆使红细胞内负离子减少,为维持红细胞两侧的电位平衡,Cl^-由血浆扩散进入红细胞内,这种现象称为氯转移(图16-11)。在肺部,反应则向相反方向进行。

视频:二氧化碳的运输

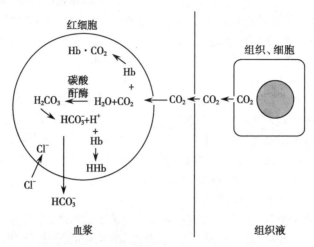

图 16-11　CO_2 在血液中的运输示意图

（2）氨基甲酸血红蛋白:进入红细胞内的CO_2能直接与Hb上的自由氨基(—NH_2)结合形成氨基甲酸血红蛋白($HbNHCOOH$)。此反应快而可逆,不需要酶催化。

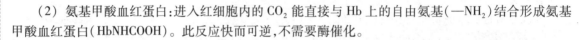

$$CO_2 + HbNH_2O_2 \xrightleftharpoons[PCO_2低时(肺)]{PCO_2高时(组织)} HbNHCOOH + O_2$$

由此可见,红细胞不仅对O_2的运输重要,对CO_2的运输也起重要作用。

第二节　呼吸运动的调节

呼吸运动是由呼吸肌的收缩和舒张完成的一种节律性运动。当体内外环境因素变化引起人体代谢水平发生改变时,呼吸运动的深度和频率会随之改变,从而使肺通气量与人体代谢水平相适应。呼吸运动的这种适应性变化,既有赖于机体神经和体液调节,同时在一定程度上又可进行有意识的行为性调节。

一、呼吸中枢与呼吸节律的形成

（一）呼吸中枢

呼吸中枢(respiratory center)是指中枢神经系统中,产生和调节呼吸运动的神经元细胞群。呼吸中枢分布在大脑皮层、间脑、脑桥、延髓和脊髓等部位,在呼吸节律的产生和调节中发挥不同作用。正常呼吸是在各级呼吸中枢的相互配合下进行的。

1. **脊髓**　脊髓中有支配呼吸肌的运动神经元,位于第3~5颈段(支配膈肌)和胸段(支配肋间肌和腹肌等)前角。动物实验发现,若在延髓和脊髓之间横断,呼吸立即停止(图16-12A)。若在中脑和脑桥之间横断,仅保留延髓和脑桥之间的联系,呼吸节律无明显变化(图16-12D)。这些现象表明,节律性呼吸运动不是由脊髓产生的,它只是联系上级中枢与呼吸肌的中转站和整合某些呼吸反射的初级中枢。

2. **延髓**　在延髓中存在支配呼吸运动的两组神经元。一组主要集中在延髓的背内侧,兴奋时产生吸气;另一组主要集中在延髓的腹侧,兴奋时产生呼气。故两者分别被称为吸气中枢和呼气中枢。动物实验发现,若在延髓和脑桥之间横切,保留延髓和脊髓时,呼吸运动仍能进行,但其节律不规整,表明延髓是产生呼吸运动的基本中枢,而正常的呼吸节律还要有更高一级中枢的调节。

3. **脑桥**　脑桥内的呼吸神经元相对集中,主要为吸气-呼气神经元,它们与延髓呼吸神经元之间

笔记

有广泛的双向联系。动物实验发现,若在脑桥上、中部之间横断,动物呼吸将变深变慢(图 16-12C);若再切断双侧迷走神经,吸气时间将大大延长;若在脑桥和延髓之间横切,则呼吸不规则,呈喘息式呼吸(图 16-12B),不能满足机体的需要。这一结果表明,脑桥中有调整延髓呼吸中枢节律性活动的神经结构,其主要生理作用是限制吸气,促使吸气向呼气转化,因此称为呼吸调整中枢。正常呼吸节律的产生,有赖于延髓和脑桥这两个呼吸中枢的共同作用。

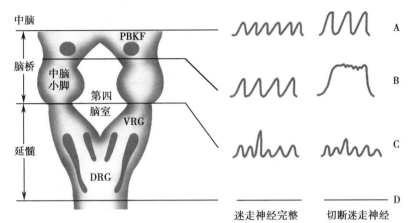

PBKF. 臂旁内侧核;VRG. 腹侧呼吸组;DRG. 背侧呼吸组;A、B、C、D表示不同平面横切后呼吸的变化

图 16-12　脑干内呼吸核团和在不同平面横断脑干后呼吸的变化(脑干背侧面)

4. 高位中枢　高位中枢包括大脑皮层、边缘系统、下丘脑等,都有与呼吸活动相关的神经元。呼吸运动在一定范围内可随意进行,但都是在大脑皮层严密控制和协调下完成的,例如日常生活中,能按自身主观意识在一定限度内停止呼吸或用力加快呼吸;又如说话、唱歌、哭笑等活动的完成。

总之,中枢神经系统对呼吸运动的调控,是通过各级呼吸中枢相互协调共同实现的。其中,延髓是产生节律性呼吸运动的基本中枢;脑桥是呼吸运动的调整中枢;而大脑皮层能随意控制呼吸运动。

(二)呼吸节律的形成

正常呼吸节律的形成有两种学说:起步细胞学说和神经元网络学说。起步细胞学说认为,节律性呼吸正如心脏窦房结起搏细胞的作用一样,是由延髓内具有起搏样活动的神经元的节律性兴奋引起的。神经元网络学说认为,呼吸节律的产生依赖于延髓内呼吸神经元复杂的相互联系和相互作用。认为在延髓有一个吸气活动发生器,引发吸气神经元兴奋,产生吸气;还有一个吸气切断机制,使吸气切断而发生呼气。20世纪 70 年代提出了中枢吸气活动发生器和吸气切断机制模型(图 16-13),该模型认为延髓内存在起中枢吸气活动发生器和吸气切断机制作用的神经元。当中枢吸

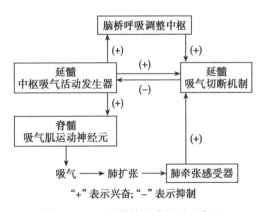

图 16-13　呼吸节律形成机制示意图

气活动发生器自发地兴奋时,其冲动沿轴突传至脊髓吸气运动神经元,使吸气肌收缩,产生吸气。另一方面,吸气切断机制神经元接受来自吸气神经元、脑桥呼吸调整中枢和肺牵张感受器这三方面的传入冲动而兴奋,抑制中枢吸气活动发生器神经元的活动,使吸气活动终止,即吸气被切断,转化为呼气。如此周而复始,形成正常呼吸节律。

二、呼吸运动的反射性调节

中枢神经系统接受各种感受器的传入冲动,实现对呼吸运动调节的过程,称为呼吸的反射性调节,主要包括机械感受性反射和化学感受性反射。

（一）机械感受性反射

1. 肺牵张反射　由肺扩张和缩小所引起的呼吸反射性变化，称为肺牵张反射（pulmonary stretch reflex），也称黑-伯反射（Hering-Breuer reflex），包括肺扩张反射和肺缩小反射。肺牵张感受器主要位于支气管和细支气管的平滑肌中，对机械牵拉刺激敏感。反射过程如下：吸气时，肺扩张，当肺内气体量达到一定容积（正常成人潮气量超过 800ml）时，牵拉刺激肺牵张感受器，发放冲动增加。冲动经迷走神经传入延髓呼吸中枢，兴奋吸气切断机制，使吸气停止转为呼气。呼气时，肺缩小，对牵张感受器的刺激减弱，迷走神经传入冲动减少，解除了对延髓吸气神经元的抑制，吸气神经元兴奋，再次产生吸气，开始另一个新的呼吸周期。

肺牵张反射是一种负反馈调节，其生理意义在于阻止吸气过深过长，促使吸气向呼气转换，使呼吸频率加快。动物实验发现，切断双侧迷走神经后，动物吸气过程延长，呼吸变得深而慢，这是由于失去了肺牵张反射这一负反馈机制所致。正常成人在平静呼吸时，肺牵张反射并不参与调节作用。但在肺炎、肺水肿、肺充血等病理情况下，由于肺的顺应性降低，肺不易扩张，吸气时对牵张感受器的刺激增强，迷走神经的传入冲动增加，可引起该反射，使呼吸变浅变快。

2. 呼吸肌本体感受性反射　呼吸肌是骨骼肌，本体感受器是肌梭和腱器官。当呼吸肌本体感受器受到牵张刺激时，可反射性引起呼吸运动加强，这种反射属于本体感受性反射。在人类，呼吸肌本体感受性反射对正常呼吸运动也有一定调节作用，在呼吸肌负荷增加时其作用较为明显。

（二）化学感受性反射

当动脉血或脑脊液中的 PO_2、PCO_2 和 H^+ 浓度变化时，可通过化学感受器反射性地改变呼吸运动，称为化学感受性反射。这一反射对于维持血液中 PO_2、PCO_2 和 H^+ 浓度的相对稳定具有重要作用。

1. 化学感受器　参与呼吸调节的化学感受器根据其所在部位的不同，分为外周化学感受器和中枢化学感受器两大类。

（1）外周化学感受器（peripheral chemoreceptor）：位于颈动脉体和主动脉体，可直接感受动脉血中的 PO_2、PCO_2 和 H^+ 浓度的变化，反射性地调节呼吸。实验表明，PO_2 降低、PCO_2 升高或 H^+ 浓度升高时都可兴奋外周化学感受器，经窦神经和迷走神经传入延髓呼吸中枢，反射性使呼吸运动加强。而且，这三种刺激对感受器有协同效应。

（2）中枢化学感受器（central chemoreceptor）：位于延髓腹外侧浅表部位，左右对称，分为头、中、尾三区，头尾两区是刺激的感受区，中间区是将头尾两区传入冲动投射到脑干呼吸中枢的中继站。研究结果表明，中枢化学感受器对脑脊液和局部脑组织细胞外液中 H^+ 浓度的改变极为敏感，而对动脉血中 PO_2 和 H^+ 浓度的变化不敏感。

2. PCO_2、PO_2 和 H^+ 浓度的变化对呼吸的影响

（1）CO_2 对呼吸的影响：CO_2 是调节呼吸运动的最重要生理因素。实验证明，血液中维持一定浓度的 CO_2，是进行正常呼吸运动的必要条件。人若过度通气，可发生呼吸暂停，这是因为 CO_2 排出较多，使血液的 PCO_2 下降，对呼吸中枢的刺激作用减弱所致。适当增加吸入气中 CO_2 浓度，可使呼吸增强，肺通气量增多（图 16-14），进而使 CO_2 排出增加，肺泡气和动脉血 PCO_2 可重新接近正常水平。当吸入气中 CO_2 含量由正常的 0.04% 增加到 1% 时，肺通气量开始增加；若吸入气体中 CO_2 含量增加到 4% 时，肺通气量可增加一倍；当吸入气中的 CO_2 含量超过 7% 时，血液中的 PCO_2 将明显升高，可出现头晕、头痛等症状；当超过 15%～

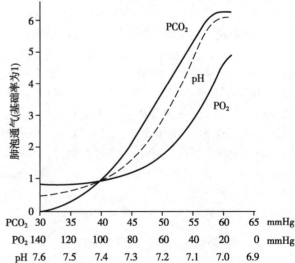

图 16-14　动脉血 PCO_2、PO_2、pH 改变对肺泡通气率的影响：仅改变一种体液因素而保持另两种因素于正常水平的情况

20%时,呼吸反而被抑制,肺通气量显著下降,使CO_2积聚过多,可出现惊厥、昏迷甚至呼吸中枢麻痹导致呼吸停止。

CO_2刺激呼吸中枢,使呼吸加深加快,肺通气量增加,是通过中枢化学感受器和外周化学感受器两条途径实现的,以中枢途径为主。当血液中PCO_2升高时,CO_2能迅速通过血-脑屏障进入脑脊液中,在碳酸酐酶的作用下,与H_2O结合生成H_2CO_3,然后解离出H^+,刺激中枢化学感受器,兴奋呼吸中枢。同时,CO_2刺激外周化学感受器,冲动经窦神经和迷走神经传入延髓,反射性地使呼吸加深加快,增加肺通气。

（2）低O_2对呼吸的影响:当吸入气PO_2降低时,肺泡气、动脉血中PO_2随之降低,反射性引起呼吸加深加快,肺通气量增加(见图16-14)。通常当动脉血PO_2降低到60mmHg以下时才有明显效果。可见,动脉血PO_2的改变对正常呼吸运动的调节作用不大。实验发现,当切断动物外周化学感受器的传入神经后,低O_2对呼吸运动的刺激效应完全消失,说明低O_2对呼吸运动的刺激作用完全是通过外周化学感受器实现的。

低O_2对呼吸中枢的直接作用是抑制。通常,由于低O_2刺激外周化学感受器引起的呼吸中枢兴奋效应,比其对中枢的直接抑制作用更强,所以一般表现为呼吸加强,肺通气量增加。其意义在于吸入更多的O_2,以提高动脉血PO_2。但在严重缺O_2(动脉血PO_2降到40mmHg以下)时,来自外周化学感受器的兴奋作用已不足以抵消低O_2对中枢的直接抑制作用,将导致呼吸障碍。

临床上,严重肺气肿、肺心病患者,因肺换气功能障碍,导致体内既有低O_2又有CO_2潴留,长时间的CO_2潴留能使中枢化学感受器对CO_2的刺激作用产生适应而不敏感,此时低O_2对外周化学感受器的刺激就成为呼吸兴奋的主要刺激因素。若此时给患者吸入纯O_2,将导致低O_2作用解除,反而引起呼吸停止。因此,临床上对这种患者只宜吸入低浓度O_2(30%～40%),以免突然解除低O_2的刺激作用,导致呼吸抑制。

（3）H^+对呼吸的影响:当动脉血中H^+浓度增高时,呼吸运动增强,肺通气量增加;反之,呼吸运动抑制,肺通气量减少。H^+对呼吸的影响,主要是通过刺激外周化学感受器引起的(见图16-14),这是因为血液中的H^+不易透过血-脑屏障,限制了它对中枢化学感受器的作用。临床上如糖尿病、肾衰竭或代谢性酸中毒等患者,血液中H^+浓度增加,引起呼吸运动增强;若血液中H^+浓度降低时,则呼吸运动减弱,所以临床上碱中毒的患者呼吸缓慢。

综上所述,当血液PCO_2升高、PO_2降低、H^+浓度升高时,都有兴奋呼吸作用,尤以PCO_2作用显著(见图16-14)。但在整体情况下,不会只有一个因素单独起作用,往往是以上三种因素同时存在,相互影响,相互作用。因此在临床上,必须对各种化学因素引起的呼吸变化全面分析,找出主要矛盾,予以恰当处理,才能获得良好效果。图16-15显示了一种因素改变时,另外两种因素如不加控制所出现的肺泡通气率的变化。

（三）防御性呼吸反射

呼吸道黏膜受到刺激时所引起的一系列保护性呼吸反射,称为防御性呼吸反射,该反射可以清除刺激物,避免其进入肺泡。常见有咳嗽反射和喷嚏反射。

1. 咳嗽反射　咳嗽反射是常见的重要防御反射。它的感受器位于喉、气管和支气管的黏膜,能接受机械或化学刺激。传入冲动经迷走神经传入延髓,触发一系列协调有序的反射效应。咳嗽时,先是短促的深吸气,继而紧闭声门,呼吸肌强烈收缩,肺内压和胸膜腔内压迅速升高,然后声门

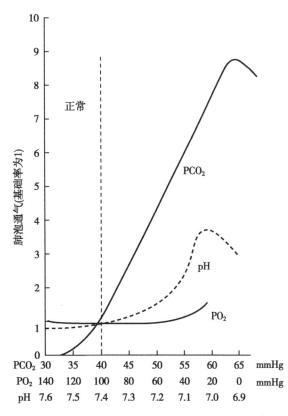

图16-15　改变动脉血液PCO_2、PO_2、pH 三因素之一而不控制另外两个因素时的肺泡通气反应

249

突然打开,由于气压差极大,气体快速从肺内冲出,同时将肺及呼吸道内的异物或分泌物排出。咳嗽反射的生理意义是具有清洁、保护和维持呼吸道通畅的作用。由于咳嗽时胸膜腔内压和肺内压明显升高,胸膜腔内压升高会阻碍静脉血回流,肺内压长期升高很容易形成肺气肿,因此剧烈或频繁地咳嗽对机体不利,应当及时治疗。

2. **喷嚏反射** 该反射是由鼻黏膜受到刺激而引起,传入冲动沿三叉神经到脑干中枢,其动作类似于咳嗽反射。不同的是腭垂下降,舌压向软腭,使肺内气体从鼻黏膜猛烈喷出,其生理意义是清除鼻腔中的异物。

本章小结

呼吸过程分为三个环节:外呼吸(包括肺通气和肺换气)、气体在血液中的运输、内呼吸(组织换气)。肺通气的原动力是呼吸运动,直接动力是肺泡与外界环境之间的压力差。胸膜腔负压的生理意义是:①维持肺的扩张状态,并使肺能随胸廓的运动而扩张和回缩;②降低心房、腔静脉和胸导管内的压力,促进静脉血和淋巴液的回流。肺通气的阻力主要来自肺泡表面张力,而肺泡表面活性物质的作用是降低肺泡表面张力,其生理意义是:①降低吸气时的阻力,使肺容易扩张;②防止肺水肿的发生;③稳定大小肺泡的容积。肺活量反映肺一次通气的最大能力,用力呼气量可作为评价肺通气功能的动态指标。通气/血流比值为 0.84 时,肺换气效率最高。

呼吸节律的基本中枢在延髓,呼吸调整中枢在脑桥。CO_2 刺激呼吸是通过中枢化学感受器和外周化学感受器两条途径实现的,以中枢途径为主;低 O_2 对呼吸运动的刺激作用完全是通过外周化学感受器实现的,而低 O_2 对呼吸中枢的直接作用是抑制。H^+ 对呼吸的影响,主要通过刺激外周化学感受器引起。

(孟 娟)

扫一扫,测一测

思考题

1. 试述呼吸运动的基本过程。
2. 患者因外伤造成胸膜破裂,临床有可能出现哪些症状?请分析出现这些症状的原因。
3. 早产儿出生时为何容易出现肺不张?
4. 结合呼吸膜的改变,试分析肺炎、肺纤维化、肺水肿、肺气肿和肺不张等疾病对气体交换的影响。
5. 严重肺气肿、肺心病患者为何不能吸入高浓度 O_2?

第十七章　消化和吸收

学习目标

　　1. 掌握:消化与吸收的概念;胃和小肠的运动形式;胃液、胰液和胆汁的成分及作用;小肠在吸收中的作用。

　　2. 熟悉:消化期胃液分泌的调节;胃肠激素的主要生理作用;糖类、脂肪和蛋白质吸收的形式、途径。

　　3. 了解:口腔内和大肠内的消化;消化道的神经支配。

　　4. 学会科学健康的饮食和预防消化系统疾病的方法。

　　5. 具有运用生理学知识解决消化系统常见疾病问题的能力。

　　人体在生命活动过程中,需要从食物中摄取各种营养物质,为机体的新陈代谢提供必需的物质和能量。食物中的水、无机盐和维生素是小分子物质,能够被人体直接吸收利用,而糖类、脂肪和蛋白质等结构复杂的大分子物质,必须在消化道内分解为结构简单的小分子物质才能被吸收。消化(digestion)是指食物中的营养物质在消化道内被分解为可吸收的小分子的过程。其方式有两种:一种是通过消化道肌肉的运动,将食物磨碎,使其与消化液充分混合,并将食物不断向消化道远端推送的过程,称为机械性消化;另一种是通过消化液中的各种消化酶,将食物中的大分子物质分解为结构简单、可被吸收的小分子物质的过程,称为化学性消化。食物经过消化后的小分子物质,以及维生素、无机盐和水通过消化道黏膜进入血液和淋巴液的过程,称为吸收(absorption)。消化和吸收是相辅相成、紧密联系的过程。

第一节　消　化

　　食物的消化主要是在胃和小肠内完成。口腔仅具有简单的消化功能,大肠无重要消化功能。

一、口腔内消化

　　食物在口腔内经咀嚼和唾液酶的作用得到初步消化。虽然食物在口腔内停留的时间很短,却能引起整个消化系统功能状态改变,为依次接收食物进行消化和吸收做好准备。

　　(一)咀嚼和吞咽

　　1. 咀嚼　咀嚼(mastication)是由咀嚼肌群按一定的顺序收缩完成的复杂的节律性动作,受大脑意识的支配。咀嚼的作用是:①将食物切割、磨碎,并与唾液充分混合形成食团以利于吞咽;②使食物与唾液淀粉酶充分接触,有利于化学性消化;③加强食物对口腔内各种感受器的刺激,反射性地引起胃肠、胰腺、肝脏和胆囊等消化器官的活动,为随后的消化过程做准备。

2. 吞咽　吞咽(swallowing)是口腔内的食团经咽部和食管进入胃内的过程,是一种复杂的神经反射性动作,依据食团通过的部位,可将吞咽过程分为三期。

(1) 口腔期:食团由口腔到咽的过程,为大脑皮层控制下的随意动作。

(2) 咽期:食团由咽到食管上端的过程。食团刺激咽部感受器,可引起一系列肌肉的反射性收缩,使软腭上举,咽后壁向前突出,封闭鼻咽通路;声带内收,喉头升高并向前紧贴会厌,封闭咽与气管的通道,呼吸暂停,防止食物进入呼吸道;喉头前移,食管上端括约肌舒张,使咽与食管的通道开放,食团由咽被推入食管。

(3) 食管期:食团从食管上端进入胃的过程。当食团通过食管上端括约肌后,该括约肌反射性收缩,食管随即产生由上至下的蠕动。蠕动(peristalsis)是消化道平滑肌的一种基本运动形式,是一种由平滑肌的顺序收缩所形成的向前推进的波形运动(图17-1)。

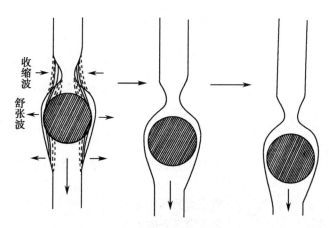

图 17-1　食管蠕动示意图

在食管下端与胃贲门连接处,虽然在解剖上并不存在括约肌,但此处有一段长 1~3cm 的高压区,其内压力比胃内压高 5~10mmHg,起到类似生理性括约肌的作用,称为食管下括约肌(low esophageal sphincter,LES)。正常情况下,LES 可以阻止胃内容物逆流进入食管。当食物经过食管时,可反射性地引起 LES 舒张,食物便可进入胃内。如 LES 张力减弱,可造成胃液反流入食管,损伤食管黏膜。反之,可导致吞咽困难。

(二)唾液的分泌

人的口腔内有三对大的唾液腺:腮腺、下颌下腺和舌下腺,还有众多散在的小唾液腺,唾液就是由大、小唾液腺分泌的混合液。

1. 唾液的性质和成分　唾液为无色、无味、近于中性(pH 6.6~7.1)的低渗液体。正常成人每日的唾液分泌量为 1.0~1.5L,其中水分约占 99%,此外还有少量的无机物(钠、钾、钙等)和有机物(唾液淀粉酶、溶菌酶、黏蛋白、免疫球蛋白等)。

2. 唾液的作用　唾液的主要作用包括:①湿润和溶解食物,引起味觉并易于吞咽;②清洁和保护口腔,清除口腔中的残余食物和有害物质,唾液中的溶菌酶和免疫球蛋白还具有杀灭细菌和病毒的作用;③消化淀粉,唾液淀粉酶可以将淀粉分解为麦芽糖,随食物进入胃后,当 pH 低于 4.5 时该酶失活;④排泄作用,进入体内的重金属(如铅、汞等)、氰化物和狂犬病毒等可随唾液排出。

3. 唾液分泌的调节　唾液分泌的调节完全是神经调节,包括非条件反射和条件反射。非条件反射是指口腔内的机械、化学、温度感受器受到刺激时,兴奋沿第Ⅴ、Ⅶ、Ⅸ、Ⅹ对脑神经中的传入纤维传至唾液分泌中枢,然后兴奋沿传出神经到达各唾液腺,引起唾液分泌。条件反射是进食时食物的形状、颜色、气味、进食的环境乃至语言文字的描述等因素,引起唾液分泌,"望梅止渴"就是典型的例子。支配唾液腺的传出神经有交感神经和副交感神经,两种神经兴奋时,均可引起唾液分泌增加,但以副交感神经为主。当交感神经兴奋时,其末梢释放去甲肾上腺素,作用于唾液腺使之分泌大量黏稠的唾液;当副交感神经兴奋时,其末梢释放乙酰胆碱,作用于唾液腺使之分泌大量稀薄的、酶多且消化力强的唾液。

图片:唾液分泌的神经调节

二、胃内消化

胃是消化道内最膨大的部分,具有暂时贮存食物的功能。食物在胃内经机械性和化学性消化使食物与胃液充分混合形成食糜,并对蛋白质进行初步分解。

(一) 胃的运动

胃底和胃体上 1/3(也称头区)运动较弱,其主要功能是贮存食物;胃体其余 2/3 和胃窦(也称尾区)运动较强,主要功能是混合、磨碎食物形成食糜,并逐步将食糜排至十二指肠。

1. 胃的运动形式

(1) 紧张性收缩:胃壁平滑肌经常处于一定程度的缓慢持续收缩状态,称为紧张性收缩(tonic contraction)。其生理意义在于使胃保持一定的形态和位置,维持一定的胃内压,有利于胃液渗入食团,是胃其他运动形式有效进行的基础。

(2) 容受性舒张:当咀嚼和吞咽时,食物对口腔、咽部、食管等处的感受器的刺激,可通过迷走-迷走神经反射引起胃底和胃体平滑肌舒张,称为胃的容受性舒张(receptive relaxation)。容受性舒张使胃腔容量由空腹时的 50ml 左右,增加到进食后的 1.5L 左右,而胃内压无显著升高。其生理意义是使胃更好地完成容纳和贮存食物的功能。

(3) 蠕动:胃的蠕动是一种起始于胃体中部并向幽门方向推进的波形运动(图 17-2),在食物进入胃后约 5min 开始出现。人胃蠕动波的频率约为 3 次/min,一个蠕动波到达幽门约需 1min,通常是一波未平,一波又起。蠕动波到达幽门时可将 1~2ml 食糜排入十二指肠。也有蠕动波到胃窦后即行消失,未能到达幽门。一旦收缩波超越胃内容物,并到达胃窦终末时,由于胃窦终末部的有力收缩,部分食糜被反向推回到近侧胃窦和胃体部。食糜的这种后退,有利于食物和消化液的混合,还可磨碎块状固体食物。胃蠕动的意义在于磨碎胃内食团;使胃液和胃内容物充分混合,形成食糜,有利于化学性消化;将食糜逐步推进到十二指肠。

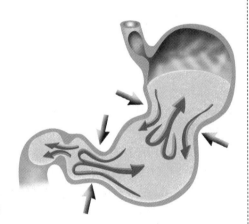

图 17-2 胃的蠕动示意图

2. 胃的排空 食糜由胃排入十二指肠的过程称为胃的排空(gastric emptying)。不同食物的排空速度不同,与食物的物理性状和化学组成有关:稀的、流体食物比稠的、固体食物排空快;颗粒小的食物比大块的食物排空快;等渗液体比非等渗液体排空快。在三大营养物质中,糖类的排空最快,蛋白质次之,脂肪类食物最慢。混合食物由胃完全排空通常需要 4~6h。此外,胃内食物量增加会扩张胃壁,在神经及体液因素作用下引起胃运动增强。胃的运动是胃排空的动力,当胃的运动增强使胃内压大于十二指肠内压,且幽门舒张时,则引起胃排空。

3. 呕吐 呕吐(vomiting)是将胃肠内容物经过口腔强力驱出的动作。呕吐是一种反射活动。呕吐中枢位于延髓,与呼吸中枢、心血管中枢等均有密切联系,因而在呕吐前常出现恶心、流涎、呼吸急促和心跳加快等反应。颅内压增高可直接刺激该中枢,引起喷射性呕吐。机械和化学刺激作用于舌根、咽部、胃、大小肠、泌尿生殖系统等部位的感受器可引起呕吐,视觉和内耳前庭的位置觉感受器受到刺激,也能够引起呕吐。呕吐能把胃内有害物质排出,是一种防御性反射,因而具有保护性意义。但剧烈或频繁的呕吐会影响进食和正常消化活动,并使大量消化液丢失,造成体内水、电解质和酸碱平衡紊乱。

(二) 胃液的分泌

1. 胃液的性质、成分和作用 纯净的胃液是无色的酸性液体,pH 为 0.9~1.5,正常成人每日分泌量为 1.5~2.5L。胃液的主要成分是水、盐酸、HCO_3^-、黏液、胃蛋白酶原和内因子。

(1) 盐酸:盐酸(hydrochloric acid)也称胃酸,由壁细胞分泌。正常成人空腹时盐酸排出量称

笔记

1702
图片:胃黏膜壁细胞分泌盐酸的基本过程模式图

为基础酸排出量,为 0~5mmol/h。在食物或某些药物的刺激下,盐酸排出量可明显增加,其最大酸排出量可达 20~25mmol/h。盐酸排出量可反映胃的分泌能力,与壁细胞的数量及功能状态有关。

盐酸的生理学作用:①激活胃蛋白酶原,并为胃蛋白酶提供适宜的酸性环境;②使蛋白质变性而易于水解;③杀灭进入胃内的细菌;④随食糜进入小肠后,引起促胰液素、缩胆囊素的释放,从而促进胰液、胆汁和小肠液的分泌;⑤盐酸造成的酸性环境,有助于小肠对铁和钙的吸收。

盐酸分泌过多会对胃和十二指肠黏膜产生侵蚀作用,使黏膜层受损,诱发或加重溃疡病;若盐酸分泌过少,则可产生腹胀、腹泻等消化不良的症状。

(2) 胃蛋白酶原:胃蛋白酶原(pepsinogen)是由主细胞合成并分泌,本身并无生物学活性,进入胃腔后,在盐酸的作用下,转变为具有活性的胃蛋白酶(pepsin)。胃蛋白酶对胃蛋白酶原也有激活作用。胃蛋白酶可将食物中的蛋白质水解为䏡、胨以及少量的多肽和氨基酸,其作用的最适 pH 为 1.8~3.5,随着 pH 的升高,胃蛋白酶的活性将逐步降低,当 pH 高于 5.0 时,胃蛋白酶失活。

(3) 黏液和 HCO_3^-:黏液的主要成分为糖蛋白,由胃黏膜表面的上皮细胞、泌酸腺的颈黏液细胞、贲门腺和幽门腺的黏液细胞共同分泌。HCO_3^- 主要是由胃黏膜的非泌酸细胞分泌。黏液和 HCO_3^- 共同构成黏液-碳酸氢盐屏障(mucus-bicarbonate barrier),具有抗胃黏膜损伤的作用,其机制为:①黏液覆盖于胃黏膜表面起润滑作用,可减少粗糙食物对黏膜的机械性损伤;②黏液较高的黏滞性能有效地阻挡 H^+ 的逆向弥散,保护胃黏膜免受 H^+ 的侵蚀;③在弥散过程中,H^+ 不断地与从黏膜上皮细胞分泌的 HCO_3^- 相遇,发生中和反应,形成了 pH 浓度梯度;④越靠近黏膜细胞层,pH 越接近中性,中性 pH 环境还使胃蛋白酶丧失分解蛋白质的作用(图 17-3)。

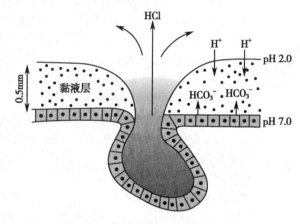

图 17-3　黏液-碳酸氢盐屏障模式图

(4) 内因子:内因子(intrinsic factor)是由壁细胞分泌的一种糖蛋白。它有两个活性部位,一个活性部位可与维生素 B_{12} 结合形成复合物,使维生素 B_{12} 免受消化道内水解酶的分解;另一个活性部位可与回肠黏膜细胞上的受体结合,促进维生素 B_{12} 在回肠的吸收。内因子分泌不足,将引起维生素 B_{12} 的吸收障碍,进而引起巨幼红细胞贫血。临床上 60%~70% 的巨幼红细胞贫血患者的血清中可检出抗内因子抗体,由此导致造血障碍。

2. **消化期胃液分泌的调节**　进食后胃液分泌增加,依据接受食物刺激的部位,其可分为头期、胃期和肠期,事实上各期几乎是同时进行、互相重叠的。

(1) 头期胃液分泌:食物进入胃前,刺激头面部感受器(如眼、鼻、耳、口腔、咽、食管等)所引起的胃液分泌称为头期胃液分泌。其生理机制包括条件反射和非条件反射,前者由与食物有关的形象、气味、声音等刺激了视、嗅、听等感受器而引起;后者指咀嚼和吞咽食物时,刺激口腔、咽、喉等的化学和机械感受器而引起。两者均可引起迷走神经兴奋。头期的胃液分泌量较大,约占总分泌量的 30%;酸度较高,胃蛋白酶原含量丰富,消化力强。

(2) 胃期胃液分泌:食物入胃后,引起胃液继续分泌称为胃期胃液分泌,其主要途径为:①胃内容物刺激胃底和胃体部的机械感受器,通过迷走-迷走神经反射引起胃腺分泌;②食糜扩张刺激胃底、胃体和幽门部感受器,通过壁内神经丛反射,直接引起胃液分泌,或者作用于 G 细胞引起促胃液素的释放,引起胃液分泌;③食糜的化学成分直接作用于 G 细胞,引起促胃液素的释放,进而促进胃液。胃期胃液分泌量大,占到总分泌量的 60%;酸度高,但胃蛋白酶原含量比头期少,消化力较头期弱。

(3) 肠期胃液分泌:食糜通过胃排空进入小肠上段后,对十二指肠黏膜的机械和化学性刺激引起促胃液素的释放,继续引起胃液分泌,称为肠期胃液分泌。其特点是分泌量少,约占总分泌量的 10%,

1703
图片:消化期胃液分泌的时相及调节

1704
视频:胃内消化机制

酸度与胃蛋白酶原均较低。

三、小肠内消化

小肠是最重要的消化部位。在小肠内,食糜通过小肠运动的机械性消化及胰液、胆汁和小肠液的化学性消化转变为可被吸收的小分子物质。

(一)小肠的运动

1. 小肠的运动形式

(1)紧张性收缩:紧张性收缩使小肠保持一定的形状和位置,并使肠腔内保持一定压力,是小肠其他运动形式有效进行的基础,有利于肠内容物的混合和推进。

(2)分节运动:分节运动(segmentation contraction)是一种以环行肌为主的节律性收缩和舒张交替进行的运动。表现为食糜所在的一段肠管,环行肌以一定距离间隔多点同时收缩或舒张,将肠管内的食糜分割成若干节段,随后,原来收缩处舒张,舒张处收缩,使原来每个节段的食糜分为两半,相邻的两半又彼此合并形成新的节段,如此反复进行(图17-4)。其生理意义在于:①使食糜与消化液充分混合,有利于化学性消化;②增加小肠黏膜与食糜的接触,并挤压肠壁促进血液与淋巴液的回流,有利于吸收;③对食糜有弱的推进作用。

(3)蠕动:小肠的蠕动可发生在小肠的任何部位,速率为0.5~2.0cm/s,其作用是将食糜向远端推送一段,以便开始新的分节运动。此外,在小肠还可见到一种进行速度很快(2~25cm/s)、传播较远的蠕动,称为蠕动冲,它可把食糜从小肠始端一直推送到大肠。蠕动冲可由吞咽动作或食糜对十二指肠的刺激引起,有些药物(如泻药)的刺激也可以引起蠕动冲。

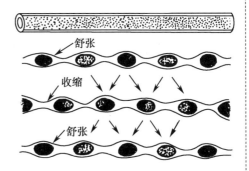

图17-4 小肠分节运动模式图

2. 回盲括约肌的功能 回肠末端与盲肠交界处的环行肌明显加厚,具有括约肌的作用,称为回盲括约肌。其主要功能是:①防止小肠内容物过快排入大肠,延长食糜在小肠内停留的时间,有利于小肠内容物的完全消化和吸收;②阻止大肠内容物向回肠倒流。

(二)胰液的分泌

1. 胰液的性质和成分 胰液是无色、无味的碱性液体,pH为7.8~8.4,成人每日分泌量为1.0~2.0L。胰液中含有无机物和有机物,无机物包括大量水分以及HCO_3^-、Cl^-等;有机物主要是各种消化酶,如胰淀粉酶、胰脂肪酶、胰蛋白酶原和糜蛋白酶原以及核糖核酸酶和脱氧核糖核酸酶等。

2. 胰液的作用

(1)碳酸氢盐:HCO_3^-是胰液呈碱性的主要原因。其主要作用是:中和进入十二指肠的胃酸,保护肠黏膜免受酸性食糜的侵蚀;为小肠内多种消化酶的活动提供适宜的pH环境。

(2)胰蛋白酶原和糜蛋白酶原:以酶原形式存在于胰液中。胰液进入十二指肠后,小肠液中的肠激酶可使胰蛋白酶原水解为有活性的胰蛋白酶,此外,胃酸、胰蛋白酶本身以及组织液也能激活胰蛋白酶原。胰蛋白酶又进一步激活糜蛋白酶原,使之变为糜蛋白酶。胰蛋白酶和糜蛋白酶都能将蛋白质分解为䏡和胨,两者共同作用可分解蛋白质为多肽和氨基酸。多肽又可被羧基肽酶进一步水解。

(3)胰淀粉酶:胰淀粉酶以活性形式分泌,最适pH为6.7~7.0,可将淀粉、糖原和多数其他碳水化合物水解为糊精、麦芽糖和麦芽寡糖。

(4)胰脂肪酶:胰脂肪酶可分解甘油三酯为脂肪酸、甘油一酯和甘油,最适pH 7.5~8.5。胰液中还有胆固醇酯酶和磷脂酶,可分别水解胆固醇酯和磷脂。

胰液中含有水解三大营养物质的消化酶,是所有消化液中消化力最强和最重要的消化液。如果胰液分泌障碍,即使其他消化液的分泌都正常,食物中的蛋白质和脂肪仍不能彻底消化,产生胰性腹泻,而淀粉的消化一般不受影响。

知识拓展

急性胰腺炎

急性胰腺炎是多种病因导致胰酶在胰腺内被激活所引起的胰腺组织自身消化、水肿、出血甚至坏死的炎症反应。正常胰腺能分泌多种酶,这些酶通常以无活性的酶原形式存在。当胰腺导管痉挛或饮食不当引起胰液分泌急剧增加时,可因胰管压力升高致使胰小管、胰腺腺泡破裂,导致胰蛋白酶原渗入胰腺间质而被激活,出现胰腺组织的自身消化。临床以急性上腹痛、恶心、呕吐、发热和血胰酶增高等为特点。胰腺炎的病因常与过多饮酒、胆管内的胆结石等有关。

(三)胆汁的分泌

1. **胆汁的性质和成分** 胆汁是一种有色、味苦、较稠的液体,由肝细胞合成,可经肝管、胆总管直接排入十二指肠(肝胆汁),或由胆管转入胆囊被贮存(胆囊胆汁)。肝胆汁呈金黄色,弱碱性(pH 7.4);胆囊胆汁呈深棕色,弱酸性(pH 6.8)。成人每天分泌量为0.8~1.0L。胆汁的成分包括水分、无机物(钠、钾、钙、碳酸氢盐)以及胆盐、胆色素、脂肪酸、胆固醇、卵磷脂和黏蛋白等。胆汁中没有消化酶。

2. **胆汁的作用** 胆汁中虽然不含有消化酶,但它对脂肪的消化和吸收具有重要意义。

(1)促进脂肪的消化:胆汁中的胆盐、胆固醇和卵磷脂等都可作为乳化剂,降低脂肪的表面张力,使脂肪乳化成微滴,分散在肠腔内,从而增加了胰脂肪酶与脂肪的作用面积,加速脂肪的分解。

(2)促进脂肪和脂溶性维生素的吸收:胆盐可聚合形成微胶粒,并与脂肪的分解产物,如脂肪酸、甘油一酯、胆固醇等以及脂溶性维生素(维生素A、维生素D、维生素E、维生素K),形成混合微胶粒,混合微胶粒为水溶性,能够运送不溶于水的脂肪分解产物通过肠黏膜表面的静水层到达肠上皮细胞,促进它们的吸收。

(3)利胆作用:胆汁中的胆盐或胆汁酸排至小肠后,绝大部分(约90%以上)仍可由小肠(主要为回肠末端)黏膜吸收入血,通过肝门静脉运送回到肝脏,重新合成胆汁再次分泌入肠,称为胆盐的肠肝循环(enterohepatic circulation of bile salt)(图17-5)。返回到肝脏的胆盐有刺激肝胆汁分泌的作用,称为胆盐的利胆作用。

(四)小肠液的分泌

小肠液是一种弱碱性液体(pH约为7.6),由十二指肠腺和小肠腺分泌,成年人每日分泌量为1.0~3.0L。小肠液可润滑肠道,中和胃酸,保护十二指肠黏膜;并为多种消化酶提供适宜的pH环境;大量的小肠液可以稀释消化产物,使其渗透压下降,有利于吸收;小肠液中含有肠激酶,具有激活胰蛋白酶原的作用,有利于蛋白质的消化。此外,在小肠上皮细胞内含有多种消化酶,如肽酶、蔗糖酶和麦芽糖酶等,对进入肠上皮细胞的多肽、双糖及多糖等营养物质继续起消化作用。

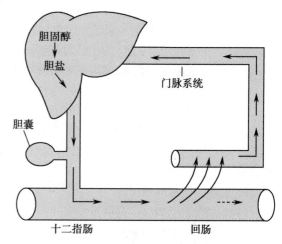

图17-5 胆盐的肠-肝循环示意图

文档:胆囊的生理功能

四、大肠内消化

大肠吸收水和电解质,参与机体水、电解质的平衡,吸收结肠内微生物产生的维生素B和维生素K,形成并暂时贮存粪便,最终排出体外。

(一)大肠的运动和排便

1. **大肠的运动形式**

(1)袋状往返运动:由环行肌不规律的收缩引起,空腹时常见。其作用是使结肠袋中的内容物向前、后两个方向作短距离的往返移动,有利于内容物与肠黏膜充分接触,促进水和无机盐的吸收。

笔记

（2）分节推进运动或多袋推进运动：分节推进运动指环行肌有规律性的收缩，将一个结肠袋的内容物推移到下一肠段，使大肠内容物缓慢推向远端。如果一段结肠同时发生多个结肠袋协同收缩，并使内容物向远处推进，称为多袋推进运动。

（3）蠕动：大肠的蠕动是由一些稳定向前的收缩波组成，使内容物向前推进，速度较慢。进食后大肠还有一种进行很快、推进很远的蠕动，称为集团蠕动，开始于横结肠，可将一部分大肠内容物推送至乙状结肠或直肠。

2. 排便　未被吸收的食物残渣部分，经过大肠内细菌的发酵和腐败作用，形成粪便。粪便主要成分是水，其余大多是蛋白质、无机物、脂肪、未消化的食物纤维、脱水的消化液残余以及脱落的肠上皮细胞和大量的细菌，还有维生素 K、维生素 B 等。此外，机体代谢后的废物，包括肝排出的胆色素衍生物，以及某些金属，如钙、镁、汞等，也随粪便排至体外。粪便形成后，由于结肠蠕动使各部结肠收缩，将粪便推向远段结肠，到乙状结肠贮留。蓄积足够数量时（约300g），对肠壁产生一定压力便引起排便反射（图 17-6）。

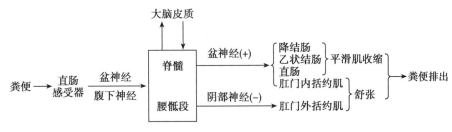

图 17-6　排便反射过程

排便反射受大脑皮层的意识控制，如果经常抑制排便，可使直肠壁压力感受器的敏感性降低，粪便在大肠内滞留过久，水分被吸收过多而变干硬，引起排便困难和排便次数减少，称为便秘。另外，直肠黏膜由于炎症而敏感性提高，即使肠内只有少量粪便和黏液时，也可以引起便意和排便反射，并在便后有排便未尽的感觉，临床上称为"里急后重"，常见于痢疾或肠炎。如果脊髓腰骶段初级排便中枢失去了大脑皮层的意识控制，可发生大便失禁。

（二）大肠内细菌的作用

大肠内有大量细菌，主要是大肠埃希菌、葡萄球菌等。它们主要来自空气和食物，大肠内的 pH 和温度对一般细菌的繁殖极为适宜。细菌对糖和脂肪的分解称为发酵。对蛋白质的分解称为腐败，在此过程中会产生一些对机体有毒害的物质，正常情况下，由于毒害物质吸收甚少，经肝脏解毒后对人体无明显不良反应。大肠内的细菌能利用肠内较为简单的物质合成维生素 B 和维生素 K，它们能够在大肠被吸收并为人体所利用。若长期使用肠道抗菌药物，肠道内正常菌群被抑制，造成肠内菌群失调，可导致 B 族维生素和维生素 K 的缺乏。

肠道菌群——人体后天获得的器官

人在母体内是无菌的，出生以后才开始从环境里获得共生微生物，主要生活在肠道里，称为肠道菌群，参与人体消化吸收、能量供应、脂肪代谢、免疫调节、营养和保护等功能，相当于人体后天获得的一个重要器官。成人肠道内细菌种类超过 1000 种，总重量达 1~2kg，细胞总数约 10^{14} 个，是人自身细胞总数的 10 倍。肠道菌群也与一些疾病的发生密切相关，如结肠癌、炎症性肠病、代谢综合征、过敏性疾病及神经精神疾病等。

视频：大肠的功能

（三）大肠液的分泌

大肠液由大肠黏膜表面的柱状上皮细胞和杯状细胞分泌，富含黏液和碳酸氢盐，pH 为 8.3~8.4。大肠液具有保护肠黏膜和润滑粪便的作用，对物质的分解作用不大。

图片:各种物质在小肠吸收部位示意图

第二节 吸 收

一、吸收的部位及途径

消化道不同部位的吸收能力不同。在口腔和食管内,食物不被吸收;在胃内,可吸收酒精、少量水分和某些药物;小肠是吸收的主要部位,糖类、蛋白质和脂肪的大部分消化产物在十二指肠和空肠吸收;胆盐和维生素 B_{12} 在回肠主动吸收;大肠主要吸收水分和无机盐。

小肠之所以成为吸收的主要部位,其原因有:①吸收面积大。成人的小肠长 5~7m,其黏膜具有环形皱襞,皱襞上有大量绒毛,绒毛的柱状上皮细胞顶端有微绒毛。这些结构使小肠的吸收面积达到 200m² 以上(图 17-7);②食物在小肠内已被消化为适宜吸收的小分子物质;③食物在小肠内停留的时间较长(3~8h);④绒毛内含丰富的毛细血管和毛细淋巴管,消化期绒毛发生节律性的伸缩和摆动,可加速血液和淋巴液的回流,有助于吸收。

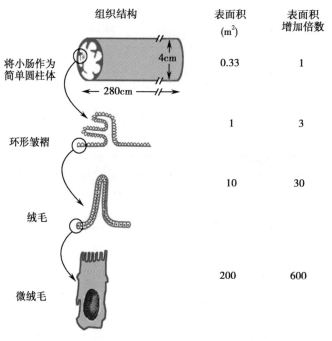

图 17-7 小肠黏膜结构示意图

二、小肠内主要营养物质的吸收

(一)糖的吸收

食物中的糖类包括单糖(如葡萄糖、果糖、半乳糖)、双糖(如蔗糖、麦芽糖、乳糖)和多糖(如淀粉、糖原)。小肠黏膜通常只吸收单糖,少量的双糖也可被吸收,其他形式的糖类需要被分解为单糖才能被吸收。肠腔内的单糖主要是葡萄糖,约占单糖总量的 80%,其吸收过程属于继发性主动转运,能量来自于钠泵的活动(图 17-8)。各种单糖与转运体的亲和力不同,因而吸收速率也不同。果糖是通过易化扩散进入肠上皮细胞,属被动转运,因此,其吸收速率较低,进入细胞内的果糖大部分转化为葡萄糖进入细胞间隙被吸收。

(二)蛋白质的吸收

食物中的蛋白质被分解成寡肽和氨基酸后,在小肠内被吸收。与单糖的吸收相似,氨基酸的吸收也是通过继发性主动转运进行。小肠黏膜上皮细胞顶端膜上存在着多种氨基酸运载系统,即 Na^+-氨基酸同向转运体,它们分别转运中性、酸性或碱性氨基酸。小肠上皮细胞顶端膜上还存在二肽和三肽转运系统,可吸收二肽和三肽。进入细胞内的二肽和三肽,可被二肽酶和三肽酶进一步分解为氨基酸

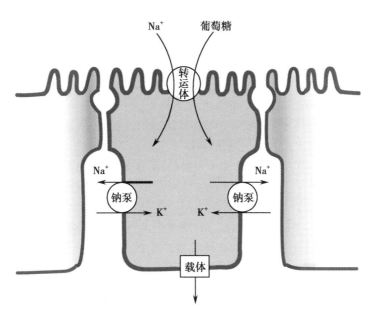

图 17-8　葡萄糖吸收示意图

进入血液循环。

（三）脂肪的吸收

在小肠内,胆盐与脂类消化产物脂肪酸、甘油一酯、胆固醇等形成混合微胶粒,具有亲水性,可通过小肠黏膜表面的静水层到达微绒毛。在细胞膜表面,脂类消化产物从混合微胶粒中释出,经脂质膜进入上皮细胞,而胆盐留在肠腔,重复利用,最终在回肠被吸收。进入肠上皮细胞的长链脂肪酸(含12个碳原子以上)及甘油一酯大部分被重新合成甘油三酯,并与载脂蛋白合成乳糜微粒,以出胞方式离开上皮细胞,进入组织间隙,之后扩散到淋巴系统。中、短链脂肪酸(含12个碳原子以下)及其组成的甘油一酯,可以直接扩散进入血液循环。但由于人类膳食中长链脂肪酸居多,因此脂肪的吸收途径以淋巴途径为主(图17-9)。

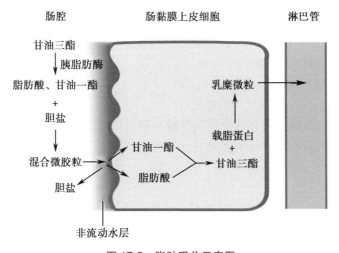

图 17-9　脂肪吸收示意图

（四）无机盐的吸收

1. 钠的吸收　肠内容物中95%~99%的 Na^+ 可以被吸收入血。小肠主要以主动转运的方式通过跨细胞途径吸收 Na^+。Na^+ 的吸收可为其他多种物质的吸收提供动力。如被钠泵泵入组织间隙的 Na^+ 可升高组织间隙渗透压,使组织间隙静水压升高,最终 Na^+ 和水一同转运至毛细血管,促进了水的吸收。另外,Na^+ 在肠上皮细胞顶端膜通过转运体进入细胞时,往往与葡萄糖、氨基酸或 HCO_3^- 同向转运,促进了上述物质的吸收。

2. 铁的吸收 人每日吸收的铁约为 1mg，仅为每日膳食中含铁量的 5% ~ 10%。铁吸收的主要部位在小肠上部。食物中的铁绝大部分是 Fe^{3+} 形式，不易被吸收，须还原为 Fe^{2+} 后才能被吸收。维生素 C 能将 Fe^{3+} 还原为 Fe^{2+}，因而可促进铁的吸收。铁在酸性环境中易溶解而便于被吸收，故胃液中的盐酸能促进铁吸收。

3. 钙的吸收 小肠上段是钙的吸收部位，正常人每日吸收钙 100mg。食物中的钙大部分随粪便排出体外，只有离子状态下的钙才能被吸收。某些氨基酸如赖氨酸、色氨酸、精氨酸等，可与钙形成可溶性钙盐，有利于钙吸收。维生素 D 可促进钙吸收。

4. 负离子的吸收 在小肠内吸收的负离子主要是 Cl^- 和 HCO_3^-，由钠泵产生的电位差可促进肠腔中的负离子向细胞内移动。

（五）水的吸收

成人每天从外界摄取 1 ~ 2L 水，分泌 6 ~ 8L 的消化液，因此每天吸收的水约为 8L。水的吸收都是被动的，各种溶液，特别是 NaCl 的主动吸收所产生的渗透压梯度是水吸收的主要动力。严重的呕吐、腹泻、大量出汗可使人体丢失大量水分和电解质，从而导致人体脱水和电解质平衡紊乱。

（六）维生素的吸收

维生素分为脂溶性维生素和水溶性维生素，多数在小肠上段被吸收。水溶性维生素包括 B 族维生素和维生素 C，主要通过 Na^+ 同向转运体被吸收。维生素 B_{12} 与胃黏膜分泌的内因子结合成复合物在回肠被吸收。脂溶性维生素（维生素 A、维生素 D、维生素 E、维生素 K 等）与脂类一起吸收，因此影响脂类消化吸收的因素（如胆汁酸缺乏，长期腹泻等）均可造成脂溶性维生素吸收减少。

第三节 消化器官活动的调节

消化系统的各个部位具有不同的结构和功能特点，它们相互配合、协调一致地进行活动，同时又能与整体活动相适应，以达到消化食物和吸收营养物质的目的。这些都是在神经和体液因素共同调节下实现的。

一、神经调节

支配消化道的神经分布于消化道壁内，包括来源于中枢的外来神经系统和内在神经系统两部分，它们相互协调，共同调节胃肠功能。

（一）外来神经系统

外来神经系统包括交感神经和副交感神经。

1. 交感神经 支配胃肠道的交感神经从脊髓胸腰段侧角发出，经过腹腔神经节、肠系膜神经节或腹下神经节更换神经元后，节后纤维终止于壁内神经丛或直接支配胃肠各部分。交感神经兴奋时，节后纤维末梢释放去甲肾上腺素，使胃肠运动减弱，腺体分泌减少及血流量减少，从而抑制消化和吸收。

2. 副交感神经 支配胃肠道的副交感神经主要来自迷走神经和盆神经，其节前纤维终止于胃肠壁内的神经元，更换神经元后节后纤维支配消化道上皮、平滑肌和腺体。副交感神经节后纤维主要释放的递质是乙酰胆碱，可引起胃肠运动增强，腺体分泌增加，使消化活动加强。

（二）内在神经系统

内在神经系统是指分布在消化道壁内的神经丛，又称壁内神经丛。壁内神经丛包括两类，即位于环行肌与纵行肌之间的肌间神经丛和环行肌与黏膜层之间的黏膜下神经丛。壁内神经丛包含大量的神经元和神经纤维，包括感觉神经元、中间神经元和运动神经元。各种神经元之间通过短的神经纤维形成网络联系，构成结构功能复杂、相对独立而完整的整合系统，调节胃肠运动、分泌以及胃肠血流。在完整的机体内，内在神经系统常受到外来神经系统的调节（图 17-10）。

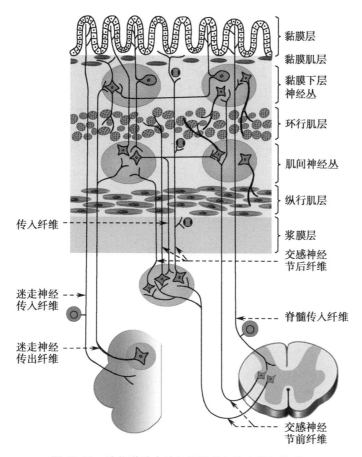

黏膜层
黏膜肌层
黏膜下层
神经丛
环行肌层
肌间神经丛
纵行肌层
浆膜层
交感神经
节后纤维
传入纤维
迷走神经
传入纤维
脊髓传入纤维
迷走神经
传出纤维
交感神经
节前纤维

图 17-10　消化道壁内神经丛及其与外来神经的联系

二、体液调节

在胃肠黏膜层内,存在有 40 多种内分泌细胞,其总量超过体内所有内分泌腺分泌细胞的总和。因此,消化道不仅是消化器官,也是体内最大、最复杂的内分泌器官。由胃肠黏膜内分泌细胞分泌的激素统称为胃肠激素(gastrointestinal hormone)。

胃肠激素具有以下生理作用:①调节消化腺的分泌和消化道的运动,如促胃液素可加强胃肠运动,使胃酸分泌增加;②调节其他激素的释放,如抑胃肽具有较强的刺激胰岛素分泌的作用;③营养作用:一些胃肠激素具有促进消化道组织代谢和生长的作用,如促胃液素能刺激胃泌酸部的黏膜和十二指肠黏膜的生长(表 17-1)。

表 17-1　部分胃肠激素的分泌部位、引起释放的因素和主要生理作用

激素名称	分泌部位	引起释放的因素	主要生理作用
促胃液素	胃窦、十二指肠	迷走神经兴奋、蛋白质分解产物	促进胃液、胰液、胆汁分泌;胃运动增强;促进胃和十二指肠黏膜生长
促胰液素	十二指肠、空肠	盐酸、蛋白质分解产物、脂肪酸	促进胰液(H_2O 和 $NaHCO_3$ 为主)、胆汁、小肠液分泌;抑制胃酸分泌和胃肠运动
缩胆囊素	十二指肠、空肠	蛋白质分解产物;脂肪酸	促进胰液(消化酶为主)、胆汁、小肠液分泌;加强肠运动和胆囊收缩,抑制胃排空

本章小结

　　消化是指食物中的营养物质在消化道内被分解为可吸收小分子的过程。其方式有两种,机械性消化和化学性消化。吸收是指食物经过消化后的小分子物质,以及维生素、无机盐和水通过消化道黏膜进入血液和淋巴液的过程。

　　食物在口腔内通过咀嚼被磨碎,同时在唾液淀粉酶的作用下,淀粉分解。胃液是由胃黏膜外分泌细胞分泌的混合液,主要成分有盐酸、胃蛋白酶原、黏液和内因子。胰液的主要成分有碳酸氢盐、胰淀粉酶、胰脂肪酶、胰蛋白酶原和糜蛋白酶原等,是最重要和消化力最强的消化液。胆汁中的胆盐对脂肪的消化和吸收起主要作用。绝大多数糖类、脂肪、蛋白质的消化产物在十二指肠和空肠吸收。

（王　琳）

扫一扫,测一测

思考题

1. 胃的运动形式有哪些? 各有什么生理意义?
2. 为什么说胰液是最重要的消化液?
3. 在生理情况下,胃液为什么不对胃黏膜进行自身消化?
4. 为什么小肠是营养物质吸收的主要部位?
5. 胃肠激素主要的生理作用有哪些?

学习目标

1. 掌握：影响能量代谢的因素；基础代谢、基础代谢率的概念及生理意义；体温的概念和正常值。

2. 熟悉：能量代谢的概念；机体的产热和散热方法；体温的调节。

3. 了解：能量的来源与去路。

4. 学会科学有效的保温和降温的方法。

5. 具有运用本章知识分析机体体温变动相关现象机制的能力。

第一节　能　量　代　谢

新陈代谢是生命活动的基本特征，即人体不断地通过物质代谢来构筑、更新自身的组织，又通过能量代谢来进行各种生命活动。人体物质代谢过程中总伴随着能量的贮存、释放、转移和利用等，称为能量代谢（energy metabolism）。

一、能量的来源与去路

（一）能量的来源

人体生命活动所需的能量，主要来源于食物中营养物质所蕴含的化学能。机体从外界摄取的营养物质中糖、脂肪和蛋白质是主要的能量来源。

1. 糖　糖（carbohydrate）提供了人体所需能量的 70% 左右，葡萄糖被吸收入血后，可供细胞直接氧化利用。在氧供应充分的情况下，机体绝大多数组织细胞通过糖的有氧氧化获得能量。在氧供应不足时，某些组织还可通过糖的无氧酵解获取少量能量。当机体糖的摄入量大于消耗量时，多余的葡萄糖可以合成糖原，贮存在肝脏和肌肉组织中。通常情况下机体内糖原的贮存量较少，成年人糖的贮存量仅为 150g 左右，只能供给机体半天的活动能量。

2. 脂肪　脂肪（fat）在体内的主要作用是储存和供给能量，可占体重的 20% 左右。正常体重者体内贮存的脂肪所提供的能量可供机体使用长达 2 个月之久。一般情况下，通过脂肪氧化分解为机体提供的能量在机体消耗的总能量中不超过 30%。

3. 蛋白质　蛋白质（protein）的基本组成单位是氨基酸。在生理状态下，蛋白质的主要功能是构成细胞成分和形成某些生物活性物质，并不作为供能物质。在某些特殊情况下，如长期不能进食或消耗量极大时，体内的糖原和贮存的脂肪几乎耗竭，能量极度缺乏时，机体才会依靠由蛋白质分解所产

笔记

生的氨基酸供能,以维持必需的生理活动。

（二）能量的去路

体内的糖、脂肪或蛋白质在氧化分解过程中,生成代谢终产物 H_2O、CO_2 和尿素等,同时释放出的能量中约有 50% 以上直接转变为热能,维持体温;其余不足 50% 的部分贮存于高能化合物中,其中最主要的是 ATP。ATP 是机体的贮能物质和各种生理活动的直接供能物质。当机体氧化释放的能量过剩时,ATP 也能将释放的能量转移给肌酸,形成磷酸肌酸(creatine phosphate,CP),作为暂时的贮存能量形式,CP 在 ATP 消耗较快时将其贮存的能量转移到 ADP 分子上,快速生成 ATP,以补充 ATP 的消耗(图 18-1)。

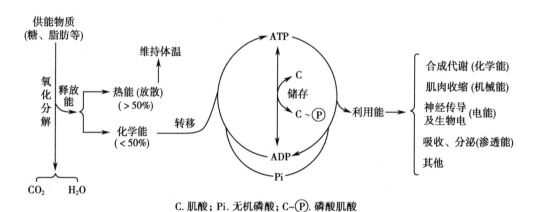

C.肌酸；Pi.无机磷酸；C~Ⓟ.磷酸肌酸

图 18-1 体内能量的释放、转移、贮存和利用

二、能量代谢测定

（一）能量代谢的测定原理

人体的能量代谢遵循了"能量守恒定律",即在生命活动中,机体摄入的蕴藏于食物中的化学能与最终转化的热能和所做的外功,按能量折算是相等的。可以测定机体在一定条件下和一定时间内所散发的总热量。单位时间内的能量代谢,称为能量代谢率(energy metabolism rate)。单位时间内所消耗的能量,可通过测定机体在一定时间内所消耗的食物,按照食物的热价计算出食物所含的能量,也可测定机体一定时间内产生的热量与所做的外功。在实际工作中,如果排除机体所做的外功,测定一定时间内机体的产热量即为机体消耗的全部能量。这就是测定能量代谢的基本原理。目前测定机体的产热量有两种方法,直接测热法和间接测热法,计量单位是焦耳(J)或千焦耳(kJ)。

1. 直接测热法 让受试者居于一个由隔热材料组成的密封房间内,收集人体在安静状态一定时间内散发的总热量,这种方法叫直接测热法。此方法所需设备复杂,操作繁琐,一般用于科学研究。通常研究能量代谢主要采用间接测热法。

2. 间接测热法 根据物质化学反应的"定比定律",糖、脂肪和蛋白质在体内氧化分解时的耗 O_2 量、产生 CO_2 的量和产热量之间有一定的比例关系。间接测热法是先测算出机体在单位时间内的耗 O_2 量和 CO_2 产生量,以此来计算人体的产热量和能量代谢率。例如,1mol 的葡萄糖氧化时,消耗 6mol O_2,产生 6mol 的 CO_2 和 6mol 的水,同时释放一定量(约 2826kJ)的热($\triangle H$),即:

$$C_6H_{12}O_6+6O_2 = 6CO_2+6H_2O+\triangle H$$

耗氧量和产热量之间具有一定的比例关系。因此,可以利用这一关系,通过测定单位时间的耗氧量来推算该时间内的产热量。

（二）与能量代谢测定有关的几个概念

应用间接测热法测定能量代谢,必须了解食物的热价、氧热价与呼吸商等与能量代谢相关的几个概念。

1. 食物的热价 1g 食物氧化时所释放出的能量,称为该食物的热价(thermal equivalent of food)。食物热价的单位通常为焦耳(J),它反映了一定量的能源物质贮存能量的大小。食物的热价可分为物理热价和生物热价,前者是指该食物在体外燃烧时所释放出的热量,后者是指食物在体内氧化时所释放出的热量(表18-1)。

2. 食物的氧热价　某种营养物质氧化时,每消耗1L氧所产生的热量,称为该种食物的氧热价(thermal equivalent of oxygen)。利用氧热价计算产热量的公式为:某种食物的产热量=该食物的氧热价×该食物的耗氧量。由于各种物质所含的碳、氢、氧比例不同,氧热价也不同(表18-1)。

3. 呼吸商　营养物质在氧化分解过程中,需要消耗O_2并产生CO_2。生理学上把营养物质在体内氧化时,同一时间内CO_2产生量与O_2消耗量的比值称为呼吸商(respiratory quotient,RQ)。即:

$$RQ = \frac{产生的 CO_2 摩尔数}{消耗的 O_2 摩尔数}$$

由于不同的营养物质分子结构不同,其在体内氧化分解时CO_2产生量和O_2耗量也不同。因此,三种营养物质各自的呼吸商也就不同,葡萄糖呼吸商为1.00,脂肪呼吸商为0.71。蛋白质在体内不能完全氧化,呼吸商大约为0.80(表18-1)。日常生活中,人们摄入的通常是混合性的食物,其呼吸商应介于0.71~1.0之间。

视频:葡萄糖的热价、氧热价和呼吸商

表18-1　三种营养物质的热价、氧热价和呼吸商

营养物质	产热量(kJ/g)		耗O_2量 (L/g)	CO_2产生量 (L/g)	氧热价 (kJ/L)	呼吸商
	物理热价	生物热价				
糖	17.15	17.15	0.83	0.83	21.1	1.00
脂肪	39.75	39.75	2.03	1.43	19.6	0.71
蛋白质	23.43	17.99	0.95	0.76	18.9	0.80

通常情况下,体内能量主要来自糖和脂肪的氧化,蛋白质用于氧化供能的量极少,且氧化不彻底,故可忽略不计。机体在氧化非蛋白质(糖和脂肪)时产生的CO_2量和消耗O_2量的比值称为非蛋白呼吸商(non-protein respiratory quotient,NPRQ)。混合食物的氧热价是由呼吸商决定的。由于正常情况下蛋白质用于供能的量极少,故混合食物的氧热价可以从非蛋白呼吸商求得(表18-2)。

表18-2　非蛋白呼吸商与氧热价

非蛋白 呼吸商	氧化的百分比(%)		氧热价 (kJ/L)	非蛋白 呼吸商	氧化的百分比(%)		氧热价 (kJ/L)
	糖	脂肪			糖	脂肪	
0.71	0.0	100.0	19.62	0.85	50.7	49.3	20.34
0.75	15.6	84.4	19.84	0.90	67.5	32.5	20.60
0.80	33.4	66.6	20.10	0.95	84.0	16.0	20.86
0.82	40.3	59.7	20.20	1.00	100.0	0.0	21.12

4. 能量代谢的计算　在临床和劳动卫生工作中,常采用简易方法测算能量代谢率,其计算的基本步骤是:①测定单位时间内总的耗O_2量和CO_2产生量,并据此计算呼吸商;②以计算得到的呼吸商作为非蛋白呼吸商(蛋白质用于供能的量极少),从非蛋白呼吸商与氧热价对应关系表(表18-2)中查得相应氧热价;③利用公式:产热量=氧热价(kJ/L)×O_2耗量(L),求出单位时间内的产热量,即能量代谢率。

根据国人的统计资料,基础状态下的非蛋白呼吸商为0.82,对应的氧热价为20.20kJ/L,因此,用测定的耗O_2量与氧热价相乘,即可求得产热量。实践证明,用此方法算出的结果与使用三种混合营养食物的呼吸商测算出的结果相接近,是一种较为方便、快捷、可靠的方法。

在能量转化过程中,食物中的化学能与转化成的热能和所做外功的和,按数量来看是完全相等

笔记

的。因此,测定在一定时间内机体所消耗的食物,或者测定机体所产生的热量与所做的外功的和,都可测算出机体的能量代谢率。

三、影响能量代谢的因素

影响能量代谢的因素有肌肉活动、精神活动、食物的特殊动力作用和环境温度等。

(一)肌肉活动

肌肉活动对能量代谢的影响最为显著。肌肉活动需要大量能量,而能量则来自于营养物质的氧化,导致机体耗氧量的增加,任何轻微的活动都可提高能量代谢率,肌肉活动时耗氧量最多可达安静时的 10~20 倍,因此,能量代谢率可作为评价肌肉活动强度的指标。

(二)精神活动

人在平静地思考时,能量代谢受到的影响并不大。但精神处于紧张状态,如烦恼、恐惧或情绪激动时,产热量可显著增加,这可能是由于肌紧张增强,交感-肾上腺髓质系统兴奋,刺激代谢的激素分泌增多等,使能量代谢增强所致。

(三)食物的特殊动力效应

进食后即使人体处于安静状态,其产热量也比进食前有所增加。这种由于进食引起机体产生"额外"热量的现象称为食物特殊动力效应(specific dynamic action of food)。实验证明,在三种主要营养物质中,进食蛋白质时的特殊动力效应最为显著,持续时间也最长,可使机体"额外"产生的热量增加30%,糖和脂肪的摄入可使产热量增加4%~6%,混合性食物产热量大约增加10%。

(四)环境温度

人在 20~30℃ 的环境中,能量代谢最为稳定。当环境温度低于 20℃ 时,代谢率开始增加,原因在于寒冷刺激引起寒战及肌肉紧张增强所致。当环境温度超过 30℃ 时,代谢率又会逐渐增加,这与体内生物化学反应加快,人体的呼吸、循环功能加强等有关。

图片:机体不同状态下的能量代谢率

四、基础代谢

基础代谢(basal metabolism)是指基础状态下的能量代谢。基础代谢率(basal metabolic rate,BMR)是在基础状态下,单位时间内的能量代谢。所谓基础状态,是指人体处于清晨、清醒、静卧、未做肌肉活动、空腹(禁食12h以上)、环境温度在20~25℃、无精神紧张的状态。基础状态排除了肌肉活动、食物的特殊动力效应、环境温度和精神活动等对能量代谢的影响。在这种状态下的能量代谢消耗,主要用在维持人体的最基本生命活动如心跳、呼吸等,较为稳定。

当测得某人的基础代谢率后,常将测定值与同性别、同年龄组的正常值进行比较,以排除年龄和性别影响(表 18-3)。在临床实际工作中,基础代谢率通常以实测值与正常值的相对值来表示,其计算公式如下:

$$基础代谢率的相对值 = \frac{实际测得值 - 正常平均值}{正常平均值} \times 100\%$$

表 18-3　我国人正常基础代谢率平均值[kJ/(m² · h)]

年龄(岁)	11~15	16~17	18~19	20~30	31~40	41~50	51 以上
男性	195.5	193.4	166.2	157.8	158.6	154.0	149.0
女性	172.5	181.7	154.0	146.5	146.9	142.4	138.6

一般说来,基础代谢率的实测值与正常平均值比较,相差在 ±15% 以内均属于正常。相差超过 ±20% 时,才有可能是病理变化。很多疾病都伴有基础代谢率的改变,而在各种疾病中,甲状腺功能改变对基础代谢率影响最为显著。甲状腺功能亢进时,基础代谢率可比正常值高 25%~80%;甲状腺功能减退时,基础代谢率低于正常值 20%~40%;因此,基础代谢率的测定是临床用来诊断甲状腺疾病的重要辅助方法。此外,糖尿病、肾上腺皮质功能亢进、发热时,基础代谢率也会增高;而病理性饥饿、肾病综合征时,基础代谢率则降低。

体重指数（BMI）

体重指数（Body Mass Index，BMI）等于体重（kg）除以身高的平方（m²），是衡量肥胖的指标。BMI 正常值为 18.5~24.99，≥24 为超重，≥28 为肥胖。2001 年，中国肥胖问题工作组发布权威报告：BMI 每增加 2，冠心病、脑卒中、缺血性脑卒中的相对危险分别增加 15.4%、6.1% 和 18.8%，因此，一旦 BMI≥24 时，需要通过体育锻炼、饮食控制或其他方式来减肥。

第二节　体温及其调节

一、正常体温及其生理变动

（一）体温的概念及正常值

体温（body temperature）是指机体深部的平均温度。人体的外周组织即表层（皮肤、皮下组织和肌肉等）的温度称为体表温度，各部位之间的差异较大；机体深部（心、肺、脑和腹腔内脏等）的温度称为体核温度，各部位之间保持相对稳定。所谓表层与深部，并无严格的解剖学界限，而是生理功能上体温的分布区域。在不同环境中，体核温度和体表温度的分布会发生相对改变，例如炎热环境中，深部温度分布区域可扩展到四肢，而较寒冷的环境中，深部温度分布区域缩小，主要集中于头部与内脏。

临床上通常测量口腔温度、直肠温度和腋窝温度来代表体温。口腔温度正常值为 36.7~37.7℃，直肠温度的正常值为 36.9~37.9℃；腋窝温度正常值为 36.0~37.4℃。食管中央部分的温度与右心的温度大致相等，在实验研究中，食管温度可以作为深部温度的一个指标。鼓膜温度的变动大致与下丘脑温度的变化成正比，常用鼓膜温度作为脑组织温度的指标。

图片:不同环境温度下人体体温分布示意图

（二）体温的生理变动

1. 昼夜变化　在一昼夜中，人体体温呈周期性波动，清晨 2~6 时体温最低，午后 1~6 时最高，波动的幅值一般不超过 1℃，这种周期性波动称为昼夜节律或日周期（circadian rhythm）。

2. 性别差异　青春期后女子的平均体温比男子高 0.3℃，这可能与女性皮下脂肪较多、散热较少有关。育龄女性的基础体温（指基础状态下的体温）随月经周期发生规律性变化。从月经期到排卵日之前体温较低，排卵日最低，排卵后体温立即上升 0.3~0.6℃，并且维持在较高水平。临床上通过测定女性月经周期中基础体温的变化，有助于了解受试者有无排卵及排卵的日期。

图片:女性月经周期中基础体温的变化

3. 年龄差异　体温也与年龄有关。一般说来，儿童和青少年的体温较高，老年人的体温较低。新生儿，特别是早产儿，由于体温调节机制发育还不完善，调节体温的能力差，容易受环境温度的影响而变动。

4. 肌肉活动　肌肉活动增强时，能量代谢增高，产热量明显增多，可导致体温升高。长时间剧烈运动可使体温接近 40℃。

此外，环境温度的变化、情绪激动、精神紧张、进食等均可对体温产生影响，在测定体温时应予充分考虑。

二、人体的产热和散热

正常体温的维持依赖于在体温调控机制的作用下，产热过程和散热过程处于平衡，即体热平衡。

（一）产热过程

机体的热量是由糖、脂肪、蛋白质等物质在组织细胞中进行分解代谢时产生的。其中对体温影响比较大的产热器官是内脏和骨骼肌。安静状态下，内脏器官是机体的主要产热部位。由于体内各器

笔记

官的代谢水平不同,产热量有所差别,其中,肝脏产热量最高,其次是心脏和消化腺。运动或劳动时,骨骼肌成为主要的产热器官,占90%。

寒冷环境中机体主要依靠寒战来增加产热量,寒战是机体受到寒冷刺激时,骨骼肌出现寒冷性肌紧张,并发生不随意的节律性收缩。发生寒战时,代谢率可增加4~5倍(表18-4)。除此之外,机体还可以通过非寒战产热,非寒战产热主要依赖于棕色脂肪(brown fat)组织,这种产热对于新生儿尤其重要,因为新生儿不能发生寒战。

表18-4　几种组织器官在不同状态下的产热量

器官、组织	重量(占体重的%)	产热量(占机体总产热量的%)	
		安静状态	劳动或运动
脑	2.5	16	1
内脏	34.0	56	8
骨骼肌	56.0	18	90
其他	7.5	10	1

(二)散热过程

人体的主要散热部位是皮肤,呼吸、排尿和排粪也可散失一部分热量。皮肤的主要散热方式有辐射散热、传导散热、对流散热和蒸发散热等。当环境温度低于体温时,大部分的热量通过辐射、传导和对流的方式散失;当环境温度等于或高于皮肤温度时,辐射、传导和对流的散热方式不起作用,蒸发就成为机体唯一的散热方式。

1. **辐射散热**　机体以热射线的形式将体热传给外界较冷物体的散热方式称为辐射散热(thermal radiation)。辐射散热量与皮肤温度和周围环境之间的温度差,以及有效辐射面积等因素有关,皮肤与环境之间的温差越大,皮肤的有效散热面积越大,则皮肤散热量越多。安静状态下此方式散热量约占皮肤总散热量的60%。

2. **传导散热**　散热机体将热量直接传给与皮肤接触的较冷物体的散热方式称为传导散热(thermal conduction)。传导散热的多少取决于皮肤表面与接触表面的温度差、接触面积以及接触物体的导热性。棉、丝织物的导热性较差,因此具有保暖作用;而水的导热度较大,故可利用冰囊、冰帽给高热病人降温。

3. **对流散热**　机体通过气体或液体的流动交换热量的一种散热方式称为对流散热(thermal convection)。它是传导散热的一种特殊形式。当皮肤温度高于环境温度时,体热传给与皮肤表面相接触的空气,并使其温度升高;空气受热后,密度变小而离开皮肤,周围温度较低的空气又会补充进去。对流散热量的多少除取决于皮肤与周围环境的温度差及机体有效散热面积以外,还与气体或液体的流速有关。例如,电扇加快冷空气对流速度时,能够增加人体的散热量;增添衣服可以减少人体对流散热,有利于保持体温。

4. **蒸发**　机体通过体表水分的蒸发来散发体热的一种方式称为蒸发(evaporation)。体表每蒸发1g水可使机体散发2.43kJ的热量。影响蒸发散热的主要因素有环境温度、湿度和风速。高温、高湿度和低风速时,不易蒸发;反之,容易蒸发。蒸发散热有两种形式:

(1)不感蒸发:指体内水分从皮肤和黏膜表面不断渗出而被气化的一种散热方式,也称不显汗,这种蒸发在皮肤表面上弥漫而持续不断地进行。它不被察觉,也不受生理性体温调节机制的控制。环境温度在30℃以下时,不感蒸发比较稳定,人体每日不感蒸发的量约为1000ml。

(2)发汗:又称可感蒸发,指汗腺主动分泌汗液的过程。通过发汗可有效带走大量体热。汗腺的分泌量差异很大,在冬季或低温环境中,无汗分泌或分泌量少,形不成汗滴,一般计入不感蒸发;在高温环境或剧烈运动及劳动时,汗腺分泌量可达每小时1.5L或更多。通过汗液蒸发散发大量体热,防止体温骤升,与体温调节密切相关。

三、体温调节

人体体温的相对稳定,有赖于自主性体温调节(autonomic thermoregulation)和行为性体温调节(behavioral thermoregulation)的共同参与,使机体的产热和散热过程处于动态平衡之中。自主性体温调节是在体温调节中枢控制下,通过改变皮肤血流量、汗腺活动、寒战等生理调节反应,使机体的产热量和散热量维持平衡,从而使体温保持相对恒定的水平。行为性体温调节是机体通过有意识的行为保持体温相对恒定的活动,它是自主性体温调节的补充。生理学主要讨论自主性体温调节。

(一)温度感受器和体温调节中枢

温度感受器分为外周温度感受器和中枢温度感受器。外周温度感受器存在于人体皮肤、黏膜和内脏中,分为冷感受器和热感受器,它们都是对温度敏感的游离神经末梢。当皮肤温度升高时,热感受器兴奋;当皮肤温度下降时,冷感受器兴奋。中枢温度感受器是指存在于脊髓、延髓、脑干网状结构及下丘脑中的对温度变化敏感的神经元,其中视前区-下丘脑前部(preoptic anterior hypothalamus,PO/AH)最重要,被认为是体温调节中枢。

(二)体温调节的调定点学说

体温调定点学说认为体温调节机制类似于恒温器工作原理。下丘脑 PO/AH 中的温度敏感神经元起着调定点(set point)的作用。当体温和调定点水平一致,如 37℃ 时机体的产热和散热保持平衡。当体温高于调定点的水平时,热敏神经元活动明显增强,散热活动大于产热活动,使得升高的体温开始下降,直至回到调定点为止;当体温低于调定点水平时,冷敏神经元活动明显增强,产热活动大于散热活动,这使降低的体温开始回升,直至回到调定点为止(图 18-2)。如果由于某种原因使调定点上移,则出现发热。例如由于病原微生物的感染所引起的发热,主要是某些致热原作用于下丘脑体温调节中枢,使调定点上移,即调定点重调定。

图片:调定点的变化对机体产热和散热的影响

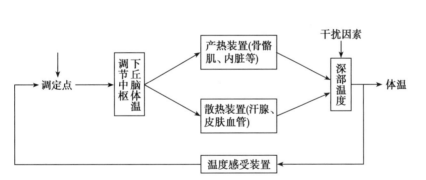

图 18-2　体温调节结构示意图

温 度 习 服

机体在低温或高温环境下,逐渐产生的适应性变化,使机体体温对环境温度的耐受增强,这种现象称为温度习服,包括热习服(heat acclimation)和冷习服(cold acclimation)。

1. 热习服是机体长期暴露于高温后产生的适应性变化。表现为引起机体发汗的体温阈值降低,发汗量增加,汗液中钠盐含量减少;引起皮肤血管扩张的体温阈值降低,皮肤血流量增加等。

2. 冷习服是机体长期暴露于寒冷环境后逐渐出现的适应性改变。寒冷环境下甲状腺激素分泌增多,基础代谢率增加,产热增多;同时寒战阈值改变,非寒战性产热增加。

文档:中暑

本章小结

　　新陈代谢是生命活动的基本特征。物质代谢过程中总伴随着能量的释放、转移、贮存和利用等,称为能量代谢。影响能量代谢的主要因素有肌肉活动、环境温度、精神活动和食物的特殊动力效应。基础状态下的能量代谢称为基础代谢。测定能量代谢率有助于了解机体的营养状况、甲状腺激素分泌情况等。体温指机体深部的平均温度,体温正常是机体进行新陈代谢和各项生命活动的必要条件。机体具有调节体温的生物调控机制,温度感受器感受体温的变化,然后将信息传至下丘脑的体温调节中枢,通过中枢的信息整合,调节产热过程和散热过程,最终维持机体体温的相对恒定。安静状态下,内脏器官是机体的主要产热部位;运动或劳动时,骨骼肌成为主要的产热器官。寒冷环境中机体主要依靠寒战来增加产热量。人体的主要散热部位是皮肤,皮肤的主要散热方式有辐射散热、传导散热、对流散热和蒸发散热。

（姚齐颖）

扫一扫,测一测

思考题

1. 简述影响机体能量代谢的因素。
2. 何谓基础代谢率? 测定基础代谢率有何意义?
3. 简述机体是如何维持体温相对恒定的。
4. 举例说明人体的散热方式的主要种类。

笔记

19章 PPT

学习目标

　　1. 掌握:肾小球滤过率、滤过分数、有效滤过压的概念和意义;滤过膜及通透性;肾小球滤过的影响因素;抗利尿激素、醛固酮的生理作用及分泌的调节。

　　2. 熟悉:肾小管对 Na^+、Cl^-、H_2O、HCO_3^-、K^+、葡萄糖的重吸收过程及方式;H^+、NH_3、K^+的分泌;排尿反射。

　　3. 了解:尿液浓缩和稀释的基本概念;膀胱的神经支配;排尿反射及异常情况。

　　4. 学会尿量观察和计量的方法。

　　5. 具有科教宣传意识和将本章知识应用于临床或解决实际问题的能力。

第一节　概　　述

一、排泄的概念与途径

　　人体在新陈代谢过程中需要不断地消耗氧气和能源物质,同时产生并排出二氧化碳和代谢产物。机体的排泄器官将代谢终产物和进入体内的异物、药物或毒物以及过剩的物质,经血液循环排出体外的过程称为排泄(excretion)。机体有四个排泄途径:①伴随呼吸过程,由肺排出 CO_2、少量的水和挥发性物质;②伴随唾液、胆汁等消化液的分泌,由消化腺、消化道排出重金属、胆色素、胆盐、钙、镁、铁等;③由汗腺以分泌汗液的形式排出部分水、少量尿素、乳酸和盐类;④由肾形成尿液的形式排泄大量的代谢产物,肾形成尿液是机体最主要的排泄途径。

二、肾的功能

　　肾是机体最重要的排泄器官。肾在不断生成与排出尿液的同时,维持了机体和细胞内环境的稳态。肾通过尿的生成和排出,去除机体大部分代谢终产物、体内过剩的物质和异物;调节细胞外液量和渗透压,维持机体内水的平衡;保留体液中的 Na^+、HCO_3^- 和 Cl^-,排出多余的 K^+ 和 H^+,以维持电解质和酸碱平衡,保持内环境相对稳定。

　　此外,肾还是内分泌器官。肾合成和释放肾素,参与血压的调节;肾合成的促红细胞生成素调节骨髓红细胞的生成;肾中 1α-羟化酶可羟化 25-羟维生素 D_3,形成活性较强的 1,25-二羟维生素 D_3,促进小肠和肾小管对钙离子的吸收,稳定血钙水平,调节骨骼的生长发育;肾还合成激肽、前列腺素等活性物质,参与血管活动的调节。

笔记

三、尿液

（一）尿量

正常成人 24h 尿量为 1000~2000ml，平均为 1500ml。若每天摄入水量较多，或其他途径的入水量大于出水量，尿量会增加，若 24h 尿量持续超过 2500ml 称为多尿；当机体缺水、大量失血时，24h 尿量在 100~500ml 范围内，称为少尿；少于 100ml，则称为无尿。正常成人每日产生 35g 固体代谢产物，最少需要约 500ml 尿量才能将其溶解并排出体外。尿量过多会使机体丧失大量水分和电解质，使细胞外液量减少，结果导致脱水；少尿或无尿则会使代谢产物在体内堆积，破坏内环境稳态，影响细胞正常的生理功能。

（二）尿液的成分和理化性质

尿中含水 95%~97%，固体物质占 3%~5%，主要是有机物和无机盐。有机物主要是尿素，还有肌酐、尿胆素、马尿酸等代谢产物；无机物主要是氯化钠，还有硫酸盐、磷酸盐和钾、铵的盐类。尿中氯化钠的多少取决于氯化钠的进食量，多食多排，若长期摄入过少，排出量明显减少。而钾盐尿液排泄则遵循多食多排，少食少排，不食也排的规则。

1. **酸碱度** 正常尿液的 pH 在 5.0~7.0 之间，呈弱酸性，最大变动范围为 4.5~8.0。尿的 pH 高低主要取决于食物的性质和成分，富含蛋白质的食物摄入较多时尿呈酸性，摄入水果、蔬菜等食物较多时尿呈弱碱性。

2. **颜色** 正常新鲜尿液是透明的淡黄色液体，其颜色主要来自胆色素的代谢产物，颜色的深浅与尿量呈反比关系，当尿量减少或空气暴露氧化时间延长，尿液颜色加深。尿液颜色也常受药物影响，如过量服用维生素 B 族或服用呋喃唑酮后尿液颜色呈黄色，服用利福平后尿液颜色呈红棕色。肾病患者可出现血尿（呈洗肉水色）、乳糜尿（呈乳白色）。

3. **比重** 尿的比重在 1.015~1.025 之间，最大变动范围为 1.002~1.035。大量饮清水后，尿被稀释，颜色变浅，比重降低；尿量减少时尿被浓缩，颜色变深，比重升高。若尿的比重长期在 1.010 以下，表示尿浓缩功能障碍，为肾功能不全的表现。

第二节　尿的生成过程

肾单位是尿生成的基本单位，和集合管一起共同完成尿的生成过程。尿的生成过程包括三个基本过程：血液经肾小球毛细血管滤过形成超滤液；肾小管与集合管对超滤液进行选择性重吸收；肾小管与集合管的分泌，最终形成终尿。

一、肾小球的滤过功能

肾小球的滤过功能是指血液流经肾小球毛细血管时，除蛋白质外，血浆中的水和小分子物质透过滤过膜进入肾小囊腔形成超滤液（ultrafiltrate，又称原尿）的过程。这是尿生成的第一步。在动物实验中，用微穿刺法直接抽取肾小囊内的液体，并对其进行微量化学分析，结果发现，原尿中的化学成分除蛋白质含量极少外，其他成分和溶质的含量，以及酸碱度、晶体渗透压等都与血浆基本相同（表 19-1），由此可认为原尿是血浆的超滤液。

（一）滤过膜及其通透性

肾小球滤过膜由三层结构组成：①内层是毛细血管内皮细胞，具有许多直径为 70~90nm 的小孔，防止红细胞通过；②中间层是非细胞性的基膜，阻碍血浆蛋白滤过，决定着滤过膜的通透性；③外层是肾小囊脏层上皮细胞裂隙膜，膜上有 4~11nm 的小孔，在裂隙膜上分布着一种称为裂孔素的蛋白，可阻止分子量较小的蛋白质通过，是滤过的最后屏障。以上三层结构共同构成了肾小球滤过的机械屏障（图 19-1）。

滤过膜各层均含有许多带负电荷的糖蛋白，限制带负电的血浆蛋白滤过，起着电学屏障的作用。由此可见，血浆中不同物质通过滤过膜的能力取决于该物质的分子大小和它所携带的电荷，即物质滤过要经过滤过膜的机械屏障和电学屏障的选择作用。

图片：肾小球、肾小囊微穿刺和球旁器示意图

图片：分子半径和所带电荷不同对右旋糖酐滤过能力的影响

笔记

表 19-1　血浆、原尿和终尿中物质含量及每天的滤过量和排出量

成分	血浆 (g/L)	原尿 (g/L)	终尿 (g/L)	终尿/血浆 (倍数)	滤过总量 (g/d)	排出量 (g/d)	重吸收率 (%)
K^+	0.2	0.2	1.5	7.5	36.0	2.3	94
Na^+	3.3	3.3	3.5	1.1	594.0	5.3	99
Cl^-	3.7	3.7	6.0	1.6	666.0	9.0	99
碳酸根	1.5	1.5	0.07	0.05	270.0	0.1	99
磷酸根	0.03	0.03	1.2	40.0	5.4	1.8	67
尿素	0.3	0.3	20.0	67.0	54.0	30.0	45
尿酸	0.02	0.02	0.5	25.0	3.6	0.75	79
肌酐	0.01	0.01	1.5	150.0	1.8	2.25	0
氨	0.001	0.00	0.4	400.0	0.18	0.6	0
葡萄糖	1.0	1.0	0	0	180.0	0	100*
蛋白质	80.0	0	0	0	微量	0	100*
水	—	—	—	—	180.0L	1.5L	99

* 几乎为 100%。

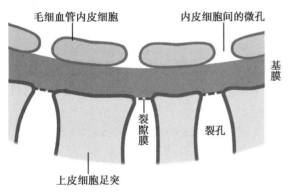

毛细血管内皮细胞　内皮细胞间的微孔

基膜

裂隙膜　裂孔

上皮细胞足突

图 19-1　肾小球滤过膜示意图

（二）有效滤过压

有效滤过压（effective filtration pressure，EFP）是肾小球滤过的动力。因滤过膜对蛋白质几乎不通透，故肾小囊内超滤液中的蛋白质含量极少，其胶体渗透压可忽略不计。因此，肾小球有效滤过压=肾小球毛细血管血压-（血浆胶体渗透压+肾小囊内压）（图 19-2）。在入球小动脉端和出球小动脉端，毛细血管血压基本不变，约为 45mmHg，肾小囊内压为 10mmHg。因此，肾小球毛细血管不同部位有效滤过压的大小，主要取决于血浆胶体渗透压的变化。血液在肾小球毛细血管中流动时，随着超滤液的生成，血液中的血浆蛋白浓度逐渐升高，血浆胶体渗透压不断增大，有效滤过压逐渐降低。当有效滤过压下降到零，则滤过停止，称为滤过平衡（filtration equilibrium）。可见，并非肾小球毛细血管全长都有滤过作用，只有从入球小动脉端开始到出现滤过平衡处这一段才有滤过作用。因此，有滤过作用的肾小球毛细血管的长度取决于血浆胶体渗透压上升的速度和达到滤过平衡的位置。

（三）肾小球滤过率和滤过分数

肾小球滤过率（glomerular filtration rate，GFR）是指单位时间（每分钟）内两肾生成的超滤液量。正常成人安静时约为 125ml/min，故一昼夜生成的超滤液量可达 180L。肾小球滤过率与每分钟肾血浆流量的比值称为滤过分数（filtration fraction，FF）。正常人安静时肾血浆流量为 660ml/min，则滤过分数为19%，表明流经肾的血浆约有 1/5 由肾小球滤过到肾小囊形成超滤液。

（四）影响肾小球滤过的因素

1. 滤过膜的面积与通透性　人体两侧肾约有 200 万个肾单位，肾小球毛细血管的总滤过面积为1.5m² 左右，正常生理情况下，滤过膜的面积和通透性保持稳定。急性肾小球肾炎时，因肾小球毛细血管管腔变窄，使滤过面积减少、肾小球滤过率降低，可导致少尿甚至无尿。又因滤过膜上带负电荷的糖蛋白减少或消失，电学屏障减弱，滤过膜通透性增大，血浆蛋白质甚至血细胞滤出，可出现蛋白尿和血尿。

2. 肾小球有效滤过压　肾小球有效滤过压是肾小球毛细血管血压、血浆胶体渗透压和肾小囊内

笔记

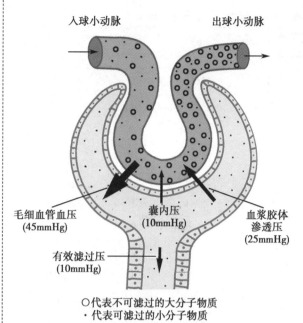

毛细血管血压
(45mmHg)

囊内压
(10mmHg)

血浆胶体
渗透压
(25mmHg)

有效滤过压
(10mmHg)

○代表不可滤过的大分子物质
·代表可滤过的小分子物质

图 19-2　肾小球有效滤过压示意图

压三者的代数和,其中任何一个因素发生改变,都会影响有效滤过压,改变肾小球滤过率。

(1) 肾小球毛细血管血压:正常人体肾小球毛细血管血压保持相对稳定,从而使肾小球滤过率基本保持不变。但当动脉血压低于80mmHg时,肾小球毛细血管血压将相应下降,有效滤过压降低,肾小球滤过率减少,出现少尿。当动脉血压下降到40~50mmHg以下时,肾小球滤过率下降到零,尿生成停止,出现无尿。

(2) 肾小囊内压:在正常情况下肾小囊内压是比较稳定的。当肾盂或输尿管结石、肿瘤压迫或其他原因引起输尿管阻塞时,因肾小囊内液体流出不畅,导致肾小囊内压增高,从而有效滤过压下降,肾小球滤过率减小。

(3) 血浆胶体渗透压:血浆胶体渗透压在正常情况下不会有很大变动。但若全身血浆蛋白的浓度明显下降,或因静脉输入大量生理盐水,血浆胶体渗透压将降低,有效滤过压升高,肾小球滤过率增大。

3. **肾血流量**　当肾动脉灌注压在 80~180mmHg 范围内变动时,肾血流量保持相对恒定的现象称为肾血流量的自身调节(autoregulation of renal blood flow)。这保证了正常生理情况下肾血流量和肾小球滤过率的稳定,维持了肾排泄功能的正常进行。当灌注压低于80mmHg或高于180mmHg时,肾血流量致使肾小球滤过率随肾动脉灌注压的升降而增减(图 19-3)。即灌注压由 80mmHg 逐渐降低时,肾血流量减少,肾小球滤过率降低,超滤液和尿液生成减少;当灌注压由 180mmHg 逐渐升高时,肾血流量增多,肾小球滤过率升高,超滤液和尿液生成增加。

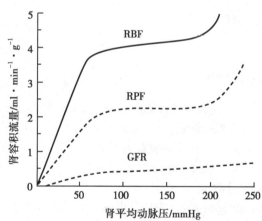

RBF:肾血流量;RPF:肾血浆流量;GFR:肾小球滤过率

图 19-3　肾血流量的自身调节

肾血流量通过影响血浆胶体渗透压升高的速度和滤过平衡点的位置,来影响肾小球滤过率。肾血流量增加时,血浆胶体渗透压升高的速度减慢,滤过平衡点就靠近毛细血管出球小动脉端,产生滤过作用的毛细血管长度增加,有效滤过面积增大,肾小球滤过率升高;相反,肾血流量急剧减少,血浆胶体渗透压升高速度加快,滤过平衡点向毛细血管入球小动脉端移动,有效滤过面积减小,使肾小球滤过率明显降低。生理实验中,静脉输入去甲肾上腺素,使动脉血压升高超出肾自身调节范围,肾血流量、肾小球滤过率和尿量也会增加。在严重缺氧、中毒性休克等病理情况下,因交感神经兴奋,肾血管收缩,肾血流量和肾小球滤过率降低,尿液生成减少。

高血压与尿量

人体动脉血压的长期调节主要依赖肾-体液调节机制,肾-体液调节机制的核心就是通过调节肾脏形成尿液的量,来维持正常机体的体液量和循环血量的稳定,来维持正常的动脉血压和稳态。动脉血压正常的健康成人 24h 的尿量为 1000~2000ml(平均为 1500ml),而收缩压 ≥140mmHg,和/或舒张压 ≥90mmHg 的高血压病患者随着病情发展,尿量有所变化。高血压病早期表现尿量增加,因为患者动脉血压升高,使肾毛细血管血压升高,肾小球滤过率增加,尿量随之增加;但高血压患者晚期,肾脏常常受累,入球小动脉发生器质性狭窄,致使肾小球毛细血管压明显降低,肾小球滤过率降低,尿量生成减少,甚至出现少尿。

二、肾小管和集合管的重吸收

肾小囊中的超滤液流入肾小管即为小管液。正常成人两肾生成的超滤液量约 180L/d,而终尿量仅平均为 1.5L/d,说明 99% 的水在流经肾小管和集合管时被重吸收。正常情况下,小管液中的葡萄糖、氨基酸在近端小管全部被重吸收;Na^+、K^+、Cl^-、HCO_3^- 及尿素等物质可不同程度地被重吸收;而肌酐、尿酸在终尿中的含量多于原尿,说明肾小管还具有分泌和排泄功能。重吸收的途径包括跨上皮细胞途径和细胞旁途径两种,以前者为主。重吸收的方式有主动转运和被动转运两种。

不同部位的肾小管和集合管对物质重吸收的能力及机制不同,其中近端小管重吸收物质的种类多、数量大,是物质重吸收的主要部位。

(一)Na^+、Cl^- 和水的重吸收

原尿中 99% 以上的 Na^+ 被重吸收,其中,近端小管重吸收 65%~70%,远曲小管约重吸收 10%,其余在髓袢升支和集合管重吸收。Na^+ 主要以主动转运方式被重吸收。

1. **近端小管**　近端小管前半段由于 Na^+ 泵的作用,Na^+ 被泵出至细胞间隙,使细胞内 Na^+ 浓度降低、细胞内带负电位,小管液中的 Na^+ 便和 Na^+-葡萄糖同向转运体、Na^+-氨基酸同向转运体及 Na^+-H^+ 逆向交换体结合,顺电-化学梯度进入肾小管上皮细胞而被重吸收,而上皮细胞内的 H^+ 被分泌到小管液中。由于细胞间隙 Na^+ 浓度升高,故渗透压也随之升高,通过渗透作用,水随之进入细胞间隙,造成细胞间隙静水压升高,这一压力促使 Na^+ 和水通过基膜进入相邻的毛细血管而被重吸收,但由于上皮细胞间紧密连接较弱,故一部分液体可回流到小管液中(图 19-4)。

分泌到小管液中的 H^+ 与 HCO_3^- 结合,以 CO_2 的形式促进 HCO_3^- 的重吸收,Cl^- 则留在小管液中,其浓度高于管周组织的 Cl^- 20%~40%,形成 Cl^- 的电-化学梯度。当小管液流经近端小管后半段时,Cl^- 通过细胞旁途径(即紧密连接)顺浓度梯度被动重吸收。Cl^- 被动重吸收后,使管腔两侧出现电位差,驱使 Na^+ 顺电位梯度通过细胞旁途径被动重吸收,此种方式约占 NaCl 重吸收的 1/3。近端小管中物质的重吸收是等渗重吸收,小管液为等渗液。

2. **髓袢**　髓袢降支细段对 NaCl 不通透,对水通透性高,水在周围高渗组织液的作用下被动重吸收,小管液 NaCl 浓度不断增高。髓袢升支细段对水不通透,对 Na^+、Cl^- 通透性高,形成 NaCl 顺浓度差被动重吸收。

髓袢升支粗段上皮细胞基底侧膜上的 Na^+ 泵,将细胞内的 Na^+ 转运至组织间液,使细

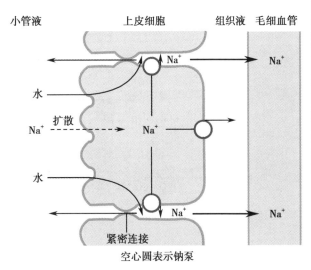

图 19-4　Na^+ 在近端小管重吸收示意图

胞内的 Na^+ 浓度下降,管腔膜上有电中性的 Na^+-K^+-$2Cl^-$ 同向转运体,小管液中 Na^+、Cl^-、K^+ 与转运体结合,形成 Na^+-$2Cl^-$-K^+ 同向转运体复合物,并一起转运至细胞内。进入细胞内的 Na^+ 再由 Na^+ 泵转运至组织间液,Cl^- 经管周膜上 Cl^- 通道扩散至组织间液,而 K^+ 则顺浓度梯度经管腔膜返回小管液,使小管液呈正电位,促使小管液中的 Na^+、K^+ 和 Ca^{2+} 等正离子经细胞旁途径被重吸收(图 19-5)。髓袢升支粗段对 NaCl 的重吸收,形成了肾髓质的渗透梯度,是肾尿液浓缩和稀释的基础。用呋塞米(速尿)和依他尼酸(利尿酸)能抑制 Na^+-$2Cl^-$-K^+ 同向转运体的功能,使升支粗段对 NaCl 的重吸收减少,破坏肾髓质渗透梯度,减弱肾对尿的浓缩功能,可产生利尿效应。

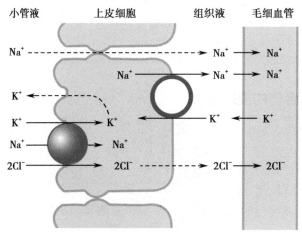

实心圆表示转运体,空心圆表示钠泵

图 19-5　髓袢升支粗段对 Na^+、Cl^- 和 K^+ 的转运

3. 远曲小管和集合管　远曲小管和集合管也可主动重吸收 NaCl,且 Na^+ 的重吸收与 K^+ 和 H^+ 的分泌有关(见 K^+ 和 H^+ 的分泌)。Na^+ 和水在远曲小管和集合管的重吸收分别受醛固酮和抗利尿激素的调节,在机体缺盐或缺水时,对盐或水的重吸收量增加,属于调节性重吸收。其余肾小管各段对 Na^+ 和水的重吸收,同机体是否缺盐缺水无关,属于必然性重吸收。

(二) HCO_3^- 的重吸收

正常情况下,由肾小球滤过的 HCO_3^- 几乎全部被肾小管和集合管重吸收,其中 80%～85% 在近端小管被重吸收。近端小管重吸收 HCO_3^- 是以 CO_2 形式进行的,并与管腔膜上 Na^+-H^+ 交换密切相关。小管液中的 HCO_3^- 与肾小管上皮细胞分泌的 H^+ 结合生成 H_2CO_3,再分解为 CO_2 和 H_2O。CO_2 是高脂溶性物质,可迅速扩散入上皮细胞,并在细胞内碳酸酐酶的催化下与 H_2O 结合生成 H_2CO_3,再解离成

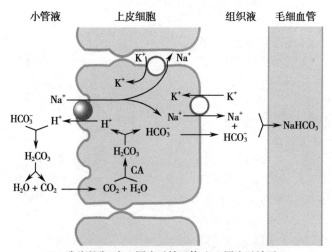

CA:碳酸酐酶;实心圆表示转运体,空心圆表示钠泵

图 19-6　HCO_3^- 的重吸收示意图

HCO$_3^-$和H$^+$。H$^+$可通过Na$^+$-H$^+$交换分泌到小管液中,HCO$_3^-$则与Na$^+$一起转运入血(图19-6)。由于近端小管液中CO$_2$透过管腔膜的速度明显高于Cl$^-$的转运速度,因此HCO$_3^-$的重吸收优先于Cl$^-$,这在体内酸碱平衡调节机制中具有重要作用。乙酰唑胺可抑制碳酸酐酶的活性,使Na$^+$-H$^+$交换减少,Na$^+$和HCO$_3^-$重吸收减少,Na$^+$和H$_2$O排出增多,引起利尿。

视频:CO$_2$的
重吸收

（三）K$^+$的重吸收

肾小球滤出的K$^+$约67%在近端小管被重吸收,而终尿中的K$^+$则主要是由远曲小管和集合管分泌的。肾小管上皮细胞对K$^+$的重吸收是逆电-化学梯度进行的主动转运过程,但其机制尚不清楚。

（四）葡萄糖的重吸收

超滤液中的葡萄糖浓度与血糖浓度相同,但终尿中几乎不含葡萄糖,说明葡萄糖全部被重吸收。葡萄糖重吸收的部位仅限于近端小管,尤其是近端小管的前半段。

葡萄糖以继发性主动转运方式与Na$^+$协同重吸收。葡萄糖与Na$^+$结合于近端小管上皮细胞膜上的同向转运体,当Na$^+$顺电-化学梯度进入细胞的同时,葡萄糖也随之进入细胞,随后Na$^+$被Na$^+$泵转运至细胞间液,葡萄糖则经易化扩散到细胞间液而被重吸收(图19-7)。

由于近端小管细胞膜上同向转运体的数量是一定的,因此对葡萄糖的重吸收有一定的限度。当血中的葡萄糖浓度超过8.96～10.08mmol/L时,部分近端小管上皮细胞对葡萄糖的重吸收已达极限,葡萄糖就不能被全部重吸收,尿中开始出现葡萄糖。尿中开始出现葡萄糖时的最低血糖浓度,称为肾糖阈(renal glucose threshold)。血糖浓度超过肾糖阈后,当血糖浓度继续升高时,尿中的葡萄糖浓度也随之增高,但尿糖浓度与血糖浓度增高并不平行,尿糖增高慢于血糖,说明部分肾单位肾小管的葡萄糖转运能力未达到极限,尚未出现饱和现象;当血糖浓度升至近端小管葡萄糖的吸收极限量,尿糖与血糖的浓度平行增加。人肾对葡萄糖的吸收极限量,在体表面积为1.73m^{2}的个体,男性为375mg/min,女性为300mg/min。

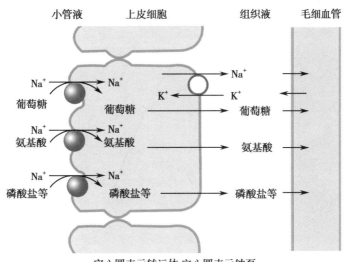

实心圆表示转运体,空心圆表示钠泵

图19-7　近端小管对葡萄糖、氨基酸重吸收示意图

（五）其他物质的重吸收

小管液中的氨基酸、HPO$_4^{2-}$、SO$_4^{2-}$的重吸收也是与Na$^+$的同向转运,但转运体不同。大部分的Ca^{2+}、Mg^{2+}在髓袢升支粗段重吸收。滤出的少量蛋白质以入胞方式在近端小管被重吸收。

（六）肾小管和集合管对重吸收的调节

1. 小管液中溶质的浓度　肾小管内、外的渗透压梯度是水重吸收的动力,小管液中溶质所形成的渗透压是对抗肾小管重吸收水分的力量。小管液溶质浓度增高,则渗透压升高,肾小管特别是近端小管对水的重吸收减少,尿量增多。这种由小管液溶质浓度增加,渗透压升高而引起尿量增多的现象称为渗透性利尿(osmotic diuresis)。糖尿病患者,因近端小管不能将葡萄糖完全重吸收,使小管液中葡萄糖浓度增大,渗透压升高,妨碍了水的重吸收,即可引起渗透性利尿而导致尿量增多,并出现糖尿。

2. 球-管平衡 近端小管对溶质和水的重吸收是随肾小球滤过率的改变而发生变化的。不管肾小球滤过率增大还是减小,近端小管对水和 Na^+ 的重吸收率始终为肾小球滤过率的65%～70%,这种现象称为球-管平衡(glomerulotubular balance)。球-管平衡的生理意义在于使尿量不会因肾小球滤过率的增减而出现大幅度的变动。在肾血流量不变的情况下,当肾小球滤过率增加时,进入近端小管周围毛细血管的血量就会减少,毛细血管血压下降而血浆胶体渗透压升高,小管旁组织间液中的 Na^+ 和水进入毛细血管增多,组织液的静水压下降,导致肾小管对 Na^+ 和水的重吸收量增加,使近端小管的重吸收率始终占肾小球滤过率的65%～70%。当肾小球滤过率减少时,则发生相反变化,重吸收率仍能保持不变。球-管平衡在某些特殊情况下可被打乱,如渗透性利尿时,近端小管重吸收率小于65%～70%,排出的水和NaCl增多,尿量增加。

3. 抗利尿激素 抗利尿激素(antidiuretic hormone,ADH)也称血管升压素,是促进肾小管和集合管对水重吸收,调节机体水平衡的重要激素。

(1)抗利尿激素的生理作用:抗利尿激素是由下丘脑视上核和室旁核的神经元合成,经下丘脑-神经垂体束运输到神经垂体贮存。某些因素诱发神经垂体释放抗利尿激素,经血液循环作用到肾,提高肾远曲小管和集合管上皮细胞对水的通透性,促进肾对水的重吸收而发挥抗利尿作用。

(2)血浆晶体渗透压和循环血量对抗利尿激素释放的调节:血浆晶体渗透压是生理情况下调节抗利尿激素释放的重要因素。下丘脑的视上核、室旁核及其周围区域有渗透压感受器细胞,对血浆晶体渗透压,尤其是血浆 NaCl 浓度的变化非常敏感。当大量出汗或严重呕吐、腹泻使体内水分丢失过多时,血浆晶体渗透压升高,通过渗透压感受器使抗利尿激素合成、释放增多,促进远曲小管和集合管对水的重吸收,尿液浓缩,水分排出减少,这有利于血浆晶体渗透压回归正常范围。反之,当大量饮清水使血浆晶体渗透压降低时,抗利尿激素分泌和释放减少,甚至停止,远曲小管和集合管对水的重吸收减少,尿量增多,以排出体内多余的水分。这种因一次性饮用大量清水,反射性地使抗利尿激素分泌和释放减少而引起尿量明显增多的现象,称为水利尿(图19-8)。

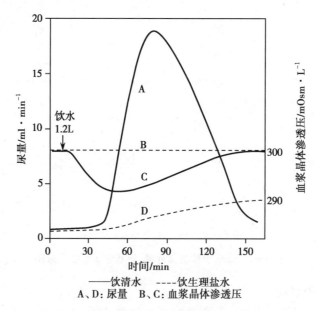

图 19-8　饮清水或生理盐水后尿量和血浆晶体渗透压的变化

抗利尿激素的合成与释放还受循环血量的影响。循环血量减少时,左心房和胸腔大静脉壁上的容量感受器所受刺激减弱,同时心输出量减少,血压降低,对颈动脉窦压力感受器的刺激也减弱,二者经迷走神经传入中枢的冲动减少,反射性地引起抗利尿激素的分泌和释放,增加远曲小管和集合管对水的重吸收,使尿量减少,有利于血容量的恢复。当循环血量增多时,容量感受器受到的刺激增强,同时血压升高,对压力感受器的刺激也增强,通过迷走神经反射性地抑制抗利尿激素的合成与释放,使水重吸收减少,尿量增多,使循环血量回归正常水平。

抗利尿激素与尿崩症

尿崩症是指由于各种原因使抗利尿激素的合成、释放和作用发生障碍,肾脏不能保留水分,临床上表现为排大量低渗透、低比重的尿和烦渴、多饮等症状的一种疾病。尿崩症患者尿量一般在 4000ml/d 以上,夜尿显著增多,极少数可超过 10 000ml/d;尿比重为 1.0001～1.0005,尿渗透压为 50～200mOsm/L,明显低于血浆渗透压。

多数尿崩症是中枢性尿崩症,常由于外伤、手术和疾病造成下丘脑损伤,当损伤累及视上核、室旁核或下丘脑-垂体束时,抗利尿激素的合成和释放发生障碍;部分尿崩症是由于集合管的抗利尿激素 V_2 型受体先天性缺陷,抗利尿激素无法通过调控 2 型水通道(AQP-2)膜转位和合成,来实现对远曲小管和集合管水通透性控制而引起的,此称为肾性尿崩症。

三、肾小管和集合管的分泌

肾小管和集合管的分泌(secretion)是指肾小管和集合管上皮细胞将自身代谢产物转运到小管液中的过程,与肾小管和集合管排泄作用方向相同。肾小管和集合管分泌 H^+、NH_3 和 K^+,对维持内环境的酸碱平衡和电解质平衡发挥重要意义。

(一)H^+的分泌

正常人血浆 pH 保持在 7.35～7.45 之间,肾小球超滤液的 pH 与血浆相同,而尿液的 pH 在 5.0～7.0 之间,这是由于肾小管和集合管上皮细胞分泌 H^+ 到小管液中引起的。肾小管和集合管上皮细胞均可分泌 H^+,但以近端小管为主。近端小管通过 Na^+-H^+ 交换分泌 H^+,促进 $NaHCO_3$ 重吸收,属于继发性主动转运。远曲小管和集合管的闰细胞依靠管腔膜上的 H^+ 泵也可主动分泌 H^+。闰细胞分泌的 H^+ 可与上皮细胞分泌的 NH_3 结合形成 NH_4^+,还可与小管液中的 HPO_4^{2-} 结合形成 $H_2PO_4^-$,从而降低小管液中 H^+ 和 NH_3 的浓度。NH_4^+ 和 $H_2PO_4^-$ 均不易透过管腔膜进入细胞,故而留在小管液中(图 19-9)。因此,H^+ 的分泌是尿液酸碱度的决定因素。H^+ 的分泌促进 HCO_3^- 的重吸收,形成肾的排酸保碱作用,调节机体的酸碱平衡。

(二)K^+的分泌

通过肾小球滤过的 K^+ 绝大部分在近端小管被重吸收,而尿液中的 K^+ 主要是由远端小管和集合管分泌的。尿液中 K^+ 的分泌量与 K^+ 的摄入量有关,高钾饮食可排出大量的 K^+,低钾饮食则尿中排出的 K^+ 量减少,但停止摄入也有一定量的 K^+ 由尿排出。

终尿中 K^+ 的分泌与 Na^+ 的主动重吸收密切相关。远端小管和集合管上皮细胞管腔膜对 K^+ 有通透性,胞内的 K^+ 浓度较高,K^+ 可顺电-化学梯度分泌入小管液。远端小管和集合管上皮细胞管腔膜有 Na^+ 通道,小管液中的 Na^+ 可顺电-化学梯度扩散进入上皮细胞内,造成小管液呈负电位,促进 K^+ 分泌。这样,K^+ 分泌依存于 Na^+ 重吸收,此被称为 Na^+-K^+ 交换。集合管主细胞管腔膜的 H^+ 泵,每分泌一个 H^+ 进入小管液,便交换一个 Na^+ 进入上皮细胞,细胞内 Na^+ 再回收入血,此称为 Na^+-H^+ 交换(图 19-9)。由于 Na^+-K^+ 交换和 Na^+-H^+ 交换都是 Na^+ 依赖性的,故两者之间呈竞争性抑制,即 Na^+-H^+ 交换增强,则 Na^+-K^+ 交换减弱。在酸中毒时,由于小管内碳酸酐酶活性增强,H^+ 生成增多,Na^+-H^+ 交换增强,从而 Na^+-K^+ 交换减弱,K^+ 随尿液排出减少,引起高钾血症。

保钾利尿剂

临床上,常使用利尿剂来降压、利尿、消肿。利尿剂呋塞米、依他尼酸,通过抑制髓袢升支粗段 Na^+-$2Cl^-$-K^+ 同向转运,抑制 NaCl 的重吸收减少,破坏肾髓质渗透梯度,抑制肾脏对尿的浓缩,从而产生利尿作用,但这一过程常伴有大量 K^+ 的丢失,产生低钾血症。因为应用此类利尿剂时,小管液流量增大,分泌的 K^+ 被迅速带走,小管液 K^+ 浓度降低,上皮细胞 K^+ 分泌加速,K^+ 分泌大于重吸收,这样大量 K^+ 随尿排出体外。因此,应用此类药物时应该监测血钾水平。而利尿剂阿米洛利、三氨蝶啶,则抑制远端小管和集合管上皮细胞细胞顶端膜(管腔膜)的钠通道,减少 Na^+ 的重吸收,进而使小管液负电位减小,抑制 Na^+-K^+ 交换,抑制 K^+ 分泌减少,在发挥利尿作用同时,对血浆钾离子水平影响较小,故此类利尿剂称为保钾利尿剂。

(三)NH_3 的分泌

正常情况下,NH_3 的分泌主要在远曲小管和集合管,是由谷氨酰胺脱氨而来的。NH_3 脂溶性高,能通过细胞膜自由扩散进入小管液。进入小管液中的 NH_3 与 H^+ 结合生成 NH_4^+,不仅降低了小管液中 H^+ 的浓度,有利于 H^+ 的继续分泌,而且也降低了小管液中 NH_3 的浓度,加速 NH_3 向小管液扩散。可见,NH_3 的分泌与 H^+ 的分泌密切相关,H^+ 分泌增加可促使 NH_3 的分泌增多,在维持体内酸碱平衡中起重要作用(图 19-9)。

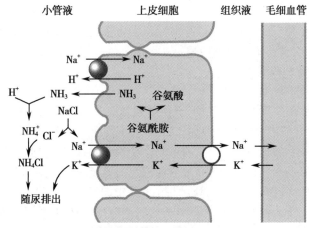

实心圆表示转运体,空心圆表示钠泵

图 19-9 H^+、NH_3 和 K^+ 分泌关系示意图

(四)一些代谢产物和进入体内的异物的分泌排泄

除了 H^+、K^+ 和 NH_3 外,肾小管细胞还可将血浆中的某些代谢产物如肌酐等,以及进入机体内的某些药物,如青霉素等,分泌到小管液中随尿排出体外。肌酐是由肌肉中肌酸脱水或磷酸肌酸脱磷酸产生,每天由尿液排出的肌酐量大于滤过的总量,这是肾小管和集合管细胞将血浆中的肌酐分泌到小管液中的结果。进入体内的物质如青霉素、酚红和一些利尿剂可与血浆蛋白结合而运输,不能被肾小球滤过,主要由近端小管分泌而排出。以上重点讨论了肾小管、集合管的重吸收与分泌作用,现将其重吸收和分泌的主要物质总结归纳于图 19-10。

(五)醛固酮对肾小管和集合管分泌的调节

1. 醛固酮的作用 醛固酮(aldosterone)是肾上腺皮质球状带分泌的一种盐皮质激素,醛固酮促进远曲小管和集合管主动重吸收 Na^+,同时促进 K^+ 的排泄。由于 Na^+ 的重吸收增加,使水重吸收也增加,导致细胞外液量增多。所以醛固酮具有保 Na^+、保水和排 K^+ 的作用。

2. 醛固酮分泌的调节 醛固酮的分泌主要受肾素-血管紧张素系统和血中 K^+、Na^+ 浓度的调节。

(1) **肾素的作用及对分泌的调节**:肾素主要是由球旁器中的球旁细胞分泌的一种蛋白水解酶,能促进血浆中的血管紧张素原分解生成血管紧张素 I(10 肽)。血管紧张素 I 在血液和组织中的血管紧张素转换酶的作用下,降解生成血管紧张素 II(8 肽)。血管紧张素 II 在氨基肽酶作用下,降解成血管紧张素 III(7 肽),血管紧张素 II、III 都具有收缩血管和刺激醛固酮分泌的作用(图 19-11),但血管紧张素 III 刺激醛固酮的分泌作用较强,血管紧张素 II 缩血管的作用较强。

当动脉血压下降,循环血量减少时,肾血流量减少,对小动脉壁的牵张刺激减弱,从而使肾素分泌

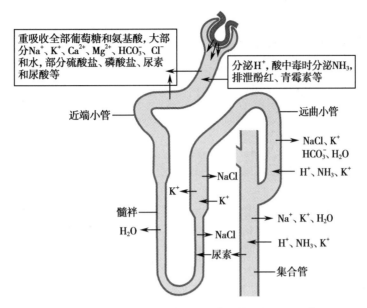

图 19-10　肾小管和集合管的重吸收及其分泌作用示意图

增加;同时,肾血流量减少,使肾小球滤过率减少,滤过的 Na^+ 量及到达致密斑的 Na^+ 量也减少,激活了致密斑感受器,也可引起肾素释放。交感神经兴奋时,肾上腺素和去甲肾上腺素可直接刺激球旁细胞使肾素分泌增加(图 19-11)。

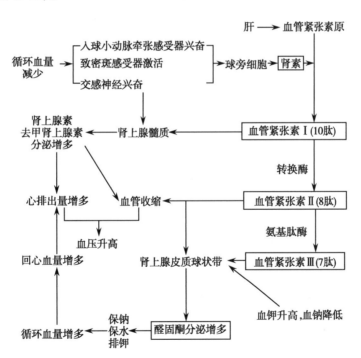

图 19-11　肾素-血管紧张素-醛固酮系统的生成和作用示意图

(2) 血中 K^+、Na^+ 浓度对醛固酮分泌的调节:血 K^+ 浓度升高和/或血 Na^+ 浓度降低均可直接刺激肾上腺皮质球状带增加醛固酮的分泌,导致保 Na^+ 排 K^+,维持血 K^+ 和血 Na^+ 浓度的平衡。

第三节　尿的传输、储存和排放

尿生成是一个连续不断的过程,但膀胱的排尿是间歇进行的。尿液进入肾盂后,因压力差和肾盂收缩而被送入输尿管,再通过输尿管的周期性蠕动进入膀胱。当膀胱内储存的尿液达到一定量时,即可引起排尿反射,尿液经尿道排出体外。

一、膀胱与尿道的神经支配

1. **盆神经**　盆神经由第 2~4 骶段脊髓发出,属于副交感神经纤维。兴奋时,末梢释放乙酰胆碱,激活平滑肌 M 受体,可使膀胱逼尿肌收缩,尿道内括约肌舒张,促进排尿。

2. **腹下神经**　腹下神经从腰段脊髓发出,属于交感神经纤维。兴奋时,末梢释放去甲肾上腺素,与平滑肌 β 受体结合,可使膀胱逼尿肌舒张,尿道内括约肌收缩,阻止排尿。

3. **阴部神经**　阴部神经丛骶段脊髓发出,属于躯体运动神经。兴奋时可使尿道外括约肌收缩,有利于尿的储存;抑制时尿道外括约肌舒张,有利于排尿。

盆神经、腹下神经和阴部神经都有感觉传入纤维。盆神经中感觉纤维能够感受膀胱被牵拉和充盈的程度。腹下神经可将膀胱痛觉传入中枢。阴部神经能将尿道感觉传入中枢,是排尿过程正反馈的重要环路(图 19-12)。

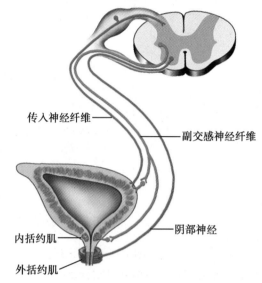

图 19-12　膀胱和尿道的神经支配

二、排尿反射

排尿活动是一种正反馈的反射活动。当膀胱内尿量增加到 400~500ml 时,膀胱内压明显升高,膀胱壁的牵张感受器兴奋,冲动沿盆神经传入,到达骶髓初级排尿中枢,同时上传至脑干和大脑皮层的高级排尿中枢,产生排尿感。排尿反射进行时,冲动沿盆神经到达膀胱和尿道,引起膀胱逼尿肌收缩、尿道内括约肌松弛,于是尿液进入后尿道,此时尿液还可以刺激尿道的感受器,冲动再次传入脊髓排尿中枢,进一步加强其活动,并通过高位中枢抑制阴部神经,使尿道外括约肌舒张,尿液被膀胱内压驱出。排尿末期,尿道海绵体肌肉收缩,可把残留在尿道内的尿液排出体外。大脑皮层的高位中枢可通过易化或抑制脊髓初级排尿中枢而控制排尿反射(图 19-13)。

排尿反射受高位中枢的调控。高位中枢及排尿反射弧的任何部位受损,均可导致排尿异常,如小

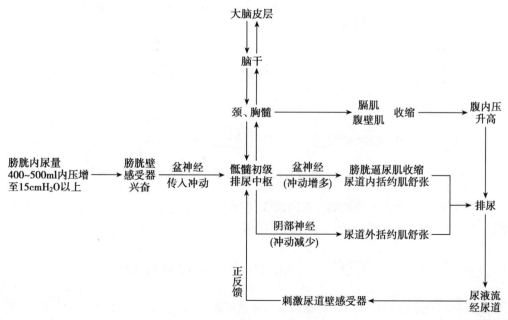

图 19-13　排尿反射示意图

儿的大脑发育尚不完善,大脑皮层等排尿反射高级中枢对初级中枢的控制能力较弱,所以小儿排尿次数多,且易发生夜间遗尿的现象。

此外,临床上常见的排尿异常有尿频、尿潴留和尿失禁。排尿次数过多称为尿频,多因膀胱炎或膀胱结石等机械刺激所致。膀胱内的尿液充盈过多而不能排出称为尿潴留,大多因腰骶部脊髓损伤累及初级排尿中枢或初级排尿中枢与高位中枢离断出现脊髓休克所致;尿路受阻也可出现尿潴留。排尿失去意识控制的现象称为尿失禁,常见于脊髓损伤,患者虽然脊髓排尿功能恢复,但初级排尿中枢与大脑皮层失去功能联系。

本章小结

肾以形成尿液的形式完成排泄功能,维持内环境的稳态。尿液形成包括肾小球的滤过、肾小管和集合管的重吸收以及分泌。

肾小球滤过是指血液流经肾小球毛细血管时,血浆中的水和小分子物质通过滤过膜进入肾小囊形成原尿(超滤液)的过程。肾小球滤过率和滤过分数是衡量肾小球滤过的指标。影响肾小球滤过的因素有:肾小球有效滤过压、滤过膜的面积和通透性、肾血浆流量。经肾小球滤过形成的超滤液进入肾小管后成为小管液。肾小管和集合管对小管液中物质的重吸收具有选择性。Na^+、Cl^-、水、葡萄糖和氨基酸等大部分物质重吸收发生在近端小管,为等渗性重吸收,小管液溶质浓度和球-管平衡影响其重吸收。抗利尿激素促进远端小管和集合管对水的调节性重吸收。醛固酮保钠、保水和排钾。血糖浓度升高超过了肾小管重吸收的限度,造成尿中出现糖,此时的血糖浓度称为肾糖阈。肾生成尿液,经输尿管传输到膀胱储存,当膀胱里尿液达到一定水平时,引起排尿反射,排尿反射是正反馈活动。若排尿反射环路受到刺激或破坏,将会出现尿频、尿失禁和尿潴留等排尿异常。

(李海涛)

扫一扫,测一测

思考题

1. 简述尿液生成的基本过程。
2. 简述肾小球的滤过过程及影响因素。
3. 何谓肾小球滤过率和滤过分数?
4. 简述抗利尿激素的生理作用。
5. 解释糖尿病患者的多尿现象。

第二十章　感觉器官的功能

学习目标

1. 掌握:感受器的一般生理特性;眼的屈光功能,视敏度,暗适应,明适应;声波传入内耳的途径,耳蜗的感音换能功能。

2. 熟悉:眼的屈光异常,视网膜的感光换能功能,颜色视觉,听阈,听域,中耳的功能,听神经动作电位。

3. 了解:感受器和感觉器官的定义,适宜刺激,眼震颤。

4. 学会健康用眼的方法,能进行健康用眼的科教宣教。

5. 具有运用本章知识解释明适应、暗适应现象以及近视、远视、老视和散光机制的能力。

第一节　感受器的一般生理特性

感受器是指专门感受机体内、外环境变化的特殊结构或装置,一般具有以下生理特性。

一、感受器的适宜刺激

一种感受器通常只对某种特定刺激形式最敏感,这种形式的刺激称为该感受器的适宜刺激(adequate stimulus)。有利于机体对环境的变化做出精确反应。

适宜刺激必须具有一定的刺激强度才能引起感觉,引起某种感觉所需要的最小刺激强度称为感觉阈(sensory threshold),感觉阈受刺激面积和时间的影响。

另外,感受器并不只对适宜刺激有反应,对于一些非适宜刺激也可起反应,但所需的刺激强度常常要比适宜刺激大得多。

二、感受器的换能作用

各种感受器都能把所感受的刺激能量转换为传入神经的动作电位,这种能量转换称为感受器的换能作用(transducer function)。在换能过程中,先在感受器细胞内或感觉神经末梢引起一种过渡性慢电位,即感受器电位或发生器电位,它的大小在一定范围内和刺激强度成正比,有总和现象,以电紧张的形式沿所在的细胞膜做短距离扩布,具有局部兴奋的特征,能引发传入神经纤维产生动作电位。

三、感受器的编码作用

感受器把外界刺激转换成传入神经的动作电位时,不只发生了能量形式的转换,更重要的是把刺激所包含的环境变化的信息也转移到了动作电位的序列之中,这就是感受器的编码作用(coding function)。

外界刺激的强度通过两种途径进行编码,一是通过单一神经纤维上动作电位的频率高低来编码,二是通过参与电信息传输的神经纤维数目的多少来编码。个体不同种类感觉的产生取决于被刺激的感受器和传入冲动所达到的高级中枢的部位两方面(图20-1)。

四、感受器的适应现象

当某种刺激持续作用于感受器时,其传入神经生成的冲动频率会逐渐下降,这一现象称为感受器的适应现象(adaptation)。

不同感受器适应的快慢各不相同,有的适应很快,称为快适应感受器,如触觉感受器和嗅觉感受器,在接受刺激后的短时间内,传入神经的冲动就会明显减少甚至消失。有的感受器则适应很慢,称为慢适应感受器,如痛觉感受器、颈动脉窦压力感受器、肌梭感受器等。各种感受器适应的快慢有不同的生理意义:快适应有利于机体再接受其他新的刺激,而慢适应则有利于对机体某些功能进行经常性的调节。

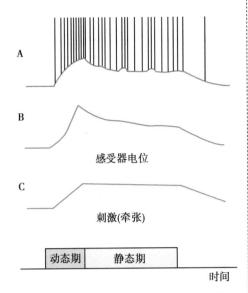

图20-1 蛙肌梭中刺激强度的编码模式图
A. 在牵拉过程中记录到的感受器电位和传入放电;B. 用河豚毒阻遏动作电位后,传入放电消失,但仍可看到在动-静式牵拉过程中的感受器电位;C. 表示动-静式牵拉。

第二节 眼的视觉功能

视觉系统包括视觉器官、视神经和视觉中枢三部分,它可以使人对外界的事物产生形态与色彩等方面的感觉。眼是人体的视觉器官,视网膜的视锥细胞和视杆细胞是视觉感受器,它们的适宜刺激是波长为380~760nm的电磁波(可见光)。外界物体通过屈光系统在视网膜上成像,刺激视觉感受器产生神经冲动,通过视神经传至视觉中枢。在人脑从外界获得的所有信息中,大约有70%以上来自于视觉系统。

一、眼的屈光系统及其调节

(一)眼的屈光系统功能

眼的屈光系统是一个复杂的光学系统(见图9-1)。光线射入眼内在到达视网膜之前,必须通过四种屈光率不同的介质(角膜、房水、晶状体和玻璃体)和4个曲率半径不同的折射面(角膜前面、角膜后面、晶状体前面与晶状体后面)。

眼的成像原理与凸透镜相似,但要复杂得多。因此,有人根据眼的实际光学特性,设计了与正常眼在屈光效果上相同,但更为简单的等效光学系统或模型,称为简化眼(图20-2),利用简化眼可计算出不同远近的物体在视网膜上成像的大小。

(二)眼的调节

正常眼在看远处物体(6m以外)时,从物体发出的所有进入眼内的光线可认为是平行光线,不需作任何调节即能折射聚焦在视网膜上,形成清晰的物像。当眼看近物(6m以内)时,由于距离移近,入眼光线由平行变为辐散,经折射后聚焦于视网膜之后,在视网膜上只能形成一个模糊的物像,必须经眼的折光系统的调节作用(晶状体变凸、瞳孔缩小和双眼球会聚),才能产生清晰的视觉。

1. 晶状体的调节 当看近物时,视网膜上物像模糊,当模糊的视觉图像到达视皮层时,反射性地引起动眼神经中副交感纤维兴奋,使睫状肌收缩,引起悬韧带松弛,晶状体便靠自身的弹性而向前方和后方凸出,尤以前凸起更为明显,折光能力增强,物像前移,正好落在视网膜上(图20-3)。

晶状体的调节能力有限,其最大调节能力可用近点(near point)表示。近点通常指通过眼的充分

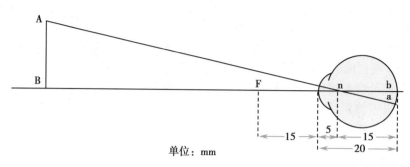

单位：mm

图 20-2 简化眼及其成像情况

n 为节点,曲率半径为 5mm,节点至视网膜的距离为 15mm,AnB 和 anb 是两个相似的三角形;如果物距为已知,就可由物体大小算出物像大小,也可算出两个三角形对顶角(视角)的大小。

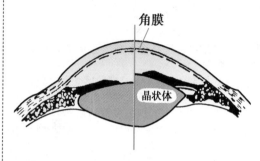

图 20-3 眼调节前后晶状体形状的改变

左侧为安静时的情况,右侧为看近物经过调节后的情况,注意晶状体前凸比后凸明显。

调节后,所能看清眼前物体的最近距离。随着年龄的增长,晶状体弹性减弱,看近物时调节能力减弱,使近点远移,称为老视(俗称老花眼),需戴凸透镜予以矫正。

2. **瞳孔的调节** 看近物时,在晶状体凸度增加的同时,反射性地引起动眼神经中副交感纤维兴奋,使瞳孔括约肌收缩,双侧瞳孔缩小,称为瞳孔近反射(near reflex of the pupil)。这种调节的意义在于视近物时,可减少由屈光系统造成的球面像差及色像差和限制入眼的光线,使成像清晰。

瞳孔的大小还可随光线的强弱而改变,即弱光下瞳孔散大,强光下瞳孔缩小,称为瞳孔对光反射(papillary light reflex)。这是眼的一种重要适应反应,与视近物无关,其意义在于调节进入眼内的光量,以保护视网膜。瞳孔对光反射的效应是双侧性的,光照一侧眼时,两眼瞳孔同时缩小,这种现象称为互感性对光反射(consensual light reflex)。瞳孔对光反射的中枢在中脑,因此临床上常把它作为判断中枢神经系统病变的部位、全身麻醉深度和病情危重程度的重要指标。

3. **眼球会聚** 视近物时,发生两眼球内收及视轴向鼻侧聚拢的现象,称为眼球会聚或辐辏反射(convergence reflex)。其意义在于,当看近物时,物像仍可落在两眼视网膜的对称点上,从而产生单一清晰的视觉,避免复视。

（三）眼的屈光异常

指眼球的形态异常或屈光能力异常,致使安静状态下平行光线不能在视网膜上形成清晰物像(图20-4),称为屈光异常(或称屈光不正、非正视眼),包括近视、远视和散光三种情况。

1. **近视(myopia)** 多数是由于眼球的前后径过长(轴性近视)引起的,也有一部分是由于折光力

视频:眼的近反射调节

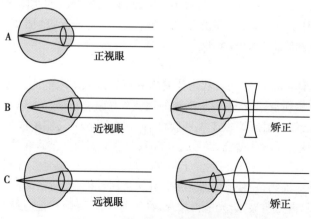

图 20-4 眼的屈光异常及其矫正

过强(屈光性近视),致使平行光线聚焦在视网膜之前,故视远物模糊不清。

2. **远视(hyperopia)** 多数是由于眼球前后径过短(轴性远视)引起的,常见于眼球发育不良(多系遗传因素所致);也可由于折光系统的折光力过弱(屈光性远视)引起,如角膜扁平等。

3. **散光(astigmatism)** 是由于眼的角膜表面不呈正球面,即角膜表面不同方位的曲率半径不相等,致使经折射后的光线不能聚焦成单一的焦点,导致视物不清。除角膜外,晶状体表面曲率异常也可引起散光。

二、眼的感光换能功能

(一)视网膜的感光系统

在人和大多数脊椎动物的视网膜中存在两种感光换能系统。

1. **视杆系统** 由视杆细胞与有关的双极细胞以及神经节细胞等组成,它们对光的敏感度较高,弱光时起作用,司暗光觉,能区别明暗,但无色觉,分辨力低,视物只有粗略的轮廓,精确性差,称为视杆系统或晚光觉系统。

2. **视锥系统** 由视锥细胞与有关的双极细胞及神经节细胞等组成,它们对光的敏感度较低,强光时起作用,司昼光觉和色觉,分辨力高,对物体的细微结构及轮廓都能看清,视物精确。这一系统称为视锥系统或昼光觉系统。

(二)视网膜的光化学反应

感光细胞能接受光的刺激而产生兴奋,是由于它们含有视色素(即为感光物质)的缘故(图 20-5)。

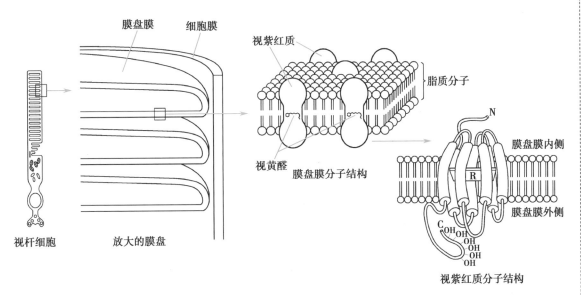

图 20-5 视杆细胞外段的超微结构示意图

1. **视杆细胞的感光原理** 视杆细胞内的视色素是视紫红质(rhodopsin),为视蛋白和视黄醛构成的一种结合蛋白质。视紫红质对波长为 500nm(蓝绿色)的光线吸收能力最强。当光线照射视紫红质时,可使之迅速分解为视蛋白与全反型视黄醛。视黄醛分子构型的改变,会引起视蛋白分子构型的变化,由此可诱导视杆细胞产生感受器电位。这种感受器电位不能直接引发动作电位,仅以电紧张的形式沿视杆细胞扩布,通过影响某种递质的释放量而将信息传递给双极细胞,最终在神经节细胞产生动作电位,继而传入中枢。

视杆细胞外段有许多膜盘,膜盘上镶嵌着大量的视紫红质,视紫红质是结合有视黄醛分子的跨膜蛋白质。视紫红质在光的作用下分解,在暗处全反型视黄醛变成 11-顺视黄醛,再与视蛋白结合,可重新合成视紫红质,这是一个可逆反应。其合成与分解过程的快慢取决于光线的强弱,光线越弱,合成过程越大于分解过程,视杆细胞内处于合成状态的视紫红质越多,视网膜对弱光越敏感;相反,光线越强,视紫红质的分解过程越强,合成过程越弱,使较多的视紫红质处于分解状态,视杆细胞暂时失去感光能力,而由视锥细胞来承担亮光环境中的感光功能。

2. **视锥细胞的感光原理和色觉** 视锥细胞内也含有特殊的视色素,感光原理也与视杆细胞相似。在人的视网膜中,有三种不同的感光色素,分别存在于三种不同的视锥细胞中,即为感红、感绿和感蓝的视锥细胞。光线作用于视锥细胞时,也发生同视杆细胞类似的感受器电位,作为光-电转换的第一步,并最终在相应的神经节细胞上产生动作电位。

(三)视网膜中的信息传递

视网膜内层由三级神经元组成。第一级神经元是光感受器,由视杆细胞和视锥细胞组成,接受光信号,产生感受器电位,传递至下一级神经元;第二级神经元是双极细胞,位于感光细胞与神经节细胞之间,有两个重要功能,一是把视觉信号分流为给光和撤光信号,二是通过其与神经节细胞的特殊突触传递方式,把持续性的分级电位转化为瞬变性的神经活动;第三级神经元是节细胞,其轴突聚集在一起成为视神经,以接收双极细胞的传入信息并传递至视觉中枢。

三、与视觉有关的几种生理现象

(一)暗适应和明适应

1. **暗适应** 人从亮处进入暗室时,最初看不清楚任何东西,经过一定时间,视觉敏感度才逐渐增高,恢复了在暗处的视力,这种现象称为暗适应。暗适应的过程主要决定于视杆细胞的视紫红质在暗处再合成的速度,也与视锥细胞的视色素有一定关系(图20-6)。

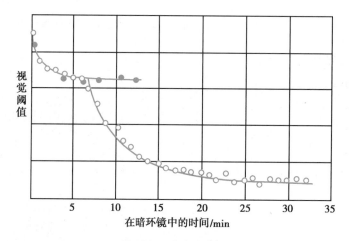

图20-6 暗适应曲线
○表示用白光对全眼的测定结果;●表示用红光对中央凹测定的结果(表示视锥细胞单独的暗适应曲线,因中央凹为视锥细胞集中部位,且红光不易被视杆细胞所感受)。

2. **明适应** 人从暗处突然进到亮处,起初感到一片耀眼光亮,不能视物,只有稍待片刻才能恢复视觉,这种现象称为明适应。明适应出现较快,约需几秒即可完成。明适应过程中产生的耀眼光感,主要是由在暗处视杆细胞中积蓄的大量视紫红质在强光下迅速分解所致。

夜 盲 症

顾名思义,夜盲症就是在暗环境下或夜晚视力很差或完全看不见东西,行动不便,俗称"雀蒙眼"。造成夜盲的根本原因是视网膜杆状细胞缺乏合成视紫红质的原料或杆状细胞本身的病变。根据病因可分为以下三种。①暂时性夜盲:由于各种原因引起机体维生素A缺乏,致使视网膜杆状细胞没有合成视紫红质的原料而造成夜盲。②获得性夜盲:由于视网膜杆状细胞营养不良或本身的病变引起,常见于弥漫性脉络膜炎、广泛的脉络膜缺血萎缩等。③先天性夜盲:系先天遗传性眼病,如视网膜色素变性,杆状细胞发育不良,失去了合成视紫红质的功能。

（二）色觉

视锥细胞功能的重要特点是它具有辨别颜色的能力。色觉是由于不同波长的光波作用于视网膜后在人脑引起不同的主观感觉,这是一种复杂的心理物理现象。人眼可区分波长在 380～760nm 之间的约 150 种颜色,但主要是光谱上的红、橙、黄、绿、青、蓝、紫 7 种颜色。

三原色学说认为,视网膜中有三种视锥细胞,分别含有对红、绿、蓝三种光敏感的视色素,因此,它们吸收光谱的范围也各不相同,其吸收峰值分别在 560nm、530nm 和 430nm 处,正好相当于红、绿、蓝三色光的波长。当某一种颜色的光线作用于视网膜上时,以一定的比例使三种不同的视锥细胞兴奋,这样的信息传至脑,就产生某一种颜色的感觉(图20-7)。例如用红的单色光刺激,红、绿、蓝三种视锥细胞,兴奋程度的比例为 4∶1∶0,即产生红色的感觉。

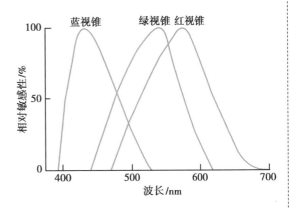

图 20-7　人视网膜中三种不同视锥细胞对不同波长光的相对敏感性
三种视锥细胞的光谱吸收峰值与红、绿、蓝三色光的波长相近。

（三）视野

单眼固定注视前方一点时,该眼所能看到的范围,称为视野。在同一光照条件下,用不同颜色的视标测得的视野大小不一,其中白色视野最大,其次为黄蓝色,再次为红色,绿色视野最小。视野的大小可能与各类感光细胞在视网膜中的分布范围有关。另外,由于面部结构(鼻和额)对光线的阻挡,使颞侧与下侧视野大,鼻侧与上侧视野小。

（四）双眼视觉和立体视觉

两眼同时观看物体时所产生的视觉称为双眼视觉。双眼视觉可扩大视野,弥补生理盲点的缺陷,增加对物体距离和形态大小判断的准确性,同时还能感知物体的深度(厚度),产生立体视觉。

（五）视敏度

也称视力,是指眼对物体细微结构的分辨能力,即分辨物体上两点间最小距离的能力,通常以视角的大小作为衡量标准。所谓视角,是指物体上两点发出的光线射入眼球后,在节点交叉时所形成的夹角。视角的大小与视网膜上物像的大小成正比,因此眼能辨别的视角越小,表示视力越好。

第三节　耳的听觉功能

听觉(hearing)的感觉器官是耳。声波通过外耳和中耳构成的传音系统传至内耳,被耳蜗中的毛细胞感受,经蜗神经传入中枢,最后经大脑皮层听觉中枢分析、综合后产生听觉。

一、听阈和听域

耳的适宜刺激是空气振动的疏密波。对于每一种频率的声波,都有一个刚能引起听觉的最小强度,称为听阈(hearing threshold)。

如果振动频率不变,振动强度在听阈以上继续增加时,听觉的感受也会增强,但当强度增加到某一限度时,它引起的将不单是听觉,同时还会引起鼓膜的疼痛感觉,这个限度称为最大可听阈(图 20-8)。

由于对每一个振动频率都有自己的听阈和最大可听阈,因而就能绘制出表示人耳对振动频率和强度的感受范围的坐标图(图 20-8)。其中下方曲线表示不同频率振动的听阈,上方曲线表示它们的最大听阈,两者所包含的面积则称为听域(auditory span)。凡是人所能感受的声音,它的频率和强度的坐标都应在听域的范围之内。由图可看出,人耳最敏感的频率在 1000～3000Hz 之间;而日常语言的频率较此略低,语音的强度则在听阈和最大可听阈之间的中等强度处。

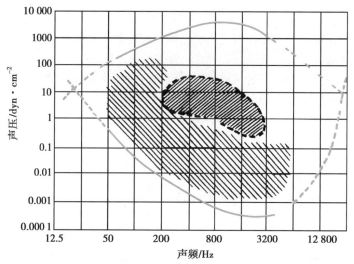

图中心部的斜线区为通常的会话语言域,下方的斜线区为次主要语言域

图 20-8 人的正常听阈图

二、外耳和中耳的传音功能

（一）外耳的功能

外耳由耳郭和外耳道组成(见图 9-9)。耳郭的形状有利于收集声波,有采音作用。外耳道是声波传导的通路,具有共振增压作用。

（二）中耳的功能

中耳由鼓膜、听骨链、鼓室和咽鼓管等结构组成,它们的主要功能是将声波振动高效地传给内耳。

鼓膜为椭圆形稍向内凹的薄膜,是一个压力承受装置,把声波振动如实地传给听骨链。听骨链由听小骨组成,包括锤骨、砧骨和镫骨,它们依次连接成链(见图 9-12)。锤骨柄附着于鼓膜,镫骨底与卵圆窗(前庭窗)相贴,砧骨居中。由于鼓膜和听骨链的结构特点,使得声波由鼓膜经听骨链到达卵圆窗膜时,声压可增强 22.4 倍,从而使传至内耳的声波足以引起耳蜗内淋巴液发生位移和振动(图 20-9)。

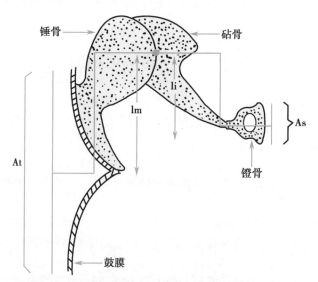

At和As分别为鼓膜和镫骨板的面积;lm和li为长臂(锤骨)和短臂(砧骨)的长度;圆点为杠杆的支点

图 20-9 中耳的增压功能示意图

与中耳传音功能有关的,还有鼓室内的两条小肌肉,即鼓膜张肌和镫骨肌。这两条肌肉收缩时总

的效应是使听骨链振动时的阻力加大,使中耳的传音效能降低,因此,当强烈声波传入时,对感音装置能起到一定的保护作用。咽鼓管是连通鼓室和鼻咽部的小管道,借此使鼓室内的空气与大气相通。

(三)声波传入内耳的途径

声音是通过空气传导与骨传导两种途径传入内耳的,正常情况下,以气传导为主。

1. **气传导**　声波经外耳道引起鼓膜振动,再经听骨链和卵圆窗膜进入耳蜗,这种传导途径称为气传导,也称气导。气导是引起正常听觉的主要途径。

2. **骨传导**　声波直接引起颅骨的振动,再引起位于颞骨骨质中的耳蜗内淋巴的振动,这种传导途径称为骨传导,也称骨导。在正常情况下,骨导的效率比气导的效率低得多。

三、内耳的感音功能

内耳又称迷路,由耳蜗和前庭器官组成。耳蜗与听觉有关;而前庭器官则与平衡觉有关。

(一)耳蜗的感音换能作用

内耳的功能是把传到耳蜗的机械振动转变为听神经纤维上的动作电位,即将机械能转换为生物电能,在这一转变过程中,耳蜗基底膜的振动起着关键作用。声波振动鼓膜通过听骨链到达卵圆窗,可引起外淋巴的振动,进而影响前庭膜与内淋巴,使基底膜发生振动,与盖膜间产生剪切运动,引起毛细胞兴奋,将机械能转变为电能(见图9-14)。

基底膜的振动最先发生在靠近卵圆窗处的基底膜,随后以行波的方式沿基底膜向耳蜗顶部传播,就像有人在规律地抖动一条绸带,形成的波浪向远端传播一样。声波频率不同,行波传播距离和最大振幅出现的部位也不同。高频声波只能推动耳蜗底部小范围内基底膜的振动;中频声波能使基底膜振动从底部向前延伸,到中段振幅最大,然后逐渐消失;低频声波则将基底膜的振动推进到蜗顶,以顶部振幅最大(图20-10)。

(二)耳蜗的生物电现象

1. **耳蜗的静息电位**　耳蜗未受到刺激且以鼓阶外淋巴为参考零电位时,测得蜗管内淋巴的电位约为+80mV,此为耳蜗内电位,又称内淋巴电位;而毛细胞膜内电位约为-80mV。由于毛细胞顶部浸浴在内淋巴中,而周围和底部则浸浴在外淋巴中,故毛细胞顶端膜内、外的电位差可达160mV,而底部膜内、外的电位差仅约80mV,这是毛细胞静息电位与一般细胞静息电位的不同之处(图20-11)。

2. **耳蜗微音器电位**　耳蜗受到声波刺激时所产生的一种交流性质的电位变化称为耳蜗微音器电位。它实际上是多个毛细胞在接受声音刺激时所产生的感受器电位的复合电位,其频率和幅度与作用于耳蜗的声波振动完全一致,并可以诱发听神经产生动作电位。

微音器电位具有下述四个特点:①在一定范围内振幅随声压的增大而增大;②潜伏期极短,小于0.1ms;③没有不应期,可以总和;④对缺氧和深麻醉相对不敏感,不易产生疲劳和适应现象。

3. **听神经动作电位**　听神经动作电位由耳蜗微音器电位触发(图20-11):毛细胞顶部膜的微音器电位以电紧张的形式扩布到毛细胞底部,促使底部膜释放某种递质(可能是谷氨酸或门冬氨酸),释放的递质作用于纤维末梢,末梢膜产生一种去极化的局部电位,后者达到阈电位水平时引起神经轴突产生动作电位。

听神经动作电位是耳蜗对声波刺激进行换能和编码作用的总结果,它的作用是向听觉中枢传递声音信息。

图片:声波传导途径示意图

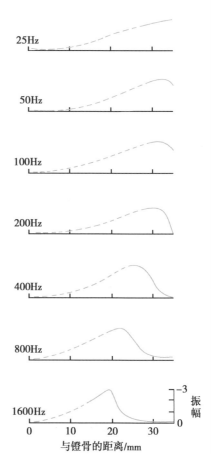

图20-10　不同频率的纯音引起基底膜位移示意图
随着声波频率的增大,行波传播的距离越近。

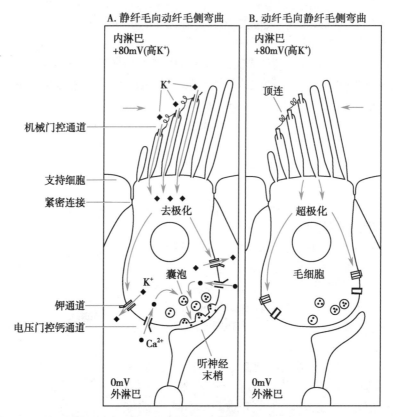

图 20-11　毛细胞感受器电位产生及信息传递示意图

A. 当基底膜振动使静纤毛向长纤毛侧弯曲时,毛细胞顶部的机械门控离子通道开放,K^+内流,使膜去极化,进而激活电压门控钙通道 Ca^{2+}内流,触发递质释放,将信息传递给听神经;B. 当基底膜振动使长纤毛向短纤毛侧弯曲时,毛细胞顶部的机械门控离子通道关闭,细胞膜超极化,递质释放停止。

第四节　平 衡 感 觉

内耳迷路中的椭圆囊、球囊和三个膜半规管,是人体对自身运动状态和头在空间位置的感受器,合称为前庭器官,在维持身体的平衡中占有重要地位。

一、前庭器官的感受装置和适宜刺激

（一）前庭器官的感受细胞

前庭器官的感受细胞为毛细胞。每个毛细胞顶部有 60~100 条纤毛,其中最长的一条叫动纤毛(kinocilium),位于一侧边缘部,其余的都叫静纤毛(stereocilium)。当外力使这些纤毛倒向一侧时,位于毛细胞底部的神经纤维上就有冲动频率的变化。当动纤毛和静纤毛都处于自然状态时,细胞膜内外存在着约-80mV 的静息电位,毛细胞底部的神经纤维上有中等频率的持续放电;当外力使顶部静纤毛倒向动纤毛侧时,毛细胞出现去极化,膜内电位上移到阈电位(-60mV)时,神经纤维上冲动发放频率增加;与此相反,当外力使顶部动纤毛倒向静纤毛侧时,毛细胞出现超极化,膜内电位下移到-120mV,神经纤维上冲动发放频率减少(图 20-12)。

在正常情况下,机体的运动状态和头部在空间位置的改变都能以特定的方式改变毛细胞纤毛的倒向,使相应神经纤维的冲动发放频率发生改变,把这些信息传入相关中枢,从而引起特殊的运动觉和位置觉,并出现相应的躯体和内脏功能的反射性变化。

（二）椭圆囊和球囊的功能

椭圆囊和球囊是膜质的小囊,内部充满内淋巴液,囊内各有一个特殊的结构,分别称为椭圆囊斑

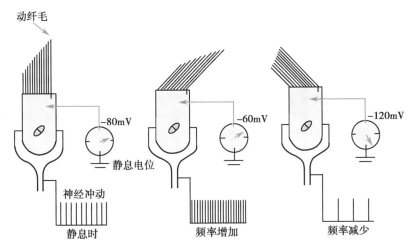

图 20-12　前庭器官中毛细胞顶部纤毛受力情况与电位变化关系示意图

和球囊斑(见图 9-13)。囊斑中有毛细胞,其纤毛埋植在耳石膜的胶质中。耳石膜内含有许多微细的耳石,由碳酸钙和蛋白质组成,其比重大于内淋巴。人体直立位时,椭圆囊的囊斑呈水平位,耳石膜在毛细胞纤毛的上方;而球囊的囊斑则处于垂直位,耳石膜悬在纤毛的外侧。毛细胞纤毛的这种配置有利于分辨人体在囊斑平面上所做的各种方向的直线变速运动。

椭圆囊和球囊的功能是感受头部的空间位置和直线变速运动。其适宜刺激是直线运动正负加速度。例如,当头部的空间位置发生改变时,或者躯体作直线变速运动时,由于重力和惯性的作用,使耳石膜与毛细胞的相对位置发生改变,导致纤毛产生弯曲,倒向某一方向,从而使传入神经纤维发放的冲动发生变化,这种信息经前庭神经传入中枢后,可引起相应的感觉,同时反射性地调节躯体肌肉的紧张性引起姿势反射,以维持身体的平衡。

（三）半规管的功能

半规管的功能是感受旋转变速运动。其适宜刺激是正负角加速度运动。当身体围绕不同方向的轴做旋转运动时,相应半规管壶腹中的毛细胞因管腔中内淋巴的惯性运动而受到冲击,顶部纤毛向某一方向弯曲,发生去极化,传入信息经前庭神经传入中枢后,可引起眼震颤和躯体、四肢骨骼肌紧张性的改变,从而调整姿势、保持平衡,并引起旋转的感觉。

晕　动　症

又称运动病,是因机体暴露于运动环境中,受不适宜的运动环境刺激而引起恶心、呕吐、出冷汗、面色苍白等前庭和自主神经反应为主的症候群。常在乘车、航海、飞行和其他运行数分钟至数小时后发生。一般在停止运行或减速后数十分钟和几小时内消失或减轻,经多次发病后,症状反可减轻,甚至不发生。发病时,囊斑或毛细胞受到一定量的不正常运动刺激,引起的神经冲动依次由前庭神经传至前庭神经核,再传至小脑和下丘脑,进而引起一系列以眩晕为主的症状;前庭受刺激后影响网状结构,引起血压下降和呕吐;前庭神经核通过内侧纵束纤维至眼肌运动核引起眼球震颤;小脑和下丘脑受神经冲动后引起全身肌肉张力改变。

二、前庭反应

来自前庭器官的传入冲动,除引起运动和位置觉外,还能引起各种不同的骨骼肌和自主神经功能的改变,这些现象称前庭反应。

（一）前庭器官的姿势反射

当机体进行直线变速运动时,可刺激椭圆囊和球囊,反射性地改变颈部和四肢肌紧张的强度。同样,在作旋转变速运动时,也可刺激半规管,反射性地改变颈部和四肢肌紧张的强度。运动姿势反射所引起的反射动作,都是和发动这些反射的刺激相对抗的。其意义在于维持机体一定的姿势和保持身体平衡。

图片:旋转变速运动时水平半规管壶腹嵴毛细胞受刺激情况和眼震颤方向示意图

(二)前庭自主神经反应

前庭器官受到过强或过久的刺激,常可引起自主神经系统的功能反应,从而表现出一系列相应的内脏反应,如恶心、呕吐、眩晕、皮肤苍白、心率加快、血压下降等现象。

(三)眼震颤

躯体旋转运动引起眼球发生特殊的往返运动,称为眼震颤(nystagmus)。眼震颤主要是由于半规管受刺激,反射性地引起某些眼外肌的兴奋和另一些眼外肌的抑制所致。而且眼震颤的方向与受刺激的半规管有关:当两侧水平半规管受刺激(如转身、回头)时,引起水平方向的眼震颤;上半规管受刺激(如侧身翻转)时,引起垂直方向的眼震颤;后半规管受刺激(前后翻转)时,引起旋转性眼震颤。正常人眼震颤持续20~40s,过长或过短都说明前庭功能有过敏或减弱的可能。

第五节 其他感觉器官

一、嗅觉器官

图片:单个嗅觉感受细胞的反应特性

嗅觉(olfaction)的感受器是嗅细胞,位于鼻腔上端的嗅上皮中。嗅细胞呈杆状,细胞的游离端(朝向鼻腔的一端)有6~8根嗅纤毛,其底端的突起形成嗅丝,属于无髓纤维,穿过筛孔到达嗅球,进而传到更高级的嗅觉中枢(大脑边缘叶的前底部区域),引起嗅觉。

嗅觉的适宜刺激是可挥发性化学物质。嗅觉的敏感程度常以嗅阈来评定,也就是能引起嗅觉的某种物质在空气中的最小浓度。不同动物的嗅觉敏感程度差异很大,同一动物对不同物质的敏感程度也不同。嗅觉有明显的适应现象,但这并不等于嗅觉的疲劳。

二、味觉器官

味觉(gustation)的感受器是味蕾,主要分布在舌背部和舌周边部位的黏膜内。味蕾是一种化学感受器,适宜刺激是一些溶于水的物质。

人舌表面的不同部位对不同味刺激的敏感程度不一样。一般是舌尖部对甜味比较敏感,舌两侧对酸味比较敏感,舌两侧前部对咸味比较敏感,舌根部对苦味较敏感。

味觉的敏感度可受刺激物温度的影响,在20~30℃之间,味觉的敏感度最高。

味觉的辨别能力也受血液中某些化学成分的影响,例如,肾上腺皮质功能低下的人,因血Na^+较低而喜食咸味食物。

人类的味觉可分为酸、甜、苦、咸4种,其他复杂的味觉被认为是这4种味觉不同比例的组合。其换能的机制还不十分清楚。味感受器没有轴突,味细胞产生的感受器电位通过突触传递引起感觉神经末梢产生动作电位,传向味觉中枢(中央后回头面部感觉区的下侧),中枢可能通过来自传导4种基本味觉专用线路上的神经信号和不同的组合来认知这些基本味觉及其以外的多种味觉。

三、皮肤感觉功能

皮肤内分布着多种感受器,能产生多种感觉。一般认为皮肤感觉主要有四种,即触觉、冷觉、温觉和痛觉。用不同性质的点状刺激仔细检查人的皮肤感觉时发现,不同感觉的感受区在皮肤表面呈互相独立的点状分布;如用纤细的毛轻触皮肤表面时,只有当某些特殊的点被触及时,才能引起触觉。用类似的方法,可找到冷觉点、热点和痛点等。皮肤感受器的换能机制为触-压觉机构门控通道。

触觉是微弱的机械刺激兴奋了皮肤浅层的触觉感受器引起的,压觉是指较强的机械刺激导致深部组织变形时引起的感觉,两者在性质上类似,可统称为触-压觉。触点在皮肤表面分布密度和该部位对触觉的敏感程度成正比,如颜面、口唇、指尖等处密度较高,手背、背部密度较低。与触觉有关的传入纤维,既有髓的 II、III 类纤维,也有纤细的 N 类无髓纤维。

笔记

冷觉和温觉合称温度觉,这起源于两种感受范围不同的温度感受器。冷感受器在皮肤温度低于 30℃时开始引起冲动发放,热感受器在超过 30℃时开始引起冲动发放,47℃时频率最高。一般皮肤表面冷点较热点多 4~10 倍;冷点下方主要分布有游离神经末梢,由Ⅲ类纤维传导传入冲动;热感受器可能也主要是游离神经末梢,传导纤维以 N 类为主。

痛觉是由有可能损伤或已经造成皮肤损伤的各种性质的刺激所引起的,它们除引起不愉快的痛苦感觉外,尚伴有强烈的情绪反应。

本章小结

感受器及其附属结构称为感觉器官。各种感受器都能把所感受的刺激能量最后转换为传入神经的动作电位,这种能量转换称为感受器的换能作用。当某种刺激持续作用于感受器时,其传入神经生成的冲动频率会逐渐下降。

眼是人体最重要的感觉器官之一,外界物体通过折光系统在视网膜上成像,刺激视觉感受器产生神经冲动,通过视神经传至视觉中枢。耳是听觉感觉器官,声波通过外耳和中耳构成的传音系统传至内耳,被耳蜗中的毛细胞感受,经蜗神经传入中枢,最后经大脑皮层听觉中枢分析,综合后产生听觉。前庭器官包括椭圆囊、球囊和三个半规管,是人体对自身运动状态和头在空间位置的感受器。嗅觉的感受器是嗅细胞,位于鼻腔上端的嗅上皮中。味觉的感受器是味蕾,主要分布在舌背部和舌周边部位的黏膜内。皮肤感觉主要有四种,即触觉、冷觉、温觉和痛觉。不同感觉的感受区在皮肤表面呈互相独立的点状分布。

(姚齐颖)

扫一扫,测一测

思考题

1. 试述感受器的一般生理特性。
2. 简述视网膜两种感光细胞的分布及功能特征。
3. 简述视网膜的光化学反应过程,并分析夜盲症和暗适应的机制。
4. 声波传入内耳有哪几条途径? 其中主要是哪条?
5. 何为前庭器官的姿势反射? 有何生理意义?

第二十一章　神经系统的功能

学习目标

1. 掌握：神经纤维传导兴奋的特征；突触的概念，突触传递的过程，兴奋性突触后电位和抑制性突触后电位；丘脑特异性投射系统和非特异性投射系统的概念和功能；牵涉痛的概念；牵张反射的概念和机制；自主神经系统的功能特征，自主神经的主要递质及其受体系统。

2. 熟悉：神经的营养作用、轴浆运输、神经递质；突触传递的特点；中枢神经元的联系方式，中枢兴奋传播的特征，中枢抑制的分类及机制；大脑皮层的功能定位；脑干、小脑、大脑皮层对躯体运动的调节；内脏痛的特点；脊休克及去大脑僵直的概念和机制；脊髓、低位脑干和下丘脑的内脏调节功能；第二信号系统；脑电图的基本波形。

3. 了解：神经元的功能，神经纤维的分类、传导兴奋的速度，突触的基本结构和分类，非定向突触和电突触；中枢神经递质，突触前抑制；脊髓的感觉传导功能，丘脑在感觉传导方面的作用；姿势反射；小脑的功能；基底神经节对躯体运动的调节；脑的高级功能。

4. 学会与患者及家属沟通的方法，能够讲解神经系统疾病的相关知识及危害。

5. 具有运用本章知识解释常见神经系统疾病病变特点的能力。

　　神经系统在人体生理功能调节中起主导作用。神经系统可以直接或间接地调节体内各系统的功能活动，使机体成为一个有序的整体，适应各种体内外环境的变化。此外，人类的神经系统还具有思维、语言、学习和记忆等高级功能，从而使人类不仅能被动地适应环境，而且能主动地认识和改造周围环境。

第一节　神经系统活动的一般规律

　　神经系统由数百亿个神经元和神经胶质细胞所组成。一个神经元不可能独立地完成神经系统的调节功能，任何信息的传递及功能调节都是由许多神经元相互联系而共同完成的。

一、神经元和神经胶质细胞

　　神经细胞又称神经元，是神经系统结构和功能的基本单位。神经胶质细胞简称胶质细胞，与神经元有物质、能量和信息的交流，对维持神经系统微环境的稳态和正常功能活动有重要作用。

（一）神经元

　　1. 神经元的一般结构和功能　神经元的主要功能是感受和传递信息。此外，有些神经元还能分泌激素，将神经信号转变为化学信号。一个典型的神经元由胞体和突起两部分组成（图 21-1）。胞体

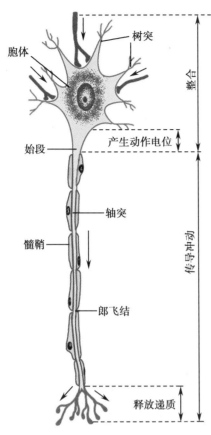

图 21-1　运动神经元结构与功能示意图

是合成各种蛋白质的中心,具有接受、整合传入信息和发放传出冲动的功能。突起由胞体发出,又分为树突和轴突。一个神经元可有一个或多个树突,其功能主要是接受传入的信息。神经元一般只有一个轴突,其功能主要是将胞体产生的神经冲动传向外周。轴突的起始部分称为始段,神经元的动作电位一般在始段产生,而后沿轴突传导。轴突细而长,可发出侧支,其末端分成许多分支,每个分支末梢部分膨大呈球形,称为突触小体,轴突末梢可释放递质。

2. 神经纤维的功能　神经纤维的主要功能是传导兴奋。在神经纤维上传导的兴奋或动作电位称为神经冲动(nerve impulse),简称冲动。神经纤维能将兴奋传到神经末梢,通过释放神经递质改变所支配组织的功能活动,如引起肌肉收缩、腺体分泌等,这种作用称为神经的功能性作用。另一方面,神经末梢还经常释放一些营养性因子,持续调整受支配组织的代谢活动,从而持久地影响该组织的形态结构和生理功能,这一作用称为神经的营养性作用。神经的营养性作用与神经冲动关系不大,正常情况下不易被觉察,但在神经被损伤时就容易表现出来,这时被支配的肌肉糖原合成减慢,蛋白质分解加速,肌肉逐渐萎缩。例如,周围神经损伤时出现的肌肉萎缩,其主要原因是失去神经营养性作用的结果。

3. 神经纤维传导兴奋的特征　神经纤维传导兴奋具有以下特征:

(1)完整性:神经纤维只有在结构和功能两方面都保持完整时才能传导兴奋。如果神经纤维受损或被局部麻醉,兴奋的传导就会发生障碍。

(2)绝缘性:一条神经干中含有许多神经纤维,由于神经纤维间没有细胞质的沟通,加上每条神经纤维又被一层薄而疏松的结缔组织包裹,因此神经纤维在传导兴奋时一般不会相互干扰,其生理意义在于保证神经调节的精确性。

(3)双向性:刺激神经纤维上任何一点所引起的兴奋,可同时向神经纤维的两端传导,此即兴奋传导的双向性。

(4)相对不疲劳性:神经纤维能在较长时间内保持不衰减地传导兴奋的能力。实验研究发现,连续电刺激神经纤维数小时至十几小时,神经纤维始终能保持其传导兴奋的能力,表现为不易发生疲劳。

4. 神经纤维传导兴奋的速度　不同神经纤维传导兴奋的速度差别较大(表 21-1),这与神经纤维的直径、有无髓鞘和温度等密切相关。一般来说,神经纤维直径越粗,其传导速度越快;有髓神经纤维比无髓神经纤维传导速度快;在一定范围内,传导速度与温度成正比。温度降低可以减慢传导速度甚至导致传导阻滞,局部可暂时失去感觉,临床上使用的局部低温麻醉即依据此原理。当周围神经发生病变时,传导速度减慢。因此,测定神经纤维的传导速度有助于诊断神经纤维的疾患和估计神经损伤的预后。

5. 神经纤维的分类　根据神经纤维性质差异,从不同的角度有不同的神经纤维分类方法(表 21-1)。

(1)根据有无髓鞘:将神经纤维分为有髓神经纤维和无髓神经纤维。

(2)根据传导速度:将神经纤维分为 A、B、C 三类,其中 A 类纤维又分为 α、β、γ、δ 四个亚类,这种分类方法主要用于传出纤维。

(3)根据来源与直径:将神经纤维分为 Ⅰ、Ⅱ、Ⅲ、Ⅳ 四类,其中 Ⅰ 类纤维又分为 Ⅰ$_a$ 和 Ⅰ$_b$ 两种,这种分类方法主要用于传入神经纤维。

表 21-1 神经纤维的分类

根据传导速度分类	传导速度(m/s)	纤维直径(μm)	功能	根据来源与直径分类
A 类(有髓鞘)				
A_α	70~120	13~22	本体感觉、躯体运动	I
A_β	30~70	8~13	触-压觉	II
A_γ	15~30	4~8	支配梭内肌(使其收缩)	
A_δ	12~30	1~4	痛觉、温度觉、触-压觉	III
B 类(有髓鞘)	3~15	1~3	自主神经节前纤维	
C 类(无髓鞘)				
sC	0.7~2.3	0.3~1.3	交感节后纤维	
drC	0.6~2.0	0.4~1.2	背根中痛觉传入纤维	IV

6. 轴浆 运输神经元轴突内的胞浆,称为轴浆。轴浆在胞体与轴突末梢之间不断地流动。借助轴浆流动可在胞体与轴突末梢之间实现物质运输的功能,称为轴浆运输(axoplasmic transport)。轴浆运输对维持神经元正常结构和功能的完整性有着重要意义。

轴浆运输是一个主动的过程,具有双向性。自胞体向轴突末梢的轴浆运输称为顺向轴浆运输;自轴突末梢向胞体的轴浆运输称为逆向轴浆运输。顺向轴浆运输又可分为快速轴浆运输和慢速轴浆运输两种,前者是指具有膜结构的细胞器,如线粒体、含有递质的囊泡和分泌颗粒等的运输,速度约为410mm/d;后者是指轴浆内的可溶性成分随微管和微丝等结构不断向末梢方向延伸而发生的移动,速度为 1~12mm/d。逆向轴浆运输的速度约为 205mm/d,很多物质,如神经营养因子、辣根过氧化物酶、某些病毒(如狂犬病病毒)和毒素(如破伤风毒素)等,均可以吞噬方式被摄入神经末梢,然后以这种方式运输到胞体,对神经元的活动和存活产生影响。

图片:轴浆运输示意图

（二）神经胶质细胞

胶质细胞的功能十分复杂,除了支持神经元和维持神经系统结构的稳定性外,它对神经元的功能活动也有重要影响。例如,在神经元的营养、神经组织的修复与再生、神经细胞内外离子浓度的维持、神经纤维传导兴奋的绝缘作用以及对神经递质的摄取、灭活和供给等方面,都有胶质细胞的参与。因此,进一步认识胶质细胞,必将较大程度地提高人类防治神经系统疾病的能力。

二、神经元的信息传递

神经元将其活动的信息传给其后的神经元或效应器的过程称为神经元的信息传递。神经元的信息传递方式分为化学性突触传递和电突触传递两类,以前者为主。化学性突触传递又包括定向突触传递和非定向突触传递两种,前者末梢释放的递质仅作用于范围极为局限的突触后成分,如经典的突触和神经-骨骼肌接头;后者末梢释放的递质则可扩散至距离较远和范围较广的突触后成分,如神经-心肌接头和神经-平滑肌接头。电突触传递则是局部电流通过缝隙连接实现的电信号直接传递。

（一）定向突触传递

神经元与神经元之间、神经元与效应器细胞之间的信息传递都是通过突触进行的。

1. 突触的概念与分类 神经元与神经元之间或神经元与效应器细胞之间的功能接触部位称为突触(synapse)。传出神经元与效应器细胞之间的突触也称接头。根据神经元相互接触的部位,常见的突触通常分为轴突-胞体式突触、轴突-树突式突触和轴突-轴突式突触三类(图 21-2),其中,轴突-树突式突触最为常见。

2. 突触的结构 经典的突触由突触前膜、突触间隙和突触后膜三部分组成(图 21-3)。突触前膜是指突触前神经元突触小体的膜,突触后膜是指与突触前膜相对应的突触后神经元胞体或突起的膜。突触前膜和突触后膜较一般的细胞膜稍厚,约 7.5nm。两者之间存在 20~40nm 的间隙,称为突触间隙。在突触小体的轴浆内,含有密集的线粒体和突触囊泡。突触囊泡直径 20~80nm,内含高浓度的神经递质。不同的神经元,突触囊泡的大小和形态不完全相同,其内所含的递质也不同,从而构成了人体内极为复杂的突触传递。

笔记

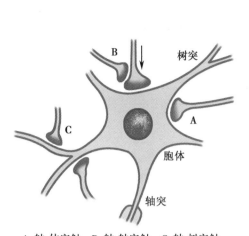

A. 轴-体突触；B. 轴-轴突触；C. 轴-树突触

图 21-2　突触的分类示意图

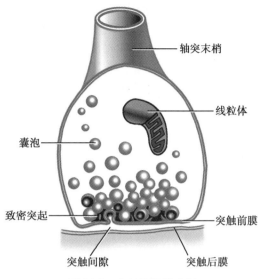

轴突末梢

线粒体

囊泡

致密突起

突触前膜

突触间隙

突触后膜

图 21-3　突触结构模式图

3. **突触传递的过程**　当突触前神经元的兴奋传到轴突末梢时,突触前膜发生去极化,引起突触前膜上电压门控 Ca^{2+} 通道开放,Ca^{2+} 由细胞外进入突触前末梢轴浆内,使突触囊泡向突触前膜移动,并与突触前膜接触、融合,以出胞的方式将神经递质释放到突触间隙。递质进入突触间隙后,经扩散到达突触后膜,作用于突触后膜上的特异性受体或化学门控通道,引起突触后膜上某些离子通道开放,使相应的带电离子进出突触后膜,导致突触后膜发生一定程度的去极化或超极化,形成突触后电位,从而引起突触后神经元的活动变化。

突触后电位包括兴奋性突触后电位和抑制性突触后电位两种类型。

（1）兴奋性突触后电位:当神经冲动到达突触前膜时,突触前膜释放兴奋性递质,与突触后膜上的特异性受体结合,提高了突触后膜对 Na^+ 和 K^+ 的通透性,由于 Na^+ 的内流大于 K^+ 的外流,从而使突触后膜局部发生去极化,提高了突触后膜的兴奋性。这种局部去极化电位就称为兴奋性突触后电位（excitatory postsynaptic potential，EPSP）。这是一种局部电位（图 21-4）,当突触前神经元活动增强或参与活动的突触数量增多时,兴奋性突触后电位发生总和,使电位幅度加大,达到突触后神经元的阈电位水平时,则可在突触后神经元的轴突始段诱发动作电位;如没有达到阈电位水平,虽然不能引发动作电位,但能够使膜电位与阈电位的距离变近,因而使突触后神经元的兴奋性升高,此类作用常称为易化。

（2）抑制性突触后电位:当神经冲动到达突触前膜时,突触前膜释放抑制性递质,与突触后膜上

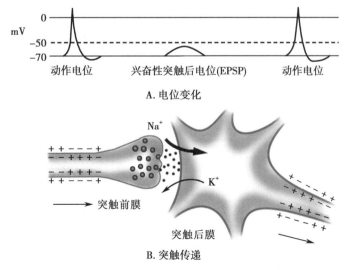

A. 电位变化

B. 突触传递

图 21-4　兴奋性突触后电位产生机制示意图

的特异性受体结合,提高了突触后膜对 Cl$^-$ 和 K$^+$ 的通透性(主要是 Cl$^-$ 的通透性),使 Cl$^-$ 内流,K$^+$ 外流,结果使突触后膜发生超极化,突触后膜这种局部超极化的电位变化即称为抑制性突触后电位(inhibitory postsynaptic potential,IPSP)(图 21-5)。IPSP 使突触后神经元的膜电位与阈电位的距离增大而不易爆发动作电位,即对突触后神经元产生了抑制效应。这也是一种局部电位变化,可以总和,总和后对突触后神经元的抑制作用更强。

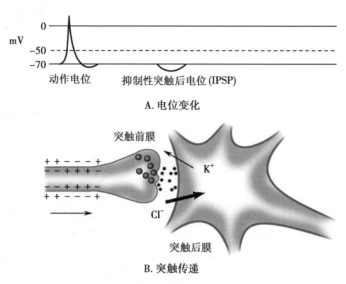

图 21-5　抑制性突触后电位产生机制示意图

由于一个神经元常与多个突触前神经末梢构成突触,产生的突触后电位既有 EPSP,也有 IPSP,因此,是否引起突触后神经元发生兴奋取决于这些 EPSP 和 IPSP 的代数和。

(二)非定向突触传递

非定向突触传递首先发现于交感神经节后神经元对平滑肌和心肌的支配作用中。此类神经元的轴突末梢发出许多分支,在分支上形成串珠样的膨大结构,称为曲张体,其内含有大量的突触小泡,小泡内含高浓度的去甲肾上腺素。曲张体并不与效应器细胞形成经典的突触联系,而是沿着末梢分支穿行于效应器细胞的组织间隙(图 21-6)。当神经冲动到达曲张体时,去甲肾上腺素从曲张体释放出来,并扩散至相邻的效应器细胞,与其受体结合,引起效应器细胞的功能变化。由于这种信息传递不是通过经典的突触进行的,故称为非定向突触传递,也称为非突触性化学传递。非定向性突触传递也广泛地存在于中枢神经系统,如大脑皮层的无髓去甲肾上腺素能纤维、中脑黑质的多巴胺能纤维、中枢的 5-羟色胺能以及胆碱能等神经纤维。

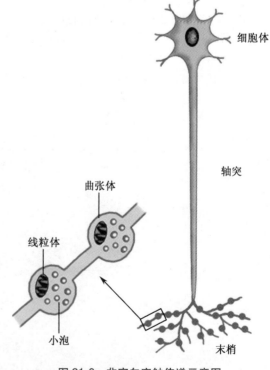

图 21-6　非定向突触传递示意图

非定向突触传递具有以下几个特点:①突触前和突触后成分无特化的突触前膜和突触后膜结构,无一对一关系;②曲张体与效应器细胞的间距较大,神经递质弥散距离远;③作用较为弥散,一个曲张体可支配多个效应器细胞;④突触传递时间长,且长短不一;⑤释放的神经递质能否产生信息传递效应,取决于突触后成分上有无相应受体。

（三）电突触传递

电突触传递的结构基础是缝隙连接,是两个神经元紧密接触的部位,两层细胞膜之间的距离只有2~3nm,此处膜不增厚,胞浆内也没有突触小泡,但有蛋白质贯穿两膜,形成水相通道,允许带电离子通过(图21-7)。这种通过缝隙连接实现的信息传递方式称为电突触传递。由于电突触无突触前、后膜之分,故传递信息具有双向性;又由于该部位电阻低,因而传递速度快,几乎没有潜伏期。电突触传递主要发生在同类神经元之间,其意义在于促进同类神经元群的同步化活动。

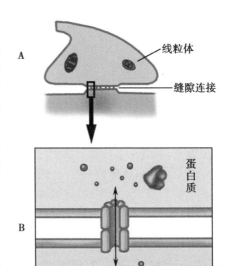

图21-7　电突触传递示意图
A.缝隙连接;B.为 A 图的放大模式图,显示细胞间通道两侧的蛋白质、离子等物质。

三、神经递质

（一）神经递质的基本概念

化学性突触传递必须有神经递质的参与。神经递质(neurotransmitter)是指由突触前神经元合成并释放,能特异性作用于突触后神经元或效应器细胞上的受体而产生一定效应的信息传递物质。除神经递质外,神经元还能合成和释放一些化学物质,它们并不在神经元之间直接传递信息,而是增强或减弱神经递质的信息传递效应,此类对神经递质的信息传递过程起调节作用的物质称为神经调质(neuro-modulator),其所发挥的作用称为调制作用。神经递质和神经调质有时很难截然区分开,因为在有些情况下神经递质也可起到神经调质的作用,而在另一些情况下神经调质也可发挥神经递质的作用。

目前认为,一个神经元内可以存在两种或两种以上的递质或调质,这种现象称为递质共存(neurotransmitter co-existence)。递质共存的意义在于协调某些生理功能的活动。

（二）中枢神经递质

根据存在部位不同,神经递质可分为中枢神经递质和外周神经递质两大类。外周神经递质包括自主神经递质和躯体运动神经纤维释放的递质(见本章第四节)。这里简要介绍几类中枢神经递质。

1. **乙酰胆碱**　以乙酰胆碱(ACh)作为神经递质的神经元称为胆碱能神经元,它在中枢神经系统内分布极为广泛,脊髓、脑干网状结构、丘脑、纹状体和边缘系统等处都有分布。ACh 是非常重要的一类神经递质,几乎参与了神经系统的所有功能活动,包括学习与记忆、觉醒与睡眠、感觉与运动、内脏活动等多方面的调节过程。

2. **胺类**　胺类递质包括多巴胺、去甲肾上腺素、肾上腺素、5-羟色胺和组胺等。脑内的多巴胺主要由中脑黑质的神经元产生,沿黑质-纹状体投射系统分布,组成黑质-纹状体多巴胺递质系统,主要参与对躯体运动、精神情绪活动、垂体内分泌功能以及心血管活动等的调节。中枢神经系统内,以去甲肾上腺素(norepinephrine,NE)作为递质的神经元称为去甲肾上腺素能神经元,其胞体主要位于低位脑干,参与对心血管活动、情绪、体温、摄食和觉醒等方面的调节。以肾上腺素(epinephrine,E)作为递质的神经元称为肾上腺素能神经元,其胞体主要分布于延髓,参与对血压和呼吸运动的调节。5-羟色胺能神经元胞体主要位于低位脑干的中缝核内,其功能与睡眠、体温调节、情绪反应及痛觉等活动有关。

3. **氨基酸类**　氨基酸类递质主要包括谷氨酸、门冬氨酸、γ-氨基丁酸、甘氨酸。其中,前两种为兴奋性递质,后两种为抑制性递质。

4. **神经肽**　脑内的肽类递质又称神经肽,种类多、分布广。神经肽既可作为神经递质,也可作为神经调质或激素。主要的神经肽有速激肽(如 P 物质)、阿片肽(如脑啡肽)、脑-肠肽等。

5. **其他递质**　嘌呤类物质中的腺苷是中枢神经系统中的一种抑制性调质,咖啡和茶的中枢兴奋效应就是由于咖啡因和茶碱抑制了腺苷的作用而产生的;脑内一氧化氮、一氧化碳等气体分子亦具有神经递质的特征,它们都是通过激活鸟苷酸环化酶来发挥信息传递作用的。

知识拓展

多巴胺与烟瘾

多巴胺是大脑中的神经递质,能够传递亢奋和欢愉的信息,与各种上瘾行为有关。研究表明,多巴胺大量由负责激励和奖励大脑的边缘系统释放,因此多巴胺也被称为奖励制度。香烟中的尼古丁会令人上瘾,是由于尼古丁刺激神经元分泌多巴胺,使人产生快感。研究表明,尼古丁进入血液大约7s后进入大脑,影响多巴胺受体,给大脑一个信息是奖励活动被执行。当吸烟者大口地吸入香烟时,就带来了冷静和温和的欣快感觉。如果吸烟习惯是长期的,大脑就会变得习惯了这种奖励。尼古丁在人体内只有2h的衰减期,所以效果迅速消退,这意味着当你停止吸烟一会儿后,你的大脑会要求这个奖励,这被称为尼古丁渴望。因此,长期吸烟会导致上瘾,并且并非是提升幸福的感觉,而是吸烟者需要一根烟来感觉正常。

四、中枢神经元的联系方式

中枢神经系统中的神经元按其在反射弧中所处的位置不同,可分为传入神经元、中间神经元和传出神经元,其中以中间神经元的数量最多。中枢神经元之间的联系方式主要有以下几种(图21-8):

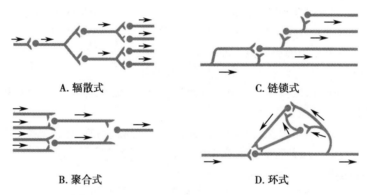

图21-8　中枢神经元的联系方式

1. **辐散式**　辐散式联系是指一个神经元通过其轴突分支与多个神经元形成突触联系,从而使与之相联系的神经元同时兴奋或抑制。这在感觉传导通路上多见,有利于扩大神经元活动影响的范围。

2. **聚合式**　聚合式联系是指许多神经元的轴突末梢共同与同一个神经元建立突触联系,使来源于不同神经元的兴奋或抑制在同一神经元上发生整合,导致后者的兴奋或抑制。这在运动传出通路上多见。

3. **链锁式和环式**　在中枢神经系统内辐散和聚合方式常同时存在,并通过中间神经元的联系形成环式或链锁式联系。神经冲动通过链锁式联系,可在空间上扩大其作用范围。兴奋通过环式联系,可因负反馈而使活动及时终止;或因正反馈而使兴奋增强和延续,即使最初的刺激已经停止,其传出通路上的冲动发放仍能继续一段时间,此种现象称为后发放。

五、中枢内兴奋传播的特征

在进行反射活动时,兴奋在中枢往往需要通过多次突触传递,由于突触本身的结构和递质参与等因素的影响,兴奋通过突触传递明显不同于在神经纤维上的传导,主要表现在以下几个方面:

1. **单向传递**　指兴奋通过化学性突触传递时,只能由突触前神经元传向突触后神经元,这是因为神经递质通常由突触前膜释放而作用于突触后膜的受体。虽已发现突触后神经元也能释放递质,也存在突触前受体,但其作用主要是调节递质的释放,而与兴奋传递无直接关系。

2. **中枢延搁**　兴奋通过化学性突触传递时,需要经过递质的释放、扩散、与突触后膜受体的结合,以及后膜离子通道的开放和产生突触后电位等一系列过程,所需时间较长,这一现象称之为中枢延搁。兴奋通过一个化学性突触通常需要 0.3~0.5ms。因此,在反射活动中,兴奋通过的化学性突触数量越多,反射所需时间就越长。

3. 总和 突触传递是通过产生兴奋性突触后电位和抑制性突触后电位将信息传给突触后神经元的,而这类电变化都具有局部电位的性质,可以总和(包括时间性总和与空间性总和)。突触后神经元的活动取决于这些突触后电位总和的结果。

4. 兴奋节律的改变 兴奋通过突触传递后,其突触后神经元的兴奋节律与突触前神经元的兴奋节律往往不同。这与突触后神经元自身的功能状态,以及它常同时与多个突触前神经元发生联系有关。此外,反射中枢常经过多个中间神经元接替,这些神经元的功能状态和联系方式的差异也与兴奋节律的改变有关。

5. 对内环境变化敏感和易疲劳 由于突触间隙与细胞外液相通,因此内环境理化因素的变化易影响突触传递。例如,缺氧、CO_2 过多以及某些药物等都可作用于突触传递的某些环节而影响突触传递。此外,相对于兴奋在神经纤维上的传导,突触部位也是反射弧中最易发生疲劳的环节。实验中发现,用较高频率连续刺激突触前神经元,突触后神经元的放电频率将很快降低。这可能与突触前神经元内递质的耗竭有关。

六、中枢抑制

在任何反射活动中,中枢神经系统内既有兴奋过程又有抑制过程,两者缺一不可。中枢抑制产生的机制很复杂,一般将中枢抑制分为突触后抑制和突触前抑制两类。

(一)突触后抑制

突触后抑制(postsynaptic inhibition)是通过抑制性中间神经元的活动引起的。突触前神经元兴奋后,使抑制性中间神经元兴奋并释放抑制性递质,引起突触后神经元产生抑制性突触后电位,从而产生抑制性效应。突触后抑制又分为以下两种类型:

1. 传入侧支性抑制 传入纤维兴奋某一中枢神经元的同时,又发出侧支兴奋一个抑制性中间神经元,再通过后者的活动抑制另一个中枢神经元,这种抑制称为传入侧支性抑制(afferent collateral inhibition)或交互性抑制(reciprocal inhibition)。例如,引起屈肌反射的传入纤维进入脊髓后,一方面直接兴奋支配屈肌的运动神经元,另一方面通过侧支兴奋抑制性中间神经元,从而抑制伸肌运动神经元,导致屈肌收缩而伸肌舒张(图 21-9)。其意义是使不同中枢之间的活动协调起来。

2. 回返性抑制 某一中枢神经元兴奋时,其传出冲动沿轴突外传,同时又经轴突的侧支兴奋抑制性中间神经元,该抑制性中间神经元释放抑制性递质,反过来抑制原先发生兴奋的神经元及同一中枢的其他神经元,这种抑制称为回返性抑制(recurrent inhibition)。例如,脊髓前角运动神经元支配骨骼肌时,其轴突在尚未离开脊髓灰质之前,发出侧支与另一抑制性中间神经元即闰绍细胞发生突触联系,闰绍细胞释放抑制性递质甘氨酸,回返性抑制原先发放冲动的运动神经元和其他同类神经元(图 21-10)。这种抑制是一种典型的负反馈控制形式,其意义在于及时终止运动神经元的活动,或使同一中枢内许多神经元的活动同步化。

(二)突触前抑制

突触前抑制(presynaptic inhibition)是指通过改变突触前膜的活动而使突触后神经元产生抑制。其结构基础是轴突-轴突式突触。图 21-11 示轴突 A 与运动神经元 C 构成轴突-胞体式突触,轴突 A 的末梢又与轴突 B 构成轴突-轴突式突触。当刺激轴突 A 时,可使运动神经元 C 产生 10mV 的 EPSP。当刺激轴突 B 时,运动神经元 C 不发生反应。如果先刺激轴突 B,随后再刺激轴突 A,则运动神经元 C 产生的 EPSP 将明显减小,仅有 5mV。这说明轴突 B 的活动能降低轴突 A 的兴奋作用,即产生突触前抑制。目前认为可能是由于轴突 B 兴奋时释放递质 γ-氨基丁酸(GABA),后者作用于轴突 A 上的相应受体,使传到末梢 A 的动作电位幅度变小,结果使进入末梢 A 的 Ca^{2+} 量减少,从而使神经末梢 A 释放的兴奋性递质减少,最终导致该运动神经元产生的 EPSP 幅度降低。

突触前抑制广泛存在于中枢神经系统,尤其多见于感觉传入通路,其意义是控制从外周传入中枢的感觉信息,使感觉更加清晰和集中,故对调节感觉传入活动具有重要意义。

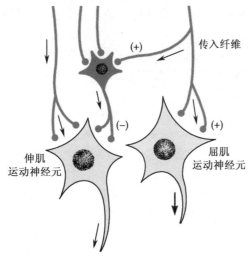

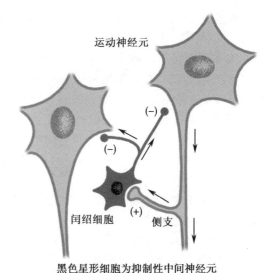

黑色星形细胞为抑制性中间神经元
（+）兴奋；（-）抑制

图 21-9　传入侧支性抑制示意图

黑色星形细胞为抑制性中间神经元
（+）兴奋；（-）抑制

图 21-10　回返性抑制示意图

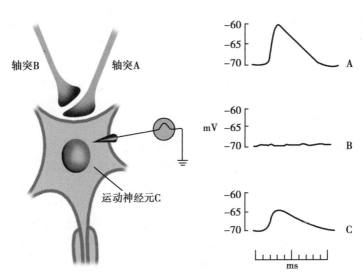

图 21-11　突触前抑制示意图

A.单独刺激轴突 A,引起的兴奋性突触后电位；B.单独刺激轴突 B,不引起突触后电位；C.先刺激轴突 B,再刺激轴突 A,引起的兴奋性突触后电位减小。

第二节　神经系统的感觉分析功能

感觉是客观世界在大脑中的主观反映。体内外各种刺激作用于感受器后,产生的神经冲动通过特定的感觉传入通路传向大脑皮层的特定部位加以分析,从而形成各种特异性的感觉。

一、脊髓与低位脑干的感觉传导功能

脊髓是四肢、躯干及内脏器官的感觉信号传入高位中枢的必经通路。躯体感觉的传入通路一般由三级神经元接替。初级传入神经元的胞体位于脊髓后根神经节和脑神经节中,其周围突与感受器相连,中枢突进入脊髓和脑干后发出分支,一类在脊髓和脑干直接或通过中间神经元间接与运动神经元形成突触联系,构成反射弧完成各种反射活动;另一类经多级神经元接替后向大脑皮层投射而形成不同的感觉。其中,脊髓丘脑侧束和脊髓丘脑前束主要传导痛觉、温度觉和轻触觉等浅感觉;脊髓后索主要传导肌肉本体感觉、深压觉等深感觉，以及精细触觉（辨别两点间距离和物体表面的形状及纹理等的触觉）。上述脊髓传导通路若被破坏，相应的躯干、四肢部分就会丧失感觉。

二、丘脑及其感觉投射系统

（一）丘脑的核团

丘脑是由近40个神经核团所组成，是除嗅觉外各种感觉传入通路总的换元站，并能对感觉传入信息进行初步的分析和综合。丘脑内的核团大致可分为三类：

1. 特异感觉接替核 特异感觉接替核接受第二级感觉投射纤维，换元后发出纤维投射到大脑皮层特定的感觉区。其中，腹后外侧核为脊髓丘脑束和内侧丘系的换元站，负责传递躯体的感觉信号；腹后内侧核为三叉丘系的换元站，负责传递头面部感觉信号。内侧膝状体是听觉传导通路的换元站，外侧膝状体是视觉传导通路的换元站，发出的纤维分别投向大脑皮层的听觉代表区和视觉代表区。

2. 联络核 联络核主要有丘脑前核、腹外侧核、丘脑枕核等。它们接受来自特异感觉接替核和其他皮层下中枢传来的纤维（而不直接接受感觉的投射纤维），换元后发出纤维投射到大脑皮层的特定区域，其功能是协调各种感觉在丘脑和大脑皮层间的联系。

3. 非特异投射核 非特异投射核是指靠近丘脑中线的髓板内的各种结构，主要是髓板内核群，包括中央中核、束旁核等。这类细胞群接受来自脑干网状结构的纤维投射，并经多次换元，弥散性地投射到大脑皮层的广泛区域，具有维持和改变大脑皮层兴奋状态的作用。

（二）感觉投射系统

由丘脑投射到大脑皮层的感觉投射系统，根据其投射特征的不同，可分为两大系统。

1. 特异性投射系统 特异性投射系统（specific projection system）是指丘脑的特异感觉接替核及其投射到大脑皮层的传导束，此投射系统点对点地投射到大脑皮层的特定区域，主要终止于皮层的第四层细胞，引起特定的感觉，并激发大脑皮层发出传出冲动。丘脑的联络核在结构上也与大脑皮层有特定的投射关系，也属于特异投射系统，但它不引起特定感觉，主要起联络和协调的作用。

2. 非特异性投射系统 非特异性投射系统（non-specific projection system）是指丘脑的非特异投射核及其投射到大脑皮层的传导束，此投射系统经过多次换元，弥散地投射到大脑皮层的广泛区域，起维持和改变大脑皮层兴奋状态的作用。只有在非特异性投射系统维持大脑皮层清醒状态的基础上，特异性投射系统才能发挥作用，形成清晰的特定感觉。

实验研究发现，电刺激中脑网状结构，可唤醒动物，若在中脑头端切断脑干网状结构，则引起类似睡眠的现象，这说明脑干网状结构内存在具有上行起唤醒作用的功能系统，这一系统被称为脑干网状结构上行激动系统，该系统的作用就是通过丘脑非特异性投射系统来完成的。由于这一系统是一个多突触传递系统，因此易受药物的影响而使传递发生阻滞。如巴比妥类催眠药，可能就是由于阻断了该系统的兴奋传导作用所致。

三、大脑皮层的感觉分析功能

大脑皮层是感觉分析的最高级中枢。传导各种感觉冲动的特异性投射系统在大脑皮层的投射区有一定的区域分布，称为大脑皮层的感觉功能代表区。

（一）体表感觉区

全身体表感觉在大脑皮层的投射区主要位于中央后回，称为第一感觉区。其产生的感觉定位明确而且清晰，投射规律为：①交叉投射，即躯体一侧传入冲动投向对侧皮层，但头面部感觉投射是双侧性的；②呈倒立的人体投影，即下肢的感觉区在皮层的顶部，上肢感觉区在中间，头面部感觉区在底部，但头面部感觉区内部的安排是正立的；③投射区的大小与体表部位的感觉灵敏程度有关，分辨愈精细的部位代表区愈大，如感觉灵敏度高的拇指、示指和嘴唇的代表区面积大，而感觉迟钝的躯干代表区则很小（图21-12）。

在中央前回和脑岛之间还存在第二体表感觉区，其投射区域的空间安排是正立的和双侧性的，面积远比第一感觉区小。此区对感觉仅有粗糙的分析作用，感觉定位不明确，感觉性质不清晰，与痛觉的产生有关。

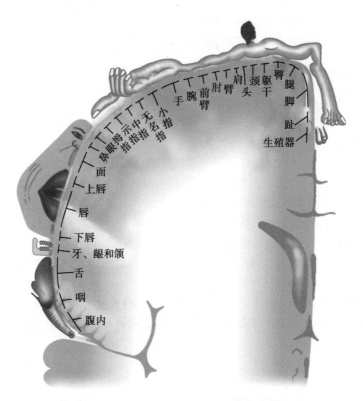

图 21-12　大脑皮层体表感觉区示意图

（二）本体感觉区

本体感觉是指肌肉、关节等的位置觉与运动觉。本体感觉的代表区主要位于中央前回,它们接受来自肌肉、肌腱和关节等处的感觉信息,以感知身体在空间的位置、姿势以及身体各部分在运动中的状态。

（三）内脏感觉区

内脏感觉代表区混杂于体表第一感觉区、第二体表感觉区、运动辅助区和边缘系统等皮层部位,其对内脏感觉的分析性质模糊、定位不准确。

（四）视觉区

视觉代表区在大脑半球内侧面枕叶距状裂的上、下缘。左侧枕叶皮层接受左眼颞侧和右眼鼻侧视网膜的传入纤维,而右侧枕叶皮层接受右眼颞侧和左眼鼻侧视网膜的传入纤维;距状裂的上缘接受来自视网膜的上半部投射,而距状裂的下缘接受视网膜的下半部投射;视网膜中央的黄斑区投射到距状裂的后部,而距状裂的前部则接受来自视网膜周边区的投射。

（五）听觉区

听觉代表区位于颞叶的颞横回和颞上回。听觉的投射为双侧性的,即一侧皮层代表区接受来自双侧耳蜗的传入投射,故一侧传入通路或听皮层损伤通常不产生明显的听觉障碍。不同音频的感觉信号在听觉皮层的投射也有相应的区域。

（六）嗅觉区和味觉区

嗅觉代表区位于边缘叶的杏仁核和前梨状区,味觉代表区在中央后回头面部感觉区的底部。

四、痛觉

痛觉是机体受到伤害性刺激时产生的一种不愉快的复杂感觉,通常伴有情绪活动、防卫反应和自主神经反应。痛觉具有保护作用,而且疼痛又是许多疾病常见的症状,因此,认识痛觉的产生及其规律具有重要的意义。

（一）痛觉感受器

痛觉感受器是游离的神经末梢,广泛分布于皮肤、肌肉、关节,以及内脏器官,感受组织液中某些化学物质的刺激,如缓激肽、组胺、5-羟色胺、K$^+$、H$^+$、ATP 等,这些物质统称为致痛物质。各种伤害性刺激只要达到足够的强度,均可引起组织损伤而释放上述致痛物质而引起疼痛。

(二) 躯体痛和内脏痛

1. **躯体痛** 躯体痛包括体表痛和深部痛。发生在体表某处的疼痛称为体表痛。当皮肤受到伤害性刺激时,往往先出现快痛,再出现慢痛,此种现象称为双重痛觉现象,是皮肤痛的一个典型特征。发生在躯体深部(如骨、关节、骨膜、肌腱、韧带和肌肉等)的疼痛称为深部痛,深部痛一般表现为慢痛,定位不明确,可伴有恶心、出汗和血压改变等自主神经反应。

2. **内脏痛** 内脏器官受到伤害性刺激时产生的痛觉称为内脏痛。具有以下特征:①发生缓慢,持续时间较长;②定位不准确,这是内脏痛最主要的特点;③对机械牵拉、痉挛、缺血和炎症等刺激敏感,而对针刺、切割、烧灼等刺激不敏感;④常引起不愉快的情绪活动,并伴有恶心、呕吐、出汗和心血管及呼吸活动的改变。

牵涉痛(referred pain)是较为特殊的内脏痛,指由某些内脏疾病引起的远隔体表部位产生疼痛或痛觉过敏的现象。在临床上,掌握牵涉痛的体表部位有助于某些疾病的诊断(表 21-2)。

图片:牵涉痛的产生机制示意图

表 21-2 临床常见内脏疾患的牵涉痛部位

疾患	心肌缺血	胃溃疡和胰腺炎	肝病和胆囊炎	肾结石	阑尾炎
体表部位	心前区 左臂尺侧	左上腹	肩胛间 右肩胛	腹股沟区	上腹部 脐周

第三节 神经系统对躯体运动的调节

人类的各种躯体运动都是在骨骼肌一定程度的肌紧张和一定姿势的前提下进行的,是在神经系统的控制和支配下完成的,是复杂的反射活动。

一、脊髓对躯体运动的调节

脊髓是躯体运动调节最基本的反射中枢,除头面部的骨骼肌接受颅神经支配外,躯干及四肢的骨骼肌均接受脊髓运动神经元的支配。

图片:产生和调节随意运动的示意图

(一) 脊髓的运动神经元和运动单位

脊髓前角存在大量支配骨骼肌的 α 运动神经元和 γ 运动神经元,它们末梢释放的递质都是乙酰胆碱。

α 运动神经元的胞体较大,既接受来自皮肤、肌肉等外周感受器的传入信息,同时也接受从脑干到大脑皮层等高位中枢的下传信息,其神经纤维较粗,支配骨骼肌的梭外肌纤维(一般的骨骼肌纤维),兴奋时引起梭外肌收缩。α 运动神经元的轴突末梢在肌肉中分成许多小支,每一小支支配一根骨骼肌纤维。由一个 α 运动神经元及其所支配的全部肌纤维组成的功能单位,称为运动单位。运动单位的大小相差很大,如一个眼外肌运动神经元只支配 6~12 根肌纤维,而一个三角肌运动神经元约可支配 2000 根肌纤维。前者有利于肌肉的精细运动,而后者则有利于产生巨大的肌张力。

γ 运动神经元的传出纤维较细,支配骨骼肌的梭内肌纤维,主要功能是调节肌梭对牵张刺激的敏感性。

(二) 牵张反射

骨骼肌受到外力牵拉而被伸长时,能反射性地引起受牵拉的同一肌肉收缩,这一反射称为牵张反射(stretch reflex)。

1. **牵张反射的类型** 牵张反射有腱反射和肌紧张两种类型。

(1) 腱反射(tendon reflex):腱反射是指快速牵拉肌腱时发生的牵张反射,表现为被牵拉的肌肉迅速而明显地缩短。例如膝反射,当膝关节半屈曲时,叩击髌骨下方股四头肌肌腱,可使股四头肌发生快速的反射性收缩。这种由叩击肌腱引起的反射称为腱反射。腱反射还包括肘反射和跟腱反射等。腱反射是单突触反射,正常情况下受高位中枢的下行控制。临床上常通过检查腱反射来了解神

视频：膝反射

视频：跟腱
反射

经系统的某些功能状态。腱反射减弱或消失，常提示反射弧损害或中断；而腱反射亢进，则提示高位中枢病变或损伤。

（2）肌紧张（muscle tonus）：肌紧张是指缓慢持续牵拉肌腱时所发生的牵张反射。它表现为受牵拉的肌肉轻度、持续、交替和不易疲劳地紧张性收缩，阻止被拉长。肌紧张是保持身体平衡和维持躯体姿势最基本的反射，也是其他姿势反射的基础。在人类，直立时的抗重力肌一般是伸肌，由于重力的持续影响，使得肌紧张主要表现在伸肌，因此，在人类伸肌也被称为抗重力肌。肌紧张属多突触反射。

2. 牵张反射的反射弧　牵张反射的感受器是肌肉中的肌梭，中枢主要在脊髓内，传入和传出纤维都包含在支配该肌肉的神经中，效应器是该肌肉的肌纤维。牵张反射反射弧的显著特点是感受器和效应器都在同一肌肉中。

肌梭是一种感受肌肉长度变化或感受牵拉刺激的梭形感受装置，是一种长度感受器，属于本体感受器。肌梭外层为结缔组织膜，膜内为梭内肌纤维，一般的肌纤维为梭外肌纤维。肌梭附着于肌腱或梭外肌纤维上，并与梭外肌纤维平行排列，呈并联关系。梭内肌纤维的收缩成分在两端，而感受装置位于中间，两者呈串联关系（图21-13）。肌梭的传入神经纤维抵达脊髓前角的 α 运动神经元，α 运动神经元发出的传出纤维支配梭外肌纤维。

当肌肉受外力牵拉时，肌梭被拉长，位于其中间部分的感受装置受到的刺激加强，传入冲动增加，反射性地引起同一肌肉收缩，便形成一次牵张反射。γ 运动神经元支配梭内肌，当它兴奋时，可使梭内肌收缩，中间部位的感受装置被牵拉而提高肌梭的敏感性。因此，γ 运动神经元对调节牵张反射有重要的意义。

腱器官是指分布于肌腱胶原纤维之间的张力感受器，与梭外肌纤维呈串联关系。腱器官是感受

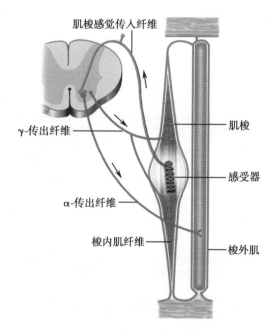

图 21-13　牵张反射弧示意图

肌肉张力变化的感受装置，其传入冲动对同一肌肉的 α 运动神经元起抑制作用。当肌肉受牵拉时，肌梭首先兴奋，通过牵张反射使被牵拉的肌肉收缩；当肌肉张力进一步加大时，则刺激腱器官，抑制支配同一肌肉的 α 运动神经元，使牵张反射受到抑制，以避免被牵拉肌肉的过度收缩而受损，从而起保护作用。

（三）屈肌反射和对侧伸肌反射

当肢体皮肤受到伤害性刺激时，可反射性引起受刺激一侧肢体的屈肌收缩和伸肌舒张，表现为肢体屈曲，称为屈肌反射（flexor reflex）。屈肌反射使肢体离开伤害性刺激，具有保护性意义，但不属于姿势反射。如果受到的伤害性刺激较强，则在同侧肢体屈曲的同时，对侧肢体出现伸直的反射活动，称为对侧伸肌反射（crossed extensor reflex）。对侧伸肌反射具有维持姿势保持平衡的作用，故是一种姿势反射。

（四）脊休克

在机体内，脊髓的活动处于高位中枢的调控之下，其自身的功能不易单独表现。当脊髓与高位中枢突然离断后，横断面以下的脊髓会暂时丧失反射活动能力而进入无反应的状态，这种现象称为脊休克（spinal shock）。脊休克期间，横断面以下的脊髓所支配的躯体与内脏的反射活动均减弱以致消失，如骨骼肌的紧张性降低，甚至消失，外周血管扩张，血压下降，发汗反射消失，粪、尿潴留等。

脊休克是一种暂时现象，随后一些以脊髓为基本中枢的反射可逐渐恢复，最先恢复的是屈肌反射和腱反射等比较简单和原始的反射，而后是对侧伸肌反射等较复杂的反射活动，血压可恢复到一定水平，并具有一定程度的排便、排尿能力。此外，不同种类动物恢复的时间也不一致，因为不同动物的脊髓反射对高位中枢的依赖程度不同，动物越低级，恢复得就越快，如蛙在脊髓离断后数分钟内即可恢

笔记

复,犬需几天时间,而人类恢复最慢,需数周至数月。脊休克后,虽然这些脊髓反射可恢复过来,但横断面以下的感觉和随意运动则永久性消失。脊休克的产生并不是由脊髓切断的损伤刺激所引起,而是离断面以下的脊髓突然失去高位中枢的调控而兴奋性极度低下所致。

二、脑干对肌紧张的调节

脑干对肌紧张有重要的调节作用。用电刺激动物脑干网状结构的不同区域,发现其中有加强肌紧张及肌运动的区域,称为易化区(facilitatory area),也有抑制肌紧张及肌运动的区域,称为抑制区(inhibitory area)。

(一)脑干网状结构易化区

脑干网状结构易化区的范围较广,包括延髓网状结构的背外侧部分、脑桥被盖、中脑中央灰质及被盖,以及下丘脑和丘脑的某些部位(图21-14)。易化区通过网状脊髓束与脊髓前角的 γ 运动神经元相联系,使 γ 运动神经元传出冲动增加,提高肌梭敏感性,从而加强肌紧张。延髓的前庭核、小脑前叶两侧部可通过其下行纤维加强易化区的作用。另外,易化区对 α 运动神经元也有一定的易化作用。

(二)脑干网状结构抑制区

脑干网状结构抑制区较小,位于延髓网状结构的腹内侧部(图21-14)。抑制区通过网状脊髓束抑制 γ 运动神经元,使肌梭敏感性降低,从而降低肌紧张。大脑皮层运动区、纹状体、小脑前叶蚓部等可通过其下行纤维加强抑制区的作用。

正常情况下,与易化区相比,抑制区的活动较弱,两者在一定水平上保持相对平衡,以维持正常的肌紧张。

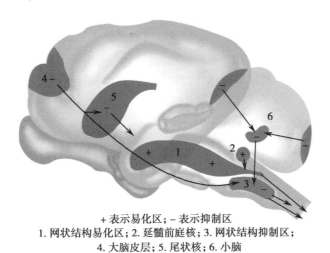

+表示易化区;-表示抑制区
1. 网状结构易化区;2. 延髓前庭核;3. 网状结构抑制区;
4. 大脑皮层;5. 尾状核;6. 小脑

图21-14 猫脑干网状结构下行抑制和易化系统示意图

(三)去大脑僵直

在动物中脑上、下丘之间切断脑干,动物出现四肢伸直、头尾昂起、脊柱挺硬等伸肌(抗重力肌)过度紧张的现象,称为去大脑僵直(decerebrate rigidity)。

去大脑僵直是由于切断了大脑皮层和纹状体等部位与脑干网状结构抑制区的功能联系,使易化区和抑制区之间的活动失衡,易化区活动明显占优势的结果。人类在中脑发生损伤、缺血或炎症等疾患时,也可出现头向后仰、上下肢均僵硬伸直,上臂内旋,手指屈曲等去大脑僵直现象,这往往提示病变已严重侵犯脑干,是预后不良的信号。

三、小脑对躯体运动的调节

根据小脑的传入和传出纤维联系,可将小脑分为前庭小脑、脊髓小脑和皮层小脑三个功能部分,它们在躯体运动的调节中发挥着不同的作用。

(一)维持身体平衡

前庭小脑的主要功能是维持身体平衡。其反射途径为:前庭器官→前庭神经核→前庭小脑→前

视频:经典的
去大脑僵直

庭神经核→脊髓前角运动神经元→肌肉。因此,前庭小脑损伤时病人站立不稳,步态蹒跚,容易跌倒。

（二）调节肌紧张

脊髓小脑前叶的主要功能是调节肌紧张,包括易化和抑制双重作用。人类小脑损伤后,主要表现出肌紧张降低,即易化作用减弱,造成肌无力等症状。

（三）协调随意运动

脊髓小脑后叶中间带及皮层小脑的主要功能是协调随意运动。脊髓小脑后叶中间带接受脑桥纤维投射,与大脑半球构成环路联系,使随意动作的力量、方向等受到适当的控制,动作稳定和准确。皮层小脑不接受外周感受器的传入冲动,而主要与大脑皮层感觉区、运动区和联络区构成回路联系,借此参与运动计划的形成及运动程序的编制,协调随意运动。

临床上,小脑损伤的病人,随意运动的力量、方向及准确度将发生紊乱,动作不是过度就是不及,走路摇晃,步态蹒跚。这种小脑损伤后的动作协调性障碍,称为小脑共济性失调。同时还可出现肌肉意向性震颤(患者不能完成精巧动作,肢体在完成动作时抖动而把握不住方向,且越接近目标时抖动越厉害)、肌张力减退和肌无力等症状。

视频：小脑共济性失调

四、基底神经节对躯体运动的调节

基底神经节对躯体运动有重要的调节功能,主要涉及随意运动的产生和稳定、肌紧张的调节及本体感觉传入信息的处理等,其机制十分复杂,迄今不完全清楚。临床上基底神经节疾病的临床表现可分为两大类:一类表现为运动过少而肌紧张过强,如帕金森病;另一类表现为运动过多而肌紧张降低,如亨廷顿病。

帕金森病也称震颤麻痹,是常见的中老年神经系统变性疾病之一,其症状是全身肌紧张增强、肌肉强直、随意运动减少、动作迟缓、面部表情呆板,常伴有静止性震颤。这种震颤多见于手部,节律为 $4\sim6$ 次/s,静止时出现,情绪激动时增加,入睡后停止。帕金森病的产生机制与中脑黑质发生病变有关。

亨廷顿病也称舞蹈病,是一种以神经变性为病理改变的遗传性疾病,其主要表现为头部和上肢不自主的舞蹈样动作,伴肌张力降低等症状。舞蹈病的主要病变部位在新纹状体。

视频：帕金森病的临床表现

五、大脑皮层对躯体运动的调节

大脑皮层是调节躯体运动的最高级中枢,其运动信息经下行通路最后抵达脊髓前角和脑干的运动神经元,从而控制躯体运动。

（一）大脑皮层运动区

人类的大脑皮层运动区主要在中央前回和运动前区(图21-15),称为主要运动区。它对躯体运动的控制具有下列特征:

1. 交叉支配　皮层运动区对躯体运动的调节为交叉性支配,即一侧皮层运动区支配对侧躯体的骨骼肌。但在头面部,除下部面肌和舌肌主要受对侧皮层支配外,其余部分多为双侧性支配。因此,当一侧内囊损伤时,只有对侧下部面肌、舌肌发生麻痹,头面部多数肌肉活动仍基本正常。

2. 功能定位精细,并呈倒置的人体投影　运动区所支配的肌肉定位精细,即运动区的不同部位管理躯体不同部位的肌肉收缩。其总的安排与体表感觉相似,为倒置的人体投影分布,但头面部代表区的内部安排仍呈正立分布。

3. 代表区的大小与运动的精细和复杂程度有关　运动愈精细、愈复杂的部位,其皮层代表区面积愈大。

（二）运动传出通路

由大脑皮层运动区发出的运动信号主要通过皮层脊髓束和皮层脑干束下行,最后抵达脊髓前角和脑干的运动神经元来控制躯体的运动。

皮层脊髓束调节四肢和躯干的运动,其中皮层脊髓侧束纵贯脊髓全长,控制四肢远端肌肉,与精细的、技巧性的运动有关;皮层脊髓前束主要是控制躯干以及四肢近端的肌肉,与姿势的维持和粗略运动有关。而皮层脑干束则调节头面部肌肉的运动。

此外,顶盖脊髓束、网状脊髓束、前庭脊髓束三者的功能与皮层脊髓前束相似,参与对近端肌肉粗

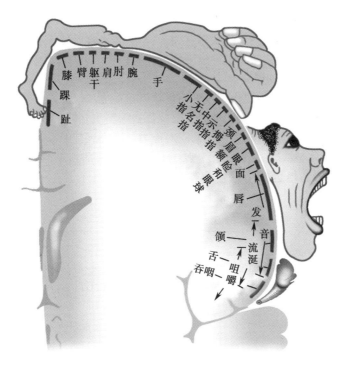

图 21-15　人大脑皮层运动区示意图

略运动和姿势的调节;红核脊髓束与皮层脊髓侧束相似,参与对四肢远端肌肉精细运动的调节。

　　临床上,运动传出通路损伤可引起柔软性麻痹(软瘫)和痉挛性麻痹(硬瘫)两种不同的运动障碍表现。前者常见于脊髓运动神经元的损伤,如脊髓灰质炎;而后者常见于脑内高位中枢损伤,如内囊出血引起的脑卒中。研究表明,单纯的运动传出通路损伤仅表现为软瘫,只有当合并姿势调节通路损伤时,才表现为硬瘫。此外,人类皮层脊髓侧束受损时将出现巴宾斯基征(Babinski sign)阳性体征,即以钝物划足跖外侧时,出现拇趾背屈、其他四趾外展呈扇形散开的体征。由于脊髓受高位中枢的控制,平时这一反射被抑制而不表现出来,为巴宾斯基征阴性,表现为所有足趾均发生跖屈。此体征实际上是一种较原始的屈肌反射。婴儿由于皮层脊髓束发育尚不完全,成年人在深睡或麻醉状态下,也都可出现巴宾斯基征阳性。临床上可根据此体征来判断皮层脊髓侧束有无受损。

第四节　神经系统对内脏活动的调节

　　自主神经系统包括交感神经和副交感神经两部分,其神经纤维广泛分布于全身各内脏器官,所支配的效应器为平滑肌、心肌和腺体。

一、自主神经系统的功能特征

(一)双重神经支配

　　除了某些内脏器官(如肾、肾上腺髓质、汗腺、竖毛肌、皮肤和肌肉内的血管)只接受交感神经单一支配外,人体大多数器官都接受交感和副交感神经的双重支配,且对同一器官的作用往往表现为相互拮抗,使得受支配器官的活动能适应不同条件下的需要。例如,迷走神经减弱心脏活动,在机体安静的条件下占优势,有利于心脏的休整;而交感神经在机体活动的条件下占优势,使心脏的活动加强,有利于机体对血流量增加的需要。但也有例外,例如,交感神经和副交感神经都能促进唾液腺的分泌,不过交感神经兴奋时分泌的唾液较黏稠,副交感神经兴奋时分泌的唾液较稀薄。

(二)紧张性作用

　　自主神经对内脏器官持续发放低频率神经冲动,使效应器处于一定程度的活动状态,这种作用称为紧张性作用。各种内脏功能调节都是在紧张性活动的基础上进行的。例如,切断心交感神经,心交感神经紧张性作用消失,心率便减慢;反之,切断心迷走神经,心率便加快。

视频:巴宾斯基征

图片:自主神经分布示意图

笔记

（三）受效应器功能状态影响

自主神经的活动与效应器当时的功能状态有关。例如,当胃幽门处于收缩状态时,刺激迷走神经能使之舒张,而处于舒张状态时,刺激迷走神经则使之收缩。

（四）对整体生理功能调节的意义

交感神经在体内分布广泛,其主要作用是促使机体迅速适应环境的剧烈变化。例如,人体在剧烈运动、失血、窒息、恐惧等紧急情况下,交感神经系统及肾上腺髓质立即被激活,表现出应急反应,充分动员机体各器官的潜能,提高机体对环境突变的应对能力。副交感神经系统的作用相对比较局限,其意义主要在于保护机体、休整恢复、促进消化吸收、积蓄能量以及加强排泄和生殖功能等。交感和副交感两个系统之间相互联系相互制约,保持动态平衡,协调机体各个器官间的活动以适应整体的需要（表21-3）。

表21-3　自主神经的主要功能

器官	交感神经	副交感神经
循环器官	心率加快、心肌收缩力加强,腹腔内脏、皮肤、唾液腺、外生殖器的血管收缩,骨骼肌血管收缩（肾上腺素受体）或舒张（胆碱受体）	心率减慢、心房收缩力减弱,少数器官（如外生殖器）血管舒张
呼吸器官	支气管平滑肌舒张	支气管平滑肌收缩,呼吸道黏膜腺体分泌
消化器官	抑制胃肠运动,促进括约肌收缩,舒张胆囊和胆道,分泌黏稠唾液	促进胃肠运动、胆囊收缩,促进括约肌舒张,唾液腺分泌稀薄唾液,使胃液、胰液、胆汁分泌增加
泌尿生殖器官	尿道内括约肌收缩、逼尿肌舒张,有孕子宫平滑肌收缩、无孕子宫平滑肌舒张	尿道内括约肌舒张、逼尿肌收缩
眼	瞳孔扩大	瞳孔括约肌收缩,瞳孔缩小,睫状肌收缩,泪腺分泌
皮肤	汗腺分泌,竖毛肌收缩	
内分泌	肾上腺髓质激素分泌	胰岛素分泌
代谢	肝糖原分解	

视频:自主神经的功能

二、自主神经的递质及其受体

自主神经对内脏功能的调节是通过神经递质及其受体系统实现的。自主神经系统中神经末梢释放的递质属于外周神经递质,主要有乙酰胆碱和去甲肾上腺素。

神经递质的发现

在1921年以前,人们认为神经末梢向其所支配的器官传递信息是由伴随着神经冲动的电波直接传导的。但电波的性质在各处都是一样的,因此难以解释下列现象:刺激某神经可增进某一器官的功能但却降低另一器官的功能。这就使人们猜疑,是否有不同传递方式的可能性。1920年3月德国科学家奥托·洛维（Otto Loewi）做了一个极为巧妙的实验,第一次在历史上证明:迷走神经末梢释放的一种化学物质可抑制心脏的活动;而交感神经末梢释放的另一种化学物质可加速心脏的活动。从而奠定了神经冲动化学传递学说的基础。1926年洛维初步把迷走递质确定为乙酰胆碱。至于交感递质究竟是什么,由于技术上的困难,争论很多,鉴定工作进展一直很慢。直至20世纪40年代中期才由瑞典的乌尔夫·斯万特·冯·奥伊勒（Ulf Svante von Euler）确定为去甲肾上腺素,即一个与肾上腺素结构极为相近的化学物质。

（一）乙酰胆碱及其受体

乙酰胆碱（Ach）是外周神经末梢释放的一类重要递质。以乙酰胆碱作为递质的神经纤维,称为胆碱能神经纤维。副交感神经的节前和节后纤维、交感神经的节前纤维、支配汗腺的交感神经节后纤维以及支配骨骼肌血管的交感舒血管纤维、躯体运动神经纤维都属于胆碱能纤维(图 21-16)。

能与乙酰胆碱特异性结合的受体称为胆碱能受体(cholinergic receptor)。根据其药理学特性,胆碱能受体可分为毒蕈碱型受体和烟碱型受体。

1. **毒蕈碱型受体**　在外周,毒蕈碱型受体主要分布于副交感神经节后纤维支配的效应器细胞膜上,以及交感节后纤维所支配的汗腺和骨骼肌血管的平滑肌细胞膜上。毒蕈碱可与其结合并引起类似于乙酰胆碱与其结合所引起的效应,故称为毒蕈碱型受体(muscarinic receptor,简称为 M 受体)。目前已发现 M 受体有五种亚型。乙酰胆碱与 M 受体结合后,表现为心脏活动被抑制,支气管、胃肠平滑肌和膀胱逼尿肌收缩,消化腺和汗腺分泌增加,瞳孔缩小和骨骼肌血管舒张等。这些作用统称为毒蕈碱样效应,简称 M 样效应。阿托品是 M 受体阻断剂,临床上使用阿托品,可解除胃肠平滑肌痉挛、缓解疼痛,但也可引起心跳加快、唾液和汗液分泌减少等反应。

2. **烟碱型受体**　烟碱可与烟碱型受体结合并引起类似于乙酰胆碱与其结合所引起的效应,故称为烟碱型受体(nicotinic receptor,简称为 N 受体),其作用称为烟碱样作用,简称 N 样作用。N 受体又分为 N_1 和 N_2 两种亚型,分布于自主神经节后神经元上的受体为 N_1 受体(又称为神经元型烟碱受体);位于神经-骨骼肌接头处的终板膜上的受体为 N_2 受体(又称为肌肉型烟碱受体)。它们都属于离子通道型受体。小剂量乙酰胆碱与 N_1 受体结合能兴奋自主神经节后神经元;与 N_2 受体结合则引起终板电位,导致骨骼肌收缩。大剂量乙酰胆碱可阻断自主神经节的突触传递。筒箭毒碱是 N 受体阻断剂,既可阻断 N_1 受体,也可阻断 N_2 受体。六烃季胺主要阻断 N_1 受体,十烃季胺主要阻断 N_2 受体。

(二)去甲肾上腺素及其受体

去甲肾上腺素(NE)是外周神经末梢释放的另一类重要递质,以去甲肾上腺素作为递质的神经纤维称为肾上腺素能纤维。在外周,绝大多数交感神经节后纤维(除支配汗腺和骨骼肌血管的交感胆碱能纤维外)释放的递质是去甲肾上腺素(图 21-16)。肾上腺素(E)作为神经递质仅分布于中枢神经系统。

能与肾上腺素或去甲肾上腺素相结合的受体称为肾上腺素能受体(adrenergic receptor),可分为 α 型肾上腺素能受体和 β 型肾上腺素能受体。

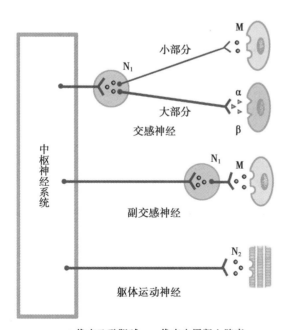

●代表乙酰胆碱；▷代表去甲肾上腺素

图 21-16　外周神经纤维的分类及释放的递质示意图

1. **α 型肾上腺素能受体**　简称 α 受体,可分为 $α_1$ 和 $α_2$ 两种亚型。$α_1$ 受体位于肾上腺素能纤维支配的效应器细胞膜上,$α_1$ 受体激动后主要引起平滑肌的兴奋效应,如血管和子宫平滑肌收缩、瞳孔散大肌收缩等,但对小肠平滑肌为抑制性效应,使小肠平滑肌舒张。$α_2$ 受体主要分布于突触前膜上,其作用是当突触前膜释放去甲肾上腺素过多时,去甲肾上腺素与突触前膜的 $α_2$ 受体结合,可抑制其进一步释放。酚妥拉明可以阻断 $α_1$ 和 $α_2$ 两种受体,拮抗去甲肾上腺素引起的血管收缩、血压升高的作用。

2. **β 型肾上腺素能受体**　简称 β 受体,主要有 $β_1$、$β_2$ 和 $β_3$ 三种亚型。$β_1$ 受体兴奋时对心肌的效应是兴奋性的,可使心率加快、心肌收缩加强。但 $β_2$ 受体兴奋时所产生的平滑肌效应却是抑制性的,如冠状血管舒张、支气管扩张。$β_3$ 受体主要分布于脂肪组织,与脂肪分解有关。普萘洛尔是重要的 β 受体阻断剂,它对 $β_1$ 和 $β_2$ 两种受体都有阻断作用。阿替洛尔主要阻断 $β_1$ 受体,使心率减慢,而对支气管平滑肌作用很小,故

对于心绞痛并伴有支气管痉挛的患者比较适用。丁氧胺则主要阻断 $β_2$ 受体(表 21-4)。

表 21-4　自主神经系统肾上腺素能和胆碱能受体的分布及生理功能

效应器		肾上腺素能受体	效应	胆碱能受体	效应
循环器官	窦房结	β_1	心率加快	M	心率减慢
	房室传导系统	β_1	传导加快	M	传导减弱
	心肌	β_1	收缩加强	M	收缩减弱
	脑血管	α	轻度收缩	—	—
	冠状血管	α	收缩	—	—
		β_2	舒张（为主）	—	—
	皮肤黏膜血管	α	收缩	—	—
	胃肠道血管	α	收缩（为主）	—	—
		β_2	舒张	—	—
	骨骼肌血管	α	收缩	—	—
		β_2	舒张（为主）	M	舒张
呼吸器官	支气管平滑肌	β_2	舒张	M	收缩
	支气管腺体	—	—	M	分泌增多
消化器官	胃平滑肌	β_2	舒张	M	收缩
	小肠平滑肌	α	舒张	M	收缩
	括约肌	α	收缩	M	舒张
	唾液腺	α	分泌	M	促进分泌
	胃腺	α	抑制分泌	M	分泌增多
泌尿生殖器官	膀胱逼尿肌	β_2	舒张	M	收缩
	内括约肌	α	收缩	M	舒张
	妊娠子宫	α	收缩	—	—
	未孕子宫	β_2	舒张	—	—
眼	瞳孔开大肌	α	收缩,瞳孔开大	—	—
	瞳孔括约肌	—	—	M	收缩,瞳孔缩小
皮肤	竖毛肌	α	收缩（竖毛）	—	—
	汗腺	—	—	M	分泌
代谢	胰岛	α	抑制分泌	M	促进分泌
		β_2	促进分泌	—	—
	糖酵解代谢	β_2	增加	—	—
	脂肪分解代谢	β_3	增加	—	—

三、中枢对内脏活动的调节

（一）脊髓

　　脊髓是某些内脏反射活动（如血管张力反射、发汗反射、排尿反射、排便反射和勃起反射等）的初级中枢,正常情况下这些反射受高位中枢的控制。脊髓损伤的患者,在脊休克期过后,上述内脏反射可以逐渐恢复,说明这些反射可以在脊髓内完成。但此时由于失去高位中枢的控制,这些反射远不能适应正常生理需要。例如,基本的排尿、排便反射虽可进行,但不受意识控制,表现为大、小便失禁,且排尿常不完全。

（二）低位脑干

　　延髓是维持机体生命活动的基本中枢,心血管运动、呼吸运动、胃肠运动、消化腺分泌等的基本反射中枢都位于延髓。如果延髓被压迫或受损,可迅速造成机体死亡,因此延髓有"生命中枢"之称。此外,脑桥存在呼吸调整中枢、角膜反射中枢,中脑是瞳孔对光反射的中枢。

(三)下丘脑

下丘脑是较高级的内脏活动调节中枢。其主要功能有:

1. **摄食行为调节** 摄食行为是人和动物维持个体生存的基本活动。研究表明,在下丘脑外侧区存在摄食中枢,刺激该区动物食量大增,破坏该区则出现拒食;而下丘脑腹内侧核存在饱中枢,刺激该区则引起拒食,破坏该区,则动物饮食量增大,逐渐肥胖。一般情况下,摄食中枢与饱中枢的神经元活动具有交互抑制的关系。

2. **水平衡调节** 人体对水平衡的调节包括摄水与排水两个方面。实验证明,在下丘脑视前区的外侧部,与摄食中枢靠近,存在饮水中枢,也称为渴中枢。破坏该区,动物除拒食外,饮水量也明显减少,而刺激该部位,动物出现渴感和饮水。下丘脑控制排水的功能是通过改变抗利尿激素的分泌来实现的。下丘脑内存在着渗透压感受器,可根据血浆渗透压的变化来调节抗利尿激素的分泌。

3. **体温调节** 体温调节的基本中枢位于视前区-下丘脑前部,此处存在大量温度敏感神经元,它们既能感受体温的变化,也能对温度信息进行整合处理,并通过调节产热和散热活动,使体温保持相对稳定。

4. **腺垂体和神经垂体激素的分泌调节** 下丘脑促垂体区中的小细胞肽能神经元合成多种调节腺垂体功能的肽类物质,统称为下丘脑调节性多肽,调节腺垂体激素的分泌。下丘脑视上核和室旁核大细胞肽能神经元合成抗利尿激素和催产素,经下丘脑-垂体束运输到神经垂体贮存,当机体受到相应刺激时,再由神经垂体释放进入血液。

5. **情绪反应** 下丘脑存在着与情绪反应密切相关的神经结构。在间脑水平以上切除大脑的猫,可出现毛发竖起、张牙舞爪、怒吼、心跳加速、呼吸加快、出汗、瞳孔扩大、血压升高等一系列交感神经活动亢进的现象,好似发怒一样,故称为"假怒"。通常情况下,下丘脑的这种活动由于受大脑皮层的抑制,不易表现出来。切除大脑后,这种抑制被解除,轻微的刺激也可引发动物"假怒"。临床上,人类的下丘脑疾病也常常出现异常的情绪反应。

6. **生物节律的控制** 机体内的许多活动能按一定的时间顺序发生周期性变化,称为生物节律。根据周期的长短可划分为日节律、月节律、年节律等。其中日节律是最重要的生物节律,如体温、血细胞数和某些激素的分泌等。目前认为,下丘脑视交叉上核是控制日节律的关键部位。

(四)大脑皮层

边缘系统是机体调节内脏活动的高级中枢,可调节呼吸、胃肠、瞳孔、膀胱等的活动,还与情绪、食欲、性欲、生殖以及防御等活动密切相关。新皮层中的某些区域也与内脏活动密切相关,而且区域分布和躯体运动代表区的分布有一致的地方。

第五节 脑的电活动与高级功能

脑除了在产生感觉、调节躯体运动和内脏活动中发挥重要作用外,还有睡眠、觉醒、学习、记忆、思维、语言等高级神经功能,这些功能的完成与脑电活动密切相关。

一、条件反射

条件反射(conditioned reflex)是机体在后天生活中,在非条件反射的基础上,于一定条件下建立起来的一类反射,与脑的高级功能有着密切的联系。

(一)条件反射的建立和消退

条件反射建立的基本条件是无关刺激与非条件刺激在时间上的结合,这个结合过程称为强化。经过多次强化,无关刺激转化成条件刺激时,条件反射也就形成了。在巴甫洛夫的经典动物实验中,给狗喂食会引起唾液分泌,这是非条件反射,食物是非条件刺激。而给狗以铃声刺激则不会使狗分泌唾液,因为铃声与唾液分泌无关,故称为无关刺激。但是,如果每次给食物前先出现铃声,然后再给食物,经多次重复后,只要一出现铃声,即使不给狗食物,狗也会分泌唾液,此时铃声成为条件刺激。由条件刺激引起的反射即称为条件反射。在上述经典的条件反射建立后,若继续用铃声刺激,而不给予食物强化,则唾液分泌量会越来越少,直至最后完全消失。这种现象称为条件反射的消退。条件反射的消退并非条件反射的丧失,而是大脑皮层内产生了抑制效应。

(二)人类条件反射的特点

引起条件反射的刺激信号可分为两类:一类是现实的具体信号,如灯光、铃声、食物的形状和气味等,称为第一信号;另一类是对现实具体物质进行抽象概括的信号,如语言和文字,称为第二信号。能对第一信号发生反应的大脑皮层功能系统,称为第一信号系统(first signal system),是人类和动物所共有的;而能对第二信号发生反应的大脑皮层功能系统,称为第二信号系统(second signal system),这是人类所特有的,也是人类区别于动物的主要特征之一。

(三)条件反射的生物学意义

条件反射是人类在后天复杂的生活环境中建立起来的,是更高级的反射形式,并且可随环境的改变不断地建立新的条件反射。因此,条件反射的建立大大提高了机体对外界环境的适应能力,增强了机体的预见性、灵活性和精确性,并且能够主动地改变环境。

二、大脑皮层的电活动

应用电生理学方法,可在大脑皮层记录到两种不同形式的脑电活动,即自发脑电活动和皮层诱发电位。

(一)自发脑电活动

在无明显外来刺激的情况下,大脑皮层自发产生的节律性电位变化,称为自发脑电活动。临床上使用脑电图仪在头皮表面记录到的自发脑电活动,称为脑电图(electroencephalogram,EEG)。正常脑电图的波形不规则,根据其频率、波幅的不同,可将脑电波分为α、β、θ和δ四种基本波形(图21-17)。

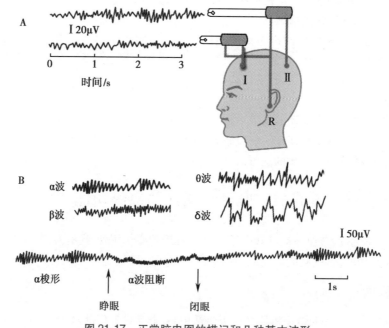

图 21-17 正常脑电图的描记和几种基本波形
A.脑电图的描记方法:参考电极放置在耳郭(R),由额叶(Ⅰ)电极导出的脑电波振幅低,由枕叶(Ⅱ)导出的脑电波振幅高频率较慢;B.正常脑电波的基本波形。

1. **α 波** 在成年人清醒、安静、闭眼时出现,表现为波幅由小变大,再由大变小反复变化的梭形波,每一梭形持续 1~2s。睁开眼睛或接受其他刺激时,α 波立即消失转而出现 β 波,这一现象称为 α 波阻断。如果被试者又安静闭眼,则 α 波又重现。

2. **β 波** 当受试者睁眼视物或接受其他刺激时出现,是大脑皮层处在紧张激动状态的标志。

3. **θ波** 在成人困倦时可以出现,幼儿清醒时也常见到。

4. **δ波** 成人在清醒状态下,几乎没有δ波,但在婴儿时期、成人睡眠期间、极度疲劳或麻醉状态时可出现(表 21-5)。

表 21-5 正常人脑电图的几种基本波形

脑电波	频率(Hz)	波幅(μV)	常见部位	出现条件
α 波	8~13	20~100	枕叶	成人安静、闭眼、清醒时
β 波	14~30	5~20	额叶、顶叶	成人活动时
θ 波	4~7	100~150	颞叶、顶叶	少年正常脑电,或成人困倦时
δ 波	0.5~3	20~200	颞叶、枕叶	婴幼儿正常脑电,或成人熟睡时

临床上,癫痫或颅内占位性病变(如肿瘤等)的患者可出现异常的高频高幅脑电波,或在高频高幅波后跟随一个慢波的综合波形。因此,脑电图在临床上有一定的诊断价值。

(二)皮层诱发电位

皮层诱发电位是指感觉传入系统或脑的某一部位受刺激时,在大脑皮层某一区域产生较为局限的电位变化。该电位一般由主反应、次反应和后发放三部分组成。主反应为先正后负的电位变化,波幅较大,在大脑皮层的投射有特定的中心区。主反应出现在一定的潜伏期之后,即与刺激有锁时关系。次反应是主反应的扩散性续发反应,可见于皮层的广泛区域,与刺激没有锁时关系。后发放则是在次反应之后出现的一系列正相的周期性电位波动。皮层诱发电位对研究人类的感觉功能、某些神经系统疾病、行为和心理活动等有一定的价值。

三、觉醒与睡眠

觉醒与睡眠是人体生命活动中必不可少的两个生理过程。

(一)觉醒

觉醒状态可分为行为觉醒与脑电觉醒。行为觉醒是指动物觉醒时的各种行为表现;脑电觉醒是指脑电图波形呈去同步化快波,但行为上不一定呈觉醒状态。目前认为黑质的多巴胺递质系统可能参与行为觉醒状态的维持;脑干网状结构胆碱能系统、蓝斑上部的去甲肾上腺素能系统可能参与脑电觉醒状态的维持。

(二)睡眠

根据生理功能表现,特别是脑电图的变化特点,睡眠分为两种时相,即慢波睡眠(slow wave sleep,SWS)和快波睡眠(fast wave sleep,FWS)。

1. **慢波睡眠** 脑电图表现为同步化慢波,易唤醒。这时人体的视、听、嗅、触等感觉功能减退,骨骼肌反射和肌紧张减弱,伴有心率减慢、血压下降、瞳孔缩小、体温下降、代谢率下降、呼吸变慢、发汗功能增强等一系列自主神经功能的改变。而且此期间生长激素的分泌明显增多,有利于促进生长和体力的恢复。

2. **快波睡眠** 脑电图表现为去同步化快波,又称为异相睡眠(paradoxical sleep)。在此期间人体的各种感觉功能进一步减退,唤醒阈升高,骨骼肌反射活动和肌紧张进一步减弱,肌肉几乎完全松弛,睡眠更深。在快波睡眠期间可出现部分肢体抽动、血压升高、心率加快、呼吸快而不规则、眼球快速运动等阵发性表现,所以又称为快眼动睡眠。此外,做梦是快波睡眠期间的特征之一。快波睡眠期间脑内蛋白质合成加快,促进幼儿神经系统发育成熟,并有利于建立新的突触联系而促进学习和记忆活动,有利于精力恢复。快波睡眠期间出现的阵发性表现可能与心绞痛、哮喘、阻塞性肺气肿缺氧发作等易于突然发生在夜间有关。

在整个睡眠过程中,慢波睡眠与快波睡眠相互交替进行。成年人睡眠时,一般先进入慢波睡眠,持续 80~120min 后转入快波睡眠,后者持续 20~30min,又转入慢波睡眠。在整个睡眠期间,如此反复交替 4~5 次,越接近睡眠后期,快波睡眠时间越长。

人类的记忆

人类的记忆过程可分为四个阶段,即感觉性记忆、第一级记忆、第二级记忆和第三级记忆。前两个阶段相当于短时程记忆,后两个阶段相当于长时程记忆。感觉性记忆是指人体获得信息后在脑内感觉区储存的阶段,时间极短,一般不超过1s,若未经注意和处理便很快被遗忘。如果把感觉性记忆得来的信息处理整合成新的连续印象,则转入第一级记忆。第一级记忆的时间也很短,从几秒到几分钟。第一级记忆中储存的信息经反复学习和运用,即在第一级记忆中多次循环,延长了它在第一级记忆中的停留时间,这样信息就容易转入第二级记忆,持续时间可由数分钟至数年。有些特殊的记忆痕迹,如自己的名字或每天都在进行的操作手艺等,通过多年的反复运用,几乎不会被遗忘,这一类记忆储存在第三级记忆中,成为永久记忆。

四、大脑皮层的语言功能

语言是人类特有的一种极其复杂的高级神经活动,是由于社会劳动和交往的需要,随着人脑的进化发展而产生和完善的。

(一)大脑皮层的语言中枢

人类大脑皮层的语言功能具有一定的分区(图21-18),不同区域的损伤可引起各种特殊形式的语言功能障碍:①运动性失语症:由中央前回底部前方Broca区受损引起。患者能看懂文字和听懂别人讲话,但自己不会说话,不能用语言表达自己的思想(并非与发音有关的结构受损)。②失写症:因损伤额中回后部接近中央前回的手部代表区所致。患者能听懂别人的讲话和看懂文字,也会说话,手的功能也正常,却不会书写。③感觉性失语症:由颞上回后部损伤所致,患者能讲话、书写、看懂文字,也能听见别人的发音,但听不懂别人讲话的内容含义。④失读症:由角回损伤引起,患者能写、能说,也能听懂别人的谈话,视觉正常,但看不懂文字的含义。以上各区在语言功能上虽然有不同的侧重面,但各区的活动却是紧密联系的。正常情况下,它们协调活动,得以完成复杂的语言功能。

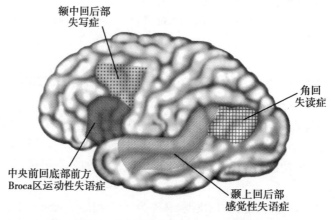

图21-18　大脑皮层与语言功能有关的主要区域

(二)大脑皮层功能的一侧优势

人类两侧大脑半球的功能是不对称的,左侧皮层在语言活动功能上占优势,称为优势半球。这种一侧优势的现象仅为人类特有,它的出现虽与一定的遗传因素有关,但主要是在后天生活实践中逐渐形成的,与人类习惯使用右手有关。人类的左侧优势自10～12岁起逐步建立,成年后左侧半球损伤,就很难在右侧皮层再建语言中枢。

左侧半球在语言活动功能上占优势,而右侧半球则在非语词性认识功能上占优势,如对空间的辨认、对深度知觉和触觉的认知以及音乐欣赏等。但是这种优势也是相对的,因为左侧半球也有一定的非语词性认知功能,右侧半球也有一定的简单语词活动功能。

本章小结

　　神经系统是人体内最重要的调节系统,神经元与神经元之间的信息传递主要以经典的突触传递方式完成。除中枢兴奋外,尚有中枢抑制。丘脑是感觉传入通路的重要中继站,经两个感觉投射系统向大脑皮层投射。特异性投射系统的功能是引起特定的感觉,并激发大脑皮层发出冲动。非特异性投射系统的功能是维持或改变大脑皮层的兴奋状态。内脏感觉主要是痛觉,定位不准确,还常引起牵涉痛。脊髓和脑干运动神经元是运动信息传出的最后通路。中枢姿势调节系统分散于脊髓、脑干和大脑皮层各级水平。肌紧张是维持姿势最基本的反射活动。脑干网状结构及其他脑区内存在调节肌紧张的抑制区和易化区。躯体运动的发动主要受大脑皮层运动区及其传出通路的控制。运动的产生与协调也与基底神经节和小脑的功能有关。内脏活动受下丘脑等高位中枢调控。脑电活动有自发脑电和皮层诱发电位两种。慢波睡眠有利于促进生长和体力的恢复,快波睡眠有利于记忆活动和精力恢复。大脑皮层对听、说、读、写等语言活动功能有一定的定位功能。

（张　量）

扫一扫,测一测

思考题

1. 兴奋在神经纤维上传导和经突触传递有何不同?
2. 简述兴奋性突触后电位和抑制性突触后电位产生的过程及机制。
3. 试述中枢神经系统内神经元之间的信息传递方式和神经元的联系方式。
4. 突触后抑制有几种形式?其本质是什么?举例说明。
5. 腱反射和肌紧张有何区别?
6. 脊休克有哪些表现?其机制如何?
7. 震颤麻痹患者和舞蹈症患者的主要症状和发病原因有何不同?
8. 下丘脑的功能有哪些?

22章 PPT

学习目标

1. 掌握：激素的概念、激素作用的一般特征，下丘脑调节肽、生长激素、促激素、甲状腺激素、糖皮质激素和胰岛素的生理作用。

2. 熟悉：催乳素、胰高血糖素、血管升压素、催产素和肾上腺髓质激素的生理作用，下丘脑-腺垂体-甲状腺轴对甲状腺激素分泌的调节，下丘脑-腺垂体-肾上腺皮质轴对糖皮质激素分泌的调节。

3. 了解：激素的分类和作用机制，甲状腺的自身调节，自主神经对甲状腺功能的影响，促黑激素作用。

4. 学会应用内分泌的有关生理知识分析临床常见内分泌系统疾病的方法。

5. 具有健康意识和应用内分泌知识进行宣教的能力。

2201

视频：神经-内分泌-免疫网络

　　内分泌（endocrine）是指内分泌腺或内分泌细胞分泌的活性物质（激素）直接进入血液或细胞外液等体液中，并以体液为媒介对靶细胞产生调节效应的一种分泌方式。内分泌过程不需要导管，因此内分泌腺也称为无管腺。外分泌（exocrine）是指外分泌腺（如汗腺、泪腺、胰腺、乳腺等）的腺泡通过导管将分泌物排放到体表或体管腔的过程。

第一节　概　　述

一、激素作用的一般特性

　　激素（hormone）是由内分泌腺或内分泌细胞合成和分泌的，能在细胞间进行信息传递的高效能生物活性物质。激素种类多、作用复杂，其化学结构不同，作用机制也不相同，但在发挥生理调节作用的过程中具有某些共同的特征。

（一）特异作用

　　大部分激素均可通过血液循环运送到全身各部位的器官、腺体、组织、细胞，但激素只选择性地作用于对其亲和力高的目标，因此将接受激素调节信息的细胞、组织、腺体或器官分别称为该激素的靶细胞、靶组织、靶腺和靶器官。激素特异性作用的基础是由于靶细胞存在能与该激素特异性结合的受体。激素作用的特异性是内分泌系统实现有针对性调节的基础。如腺垂体分泌的促甲状腺激素，只作用于甲状腺的腺泡细胞。但也有些激素的作用范围较大，作用的靶器官和靶细胞的数量较多，分布较广，有的甚至作用于全身大多数组织细胞，如生长激素、甲状腺激素、性激素等。

笔记

（二）信息传递作用

内分泌系统的调节信息是通过激素传递的,在这个过程中,激素并不作为底物或者产物参与细胞的物质代谢或能量代谢,而只是信息的传递者。它既不添加新功能,也不能为活动提供能量,只能使细胞原有的生理生化活动增强或减弱。激素主要是通过以下几种方式传递信息:①激素分泌入血后,借助血液运输到达远距离的靶器官或靶细胞而发挥作用,称为远距分泌(telecrine),如生长激素、甲状腺激素等;②激素通过组织液扩散到邻近的细胞发挥作用,称为旁分泌(paracrine),如生长抑素;③神经细胞分泌的激素通过轴浆运输至神经末梢释放,经血液运输再作用于靶细胞的方式,称为神经分泌(neurocrine),如下丘脑视上核和室旁核分别合成的血管升压素和催产素;④有些内分泌细胞分泌的激素在局部弥散又返回作用于该内分泌细胞而发挥反馈作用,这种现象称为自分泌(autocrine),如下丘脑生长激素释放激素对其自身释放的反馈调节。

（三）高效能生物放大作用

生理情况下,激素在血液中的浓度很低,一般用 nmol/L 或 pmol/L 计量。当激素与受体结合后,在细胞内的信号转导过程中经过逐级放大可产生极高的生物学效应,因此激素是高效能的生物活性物质。例如,1 分子的胰高血糖素,通过 cAMP-蛋白激酶等逐级放大,最后可激活 1 万分子的磷酸化酶;1 分子的促甲状腺素释放激素,可使腺垂体释放 10 万分子的促甲状腺激素。因此,若内分泌腺分泌的某种激素稍有过多或不足,便可引起该激素所调节的生理功能明显异常,引起一系列功能亢进或减退的临床症状。

（四）激素间相互作用

各种激素都是以体液为媒介传递信息的,激素间往往相互影响,主要表现为,①协同作用:两种或两种以上的激素同时作用于某一反应时,引起的效应明显强于各激素单独作用时产生效应的总和,如生长激素、肾上腺素、糖皮质激素等可协同升高血糖效应。②拮抗作用:一种激素可以对抗或减弱另一种激素的作用,如胰岛素能降低血糖,与胰高血糖素升高血糖的作用相拮抗。③允许作用:某些激素本身并不能对组织细胞产生直接作用,但它的存在可使另一种激素的效应明显增强,此现象称为激素的允许作用(permissive action)。如皮质醇,本身并不能使血管平滑肌收缩,但它的存在,却使去甲肾上腺素收缩血管的作用明显增强,如果缺乏皮质醇,则去甲肾上腺素的缩血管作用会显著减弱。

图片：激素的协同效应

二、激素的分类与作用机制

（一）激素的分类

激素的来源复杂、种类繁多,通常按其分子结构和化学性质的不同分为三大类。

1. **胺类激素** 包括肾上腺素、去甲肾上腺素和甲状腺激素等,此类激素多为氨基酸的衍生物,生成过程比较简单。

2. **蛋白质和肽类激素** 蛋白质类激素包括胰岛素、促甲状腺素、促肾上腺皮质激素等,肽类激素包括血管升压素、生长激素、胰高血糖素等,蛋白质和肽类激素种类繁多,分布广泛,分子量大且具有亲水性。

3. **脂类激素** 主要分为类固醇激素和廿烷酸类激素。类固醇激素包括皮质醇、醛固酮、性激素等,廿烷酸类激素包括前列腺素、血栓素类等。脂类激素是以脂质为原料合成的激素。其中前列腺素属于脂肪酸衍生物,也有人将其列为第三类激素。

（二）激素的作用机制

激素对靶细胞的作用是通过受体介导的信号转导机制实现的。激素与靶细胞上的受体结合,将信息传到细胞内,产生生物学效应。研究发现,激素的化学结构不同,其作用机制也不同。

1. **第二信使学说** 1965 年 Sutherland 等在研究肾上腺素对糖原的作用过程时,提出了著名的"第二信使学说"。大多数蛋白质类、肽类和胺类激素随血液循环到达靶细胞,与靶细胞膜上的特异性受体结合,通过受体的变构,激活细胞膜上的鸟苷酸结合蛋白(简称 G 蛋白),进而激活细胞膜上的腺苷酸环化酶,在 Mg^{2+} 参与下,促使 ATP 转变为环-磷酸腺苷(cAMP),后者通过激活细胞内的蛋白激酶(protein kinase,PK)系统,使蛋白质磷酸化或脱磷酸化,从而诱发靶细胞内特有的生物学效应,如肌细胞收缩、腺细胞分泌、细胞内某些酶促反应或细胞膜通透性改变等。cAMP 发挥作用后,即被细胞内磷酸二酯酶降解为 5′-AMP 而失活。在以上作用过程中,激素将信息传至靶细胞,再由 cAMP 将信息在细胞内传播。因此,通常将激素称为第一信使(first messenger),细胞内的 cAMP 称为第二信使(图 22-1)。

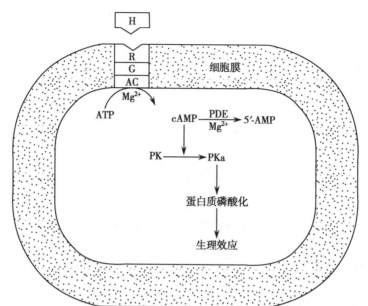

H. 激素;R. 受体;AC. 腺苷酸环化酶;PDE. 磷酸二酯酶;PKa. 活化蛋白激酶;
cAMP. 环-磷酸腺苷;G. 鸟苷酸调节蛋白

图 22-1　激素的第二信使学说作用机制示意图

2. 基因调节学说　1968 年 Jesen 和 Gorski 提出了基因调节学说。类固醇激素分子量小,脂溶性高,可通过细胞膜扩散进入细胞内。进入细胞内的此类激素先与胞浆受体结合形成激素-胞浆受体复合物,并通过受体分子的变构获得穿过核膜的能力,进入细胞核内与核受体结合,形成激素-核受体复合物,再与染色质的非组蛋白的特异位点结合,启动或抑制该部位的 DNA 转录,促进或抑制 mRNA 生成,诱导或减少相应蛋白质的合成,从而产生生物学效应(图 22-2)。

激素的作用机制十分复杂,有的激素可通过多种机制发挥作用。如甲状腺激素,虽然属于胺类激

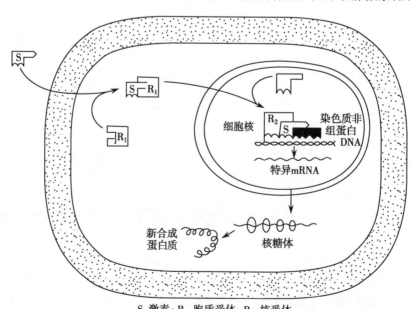

S. 激素;R₁. 胞质受体;R₂. 核受体

图 22-2　激素的基因调节学说作用机制示意图

素,却可进入细胞内,通过在细胞核内调节基因表达发挥作用。某些类固醇激素也可作用于细胞膜结构,调节细胞的生理功能,发挥快速的调节效应。也就是说,蛋白质或胺类激素也可以有核内作用,类固醇激素也可以引起非基因组效应,充分体现了激素作用方式的复杂性和多样性。

三、激素分泌的调节

激素是实现内分泌系统调节机体功能的基础,其分泌不仅具有自然节律性,同时也受到多种机制的调控。内分泌系统调控激素合成与分泌的环节多而复杂,每一环节的变化都将影响内分泌功能的正常发挥。

（一）生物节律性分泌

许多激素具有节律性分泌的特点,呈现以分钟或小时为单位的脉冲式分泌,多数表现为昼夜节律性分泌。周期长的以月或季等为周期分泌,如一些腺垂体激素的脉冲式分泌,且与下丘脑调节肽的分泌同步;生长激素和皮质醇等的分泌具有明显的昼夜节律性;甲状腺激素分泌则呈现季节性周期波动。激素分泌的这种节律性受体内生物钟的控制,下丘脑视交叉上核可能具有生物钟的作用。

（二）激素分泌的调节

1. **体液调节** 体液调节可通过直接反馈调节和轴系反馈调节两种方式进行。

（1）直接反馈调节:激素可调节体内物质代谢,物质代谢导致血液理化性质的改变又反过来影响相应激素的分泌水平,形成直接反馈效应。如甲状旁腺激素,可促进骨钙入血,引起血钙升高,而血钙升高又可负反馈引起甲状腺激素分泌减少,从而维持血钙水平的稳定。激素作用所致的终末效应对激素分泌的影响,能更直接及时地维持血中某种成分浓度的相对稳定。另外有些激素的分泌受自我反馈的调控,如钙三醇,当其生成增加到一定程度时,即可抑制其合成细胞内1α-羟化酶系的活性,限制钙三醇的形成和分泌,从而使血中钙三醇水平维持稳定。还有一些激素的分泌直接受与其功能相关联激素的影响,如胰高血糖素和生长抑素,以旁分泌的方式分别刺激和抑制胰岛 β 细胞分泌胰岛素,这些激素的作用相互影响,共同维持血糖的相对稳定。

（2）轴系反馈调节:下丘脑-垂体-靶腺轴（hypothalamus pituitary target gland）在激素分泌稳态中起到了十分重要的作用,轴系内高一级腺体激素对下一级腺体内分泌活动具有促进性调节作用,而下一级腺体的激素对上一级腺体的内分泌活动多起抑制性作用,从而形成具有自动控制能力的反馈环路。长反馈（long-loop feedback）是指调节环路中终末靶腺或靶组织分泌的激素对最高一级腺体（下丘脑）活动的反馈影响;短反馈（short-loop feedback）是指垂体分泌的激素对下丘脑分泌活动的反馈影响;超短反馈（ultrashort-loop feedback）为下丘脑肽能神经元活动受其自身分泌的调节肽的影响,如肽能神经元可调节自身受体的数量等。轴系通过以上各种调节方式维持血中各级激素水平的相对稳定。人体内的轴系主要有下丘脑-垂体-甲状腺轴、下丘脑-垂体-肾上腺皮质轴和下丘脑-垂体-性腺轴等。轴系中任何一个环节发生障碍,都将打破该轴系的激素分泌稳态而致病。此外,轴系还受中枢神经系统（如海马、大脑皮层等）的调控。轴系中也有正反馈控制,但比较少,如卵泡,在成熟发育的进程中分泌的雌激素在血液中达到一定水平后,可正反馈引起黄体生成素（luteinizing hormone,LH）分泌出现高峰,最终促发排卵。

2. **神经调节** 下丘脑是神经系统与内分泌系统活动相互联系的重要部位。下丘脑的传入和传出通路复杂而又广泛,内外环境中的各种刺激都能经这些神经通路影响下丘脑内分泌细胞的分泌活动,发挥其对内分泌系统和整体功能活动的高级调节整合作用。胰岛、肾上腺髓质等腺体及器官都接受神经纤维支配,故神经活动对激素分泌的调节具有特殊意义。例如在应激状态下,交感神经系统活动增强,肾上腺髓质分泌儿茶酚胺类激素增加,协同交感神经增加能量释放,以适应机体需求。夜间睡眠时,迷走神经活动占优势,可促进胰岛 β 细胞分泌胰岛素,有助于机体恢复休息。婴儿吸吮母亲乳头可通过神经发生射乳反射,引起母体催乳素和催产素释放;而且进食期间迷走神经兴奋,促进胃 G 细胞分泌促胃液素等,这些现象均为神经活动对内分泌功能的调控。

图片:激素分泌的神经、体液性调节途径

第二节　下丘脑与垂体

一、下丘脑与垂体的结构和功能联系

下丘脑与垂体在形态和功能上联系密切,形成下丘脑-垂体功能系统(图22-3),包括下丘脑-腺垂体系统和下丘脑-神经垂体系统。下丘脑-垂体功能系统不仅是内分泌系统的调控中枢,同时也是神经内分泌功能的高级枢纽。

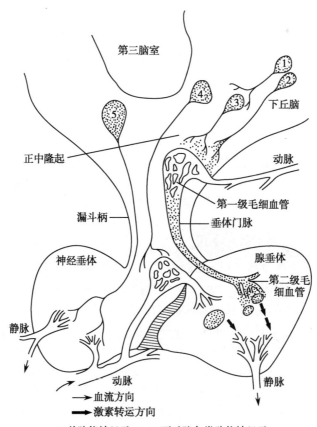

1. 单胺能神经元; 2~5. 下丘脑各类肽能神经元

图 22-3　下丘脑-垂体系统示意图

二、下丘脑-腺垂体系统

下丘脑与腺垂体之间存在独特的血管网络,即垂体门脉系统。下丘脑促垂体区细胞可合成和分泌肽类激素,这些激素进入局部血管,经垂体门脉系统到达腺垂体,调节腺垂体的分泌活动,构成了下丘脑-腺垂体功能系统。

(一)下丘脑调节肽

下丘脑"促垂体区"细胞可合成和分泌下丘脑调节肽,迄今确定的下丘脑调节肽有9种,均可调节和影响腺垂体的分泌活动(表22-1)。其中化学结构已明确的有5种,包括促甲状腺激素释放激素(TRH)、促性腺激素释放激素(GnRH)、促肾上腺皮质激素释放激素(CRH)、生长激素释放激素(GHRH)和生长激素抑制激素(GHIH,也称生长抑素);化学结构尚未清楚的有4种,包括催乳素释放因子(PRF)、催乳素释放抑制因子(PIF)、促黑激素释放因子(MRF)和促黑激素释放抑制因子(MIF)。

(二)腺垂体激素及其生理作用

在下丘脑内分泌功能被确认前,腺垂体一直被认为是人体最重要的内分泌腺,其分泌的激素包括:促甲状腺激素(thyroid stimulating hormone,TSH)、促肾上腺皮质激素(adrenocorticotropic hormone,ACTH)、卵泡刺激素(follicle stimulating hormone,FSH)、黄体生成素(luteinizing hormone,LH)、生长激素

表 22-1　下丘脑调节性肽的化学性质与主要作用

种类	化学性质	主要作用
促甲状腺激素释放激素(TRH)	3 肽	促进促甲状腺激素的分泌
促性腺激素释放激素(GnRH)	10 肽	促进黄体生成素、卵泡刺激素的分泌
生长素释放激素(GHRH)	44 肽	促进生长激素的分泌
生长抑素(GIH)	14 肽	抑制生长激素的分泌
促肾上腺皮质激素释放激素(CRH)	41 肽	促进促肾上腺皮质激素的分泌
催乳素释放因子(PRF)	肽	促进催乳素的分泌
催乳素释放抑制因子(PIF)	多巴胺	抑制催乳素的分泌
促黑激素释放因子(MRF)	肽	促进促黑激素的分泌
促黑激素释放抑制因子(MIF)	肽	抑制促黑激素的分泌

(growth hormone,GH)、催乳素(prolactin,PRL)、促黑激素(melanophore stimulating hormone,MSH)7 种。其中,前 4 种激素均有各自的靶腺,故被称为"促激素"。

1. **生长激素**　生长激素含有 191 个氨基酸,是腺垂体中含量最多的激素,具有种属差异性。生长激素的生理作用如下:

(1) 促进生长:人体的生长发育受生长激素、甲状腺激素、胰岛素、雄激素、雌激素、皮质醇等多种激素的影响,其中生长激素是婴幼儿至青春期生长发育的关键激素。生长激素对各种组织、器官的生长发育均有促进作用,尤其是对骨骼、肌肉及内脏器官的作用更为显著,但对脑的生长发育无明显影响。如人在幼年时缺乏生长激素,将导致生长停滞,身材矮小,称为侏儒症;若幼年生长激素分泌过多,将出现身体各部过度生长,四肢尤为突出,称为巨人症;成年后,生长激素分泌过多,因骨骺已骨化闭合不能增长,只能使软骨成分较多的肢端部短骨、颌面部的扁骨及其软组织增生,形成手足粗大、鼻大、唇厚、下颌突出以及内脏器官增大等现象,称为肢端肥大症。

生长激素的部分效应可通过诱导肝细胞等靶细胞产生生长素介质(somatomedin,SM)而实现。生长素介质又称胰岛素样生长因子(IGF),可促进钙、磷、钠、钾、硫等多种元素进入软骨组织,同时还促进氨基酸进入软骨细胞,增强 DNA、RNA 和蛋白质的合成,加速软骨组织的增殖与骨化,使长骨加长,同时也能刺激多种组织细胞有丝分裂。

(2) 调节代谢:生长激素对代谢作用广泛,促进氨基酸进入细胞,使蛋白质合成增加;促进脂肪分解和脂肪酸氧化;抑制外周组织摄取和利用葡萄糖,减少了葡萄糖的利用,从而使血糖升高。由生长激素分泌过多,血糖升高引起的糖尿,称为垂体性糖尿。

生长激素的分泌受下丘脑生长激素释放激素与生长抑素的双重调控。生长激素释放激素促进生长激素分泌,是生长激素分泌的经常性调节者,而生长抑素只是在应激情况下生长激素分泌过多时,才显著抑制生长激素的分泌。另外生长激素对下丘脑和腺垂体有负反馈调节作用,血中生长激素含量升高时,可抑制下丘脑生长激素释放激素的释放,也可直接作用于垂体生长激素细胞,抑制生长激素的合成和分泌。睡眠、代谢等因素也能影响生长激素的合成与分泌,如人在觉醒的状态下生长激素分泌较少,而进入慢波睡眠后,生长激素分泌明显增加。

图片:生长激素的主要作用及分泌的调节

2. **催乳素**　催乳素是一种含有 199 个氨基酸残基的蛋白质激素,其结构与生长激素近似,故二者的作用有部分相同之处。

(1) 调节乳腺活动:催乳素可促进乳腺发育,引起并维持泌乳。女性青春期乳腺发育主要是雌激素的作用,同时糖皮质激素、生长激素、孕激素和甲状腺激素也起到一定的协同作用。而在妊娠期,催乳素、雌激素和孕激素使乳腺进一步发育,但此时血中雌激素和孕激素水平过高,可抑制催乳素的泌乳作用,故乳腺虽已具备泌乳能力却并不泌乳。分娩后血液中雌激素和孕激素水平明显降低,催乳素才能发挥其始动和维持泌乳的作用。

(2) 调节性腺功能:催乳素对卵巢黄体功能和性激素的合成有一定的作用。实验结果显示,小剂量催乳素能促进排卵和黄体生长,促进雌激素、孕激素分泌,但大剂量催乳素则有抑制作用。在男性,催乳素能维持和增加睾丸间质细胞黄体生成素受体的数量,提高睾丸间质细胞对黄体生成素的敏感性,促进雄性性成熟。

（3）参与应激反应：当机体处于应激状态时,血液中催乳素水平升高,同时促肾上腺皮质激素和生长激素的分泌也增加,刺激停止数小时后才逐渐恢复到正常水平。催乳素、肾上腺皮质激素和生长激素是应激时腺垂体分泌的三大激素。

催乳素分泌受下丘脑催乳素释放因子与催乳素释放抑制因子的双重调节,前者促进催乳素分泌,后者抑制其分泌,平时以催乳素释放抑制因子的抑制作用为主。哺乳期间,婴儿吸吮乳头,可反射性引起催乳素分泌增多。

闭经溢乳综合征

非妊娠、哺乳期妇女或妇女停止授乳 1 年后,出现持续性溢乳并伴有闭经症状,称为闭经溢乳综合征。主要表现为闭经、溢乳和不孕。绝大部分是继发性闭经,但也有原发性闭经和青春发育延迟伴高泌乳素血症的报道。闭经前多有月经稀少。2/3 患者合并有溢乳,可双侧性或单侧性。乳房多正常或伴小叶增生。一般先发生闭经,而溢乳再被发现,亦有先出现溢乳,后出现月经紊乱乃至闭经者。患者催乳素分泌异常增多,大量催乳素通过对下丘脑-腺垂体的负反馈作用,抑制卵巢雌激素、孕激素的合成;抑制卵泡发育成熟和排卵,降低卵子的质量;还可引起乳腺小叶增生和溢乳。高催乳素血症病人如未经治疗,常出现肥胖,并伴有胰岛素抵抗和骨质疏松,骨质疏松症主要与雌激素不足和 PRL 升高本身有关。

3. **促黑激素** 促黑激素是一种分子量较大的前体蛋白质(阿黑皮素原)的衍生物,其主要生理作用是促进皮肤、毛发、虹膜、视网膜色素层和软脑膜的黑素细胞合成黑色素,使皮肤、毛发等处的颜色加深。促黑激素的分泌受下丘脑促黑激素释放因子与促黑激素释放抑制因子的双重调节,平时以促黑激素释放抑制因子的抑制作用占优势。

4. **促激素** 腺垂体分泌促甲状腺激素、促肾上腺皮质激素、卵泡刺激素和黄体生成素 4 种促激素,分泌入血后分别特异性地作用于各自的靶腺,即甲状腺、肾上腺皮质和性腺,再经靶腺激素调节全身组织细胞的活动。此 4 种促激素分别与下丘脑及各自的靶腺构成了下丘脑-腺垂体-靶腺轴。

（三）腺垂体激素分泌的调节

腺垂体的分泌功能受下丘脑调节,同时也受外周靶腺激素的反馈调节。

1. **下丘脑对腺垂体的调节** 下丘脑"促垂体区"的神经细胞分泌多种调节性多肽,通过垂体门脉进入腺垂体,对腺垂体的分泌活动进行调节。

2. **外周靶腺激素对下丘脑-腺垂体系统的反馈调节** 腺垂体分泌的 4 种促激素分别有自己的靶腺,靶腺分泌的激素通过负反馈对下丘脑和腺垂体进行反馈调节,从而使血液中有关激素的浓度保持相对稳定。

3. **反射性调节** 机体内外环境变化,可通过神经系统的活动,反射性地引起下丘脑和腺垂体分泌功能的改变。如吸吮乳头,可反射性地引起下丘脑催乳素释放激素和腺垂体催乳素的分泌增加。

三、下丘脑-神经垂体系统

下丘脑视上核和室旁核细胞的轴突下行至神经垂体,形成下丘脑-垂体束,构成下丘脑-神经垂体系统。视上核和室旁核分别合成的血管升压素(VP)和催产素(oxytocin,OT)经轴突运输至神经垂体并储存,在适宜的刺激作用下由神经垂体释放进入血。

（一）血管升压素

血管升压素是由 9 个氨基酸残基组成的肽类激素,生理剂量时主要表现为抗利尿作用,增加肾脏远端小管和集合管对水的通透性,促进水的重吸收,减少尿量,故又称为抗利尿激素(ADH)。大剂量的血管升压素有收缩血管,促进血压升高的作用。在机体大出血、脱水时,血液中血管升压素浓度显著增高,引起全身小动脉收缩,血压升高。

血管升压素的分泌主要受血浆晶体渗透压、循环血量和血压变化的调节,以血浆晶体渗透压改变的调节作用最明显。

（二）催产素

催产素是一种含有 9 个氨基酸的多肽,其化学结构与血管升压素极为相似,因此这两种激素的生理作用有交叉现象。

1. **催产素的生理作用** 催产素的生理作用主要表现在促进乳腺排乳和刺激子宫收缩两方面。

（1）促进乳腺排乳:催产素可促进乳腺腺泡周围的肌上皮细胞收缩,促使哺乳期的乳腺排放乳汁。

（2）刺激子宫收缩:催产素可促进子宫平滑肌收缩,但与子宫的功能状态有关。催产素对非孕子宫平滑肌收缩作用较弱,而对妊娠子宫作用较强。雌激素可提高子宫平滑肌对催产素的敏感性,而孕激素则相反。

此外,催产素还参与痛觉调制、体温调节、学习记忆、应激反应等生理活动,具有重要的生物学作用。

2. **催产素的分泌调节** 吸吮乳头可反射性地引起催产素的分泌和释放,导致乳汁排放,称为射乳反射。射乳反射是一种典型的神经内分泌反射,在此基础上极易建立条件反射,当母亲听见婴儿的哭声,看见或抚摸婴儿时,都会引起射乳。临产或分娩时,宫颈和阴道受到扩张刺激可反射性地引起催产素的分泌和释放,有利于胎儿的娩出。

第三节 甲 状 腺

甲状腺是人体最大的内分泌腺,正常成人甲状腺重约 25g。甲状腺由约 300 万个甲状腺腺泡组成,腺泡上皮细胞合成和释放甲状腺激素,合成的甲状腺激素贮存于腺泡腔,甲状腺是体内唯一将激素大量贮存在细胞外的内分泌腺。甲状腺激素（thyroid hormones,TH）主要包括四碘甲腺原氨酸（T_4,又称甲状腺素）和三碘甲腺原氨酸（T_3）。其中 T_4 约占总量的 90%,但 T_3 的生物学活性是 T_4 的 5 倍。正常人甲状腺储备的主要形式是 T_4,甲状腺激素的储备量可以保证机体 50~120 天代谢的需要。甲状腺激素合成的主要原料是碘和甲状腺球蛋白,合成的基本过程包括:甲状腺腺泡上皮细胞聚碘、I^- 的活化、酪氨酸的碘化和碘化酪氨酸的耦联等。T_3、T_4 合成后进入血液,99% 以上和某些血浆蛋白结合,其余以游离形式存在。结合形式的甲状腺激素为储运形式,在血液循环中形成储备库,能缓冲甲状腺功能的急剧变化,并防止被肾小球滤过,避免从尿中过快丢失;只有游离形式的甲状腺激素才能进入组织细胞发挥生物学作用。结合型与游离型之间可以互相转换,使游离型激素在血液中保持一定浓度。血液中 80% 的 T_4 在外周组织脱碘酶的作用下转变为 T_3。T_4 脱碘变成 T_3,实际上是使甲状腺激素进一步活化,被看作活化脱碘。T_3 再经脱碘酶脱碘失活,脱下的碘由尿排出。

图片:甲状腺激素的合成、分泌与运输

一、甲状腺激素的生理作用

甲状腺激素作用广泛,几乎作用于人体的所有组织,其主要作用是促进人体的新陈代谢和生长发育。

（一）调节新陈代谢

1. **增强能量代谢** 甲状腺激素具有明显的产热效应,能提高体内绝大多数组织的耗氧量,使产热量增加,尤以心、肝、骨骼肌和肾脏最为显著。研究表明,1mg T_4 可使机体产热量增加约 4200kJ,基础代谢率提高 28%。甲状腺激素的产热效应与促进线粒体活性及数量增加,增强 Na^+-K^+-ATP 酶活性,使 ATP 分解增加等有关。甲状腺功能亢进的患者,因产热增加而怕热喜凉、多汗,基础代谢率常比正常值高出 25%~80%;甲状腺功能减退的患者则产热量减少,喜热畏寒,基础代谢率可比正常值低 20%~40%。

2. **调节物质代谢** 生理水平的甲状腺激素对糖、蛋白质、脂肪的合成代谢与分解代谢均有促进作用,并且大量的甲状腺激素对分解代谢的促进作用更为明显。

（1）蛋白质代谢:甲状腺激素对蛋白质代谢的影响因其分泌量而不同。正常生理水平的 T_3、T_4

可促进肌肉、骨骼等外周组织的蛋白质合成;分泌过多时则加速蛋白质分解,导致肌肉收缩无力,并促进骨蛋白分解,Ca^{2+}析出,引起骨质疏松。而当甲状腺激素分泌不足时,蛋白质合成减少,肌肉无力;组织间的黏蛋白沉积,并结合大量正离子和水分,使性腺、肾周围组织及皮下组织细胞间隙积水,引起"黏液性水肿"。

（2）糖代谢:甲状腺激素可促进肠道对糖的吸收,增加糖原分解,促进肝糖异生,加强肾上腺素、胰高血糖素、皮质醇和生长激素的生糖效应,使血糖升高;同时 T_3、T_4 还增强外周组织对糖的利用,使血糖降低。甲状腺功能亢进的患者常出现餐后血糖升高,甚至出现尿糖,但随后血糖又能很快降低。

（3）脂肪代谢:甲状腺激素能刺激脂肪的合成与分解,加速脂肪的代谢速率。正常时,可促进胆固醇的合成,同时也促进胆固醇降解,但总的效果是分解大于合成。因此,甲状腺功能亢进的患者血胆固醇常低于正常;而甲状腺功能减退的患者血胆固醇常高于正常,并容易发生动脉硬化。

（二）促进生长发育

甲状腺激素是促进机体生长发育的重要激素之一,特别是对婴儿脑和骨骼的生长发育是必不可少的。在儿童生长发育中,甲状腺激素与生长激素有协同作用。先天性甲状腺功能不足的患者,出生时身长可基本正常,但脑发育已受影响,一般在出生后数周至 3~4 个月明显表现出身材矮小、智力低下,称为呆小症。

（三）其他作用

甲状腺激素不仅促进婴儿脑的发育、成熟,而且提高成人神经系统的兴奋性。因此,甲状腺功能亢进患者常表现为烦躁不安、多言多动、失眠多梦等症状;而甲状腺功能低下患者则表现为反应迟钝、记忆减退、表情淡漠、少动思睡等。

甲状腺激素对心血管系统的活动也有明显影响。T_3 和 T_4 可使心率加快,心肌收缩力增强,心输出量增加。因此,甲状腺功能亢进患者可因心脏做功量增加而出现心肌肥大,最后导致充血性心力衰竭。

此外,甲状腺激素还具有促进消化腺分泌和胃肠道运动,增加食欲和食物的消化吸收;维持正常性欲和性功能;影响胰岛、甲状旁腺及肾上腺皮质等内分泌腺的分泌功能等其他生物学作用。

二、甲状腺功能的调节

甲状腺的功能活动主要受下丘脑-腺垂体-甲状腺轴的调节,此外,还有神经、免疫以及甲状腺的自身调节。这对于维持血液中甲状腺激素水平的相对稳定,保证机体正常代谢有重要意义(图 22-4)。

（一）下丘脑-腺垂体-甲状腺轴的调节

1. **下丘脑促甲状腺激素释放激素（TRH）的作用**　下丘脑促垂体区的神经细胞合成和分泌 TRH,经垂体门脉系统作用于腺垂体,促进腺垂体合成和释放 TSH。下丘脑神经细胞的分泌活动可受某些环境因素的影响,如寒冷刺激信息传入中枢后,通过一定的神经联系使 TRH 分泌增多,引起 T_3、T_4 的分泌量增加;应激刺激可促使下丘脑分泌生长抑素,从而抑制 TRH 的分泌,使 TSH 的合成与分泌减少。

2. **腺垂体促甲状腺激素（TSH）的作用**　腺垂体分泌的 TSH 是直接调节甲状腺活动的关键激素,能刺激甲状腺细胞增生、腺体增大,促进甲状腺激素的合成和释放。

3. **甲状腺激素的反馈作用**　甲状腺激素对 TSH 的分泌有经常性负反馈调节作用,血液中 T_3、T_4 浓度升高时,腺垂体分泌 TSH 减少,反之则增多。这种负反馈作用是维持体内 T_3、T_4 水平相对稳定的重要机制。如饮食中长期缺乏碘,甲状腺激素合成减少,对腺垂体的负反馈作用减弱,引起 TSH 的分泌异常增多,刺激甲状腺细胞增生,导致甲状腺组织代偿性增生肥大,临床上称为单纯性甲状腺肿(也称地方性甲状腺肿)。

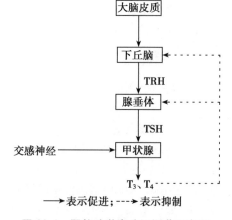

图 22-4　甲状腺激素分泌调节示意图

（二）自身调节

甲状腺能根据碘供应的情况,调整自身对碘的摄取、利用和甲状腺激素的合成与释放,这种调节不受 TSH 的影响,因此称为自身调节。当饮食中碘含量不足时,甲状腺对碘的转运机制增强,对 TSH 的敏感性提高,使 T_3、T_4 的合成与释放不致因碘供应不足而减少。当外源性碘增加时,T_3、T_4 合成增加,但碘超过一定限度后,T_3、T_4 的合成减少,这种过量碘产生的抗甲状腺效应称为 Wolff-Chaikoff 效应。

（三）神经调节

甲状腺受自主神经支配。交感神经兴奋可使甲状腺激素合成和分泌增加,副交感神经的作用尚不十分清楚。

知识拓展

地方性甲状腺肿

地方性甲状腺肿发病的原因是饮食中缺碘。碘是合成甲状腺激素的基本原料,当饮食中缺碘时造成 T_3、T_4 合成分泌减少,T_3、T_4 对腺垂体的负反馈作用减弱,导致 TSH 分泌量增多,从而刺激甲状腺细胞增生肥大,出现甲状腺肿大,也称为单纯性甲状腺肿。目前常通过食用含碘盐来预防此病的发生。碘与甲状腺疾病关系密切,当碘摄入过多或过少时,均可导致甲状腺疾病的发生。病程早期为弥漫性甲状腺肿大,查体可见甲状腺肿大,表面光滑,质软,随吞咽上下活动,无震颤及血管杂音;随着病程的发展,逐渐出现甲状腺结节性肿大,一般为不对称性、多结节性,多个结节可聚集在一起,表现为颈部肿块。结节大小不等、质地不等、位置不一。甲状腺肿一般无疼痛,如有结节内出血则可出现疼痛。

第四节 肾 上 腺

肾上腺是人体重要的内分泌腺,由皮质和髓质两部分组成,两者在形态发生、组织结构和功能等方面各不相同,是相对独立的内分泌腺,但也存在一定的联系。

一、肾上腺皮质

肾上腺皮质从外向内分为球状带、束状带和网状带。球状带主要合成和分泌以醛固酮为代表的盐皮质激素(mineralocorticoids,MC);束状带主要合成和分泌以皮质醇为代表的糖皮质激素(glucocorticoids,GC);网状带合成和分泌性激素,以雄激素为主。这些激素均属于类固醇激素。

关于醛固酮的作用和分泌调节已在第十九章肾的排泄中详细介绍,而性激素的内容将在第二十三章生殖中加以介绍,故这里着重讨论糖皮质激素。

（一）糖皮质激素的生理作用

糖皮质激素的作用广泛而复杂,是维持生命所必需的重要激素。糖皮质激素中皮质醇(cortisol)的分泌量最大(200mg/d),作用最强,几乎对全身所有细胞均有作用。其次为皮质酮。

1. 调节物质代谢　糖皮质激素对糖、蛋白质、脂肪以及水盐代谢均有重要作用(图 22-5)。

（1）糖代谢:糖皮质激素既能增强肝内与糖异生和糖原合成有关酶的活性,加速肝糖原异生,又具有抗胰岛素作用,减少外周组织对葡萄糖的利用,使血糖升高。临床上肾上腺皮质功能亢进或大量应用糖皮质激素药物的患者,可出现血糖水平升高,尿糖阳性,称为肾上腺糖尿病。

（2）蛋白质代谢:糖皮质激素对肝外和肝内组织的蛋白质代谢影响不同。在肝外,糖皮质激素能促进组织,尤其是肌肉组织的蛋白质分解;抑制肝外组织对氨基酸的摄取,减少蛋白质的合成;加速氨基酸入肝,成为糖异生的原料。而在肝内,糖皮质激素却能加速蛋白质的合成。因此,糖皮质激素分泌过多常引起生长停滞、肌肉消瘦、皮肤变薄、骨质疏松及创口愈合延迟等现象。

（3）脂肪代谢:糖皮质激素可促进脂肪分解,增强脂肪酸在肝内的氧化过程,有利于糖异生作

图片:肾上腺皮质类固醇合成的主要步骤示意图

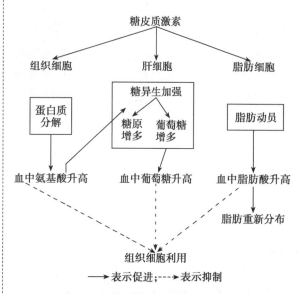

图 22-5 糖皮质激素对物质代谢的作用

用。但不同部位的脂肪组织对糖皮质激素的敏感性不同,四肢的敏感性较高,而面部、肩、颈、躯干部位的敏感性较低。长期大量使用糖皮质激素或肾上腺皮质功能亢进的患者,会出现体内脂肪重新分布,面部和肩颈部脂肪分布增加而呈现"满月脸""水牛背",四肢脂肪分布相对减少而出现消瘦,呈"向心性肥胖"的特殊体形。

(4) 水盐代谢:糖皮质激素有促进肾远端小管和集合管的保钠排钾作用,但作用较弱。此外,糖皮质激素还能降低入球小动脉阻力,增加肾血浆流量,有利于水的排出。因此当肾上腺皮质功能不全时,可出现"水中毒"。

2. 参与应激反应 当机体遇到各种伤害性刺激(如创伤、手术、寒冷、饥饿、疼痛、感染、紧张及惊恐等)时,腺垂体立即释放大量促肾上腺皮质激素,使糖皮质激素生成急剧增加,从而使机体产生一系列的非特异性反应,称为应激反应(stress reaction)。应激有利于机体对抗应激原,从而提高机体对应激刺激的耐受能力和生存能力。在应激反应中,除了促肾上腺皮质激素和糖皮质激素分泌增加外,其他许多激素如生长激素、催乳素、抗利尿激素、醛固酮等分泌也增加,交感-肾上腺髓质系统的活动也显著增强,血中儿茶酚胺含量也相应增加,表明应激反应是多种激素参与的一种非特异性全身反应。

3. 对组织器官活动的影响

(1) 血细胞:糖皮质激素能增加骨髓造血功能,使血液中红细胞和血小板的数量增多;同时糖皮质激素促使附着在小血管壁边缘的中性粒细胞进入血液循环,使中性粒细胞的数量增多。此外,糖皮质激素可抑制淋巴细胞的有丝分裂,使淋巴组织萎缩,淋巴细胞数量减少;促进单核-巨噬细胞系统吞噬和分解嗜酸性粒细胞,使血中嗜酸性粒细胞的数量减少。

(2) 循环系统:糖皮质激素对血管没有直接的收缩效应,但它能增强血管平滑肌细胞对儿茶酚胺的敏感性(允许作用),增加血管紧张度,有利于维持血压。糖皮质激素还能降低毛细血管壁的通透性,使血浆的滤出减少,从而维持血容量稳定。

(3) 消化系统:糖皮质激素可促进胃酸和胃蛋白酶原的分泌,使胃腺细胞对迷走神经和促胃液素的反应性增强,加剧或诱发消化性溃疡。

(4) 神经系统:糖皮质激素能提高中枢神经系统的兴奋性。当肾上腺皮质功能亢进时,患者常表现为烦躁不安、失眠、注意力不集中等。

(二)糖皮质激素分泌的调节

糖皮质激素的分泌主要受下丘脑-腺垂体-肾上腺皮质轴的调节(图 22-6)。下丘脑促垂体区的神经元合成和分泌 CRH,通过垂体门脉系统进入腺垂体,促使腺垂体合成和分泌 ACTH,进而促进肾上腺皮质合成和分泌糖皮质激素。下丘脑-腺垂体-肾上腺皮质轴的调节也存在反馈调节,腺垂体分泌的 ACTH 在血液中的浓度达一定水平时,可抑制下丘脑 CRH 神经元的分泌活动;同时,血液中糖皮质激素浓度升高时,也可对下丘脑和腺垂体分泌 CRH 和 ACTH 的活动进行负反馈。通过负反馈调节使糖皮质激素在血液中的水平保持相对稳定。

腺垂体释放的 ACTH 作用于肾上腺皮质促进糖皮质激

文档:糖皮质激素分泌昼夜节律及冲击疗法

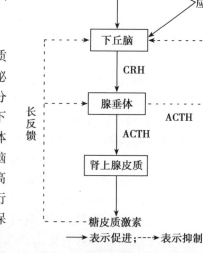

图 22-6 糖皮质激素分泌调节示意图

素的合成和释放,也能促进束状带和网状带的生长发育。当 ACTH 分泌减少时,肾上腺皮质网状带和束状带萎缩。腺垂体分泌 ACTH 具有昼夜节律,入睡后 ACTH 分泌逐渐减少,午夜最低,随后又逐渐升高,清晨醒来起床前进入分泌高峰,白天维持在较低水平,入睡时再次减少。由于 ACTH 分泌的昼夜节律,使糖皮质激素的分泌也呈现出相应的周期性波动。

长期大量使用糖皮质激素的患者能否突然停药

　　长期应用糖皮质激素,尤其是连日给药的病人,减量过快或突然停药时,由于皮质激素的反馈性抑制脑垂体前叶对 ACTH 的分泌,可引起肾上腺皮质萎缩和功能不全。多数病人可无表现。肾上腺皮质功能恢复的时间与剂量、用药期限和个体差异有关。停用激素后垂体分泌 ACTH 的功能需经 3~5 个月才恢复;肾上腺皮质对 ACTH 起反应功能的恢复需 6~9 个月或更久。因此不可骤然停药。停药后也有少数患者遇到严重应激情况如感染、创伤,手术时可发生肾上腺危象,如恶心、呕吐、乏力、低血压、休克等,需及时抢救。这种皮质功能不全需半年甚至 1~2 年才能恢复。

二、肾上腺髓质

　　肾上腺髓质细胞内含有可被铬盐染成黄色的嗜铬颗粒,称为嗜铬细胞。肾上腺髓质可合成分泌肾上腺素和去甲肾上腺素,其比例约为 4:1,均属儿茶酚胺类化合物。

　　1. **肾上腺髓质激素的作用**　肾上腺素与去甲肾上腺素的作用广泛而多样,已在本教材相关章节中有介绍,这里主要论述在应急反应中的作用和对代谢的影响。

　　(1) 参与应急反应:肾上腺髓质嗜铬细胞受交感神经胆碱能节前纤维支配,当机体处于紧急情况(如剧痛、失血、寒冷、感染、紧张、焦虑或惊恐等)时,通过中枢神经系统的活动,反射性地引起交感神经兴奋,肾上腺髓质激素分泌急剧增加,使中枢神经系统的兴奋性提高,机体反应敏捷;心率加快,心输出量增多,血压升高;呼吸加快加深;血糖升高,脂肪分解,以满足机体在紧急情况下急增的能量需求。可广泛地动员机体许多器官的潜能,提高机体的应变力,有利于机体应对环境的急剧变化。这种在环境急剧变化时发生的交感-肾上腺髓质系统活动增强的适应性反应,称为应急反应(emergency reaction)。

　　"应急"和"应激"既相互区别,又紧密联系。"应急"是指交感-肾上腺髓质系统活动加强,使血液中肾上腺髓质激素浓度明显升高,从而充分调动机体贮备的潜能,提高应变力。而"应激"是指下丘脑-腺垂体-肾上腺皮质轴活动加强,使血液中 ACTH 和糖皮质激素浓度明显升高,以增加机体对有害刺激的耐受力。应急反应和应激反应实质上都是机体在受到伤害性刺激时,通过中枢神经系统整合,同时出现的保护性反应,对于适应环境变化具有重要意义。

　　(2) 对代谢的影响:肾上腺髓质激素能促进糖原分解和糖异生,抑制胰岛素的分泌;加强脂肪组织的分解;还能增加组织的耗氧量和产热量。

　　2. **肾上腺髓质激素分泌的调节**　肾上腺髓质激素分泌受交感神经、ACTH 及自身反馈性调节。

　　(1) 交感神经调节:交感神经兴奋时,节前纤维末梢释放乙酰胆碱,作用于肾上腺髓质嗜铬细胞上的胆碱受体,促进肾上腺素和去甲肾上腺素的分泌。

　　(2) ACTH 的调节:ACTH 可直接或间接(通过糖皮质激素)刺激肾上腺髓质,使肾上腺素和去甲肾上腺素合成增加。

　　(3) 自身反馈性调节:肾上腺素过多时,反馈抑制苯乙醇胺氮位甲基移位酶的活性,减少肾上腺素的合成;去甲肾上腺素过多时,能反馈抑制酪氨酸羟化酶的活性,减少去甲肾上腺素的合成。

第五节　胰　岛

胰岛是散在于胰腺外分泌细胞之间的内分泌细胞群的总称,约占胰腺总体积的 1%。胰岛是胰腺的内分泌组织,至少有 5 种功能不同的内分泌细胞:A 细胞分泌胰高血糖素(glucagon);B 细胞分泌胰岛素(insulin);D 细胞分泌生长抑素(somatostatin,SS);H 细胞分泌血管活性肠肽(vasoactive intestinal polypeptide,VIP),此外还有极少量分泌胰多肽(pancreatic polypeptide,PP)的 PP 细胞。本节主要介绍胰岛素和胰高血糖素。

一、胰岛素

胰岛素是由 51 个氨基酸残基组成的小分子蛋白质,正常人空腹时血清胰岛素浓度约为 69pmol/L。胰岛素在血液中的半衰期是 5~6min,主要在肝灭活。1965 年我国科学工作者首先用化学方法人工合成了具有高度生物活性的胰岛素。

(一)胰岛素的生理作用

胰岛可促进物质合成代谢、维持血糖水平。

1. 对糖代谢的调节　胰岛素可促进全身组织对葡萄糖的摄取和利用,特别是肝、肌肉和脂肪组织;还可促进肝糖原和肌糖原的合成,抑制糖异生,从而使血糖降低。胰岛素分泌不足时表现为血糖过高,甚至出现尿糖。

2. 对脂肪代谢的调节　胰岛素可促进脂肪的合成与贮存,抑制脂肪的分解,降低血中脂肪酸的浓度。胰岛素缺乏时,脂肪分解增加,脂肪酸在肝内氧化生成大量酮体,引起酮症酸中毒。

3. 对蛋白质代谢的调节　胰岛素促进氨基酸进入细胞合成蛋白质,抑制蛋白质的分解,促进机体的生长发育。胰岛素与生长激素共同作用时,对生长发育具有协同效应;而胰岛素单独作用时,其促生长作用不显著。胰岛素缺乏时,由于蛋白质合成减少,分解增多,可出现体重降低。

(二)胰岛素分泌的调节

胰岛素的合成和分泌受多种因素的影响和调控(图 22-7)。

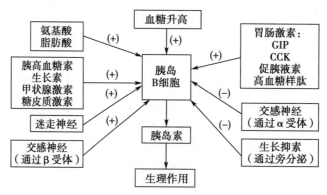

图 22-7　胰岛素分泌调节示意图
(+)表示促进;(-)表示抑制

图片:葡萄糖刺激胰岛 B 细胞分泌胰岛素的机制示意图

1. 血糖浓度的调节　血糖是调节胰岛素分泌的最重要的因素。当血糖浓度升高时,可刺激 B 细胞,使胰岛素的分泌增加;血糖浓度降低时,胰岛素分泌也减少。

2. 激素的调节　胰高血糖素可直接刺激邻近的 B 细胞分泌胰岛素,还可通过升高血糖间接刺激胰岛素分泌。抑胃肽可促进胰岛素的分泌,其刺激作用属于生理性调节,而促胃液素、缩胆囊素、促胰液素、生长激素、糖皮质激素、甲状腺激素等可通过升高血糖间接刺激胰岛素的分泌。肾上腺素则抑制胰岛素的分泌。

3. 神经调节　胰岛受交感和副交感神经双重调节。副交感神经兴奋时,胰岛素分泌增多;交感神经兴奋时,胰岛素分泌减少。

知识拓展

糖尿病及其检测指标

糖尿病是以糖代谢紊乱为主的内分泌代谢疾病,特征为高血糖、糖尿、葡萄糖耐量降低和胰岛素释放异常。①糖化血红蛋白(HbAIC)测量:这项测量可以较好地反映患者在此期间血糖的整体控制情况,以及与血糖控制有关的各种糖尿病并发症的发生情况,还可作为糖尿病治疗效果的总体评价。②空腹血糖(FPG)测量:这项检测是糖尿病诊断与治疗的重要数据。空腹血糖检测的要求是禁食 8h 以后,因此测量的最佳时间应是清晨空腹时。这项数据必须与其他测量项目结合分析,这样才能对糖尿病进行确诊。③餐后血糖(VPG)测量:餐后血糖一般要求在进餐后 2h 进行测量,这项指标是预防糖尿病和监测血糖控制效果的主要手段之一。但是,因为餐后血糖测量的误差较大,所以仅靠餐后测量值不能作为糖尿病病情诊断的依据。

二、胰高血糖素

胰高血糖素是由 29 个氨基酸残基组成的多肽,正常人血清中的浓度为 50~100ng/L,半衰期 5~10min,主要在肝内灭活。

(一)胰高血糖素的生理作用

胰高血糖素是促进分解代谢和能量动员的重要激素之一,作用的靶器官是肝。可促进肝糖原分解,加速糖异生,使血糖浓度升高;促进脂肪分解和脂肪酸氧化,使血中酮体生成增多;抑制肝内蛋白质合成,促进其分解,使氨基酸快速进入肝细胞异生为肝糖原。

(二)胰高血糖素分泌的调节

血糖浓度是调节胰高血糖素分泌的重要因素。血糖浓度降低时,促进胰高血糖素的分泌,反之则减少。氨基酸可促进胰高血糖素的分泌。胰岛素和生长抑素通过抑制邻近的 A 细胞或降低血糖而刺激胰高血糖素的分泌。交感神经兴奋时,促进胰高血糖素的分泌,而迷走神经兴奋时,则抑制其分泌。

本章小结

内分泌系统由内分泌腺和内分泌细胞共同组成,人体主要的内分泌腺包括垂体、甲状腺、肾上腺、胰岛和性腺等。垂体分为神经垂体和腺垂体,其结构功能与下丘脑关系密切,形成下丘脑-神经垂体系统和下丘脑-腺垂体系统。腺垂体可分泌 7 种激素,包括促甲状腺激素、促肾上腺皮质激素、卵泡刺激素、黄体生成素、生长激素、催乳素和促黑激素。其中,前 4 种激素均有各自的靶腺,故被称为"促激素"。生长激素可促进人体的生长发育、调节代谢;催乳素可调节乳腺活动、性腺功能并参与应激反应。甲状腺激素可调节新陈代谢、物质代谢,还可促进人体生长发育。肾上腺分皮质和髓质,皮质分泌的激素主要有糖皮质激素、盐皮质激素和性激素,髓质主要分泌肾上腺素和去甲肾上腺素。糖皮质激素主要调节物质代谢和参与应激反应。胰岛分泌的激素主要包括胰岛素和胰高血糖素,胰岛是体内唯一降血糖激素,可促进物质合成代谢、维持血糖水平;胰高血糖素是促进分解代谢和能量动员的重要激素之一,可使血糖升高。

(赵艳芝)

扫一扫,测一测

思考题

1. 生长激素的生理作用有哪些?
2. 甲状腺激素的生理作用主要有哪些?
3. 长期使用糖皮质激素的患者为什么不能突然停药?
4. 机体的血糖水平主要受哪些激素的影响?
5. 简述下丘脑和神经垂体在结构和功能上的联系。

第二十三章　生殖

学习目标

1. 掌握:雄激素、雌激素、孕激素的生理作用;月经周期中卵巢和子宫内膜的变化。
2. 熟悉:睾丸功能的调节。
3. 了解:睾丸和卵巢的功能;胎盘的内分泌功能和妊娠维持的机制。
4. 学会预防性疾病的方法。
5. 具有进行性健康科教宣教的意识和应用生殖生理的有关知识解释生殖系统相关疾病临床表现的能力。

　　生殖(reproduction)是指生物体生长发育成熟后,能够产生与自己相似的子代个体的功能。人的生殖过程是通过男女两性生殖系统的共同活动完成的,包括生殖细胞(精子和卵子)的形成、交配与受精、着床、胚胎发育和分娩等重要环节。

第一节　男 性 生 殖

　　男性生殖系统的主性器官是睾丸,附属性器官包括附睾、输精管、前列腺、精囊腺、尿道球腺和阴茎等。睾丸具有生成精子和内分泌功能,附属性器官的功能是完成精子的成熟、储存、运输和排射。睾丸的功能活动受下丘脑-腺垂体-睾丸轴的调控。

一、睾丸的功能

　　睾丸主要由生精小管和睾丸间质细胞组成。生精小管是精子生成的部位,间质细胞可以合成和分泌雄激素。

(一) 睾丸的生精功能

　　生精小管由生精细胞和支持细胞构成。支持细胞对生精细胞具有支持和营养作用。原始的生精细胞是精原细胞,青春期开始后,在腺垂体分泌的卵泡刺激素(FSH)和黄体生成素(LH)的作用下,精原细胞开始分裂,依次经历初级精母细胞、次级精母细胞、精子细胞,最后发育为精子,脱离支持细胞进入管腔(见图 7-2)。新生成的精子自身没有运动能力,被运送到附睾,在附睾中进一步成熟,才获得活动能力。精子的生成需要适宜的温度,正常情况下低于体温 $1\sim2\,℃$。阴囊内的温度比腹腔低 $2\,℃$ 左右,适合精子生成。若因为某种原因,睾丸未下降到阴囊而仍滞留于腹腔(隐睾症),则影响精子的生成,可引起男性不育。此外长期烟酒过量、放射线照射及药物等也可影响精子生成。

　　精液是精子和精囊腺、前列腺、尿道球腺分泌液体的混合物,在性高潮时排出体外,称为射精。

视频:睾丸的
生精作用

笔记

（二）睾丸的内分泌功能

睾丸的内分泌功能主要是由间质细胞和支持细胞完成的,前者分泌雄激素,后者分泌抑制素。

1. 雄激素 雄激素主要包括睾酮(testosterone,T)、脱氢表雄酮、雄烯二酮和雄酮等,其中睾酮的生物活性最强。绝大部分睾酮在血液中与蛋白质结合,仅约2%处于游离状态,但只有游离状态的睾酮才有生物活性,结合状态的睾酮可以转变成游离状态。睾酮主要在肝脏被灭活,其产物主要经由肾脏排泄。

雄激素的主要生理作用有:

（1）对胚胎性分化的影响:雄激素可诱导含有 Y 染色体的胚胎中肾小管、中肾管以及尿生殖窦和生殖结节等分化为男性的内、外生殖器。

（2）促进男性附属性器官的生长发育:睾酮能刺激前列腺、阴茎、阴囊和尿道球腺等附属性器官的生长和发育。

（3）刺激和维持男性第二性征:青春期开始,男性的外表出现一系列与女性不同的特征,称为第二性征或副性征。主要表现为:喉结突出、嗓音低沉、汗腺和皮脂腺分泌增多、毛发呈特征性分布、骨骼粗壮、肌肉发达等。睾酮还与性欲的产生和维持有关。

（4）维持生精作用:睾酮自间质细胞生成后,透过基膜进入生精小管,经支持细胞与生精细胞的雄激素受体结合,促进生精细胞的分化和精子的生成。

（5）对代谢的影响:睾酮促进蛋白质的合成,特别是肌肉及生殖器官的蛋白质合成;促进骨骼的生长和钙、磷沉积;刺激红细胞的生成,使体内红细胞数量增多。男性在青春期,睾酮与生长激素协同作用导致生长高峰的出现。

2. 抑制素 是由睾丸支持细胞分泌的一类糖蛋白激素。主要作用是抑制腺垂体合成和分泌 FSH,但对 LH 分泌的影响却很小。

二、睾丸功能的调节

睾丸的生精功能和内分泌功能均受下丘脑-腺垂体-睾丸轴的调控。此外,还受某些局部因素影响。

（一）下丘脑-腺垂体对睾丸活动的影响

下丘脑分泌的促性腺激素释放激素(GnRH)经垂体门脉系统到达腺垂体,促进腺垂体合成和分泌 FSH 和 LH。FSH 主要作用于生精小管的各级生精细胞和支持细胞,促进生精活动和抑制素的分泌。LH 主要作用于间质细胞,促进睾酮的分泌。

（二）睾丸激素对下丘脑-腺垂体的反馈调节

血液中的睾酮对下丘脑-腺垂体具有负反馈调节作用(图 23-1)。当血液中睾酮达到一定浓度时,将对下丘脑分泌 FSH 和腺垂体分泌 LH 产生负反馈作用,从而使血中睾酮维持在相对稳定的水平。支持细胞分泌的抑制素对腺垂体 FSH 的分泌具有负反馈调节作用,从而保证睾丸生精功能的正常进行。

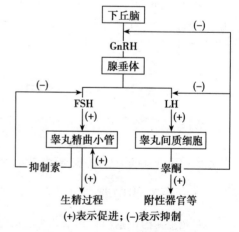

图 23-1 睾丸功能调节示意图

睾丸的功能除了受到下丘脑-腺垂体-性腺轴的调控外,睾丸内部还存在局部调节系统,通过其细胞分泌的局部调节因子对睾丸的功能起一定的调节作用。

第二节 女 性 生 殖

女性的主要性器官是卵巢,附属性器官包括输卵管、子宫、阴道和外阴等。卵巢具有生卵功能和内分泌功能,成熟女性卵巢的活动呈现出周期性变化。

一、卵巢的功能

（一）卵巢的生卵功能

卵巢的生卵作用是成熟女性最基本的生殖功能，是在下丘脑、腺垂体和卵巢自身所分泌的激素的共同作用下进行的。卵子（卵细胞）是在卵泡中生长发育的。青春期女性两侧卵巢中约有4万个未发育的原始卵泡。在腺垂体分泌的促性腺激素的影响下，每月有15～20个原始卵泡同时开始发育，经历了初级卵泡、次级卵泡，最后形成成熟卵泡（见图7-12）。但每个月经周期一般只有一个卵泡得以发育成熟并排卵，其他大多数卵泡停滞在发育的各个阶段并退化为闭锁卵泡。因此正常女性一生中有400～500个卵泡可在生育期成熟排卵。

排卵后，残余的卵泡组织继续发育形成黄体，在FSH和LH的作用下，黄体分泌雌激素和大量孕激素。若排出的卵子未受精，黄体在排卵后12～14天开始变性退化，逐渐被结缔组织所取代，成为白体。若卵子受精，黄体在人绒毛膜促性腺激素的作用下继续生长并维持6个月左右，成为妊娠黄体，以适应妊娠的需要。

视频：卵巢卵泡的发育、排卵和黄体生成

（二）卵巢的内分泌功能

卵巢是一个重要的内分泌腺，可分泌雌激素（estrogen，E）、孕激素（progestogen，P）、抑制素以及少量的雄激素等，它们大多属于类固醇激素。

1. 雌激素 雌激素由卵巢分泌，主要有三种：雌二醇、雌三醇和雌酮，其中雌二醇的分泌量最多，活性也最强。雌激素主要有以下生理作用：

（1）对生殖器官的作用：雌激素可以协同FSH促进卵泡发育，诱导排卵前LH峰值的出现，进而促进排卵；促进子宫平滑肌增生，提高子宫平滑肌对催产素的敏感性；促使子宫内膜增生、增厚，腺体数量增加但不分泌；促进子宫颈分泌大量稀薄的黏液，有利于精子通过；促进输卵管节律性收缩，有利于精子和卵子的运行；促使引导黏膜上皮细胞增生、角化，糖原合成增加，有利于乳酸杆菌的生长，增强阴道对细菌的抵抗力。

（2）刺激和维持女性第二性征：雌激素刺激乳腺导管及其结缔组织增生，促进乳腺的发育；促进全身脂肪和毛发分布具有女性特征，臀部肥厚、音调变高、骨盆宽大等一系列女性第二性征的产生。

（3）对代谢的影响：雌激素对代谢的作用主要表现为：刺激成骨细胞活动，抑制破骨细胞活动，加速骨骼生长，同时促进钙盐沉积和骨骺的愈合，减少骨量丢失；促进肾小管对水和钠的重吸收，增加细胞外液量，进而引起水和钠在体内的潴留；促进蛋白质合成，改善血脂成分。

2. 孕激素 卵巢分泌的孕激素主要是孕酮，主要由黄体产生，又称为黄体酮。孕激素主要作用于子宫内膜和子宫平滑肌，以适应受精卵的着床并维持妊娠，但孕酮的绝大部分作用需要在雌激素作用的基础上才能发挥。

（1）对子宫的作用：在雌激素的作用下，孕酮使子宫内膜在增殖期的基础上呈分泌期的变化，即内膜进一步增生变厚，血管扩张充血并有腺体分泌，为胚泡着床作好了准备；孕酮降低子宫平滑肌的兴奋性，抑制母体对胎儿的排斥反应，使之对催产素的敏感性降低，有利于维持妊娠；孕酮能减少子宫颈黏液的分泌，使黏液变稠，不利于精子的通过。

（2）对乳腺的作用：在雌激素作用的基础上，孕酮促进乳腺腺泡的发育成熟，为分娩后的泌乳作好准备。

（3）产热作用：孕激素可促进机体产热，使基础体温升高。故女性在排卵后体温的升高与孕酮的作用有关。

二、卵巢功能的调节

（一）下丘脑-腺垂体对卵巢活动的影响

卵巢的功能受到下丘脑-腺垂体的调控，形成了下丘脑-腺垂体-性腺轴。下丘脑促垂体区释放Gn-RH，通过垂体门脉系统到达腺垂体，促使腺垂体分泌FSH和LH。FSH可促进卵泡的生长、发育和成熟，促进雌激素的生成和分泌。LH能使颗粒细胞的形态和激素的分泌能力向黄体细胞转化，促进黄体的形成，并维持黄体细胞分泌孕酮。

图片：下丘脑-垂体-卵巢轴的功能联系示意图

（二）卵巢激素对下丘脑-腺垂体的反馈调节

血液中的雌激素和孕激素均能反馈性地调节下丘脑和腺垂体的分泌。雌激素对下丘脑和腺垂体

笔记

的反馈作用根据其在血液中的浓度而有不同,既可以产生正反馈作用,也可以产生负反馈作用(具体反馈机制详见月经周期)。

三、月经周期

(一)月经周期的概念

女性自青春期开始,在整个生育期内(除妊娠和哺乳期),生殖系统的活动呈现周期性的变化,称为生殖周期。在卵巢激素周期性分泌的影响下,子宫内膜发生每月一次的脱落出血、经阴道流出的现象,称为月经。月经的周期性与卵巢的周期性活动密切相关。因此女性的生殖周期又称为月经周期。成年女性月经周期为20~40天,平均28天,每次月经持续3~5天。每个女性自身的月经周期相对稳定。一般来说我国女性在12~14岁出现第一次月经,称为初潮。到更年期45~50岁,月经停止,称为绝经。

(二)月经周期中卵巢和子宫内膜的变化

在月经周期中,卵巢的周期性活动导致子宫内膜的周期性变化可分为:月经期、增殖期和分泌期。前两期相当于卵巢周期的卵泡期,而分泌期则相当于黄体期。

(三)月经周期形成的机制

月经周期的形成主要受下丘脑-腺垂体-卵巢轴的调节(图23-2)。

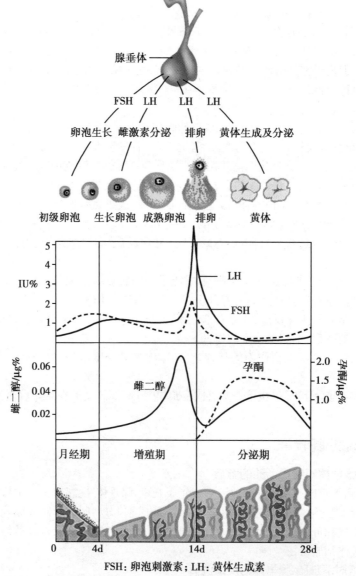

FSH:卵泡刺激素;LH:黄体生成素

图 23-2 月经周期中子宫内膜、卵巢、血中激素变化示意图

1. **增殖期的形成** 随着女性青春期的到来,下丘脑发育逐渐成熟,分泌 GnRH 增多,促使腺垂体分泌 FSH 和 LH,FSH 促使卵泡生长发育成熟,并在 LH 配合下,促使卵泡分泌雌激素。在雌激素的作用下子宫内膜修复增殖(增殖期的变化)。在增殖期末,即排卵前一天左右,血液中雌激素浓度达到高峰,通过对下丘脑的正反馈作用使 GnRH 的分泌进一步增加,进而促使 FSH 和 LH,特别是 LH 的分泌达到高峰。在 LH 的作用下,引起已发育成熟的卵泡排卵。

2. **分泌期的形成** 排卵后,在 LH 的作用下,卵泡的残余部分形成黄体。黄体分泌雌激素和孕激素,尤其是孕激素,使子宫内膜进一步增生变厚,腺体增大,分泌黏液(分泌期变化)。随着黄体的生长,在排卵后第 8~10 天,血液中雌激素、孕激素水平达到高峰。

3. **月经期的形成** 分泌期中高浓度的雌激素和孕激素对下丘脑和腺垂体产生了负反馈的抑制作用,使 GnRH、FSH、LH 分泌减少,从而使黄体退化、萎缩,分泌的雌激素和孕激素急剧下降,子宫内膜突然失去这两种激素的支持,而发生脱落出血,形成月经。

月经期中,血液中雌激素和孕激素浓度的降低,对下丘脑和腺垂体的抑制作用解除,卵泡又在 FSH、LH 的共同作用下生长发育,新的月经周期便又开始。

第三节 妊娠与分娩

一、妊娠

妊娠(pregnancy)是子代新个体产生和孕育的过程。包括受精、着床、妊娠的维持和胎儿的生长发育。

(一)受精

受精是指精子与卵子结合的过程。正常情况下,受精的部位在输卵管的壶腹部。

1. **精子的运行** 精子射入阴道后,必须穿过子宫颈和子宫腔,沿输卵管运行一段距离后到达受精部位。精子运行的动力一方面来自其鞭毛的摆动,另一方由女性生殖道平滑肌的运动和输卵管纤毛的摆动所提供。正常男性每次射出的精液中含有数亿个精子,但经过女性生殖道时受到阴道的 pH、子宫颈黏液的黏度等因素的影响,能到达受精部位的精子不到 200 个。最后只有一个精子与卵子结合形成受精卵。

2. **精子的获能** 精子在女性生殖道停留一段时间后,才能获得使卵子受精的能力,称为精子的获能(sperm capacitation)。睾丸所产生的精子在附睾内虽已发育成熟,获得受精的能力,但由于在附睾和精液中存在一些去获能因子,它们大多含有糖蛋白,可附着于精子表面,抑制精子的受精能力。而当精子进入女性生殖道后,子宫与输卵管内的酶去除了糖蛋白,精子才具备真正的受精能力。

3. **受精过程** 卵子由卵泡排出后,很快进入输卵管伞端,依靠输卵管平滑肌的运动和上皮纤毛的摆动将卵子输送到达受精部位。当精子与卵子相遇时,精子的顶体释放包含多种蛋白水解酶的顶体酶,将卵子外围的放射冠和透明带溶解,使精子得以进入卵细胞,这一过程称为顶体反应(reaction of acrosome)。在一个精子进入卵细胞后,会激发卵细胞发生反应,封锁透明带,从而使其他精子再难以进入。进入卵细胞的精子尾部迅速退化,细胞核膨大形成雄性原核,随即与雌性原核融合成一个具有 23 对染色体的受精卵。

(二)着床

胚泡植入子宫内膜的过程称为着床(implantation),也称为植入。包括定位、黏着和穿透。受精卵借助输卵管蠕动和纤毛摆动,逐渐移动至子宫腔的途中,不断进行细胞分裂,在受精后第 7~8 天,胚泡吸附在子宫内膜上,并通过与子宫内膜的相互作用逐渐进入子宫内膜,在受精后的第 11~12 天完全埋入子宫内膜中。

(三)妊娠的维持与激素的调节

正常妊娠的维持主要依赖于垂体、卵巢及胎盘分泌的各种激素的相互配合。人类胎盘可以产生多种激素,主要有人绒毛膜促性腺激素(human chorionic gonadotropin,hCG)、雌激素、孕激素、人绒毛膜

图片:精子与卵子相互作用示意图

图片:受精卵的形成、运行和着床示意图

笔记

生长素(human chorionic somatomammotropin,hCS)等。

1. 人绒毛膜促性腺激素　hCG 是由滋养层细胞分泌的一种糖蛋白,其主要生理作用包括两方面,一方面与 LH 的作用相类似,在妊娠早期刺激月经黄体转变为妊娠黄体,并使之持续分泌大量的雌激素和孕激素,以维持妊娠。另一方面抑制淋巴细胞的活性,抑制母体对胎儿的排斥反应,具有"安胎"的效应。

hCG 在受精后第 6 天左右开始分泌,随后其浓度迅速升高,至妊娠第 8~10 周达高峰,随后分泌逐渐减少,在妊娠 20 周左右降至较低水平,并一直维持至妊娠末期。由于 hCG 在妊娠早期就出现,并随尿排出,因此,测定血或尿中的 hCG 可作为诊断早期妊娠的重要指标。

2. 雌激素和孕激素　胎盘与卵巢的黄体一样能分泌雌激素和孕激素。妊娠前两个月,hCG 分泌逐渐达到高峰,雌激素和孕激素主要由妊娠黄体分泌。10 周以后由于 hCG 的分泌量减少,妊娠黄体萎缩,所分泌的雌激素和孕激素也随之减少,此时胎盘接替妊娠黄体的功能,分泌雌激素和孕激素逐渐增加,以维持妊娠,直至分娩。

在整个妊娠期,孕妇血液中的雌激素和孕激素均保持在高水平,对下丘脑-腺垂体产生负反馈作用,此时卵巢内没有卵泡发育和排卵,故妊娠期无月经。胎盘分泌的雌激素主要是雌三醇,其前体主要来自胎儿,所以雌三醇是胎盘和胎儿共同合成的。临床上测定孕妇血或尿中雌三醇的水平,有助于判断胎儿是否存活。

3. 人绒毛膜生长素　hCS 激素是由滋养层细胞分泌的单链多肽。它的化学结构、生理作用与生长激素相似。主要作用是调节母体与胎儿的糖、蛋白质和脂肪代谢,促进胎儿生长。

避　孕

避孕是指采取一定的措施使女性暂不受孕。避孕的方法应该安全可靠、简便易行。通常是通过控制以下几个环节来达到避孕的目的:①抑制精子或卵子的生成;②阻止精子与卵子相遇;③干扰女性生殖道内的环境,使之不利于精子的生存和活动;④使子宫内的环境不适于胚泡着床和生长等。屏障避孕法,依赖物理或化学的方法阻止精子通过,使之不能与卵细胞结合,例如男性使用的避孕套,也是目前最普遍使用的避孕方法,最大的优点是不干扰妇女生理,还可以在一定程度上防止性传播疾病。除此之外口服或外用避孕药、输卵管结扎、宫内节育器、自然避孕法等方式也经常被使用。各种方式各有优缺点和适宜人群,因此应根据年龄、健康状况等方面的实际情况加以选择。

二、分娩

文档:性成熟与性行为

人类的孕期是 280 天(从末次月经的第一天算起)。成熟的胎儿及其附属物从母体子宫娩出体外的过程,称为分娩(parturition)。分娩全过程分三个产程:第一产程是从规律的子宫收缩直至子宫颈完全扩张,也称为宫口扩张期;第二产程是从子宫颈完全扩张直至胎儿娩出,也称为胎儿娩出期;第三产程胎盘与子宫分离并排出母体,也称为胎盘娩出期。分娩过程中存在正反馈调节,胎儿对子宫颈的刺激可反射性地引起催产素的释放,催产素可使子宫平滑肌的收缩进一步加强,直至分娩过程完成。

生殖系统生理包括男性生殖系统和女性生殖系统。男性的生殖功能主要是睾丸产生精子及分泌男性激素,输精管道和附属腺体使精子成熟、储存、运输和排放,上述功能受下丘脑-腺垂体-性腺轴的调节。女性生殖功能主要是卵巢产生卵子和分泌女性激素,输卵管、子宫、阴道分别在精子与卵子的输送,精子获能、受精、妊娠和分娩中发挥重要作用,上述活动同样受到下丘脑-腺垂体-卵巢轴的调控。在卵巢激素周期性的调控下,子宫内膜也发生着周期性的变化,称为月经周期。在月经周期中,卵巢的周期性活动导致子宫内膜的周期性变化:月经期、增殖期和分泌期。妊娠是母体内胚胎形成及胎儿生长发育的过程,包括受精、着床、妊娠的维持及胎儿的生长发育。妊娠期间胎盘产生多种激素以维持妊娠和促进胎儿生长发育。

(姚齐颖)

扫一扫,测一测

思考题

1. 简述下丘脑和腺垂体对睾丸的生精功能及内分泌功能的调节。
2. 简述女性月经周期中,子宫内膜的变化及其产生机制。
3. 女性在妊娠过程中为何无月经?
4. 简述雄激素、雌激素和孕激素的生理作用。

参 考 文 献

1. 龚茜玲. 人体解剖生理学[M]. 4 版. 北京:人民卫生出版社,2006.

2. 孙庆伟. 生理学课外读本[M]. 4 版. 北京:人民卫生出版社,2008.

3. 彭波. 生理学[M]. 2 版. 北京:人民卫生出版社,2010.

4. 朱大年,王庭槐. 生理学[M]. 8 版. 北京:人民卫生出版社,2013.

5. 管茶香,吴宇明. 生理学[M]. 3 版. 北京:人民卫生出版社,2013.

6. 柏树令,应大君. 系统解剖学[M]. 8 版. 北京:人民卫生出版社,2013.

7. 邹仲之,李继承. 组织学与胚胎学[M]. 8 版. 北京:人民卫生出版社,2013.

8. 贺伟. 人体解剖生理学[M]. 2 版. 北京:人民卫生出版社,2013.

9. 白波,王福青. 生理学[M]. 7 版. 北京:人民卫生出版社,2014.

10. 吴建清,窦肇华. 人体解剖学与组织胚胎学实验及学习指导[M]. 北京:人民卫生出版社,2014.

11. 高洪泉. 正常人体结构[M]. 3 版. 北京:人民卫生出版社,2014.

12. 窦肇华,吴建清. 人体解剖学与组织胚胎学[M]. 7 版. 北京:人民卫生出版社,2014.

13. 王福青,白波. 生理学实验及学习指导[M]. 北京:人民卫生出版社,2014.

14. 倪月秋,陈尚. 人体形态与机能[M]. 北京:人民卫生出版社,2014.

15. 王庭槐. 生理学(供 8 年制及 7 年制临床医学等专业用)[M]. 2 版. 北京:人民卫生出版社,2015.

16. 王庭槐. 生理学[M]. 3 版. 北京:人民卫生出版社,2015.

17. 任晖,胡捍卫. 人体解剖学与组织胚胎学[M]. 北京:人民卫生出版社,2017.

18. 王庭槐. 生理学[M]. 9 版. 北京:人民卫生出版社,2018.

19. 吕迎春,石存鹿. 正常人体结构与功能[M]. 北京:人民卫生出版社,2018.

20. 冯润荷,夏青. 正常人体结构与功能[M]. 2 版. 北京:人民卫生出版社,2018.

中英文名词对照索引

Wolff-Chaikoff 效应 ·············· 329

B

巴宾斯基征 Babinski sign ·············· 311
白细胞 leukocyte 或 white blood cell, WBC ·············· 204
白质 white matter ·············· 147
背侧丘脑 dorsal thalamus ·············· 153
背阔肌 latissimus dorsi ·············· 47
被动转运 passive transport ·············· 184
鼻 nose ·············· 71
闭孔神经 obturator nerve ·············· 159
臂丛 brachial plexus ·············· 159
编码作用 coding function ·············· 285
髌骨 patella ·············· 42
玻璃体 vitreous body ·············· 138
薄束 fasciculus gracilis ·············· 150
补呼气量 expiratory reserve volume, ERV ·············· 241
补吸气量 inspiratory reserve volume, IRV ·············· 241
不完全强直收缩 incomplete tetanus ·············· 196

C

侧脑室 lateral ventricle ·············· 155
长反馈 long-loop feedback ·············· 323
超常期 supranormal period, SNP ·············· 191, 222
超短反馈 ultrashort-loop feedback ·············· 323
超滤液 ultrafiltrate ·············· 272
潮气量 tidal volume, TV ·············· 241
尺动脉 ulnar artery ·············· 117
尺骨 ulna ·············· 40
尺神经 ulnar nerve ·············· 159
出胞 exocytosis ·············· 187
传导散热 thermal conduction ·············· 268
传导性 conductivity ·············· 223
传入侧支性抑制 afferent collateral inhibition ·············· 303
垂体 hypophysis ·············· 170
垂直轴 vertical axis ·············· 2
雌激素 estrogen, E ·············· 337
刺激 stimulus ·············· 3
促黑激素 melanophore stimulating hormone, MSH ·············· 325

促黑激素释放抑制因子 MIF ·············· 324
促黑激素释放因子 MRF ·············· 324
促红细胞生成素 erythropoietin, EPO ·············· 203
促甲状腺激素 thyroid stimulating hormone, TSH ·············· 324
促甲状腺激素释放激素 TRH ·············· 324
促肾上腺皮质激素 adrenocorticotropic hormone, ACTH ·············· 324
促肾上腺皮质激素释放激素 CRH ·············· 324
促性腺激素释放激素 GnRH ·············· 324
催产素 oxytocin, OT ·············· 326
催乳素 prolactin, PRL ·············· 325
催乳素释放抑制因子 PIF ·············· 324
催乳素释放因子 PRF ·············· 324

D

大肠 large intestine ·············· 61
大脑镰 cerebral falx ·············· 156
大隐静脉 great saphenous vein ·············· 125
代偿间歇 compensatory pause ·············· 222
单纯扩散 simple diffusion ·············· 184
单收缩 twitch ·············· 196
胆碱能受体 cholinergic receptor ·············· 313
胆囊 gallbladder ·············· 65
胆盐的肠肝循环 enterohepatic circulation of bile salt ·············· 256
蛋白激酶 protein kinase, PK ·············· 321
蛋白质 protein ·············· 263
等长收缩 isometriccontraction ·············· 196
等容收缩期 isovolumic contraction period ·············· 215
等容舒张期 isovolumic relaxation period ·············· 215
等张收缩 isotoniccontraction ·············· 196
低常期 subnormal period ·············· 191
骶丛 sacral plexus ·············· 159
递质共存 neurotransmitter co-existence ·············· 301
第一信号系统 first signal system ·············· 316
第二信号系统 second signal system ·············· 316
第一信使 first messenger ·············· 322
第二信使 second message ·············· 194
第三脑室 third ventricle ·············· 154
第四脑室 fourth ventricle ·············· 153

顶体反应　reaction of acrosome ……………… 339

动脉　artery ……………………………………… 107

动脉脉搏　arterial pulse ……………………… 226

动脉血压　arterial blood pressure …………… 224

动纤毛　kinocilium …………………………… 292

动眼神经　oculomotor nerve ………………… 160

动作电位　action potential,AP ……………… 190

毒蕈碱型受体　muscarinic receptor ………… 313

端脑　telencephalon …………………………… 154

短反馈　short-loop feedback ………………… 323

对侧伸肌反射　crossed extensor reflex …… 308

对流散热　thermal convection ……………… 268

E

耳郭　auricle …………………………………… 141

二尖瓣　mitral valve ………………………… 112

二磷酸腺苷　adenosine diphosphate,ADP … 186

F

发绀　cyanosis ………………………………… 245

反馈　feedback …………………………………… 7

反射　reflex ……………………………………… 5

反射弧　reflex arc ……………………………… 5

反应　reaction …………………………………… 3

房室延搁　atrio-ventricular delay ………… 223

房水　aqueous humor ………………………… 137

非蛋白氮　non protein nitrogen,NPN ……… 199

非蛋白呼吸商　non-protein respiratory quotient,

　　NPRQ …………………………………… 265

非特异性投射系统　non-specific projection system … 305

腓侧　fibular …………………………………… 2

腓骨　fibula …………………………………… 42

腓总神经　common peroneal nerve ………… 160

肺动脉瓣　pulmonary valve ………………… 112

肺动脉干　pulmonary trunk ………………… 115

肺活量　vitalcapacity,VC …………………… 242

肺静脉　pulmonary vein ……………………… 115

肺内压　intrapulmonary pressure …………… 238

肺泡　pulmonary alveolus …………………… 78

肺泡表面活性物质　alveolar surfactant …… 240

肺泡通气量　alveolar ventilation volume … 242

肺泡无效腔　alveolar dead space …………… 242

肺牵张反射　pulmonary stretch refiex ……… 248

肺容积　pulmonary volume ………………… 241

肺容量　pulmonary capacity ………………… 241

肺通气　pulmonary ventilation ……………… 237

肺总量　total lung capacity,TLC …………… 242

分节运动　segmentation contraction ……… 255

分解代谢　catabolism …………………………… 3

分泌　secretion ………………………………… 279

分泌期　secretory phase ……………………… 103

分泌生长抑素　somatostatin,SS …………… 332

分娩　parturition ……………………………… 340

锋电位　spike potential ……………………… 190

辐辏反射　convergence reflex ……………… 286

辐射散热　thermal radiation ………………… 268

负反馈　negative feedback …………………… 7

副交感神经　parasympathetic nerve ……… 163

副神经　accessory nerve ……………………… 162

腹股沟浅淋巴结　superficial inguinal lymph node …… 131

腹股沟深淋巴结　deep inguinal lymph node … 133

腹膜　peritoneum ……………………………… 67

腹式呼吸　abdominal breathing ……………… 238

G

肝　liver ………………………………………… 63

肝门静脉　hepatic portal vein ……………… 126

感觉器　sensory organs ……………………… 135

感觉阈　sensory threshold …………………… 284

感受器　receptor ……………………………… 135

肛管　analcanal ………………………………… 62

睾酮　testosterone,T ………………………… 336

睾丸　testis …………………………………… 93

膈　diaphragm ………………………………… 48

膈神经　phrenic nerve ……………………… 158

功能余气量　functional residual capacity,FRC … 242

肱动脉　brachial artery ……………………… 117

肱骨　humerus ………………………………… 39

巩膜　sclera …………………………………… 135

股动脉　femoral artery ……………………… 121

股骨　femur …………………………………… 42

股神经　femoral nerve ……………………… 159

骨　bone …………………………………… 16,32

骨骼肌　skeletal muscle ……………………… 21

骨迷路　bony labyrinth ……………………… 142

鼓膜　tympanic membrane …………………… 141

鼓室　tympanic cavity ………………………… 141

关节　articular ………………………………… 33

冠状面　coronal plane ………………………… 3

冠状轴　coronal axis …………………………… 2

贵要静脉　basilic vein ……………………… 123

H

合成代谢　anabolism …………………………… 3

黑-伯反射　Hering-Breuer reflex …………… 248

红细胞　erythrocyte 或 red blood cell,RBC … 201

红细胞沉降率　erythrocyte sedimentation rate, ESR ······ 202
虹膜　iris ······ 136
喉　larynx ······ 72
后负荷　afterload ······ 197
呼吸　respiration ······ 236
呼吸困难　dyspnea ······ 238
呼吸商　respiratory quotient, RQ ······ 265
呼吸系统　respiratory system ······ 70
呼吸运动　respiratory movement ······ 237
呼吸中枢　respiratory center ······ 246
互感性对光反射　consensual light reflex ······ 286
滑车神经　trochlear nerve ······ 161
滑膜囊　synovial bursa ······ 46
换能作用　transducer function ······ 284
黄斑　macula lutea ······ 136
黄体生成素　luteinizing hormone, LH ······ 323,324
灰质　gray matter ······ 147
回肠　ileum ······ 60
回返性抑制　recurrent inhibition ······ 303
活化部分凝血酶时间　activation of partial thrombin time,
　　APTT ······ 208

J

肌层　muscularis ······ 53
肌紧张　muscle tonus ······ 308
肌皮神经　musculocutaneous nerve ······ 159
肌肉收缩能力　contractility ······ 197
肌组织　muscle tissue ······ 21
基础代谢　basal metabolism ······ 266
基础代谢率　basal metabolic rate, BMR ······ 266
基底核　basal striatum ······ 154
激素　hormone ······ 320
激肽　kinin ······ 232
极化　polarization ······ 189
脊神经　spinal nerves ······ 158
脊神经节　spinal ganglia ······ 158
脊髓　spinal cord ······ 148
脊髓丘脑束　spinothalamic tract ······ 150
脊髓圆锥　conus medullaris ······ 148
脊休克　spinal shock ······ 308
脊柱　vertebral column ······ 34
甲状旁腺　parathyroid gland ······ 172
甲状腺　thyroid gland ······ 170
甲状腺激素　thyroid hormones, TH ······ 327
甲状腺上动脉　superior thyroid artery ······ 116
间脑　diencephalon ······ 153
肩胛骨　scapula ······ 39
减慢充盈期　reduced filling period ······ 215
减慢射血期　reduced ejection period ······ 215

减压反射　depressor reflex ······ 231
腱反射　tendon reflex ······ 307
腱鞘　tendinous sheath ······ 46
交感神经　sympathetic nerve ······ 163
交互性抑制　reciprocal inhibition ······ 303
角膜　cornea ······ 135
结肠　colon ······ 61
结缔组织　connective tissue ······ 14
睫状体　ciliary body ······ 136
解剖无效腔　anatomical dead space ······ 242
解剖学　anatomy ······ 1
筋膜　fascia ······ 46
紧张性收缩　tonic contraction ······ 253
近点　near point ······ 285
近视　myopia ······ 286
晶状体　lens ······ 138
精索　spermatic cord ······ 96
精子的获能　sperm capacitation ······ 339
颈丛　cervical plexus ······ 158
胫侧　tibial ······ 2
胫骨　tibia ······ 42
胫神经　tibial nerve ······ 160
静脉　vein ······ 107
静息电位　resting potential, RP ······ 188
静纤毛　stereocilium ······ 292
局部电位　local excitation ······ 192
咀嚼　mastication ······ 251
绝对不应期　absolute refractory period ······ 191

K

抗利尿激素　antidiuretic hormone, ADH ······ 232,278
空肠　jejunum ······ 60
口腔　oral cavity ······ 54
跨膜电位　transmembrane potential ······ 188
快波睡眠　fast wave sleep, FWS ······ 317
快速充盈期　rapid filling period ······ 215
快速射血期　rapid ejection period ······ 215
髋骨　hip bone ······ 41

L

阑尾　vermiform appendix ······ 61
肋　ribs ······ 36
肋间神经　intercostal nerves ······ 159
联胎　conjoined twins ······ 182
淋巴干　lymphatic trunk ······ 128
淋巴管　lymphatic vessel ······ 128
淋巴结　lymph node ······ 128
磷酸肌酸　creatine phosphate, CP ······ 264

滤过分数　filtration fraction,FF　·············· 273

滤过膜　filtration membrane　·············· 87

滤过平衡　filtration equilibrium　·············· 273

滤过屏障　filtration barrier　·············· 87

卵裂　cleavage　·············· 177

卵泡刺激素　follicle stimulating hormone,FSH　········ 324

螺旋器　Corti　·············· 143

M

脉搏压　pulse pressure　·············· 225

脉管系统　angiological system　·············· 106

脉络膜　choroid　·············· 136

慢波睡眠　slow wave sleep,SWS　·············· 317

盲肠　cecum　·············· 61

毛细淋巴管　lymphatic capillary　·············· 127

毛细血管　capillary　·············· 107

每搏功　stroke work　·············· 216

每搏输出量　stroke volume　·············· 216

每分功　minute work　·············· 216

每分通气量　minute ventilation volume　·············· 242

迷走神经　vagus nerve　·············· 162

泌尿系统　urinary system　·············· 84

免疫调节　immunoregulation　·············· 6

面动脉　facial artery　·············· 117

面静脉　facial vein　·············· 123

面神经　facial nerve　·············· 161

膜迷路　membranous labyrinth　·············· 142

膜泡运输　vesicular transport　·············· 187

N

脑　brain　·············· 150

脑电图　electroencephalogram,EEG　·············· 316

脑干　brain stem　·············· 150

脑脊液　cerebral spinal fluid　·············· 157

脑膜中动脉　middle meningeal artery　·············· 117

脑桥　pons　·············· 152

内分泌　endocrine　·············· 320

内分泌系统　endocrine system　·············· 169

内环境　internal environment　·············· 4

内因子　intrinsic factor　·············· 254

内脏神经　visceral nerve　·············· 163

能量代谢　energy metabolism　·············· 263

能量代谢率　energy metabolism rate　·············· 264

黏膜　mucosa　·············· 52

黏膜下层　submucosa　·············· 52

黏液-碳酸氢盐屏障　mucus-bicarbonate barrier　·········· 254

颞浅动脉　superficial temporal artery　·············· 117

凝血因子　blood coagulation factor　·············· 206

女性尿道　female urethra　·············· 91

O

呕吐　vomiting　·············· 253

P

排卵　ovulation　·············· 100

排泄　excretion　·············· 271

旁分泌　paracrine　·············· 321

膀胱　urinary bladder　·············· 90

膀胱三角　trigone of bladder　·············· 91

胚盘　embryonic disc　·············· 178

胚泡　blastocyst　·············· 177

胚胎学　embryology　·············· 1

皮质　cortex　·············· 147

皮质醇　cortisol　·············· 329

皮质核束　corticonuclear tract　·············· 166

皮质脊髓束　corticospinal tract　·············· 150

脾　spleen　·············· 133

胼胝体　corpus callosum　·············· 154

贫血　anemia　·············· 202

平滑肌　smooth muscle　·············· 25

平静呼吸　eupnea　·············· 237

平均动脉压　mean arterial pressure　·············· 225

浦肯野　Purkinje　·············· 113

Q

期前收缩　premature systole　·············· 222

期前兴奋　premature excitation　·············· 222

气管　trachea　·············· 74

器官　organ　·············· 2

牵涉痛　referred pain　·············· 307

牵张反射　stretch reflex　·············· 307

前负荷　preload　·············· 196

前锯肌　serratus anterior　·············· 47

前馈　feedforward　·············· 7

前庭蜗器　vestibulocochlear organ　·············· 140

前庭蜗神经　vestibulocochlear nerve　·············· 162

潜在起搏点　latent pacemaker　·············· 221

球-管平衡　glomerulotubular balance　·············· 278

屈肌反射　flexor reflex　·············· 308

去大脑僵直　decerebrate rigidity　·············· 309

去甲肾上腺素　norepinephrine,NE　·············· 231,301

醛固酮　aldosterone　·············· 280

R

桡侧　radial　·············· 2

桡动脉　radial artery ………………………… 117
桡骨　radius ………………………… 40
桡神经　radial nerve ………………………… 159
人工呼吸　artificial respiration ………………… 238
人绒毛膜促性腺激素　human chorionic gonadotropin,
　hCG ………………………… 339
人绒毛膜生长素　human chorionic somatomammotropin,
　hCS ………………………… 339
人体胚胎学　human embryology ………………… 176
妊娠　pregnancy ………………………… 339
容受性舒张　receptive relaxation ………………… 253
蠕动　peristalsis ………………………… 252
乳糜池　cisterna chyli ………………………… 128
入胞　endocytosis ………………………… 188
软骨　cartilage ………………………… 16
闰盘　intercalated disk ………………………… 25

S

三叉神经　trigeminal nerve ………………… 161
三尖瓣　tricuspid valve ………………………… 111
三磷酸腺苷　adenosine triphosphate, ATP ……… 186
散光　astigmatism ………………………… 287
上颌动脉　maxillary artery ……………………… 117
上皮组织　epithelial tissue ……………………… 11
舌下神经　hypoglossal nerve …………………… 163
舌咽神经　glossopharyngeal nerve ……………… 162
射血分数　ejection fraction ……………………… 216
深吸气量　inspiratory capacity, IC ……………… 241
神经　nerve ………………………… 147
神经-体液调节　neuro-humoral regulation ……… 5
神经冲动　nerve impulse ……………………… 297
神经递质　neurotransmitter …………………… 301
神经调节　nervous regulation …………………… 5
神经调质　neuromodulator …………………… 301
神经分泌　neurocrine ………………………… 321
神经核　nucleus ………………………… 147
神经节　ganglion ………………………… 147
神经细胞　nerve cell ………………………… 26
神经组织　nervous tissue ……………………… 26
肾　kidney ………………………… 85
肾单位　nephron ………………………… 87
肾区　renal region ………………………… 85
肾上腺　adrenal gland ………………………… 173
肾上腺素　epinephrine, E ………………… 231,301
肾上腺素能受体　adrenergic receptor …………… 313
肾素　renin ………………………… 232
肾糖阈　renal glucose threshold ………………… 277
肾小管　renal tubule ………………………… 88
肾小囊　renal capsule ………………………… 87

肾小球　glomerulus ………………………… 87
肾小球滤过率　glomerular filtration rate, GFR …… 273
肾小体　renal corpuscle ……………………… 87
肾血流量的自身调节　autoregulation of renal blood
　flow ………………………… 274
肾盂　renal pelvis ………………………… 87
渗透脆性　osmotic fragility ……………………… 202
渗透性利尿　osmotic diuresis …………………… 277
生长激素　growth hormone, GH ………………… 324
生长素介质　somatomedin, SM ………………… 325
生理无效腔　physiological dead space …………… 242
生理学　physiology ………………………… 1
生物电　bioelectricity ………………………… 188
生殖　reproduction …………………… 3,335
生殖系统　reproductive system ………………… 93
生殖细胞　germocyte ………………………… 176
十二指肠　duodenum ………………………… 59
时间肺活量　timed vital capacity, TVC ………… 242
食管　esophagus ………………………… 57
食管下括约肌　low esophageal sphincter, LES …… 252
食物的热价　thermal equivalent of food ………… 264
食物特殊动力效应　specific dynamic action of food … 266
矢状面　sagittal plane ………………………… 3
矢状轴　sagittal axis ………………………… 2
视器　visual organ ………………………… 135
视前区-下丘脑前部　preoptic anterior hypothalamus,
　PO/AH ………………………… 269
视神经　optic nerve ………………………… 160
视神经盘　optic disc ………………………… 136
视网膜　retina ………………………… 136
视紫红质　rhodopsin ………………………… 287
适宜刺激　adequate stimulus …………………… 284
适应现象　adaptation ………………………… 285
适应性　adaptability ………………………… 3
收缩压　systolic pressure ……………………… 225
手骨　bones of hand ………………………… 40
受精　fertilization ………………………… 176
受体　receptor ………………………… 192
舒张压　diastolic pressure ……………………… 225
疏松结缔组织　loose connective tissue ………… 14
输卵管　oviduct ………………………… 100
输尿管　ureter ………………………… 89
竖脊肌　erector spinae ………………………… 47
双胎　twins ………………………… 181
水平面　horizontal plane ……………………… 3
松果体　pineal body ………………………… 174
髓质　medulla ………………………… 147
锁骨　clavicle ………………………… 38
锁骨下动脉　subclavian artery …………………… 117

T

胎膜　fetal membrane ················ 180
糖　carbohydrate ················ 263
糖皮质激素　glucocorticoids,GC ················ 329
特异性投射系统　specific projection system ················ 305
体温　body temperature ················ 267
体液调节　humoral regulation ················ 5
条件反射　conditioned reflex ················ 315
调定点　set point ················ 269
听觉　hearing ················ 289
听域　auditory span ················ 289
听阈　hearing threshold ················ 289
通气/血流比值　ventilation/perfusion ratio ················ 243
瞳孔对光反射　papillary light reflex ················ 286
瞳孔近反射　near reflex of the pupil ················ 286
头静脉　cephalic vein ················ 123
突触　synapse ················ 298
突触前抑制　presynaptic inhibition ················ 303
突触后抑制　postsynaptic inhibition ················ 303
吞咽　swallowing ················ 252
臀上神经　superior gluteal nerve ················ 159
臀下神经　inferior gluteal nerve ················ 159

W

外耳道　external acoustic meatus ················ 141
外分泌　exocrine ················ 320
外环境　external environment ················ 4
外膜　adventitia ················ 53
外周化学感受器　peripheral chemoreceptor ················ 248
完全强直收缩　complete tetanus ················ 196
微循环　microcirculation ················ 227
味觉　gustation ················ 294
胃　stomach ················ 57
胃肠激素　gastrointestinal hormone ················ 261
胃蛋白酶　pepsin ················ 254
胃蛋白酶原　pepsinogen ················ 254
胃的排空　gastric emptying ················ 253
稳态　homeostasis ················ 5

X

吸收　absorption ················ 251
系统　system ················ 2
细胞　cell ················ 2
下颌下淋巴结　submandibular lymph node ················ 130
下丘脑　hypothalamus ················ 153
下丘脑-垂体-靶腺轴　hypothalamus pituitary target

gland ················ 323
纤维蛋白溶解　fibrinolysis ················ 209
纤维膜　fibrous tunic of eyeball ················ 135
纤维束　fasciculus ················ 147
相对不应期　relative refractory period,RRP ········ 191,222
消化　digestion ················ 251
消化系统　digestive system ················ 52
消化腺　alimentary gland ················ 63
小肠　small intestine ················ 59
小脑　cerebellum ················ 152
小脑扁桃体　tonsil of cerebellum ················ 152
小脑幕　tentorium cerebellum ················ 156
小隐静脉　small saphenous vein ················ 125
楔束　fasciculus cuneatus ················ 150
斜方肌　trapezius ················ 47
心　heart ················ 107
心包　pericardium ················ 114
心电图　electrocardiogram,ECG ················ 220
心动周期　cardiac cycle ················ 213
心房钠尿肽　atrial natriuretic peptide,ANP ········ 232
心肌　cardiac muscle ················ 25
心力储备　cardiac reserve ················ 217
心率　heart rate ················ 214
心输出量　cardiac output ················ 216
心音　heart sound ················ 215
心指数　cardiac index ················ 216
新陈代谢　metabolism ················ 3
信号转导　signaltransduction ················ 192
兴奋　excitation ················ 3
兴奋-收缩耦联　excitation-contraction coupling ········ 195
兴奋性　excitability ················ 3,221
兴奋性突触后电位　excitatory postsynaptic potential,

EPSP ················ 299
行为调节　behavioral regulation ················ 6
行为性体温调节　behavioral thermoregulation ················ 269
胸大肌　pectoralis major ················ 47
胸导管　thoracic duct ················ 128
胸骨　sternum ················ 36
胸廓　thoracic cage ················ 36
胸膜　pleura ················ 80
胸膜腔　pleura cavity ················ 80
胸膜腔内压　intrapleural pressure ················ 238
胸式呼吸　thoracic breathing ················ 238
胸腺　thymus ················ 133
嗅觉　olfaction ················ 294
嗅神经　olfactory nerve ················ 160
血管活性肠肽　vasoactive intestinal polypeptide,

VIP ················ 332
血管紧张素 I　angiotensin I ················ 232
血管紧张素 II　angiotensin II ················ 232

血管紧张素Ⅲ　angiotensin Ⅲ ················ 232
血管膜　vascular tunic of eyeball ·············· 136
血管升压素　vasopressin,VP ················· 232
血红蛋白　hemoglobin,Hb ················ 18,201
血浆　blood plasma ························· 198
血浆胶体渗透压　colloid osmotic pressure ········ 200
血浆晶体渗透压　crystal osmotic pressure ········ 200
血浆尿素氮　blood urea nitrogen,BUN ·········· 199
血浆凝血酶原时间　plasma prothrombin time,PT ····· 208
血量　blood volume ························· 199
血细胞　blood cell ························· 198
血细胞比容　hematocrit ····················· 198
血小板　thrombocyte 或 platelet ············· 205
血型　blood group ························· 210
血压　blood pressure,BP ···················· 224
血液　blood ···························· 18
血液凝固　blood coagulation ················· 206
血液循环　blood circulation ················· 213

Y

咽　pharynx ····························· 55
烟碱型受体　nicotinic receptor, ·············· 313
延髓　medulla oblongata ···················· 152
盐皮质激素　mineralocorticoids,MC ············ 329
盐酸　hydrochloric acid ···················· 253
眼副器　accessory organs of eye ·············· 138
眼球　eyeball ··························· 135
眼震颤　nystagmus ························· 294
氧饱和度　oxygen saturation ················· 245
氧含量　oxygen content ····················· 245
氧解离曲线　oxygen dissociation curve ·········· 245
氧热价　thermal equivalent of oxygen ··········· 265
氧容量　oxygen capacity ···················· 245
腰丛　lumbar plexus ······················· 159
腋动脉　axillary artery ····················· 117
腋淋巴结　axillary lymph node ··············· 131
腋神经　axillary nerve ····················· 159
胰　pancreas ···························· 66
胰岛素　insulin ·························· 332
胰多肽　pancreatic polypeptide,PP ············ 332
胰高血糖素　glucagon ····················· 332
乙酰胆碱　acetylcholine,ACh ················ 194
异相睡眠　paradoxical sleep ················· 317
抑制　inhibition ·························· 3
抑制区　inhibitory area ···················· 309
抑制性突触后电位　inhibitory postsynaptic potential,
　　IPSP ···························· 300
易化扩散　facilitated diffusion ··············· 185
易化区　facilitatory area ···················· 309

阴部神经　pudendal nerve ··················· 159
阴道　vagina ···························· 103
应激反应　stress reaction ···················· 330
应急反应　emergency reaction ················· 331
硬脊膜　spinal dura mater ··················· 155
硬脑膜　cerebral dura mater ················· 156
硬脑膜窦　sinuses of dura mater ············· 156
用力呼气量　forced expiratory volume,FEV ······ 242
用力呼吸　labored breathing ················· 238
有效不应期　effective refractory period,ERP ······ 222
有效滤过压　effective filtration pressure,EFP ····· 229,273
右冠状动脉　right coronary artery ·············· 114
右淋巴导管　right lymphatic duct ············· 128
右心房　right atrium ······················· 111
右心室　right ventricle ····················· 111
余气量　residual volume,RV ················· 242
阈刺激　thresholdstimulus ················· 190
阈电位　threshold potential,TP ·············· 190
阈强度　thresholdintensity ················· 190
阈值　threshold ························· 3
远距分泌　telecrine ······················· 321
远视　hyperopia ·························· 287
月经期　menstrual phase ···················· 102
允许作用　permissive action ················· 321
孕激素　progestogen,P ····················· 337

Z

增生期　proliferative phase ················· 103
展神经　abducent nerve ···················· 161
掌浅弓　superficial palmar arch ·············· 117
掌深弓　deep palmar arch ·················· 117
蒸发　evaporation ························· 268
正常起搏点　normal pacemaker ··············· 221
正反馈　positive feedback ··················· 7
正中神经　median nerve ···················· 159
脂肪　fat ····························· 263
直肠　rectum ···························· 62
植入　implantation ······················· 178
致密结缔组织　dense connective tissue ·········· 15
中脑　midbrain ·························· 152
中枢化学感受器　central chemoreceptor ·········· 248
中心静脉压　central venous pressure,CVP ········ 226
终板电位　end-plate potential,EPP ············ 195
轴浆运输　axoplasmic transport ·············· 298
肘正中静脉　median cubital vein ············· 125
蛛网膜下隙　subarachnoid space ············· 156
主动脉　aorta ··························· 115
主动转运　active transport ·················· 186
着床　implantation ······················· 339

子宫　uterus ……………………………… 101

自动节律性　autorhythmicity ……………… 221

自分泌　autocrine ………………………… 321

自身调节　autoregulation ………………… 6

自主性体温调节　autonomic thermoregulation ………… 269

纵隔　mediastinum ………………………… 82

棕色脂肪　brown fat ……………………… 268

足骨　bones of foot ……………………… 42

足细胞　podocyte ………………………… 87

组织　tissue ……………………………… 2

组织学　histology ………………………… 1

最大随意通气量　maximal voluntary ventilation, MVV ……………………………………… 242

左冠状动脉　left coronary artery ………… 113

左心房　left atrium ……………………… 112

左心室　left ventricle …………………… 112

坐骨神经　sciatic nerve ………………… 159

10检